파이의 첫 백만 자리 숫자

편집:

데이비드 E. 맥애덤스

자세한 정보는 http://www.piday.org
를 참조하십시오.
편집자의 웹사이트는 https://www.demcadams.com.

이 책은 교육 및 오락 목적만을 위한 것입니다. 출판사와 저자는 이 책을 수학적 조언으로 제공하는 것이 아닙니다.

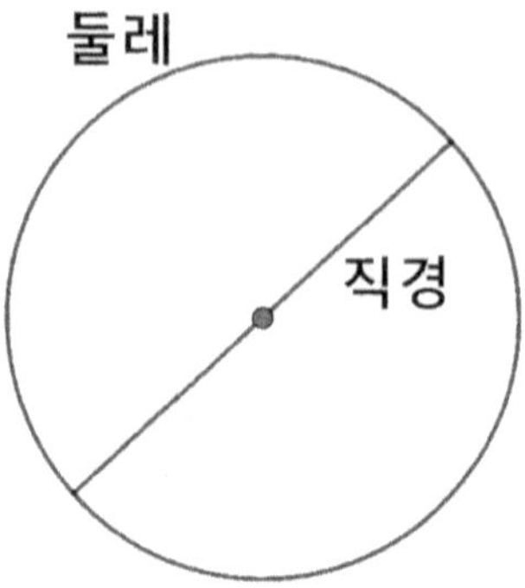

$$\pi = \frac{\text{둘레}}{\text{직경}}$$

Π ≈ 3.141592653589793238462643383279502884197169399375105820974944
592307816406286208998628034825342117067982148086513282306647093844
609550582231725359408128481117450284102701938521105559644622948954
930381964428810975665933446128475648233786783165271201909145648566
923460348610454326648213393607260249141273724587006606315588174881
520920962829254091715364367892590360011330530548820466521384146951
941511609433057270365759591953092186117381932611793105118548074462
379962749567351885752724891227938183011949129833673362440656643086
021394946395224737190702179860943702770539217176293176752384674818
467669405132000568127145263560827785771342757789609173637178721468
440901224953430146549585371050792279689258923542019956112129021960
864034418159813629774771309960518707211349999998372978049951059731
732816096318595024459455346908302642522308253344685035261931188171
010003137838752886587533208381420617177669147303598253490428755468
731159562863882353787593751957781857780532171226806613001927876611
195909216420198938095257201065485863278865936153381827968230301952
035301852968995773622599413891249721775283479131515574857242454150
695950829533116861727855889075098381754637464939319255060400927701
671139009848824012858361603563707660104710181942955596198946767837
449448255379774726847104047534646208046684259069491293313677028989
152104752162056966024058038150193511253382430035587640247496473263
914199272604269922796782354781636009341721641219924586315030286182
974555706749838505494588586926995690927210797509302955321165344987
202755960236480665499119881834797753566369807426542527862551818417
574672890977772793800081647060016145249192173217214772350141441973
568548161361157352552133475741849468438523323907394143334547762416
862518983569485562099219222184272550254256887671790494601653466804
988627232791786085784383827967976681454100953883786360950680064225
125205117392984896084128488626945604241965285022210661186306744278
622039194945047123713786960956364371917287467764657573962413890865
832645995813390478027590099465764078951269468398352595709825822620
522489407726719478268482601476990902640136394437455305068203496252
451749399651431429809190659250937221696461515709858387410597885959
772975498930161753928468138268683868942774155991855925245953959431
049972524680845987273644695848653836736222626099124608051243884390
451244136549762780797715691435997700129616089441694868555848406353
422072225828488648158456028506016842739452267467678895252138522549
954666727823986456596116354886230577456498035593634568174324112515
076069479451096596094025228879710893145669136867228748940560101503

308617928680920874760917824938589009714909675985261365549781893129
784821682998948722658804857564014270477555132379641451523746234364
542858444795265867821051141354735739523113427166102135969536231442
952484937187110145765403590279934403742007310578539062198387447808
478489683321445713868751943506430218453191048481005370614680674919
278191197939952061419663428754440643745123718192179998391015919561
814675142691239748940907186494231961567945208095146550225231603881
930142093762137855956638937787083039069792077346722182562599661501
421503068038447734549202605414665925201497442850732518666002132434
088190710486331734649651453905796268561005508106658796998163574736
384052571459102897064140110971206280439039759515677157700420337869
936007230558763176359421873125147120532928191826186125867321579198
414848829164470609575270695722091756711672291098169091528017350671
274858322287183520935396572512108357915136988209144421006751033467
110314126711136990865851639831501970165151168517143765761835155650
884909989859982387345528331635507647918535893226185489632132933089
857064204675259070915481416549859461637180270981994309924488957571
282890592323326097299712084433573265489382391193259746366730583604
142813883032038249037589852437441702913276561809377344403070746921
120191302033038019762110110044929321516084244485963766983895228684
783123552658213144957685726243344189303968642624341077322697802807
318915441101044682325271620105265227211166039666557309254711055785
376346682065310989652691862056476931257058635662018558100729360659
876486117910453348850346113657686753249441668039626579787718556084
552965412665408530614344431858676975145661406800700237877659134401
712749470420562230538994561314071127000407854733269939081454664645
880797270826683063432858785698305235808933065757406795457163775254
202114955761581400250126228594130216471550979259230990796547376125
517656751357517829666454779174501129961489030463994713296210734043
751895735961458901938971311179042978285647503203198691514028708085
990480109412147221317947647772622414254854540332157185306142288137
585043063321751829798662237172159160771669254748738986654949450114
654062843366393790039769265672146385306736096571209180763832716641
627488880078692560290228472104031721186082041900042296617119637792
133757511495950156604963186294726547364252308177036751590673502350
728354056704038674351362222477158915049530984448933309634087807693
259939780541934144737744184263129860809988868741326047215695162396
586457302163159819319516735381297416772947867242292465436680098067
692823828068996400482435403701416314965897940924323789690706977942
236250822168895738379862300159377647165122893578601588161755782973
523344604281512627203734314653197777416031990665541876397929334419
521541341899485444734567383162499341913181480927777103863877343177
207545654532207770921201905166096280490926360197598828161332316663
652861932668633606273567630354477628035045077723554710585954870279
081435624014517180624643626794561275318134078330336254232783944975
382437205835311477119926063813346776879695970309833913077109870408
591337464144282277263465947047458784778720192771528073176790770715
721344473060570073349243693113835049316312840425121925651798069411
352801314701304781643788518529092854520116583934196562134914341595
625865865570552690496520985803385072242648293972858478316305777756
068887644624824685792603953527734803048029005876075825104747091643
961362676044925627420420832085661190625454337213153595845068772460
290161876679524061634252257719542916299193064553779914037340432875
262888963995879475729174642635745525407909145135711136941091193932
519107602082520261879853188770584297259167781314969900901921169717
372784768472686084900337702424291651300500516832336435038951702989
392233451722013812806965011784408745196012122859937162313017114448
464090389064495444006198690754851602632750529834918740786680881833
851022833450850486082503930213321971551843063545500766828294930413
776552793975175461395398468339363830474611996653858153842056853386

218672523340283087112328278921250771262946322956398989893582116745
6270102183564622013496715188190973038119800497340723961036854066643
193950979019069963955245300545058068550195673022921913933918568034
490398205955100226353536192041994745538593810234395544959778377902
374216172711172364343543947822181852862408514006660443325888569867
054315470696574745855033232334210730154594051655379068662733379958
511562578432298827372319898757141595781119635833005940873068121602
876496286744604774649159950549737425626901049037781986835938146574
126804925648798556145372347867330390468838343634655379498641927056
387293174872332083760112302991136793862708943879936201629515413371
424892830722012690147546684765357616477379467520049075715552781965
362132392640616013635815590742202020318727760527721900556148425551
879253034351398442532234157623361064250639049750086562710953591946
589751413103482276930624743536325691607815478181152843667957061108
615331504452127473924544945423682886061340841486377670096120715124
914043027253860764823634143346235189757664521641376796903149501910
857598442391986291642193994907236234646844117394032659184044378051
333894525742399508296591228508555821572503107125701266830240292952
522011872676756220415420516184163484756516999811614101002996078386
909291603028840026910414079288621507842451670908700069928212066041
837180653556725253256753286129104248776182582976515795984703562226
293486003415872298053498965022629174878820273420922224533985626476
691490556284250391275771028402799806636582548892648802545661017296
702664076559042909945681506526530537182941270336931378517860904070
866711496558343434769338578171138645587367812301458768712660348913
909562009939361031029161615288138437909904231747336394804575931493
140529763475748119356709110137751721008031559024853090669203767192
203322909433467685142214477379393751703443661991040337511173547191
855046449026365512816228824462575916333039107225383742182140883508
657391771509682887478265699599574490661758344137522397096834080053
559849175417381883999446974867626551658276584835884531427756879002
909517028352971634456212964043523117600665101241200659755851276178
583829204197484423608007193045761893234922927965019875187212726750
798125547095890455635792122103334669749923563025494780249011419521
238281530911407907386025152274299581807247162591668545133312394804
947079119153267343028244186041426363954800044800267049624820179289
647669758318327131425170296923488962766844032326092752496035799646
925650493681836090032380929345958897069536534940603402166544375589
004563288225054525564056448246515187547119621844396582533754388569
094113031509526179378002974120766514793942590298969594699556576121
865619673378623625612521632086286922210327488921865436480229678070
576561514463204692790682120738837781423356282360896320806822246801
224826117718589638140918390367367222088832151375560037279839400415
297002878307667094447456013455641725437090697939612257142989467154
357846878861444581231459357198492252847160504922124247014121478057
345510500801908699603302763478708108175450119307141223390866393833
952942578690507643100638351983438934159613185434754649556978103829
309716465143840700707360411237359984345225161050702705623526601276
484830840761183013052793205427462865403603674532865105706587488225
698157936789766974220575059683440869735020141020672358502007245225
632651341055924019027421624843914035998953539459094407046912091409
387001264560016237428802109276457931065792295524988727584610126483
699989225695968815920560010165525637567856672279661988578279484885
583439751874454551296563443480396642055798293680435220277098429423
253302257634180703947699415979159453006975214829336655566156787364
005366656416547321704390352132954352916941459904160875320186837937
023488868947915107163785290234529244077365949563051007421087142613
497459561513849871375704710178795731042296906667021449863746459528
082436944578977233004876476524133907592043401963403911473202338071
509522201068256342747164602433544005152126693249341967397704159568

375355516673027390074972973635496453328886984406119649616277344951
827369558822075735517665158985519098666539354948106887320685990754
079234240230092590070173196036225475647894064754834664776041146323
390565134330684495397907090302346046147096169688688501408347040546
074295869913829668246818571031887906528703665083243197440477185567
893482308943106828702722809736248093996270607472645539925399442808
113736943388729406307926159599546262462970706259484556903471197299
640908941805953439325123623550813494900436427852713831591256898929
519642728757394691427253436694153236100453730488198551706594121735
246258954873016760029886592578662856124966552353382942878542534048
308330701653722856355915253478445981831341129001999205981352205117
336585640782648494276441137639386692480311836445369858917544264739
988228462184490087776977631279572267265556259628254276531830013407
092233436577916012809317940171859859993384923549564005709955856113
498025249906698423301735035804408116855265311709957089942732870925
848789443646005041089226691783525870785951298344172953519537885534
573742608590290817651557803905946408735061232261120093731080485485
263572282576820341605048466277504500312620080079980492548534694146
977516493270950493463938243222718851597405470214828971117779237612
257887347718819682546298126868581705074027255026332904497627789442
362167411918626943965067151577958675648239939176042601763387045499
017614364120469218237076488783419689686118155815873606293860381017
121585527266830082383404656475880405138080163363887421637140643549
556186896411228214075330265510042410489678352858829024367090488711
819090949453314421828766181031007354770549815968077200947469613436
092861484941785017180779306810854690009445899527942439813921350558
642219648349151263901280383200109773868066287792397180146134324457
264009737425700735921003154150893679300816998053652027600727749674
584002836240534603726341655425902760183484030681138185510597970566
400750942608788573579603732451414678670368809880609716425849759513
806930944940151542222194329130217391253835591503100333032511174915
696917450271494331515588540392216409722910112903552181576282328318
234254832611191280092825256190205263016391147724733148573910777587
442538761174657867116941477642144111126358355387136101102326798775
641024682403226483464176636980663785768134920453022408197278564719
839630878154322116691224641591177673225326433568614618654522268126
887268445968442416107854016768142080885028005414361314623082102594
173756238994207571362751674573189189456283525704413354375857534269
869947254703165661399199960262824727064133622217892390317608542894
373393561889165125042440400895271983787386480584726895462438823437
517885201439560057104811949884239060613695734231559079670346149143
447886360410318235073650277859089757827273130504889398900992391350
337325085598265586708924261242947367019390772713070686917092646254
842324074855036608013604668951184009366860954632500214585293095000
090715105823626729326453738210493872499669933942468551648326113414
611068026744663733437534076429402668297386522093570162638464852851
490362932019919968828517183953669134522244470804592396602817156551
565666111359823112250628905854914509715755390024393153519090210711
945730024388017661503527086260253788179751947806101371500448991721
002220133501310601639154158957803711779277522597874289191791552241
718958536168059474123419339842021874564925644346239253195313510331
147639491199507285843065836193536932969928983791494193940608572486
396883690326556436421664425760791471086998431573374964883529276932
822076294728238153740996154559879825989109371712621828302584811238
901196822142945766758071865380650648702613389282299497257453033283
896381843944770779402284359883410035838542389735424395647555684095
224844554139239410001620769363684677641301781965937997155746854194
633489374843912974239143365936041003523437770658886778113949861647
874714079326385873862473288964564359877466763847946650407411182565
837887845485814896296127399841344272608606187245545236064315371011

274680977870446409475828034876975894832824123929296058294861919667
091895808983320121031843034012849511620353428014412761728583024355
983003204202451207287253558119584014918096925339507577840006746552
603144616705082768277222353419110263416315714740612385042584598841
990761128725805911393568960143166828317632356732541707342081733223
046298799280490851409479036887868789493054695570307261900950207643
349335910602454508645362893545686295853131533718386826561786227363
716975774183023986006591481616404944965011732131389574706208847480
236537103115089842799275442685327797431139514357417221975979935968
525228574526379628961269157235798662057340837576687388426640599099
350500081337543245463596750484423528487470144354541957625847356421
619813407346854111766883118654489377697956651727966232671481033864
391375186594673002443450054499539974237232871249483470604406347160
632583064982979551010954183623503030945309733583446283947630477564
501500850757894954893139394489921612552559770143685894358587752637
962559708167764380012543650237141278346792610199558522471722017772
370041780841942394872540680155603599839054898572354674564239058585
021671903139526294455439131663134530893906204678438778505423939052
473136201294769187497519101147231528932677253391814660730008902776
896311481090220972452075916729700785058071718638105496797310016787
085069420709223290807038326345345203802786099055690013413718236837
099194951648960075504934126787643674638490206396401976668559233565
463913836318574569814719621084108096188460545603903845534372914144
651347494078488442377217515433426030669883176833100113310869042193
903108014378433415137092435301367763108491351615642269847507430329
716746964066653152703532546711266752246055119958183196376370761799
191920357958200759560530234626775794393630746305690108011494271410
093913691381072581378135789400559950018354251184172136055727522103
526803735726527922417373605751127887218190844900617801388971077082
293100279766593583875890939568814856026322439372656247277603789081
445883785501970284377936240782505270487581647032458129087839523245
323789602984166922548964971560698119218658492677040395648127810217
991321741630581055459880130048456299765112124153637451500563507012
781592671424134210330156616535602473380784302865525722275304999883
701534879300806260180962381516136690334111138653851091936739383522
934588832255088706450753947395204396807906708680644509698654880168
287434378612645381583428075306184548590379821799459968115441974253
634439960290251001588827216474500682070419376158454712318346007262
933955054823955713725684023226821301247679452264482091023564775272
308208106351889915269288910845557112660396503439789627825001611015
323516051965590421184494990778999200732947690586857787872098290135
295661397888486050978608595701773129815531495168146717695976099421
003618355913877781769845875810446628399880600616229848616935337386
578773598336161338413385368421197893890018529569196780455448285848
370117096721253533875862158231013310387766827211572694951817958975
469399264219791552338576623167627547570354699414892904130186386119
439196283887054367774322427680913236544948536676800000106526248547
305586159899914017076983854831887501429389089950685453076511680333
732226517566220752695179144225280816517166776672793035485154204023
817460892328391703275425750867655117859395002793389592057668278967
764453184040418554010435134838953120132637836928358082719378312654
961745997056745071833206503455664403449045362756001125018433560736
122276594927839370647842645676338818807565612168960504161139039063
960162022153684941092605387688714837989559999112099164646441191856
827700457424343402167227644558933012778158686952506949936461017568
506016714535431581480105458860564550133203758645485840324029871709
348091055621167154684847780394475697980426318099175642280987399876
697323769573701580806822904599212366168902596273043067931653114940
176473769387351409336183321614280214976339918983548487562529875242
873077559555955465196394401821840998412489826236737714672260061633

643296406335728107078875816404381485018841143188598827694490119321
296827158884133869434682859006664080631407775772570563072940049294
030242049841656547973670548558044586572022763784046682337985282710
578431975354179501134727362577408021347682604502285157979579764746
702284099956160156910890384582450267926594205550395879229818526480
070683765041836562094555434613513415257006597488191634135955671964
965403218727160264859304903978748958906612725079482827693895352175
362185079629778514618843271922322381015874445052866523802253284389
137527384589238442253547265309817157844783421582232702069028723233
005386216347988509469547200479523112015043293226628272763217790884
008786148022147537657810581970222630971749507212724847947816957296
142365859578209083073323356034846531873029302665964501371837542889
755797144992465403868179921389346924474198509733462679332107268687
076806263991936196504409954216762784091466985692571507431574079380
532392523947755744159184582156251819215523370960748332923492103451
462643744980559610330799414534778457469999212859999939961228161521
931488876938802228108300198601654941654261696858678837260958774567
618250727599295089318052187292461086763995891614585505839727420980
909781729323930106766386824040111304024700735085782872462713494636
853181546969046696869392547251941399291465242385776255004748529547
681479546700705034799958886769501612497228204030399546327883069597
624936151010243655535223069061294938859901573466102371223547891129
254769617600504797492806072126803922691102777226102544149221576504
508120677173571202718024296810620377657883716690910941807448781404
907551782038565390991047759414132154328440625030180275716965082096
427348414695726397884256008453121406593580904127113592004197598513
625479616063228873618136737324450607924411763997597461938358457491
598809766744709300654634242346063423747466608043170126005205592849
369594143408146852981505394717890045183575515412522359059068726487
863575254191128887737176637486027660634960353679470269232297186832
771739323619200777452212624751869833495151019864269887847171939664
976907082521742336566272592844062043021411371992278526998469884770
232382384005565551788908766136013047709843861168705231055314916251
728373272867600724817298763756981633541507460883866364069347043720
668865127568826614973078865701568501691864748854167915459650723428
773069985371390430026653078398776385032381821553559732353068604301
067576083890862704984188859513809103042359578249514398859011318583
584066747237029714978508414585308578133915627076035639076394731145
549583226694570249413983163433237897595568085683629725386791327505
554252449194358912840504522695381217913191451350099384631177401797
151228378546011603595540286440590249646693070776905548102885020808
580087811577381719174177601733073855475800605601433774329901272867
725304318251975791679296996504146070664571258883469797964293162296
552016879730003564630457930884032748077181155533090988702550520768
046303460865816539487695196004408482065967379473168086415645650530
049881616490578831154345485052660069823093157776500378070466126470
602145750579327096204782561524714591896522360839664562410519551052
235723973951288181640597859142791481654263289200428160913693777372
229998332708208296995573772737566761552711392258805520189887620114
168005468736558063347160373429170390798639652296131280178267971728
982293607028806908776866059325274637840539769184808204102194471971
386925608416245112398062011318454124478205011079876071715568315407
886543904121087303240201068534194723047666672174986986854707678120
512473679247919315085644477537985379973223445612278584329684664751
333657369238720146472367942787004250325558992688434959287612400755
875694641370562514001179713316620715371543600687647731867558714878
398908107429530941060596944315847753970094398839491443235366853920
994687964506653398573888786614762944341401049888993160051207678103
588611660202961193639682134960750111649832785635316145168457695687
109002999769841263266502347716728657378579085746646077228341540311

441529418804782543876177079043000156698677679576090996693607559496
515273634981189641304331166277471233881740603731743970540670310967
676574869535878967003192586625941051053358438465602339179674926784
476370847497833365557900738419147319886271352595462518160434225372
996286326749682405806029642114638643686422472488728343417044157348
248183330164056695966886676956349141632842641497453334999948000266
998758881593507357815195889900539512085351035726137364034367534714
104836017546488300407846416745216737190483109676711344349481926268
111073994825060739495073503169019731852119552635632584339099822498
624067031076831844660729124874754031617969941139738776589986855417
031884778867592902607004321266617919223520938227878880988633599116
081923535557046463491132085918979613279131975649097600013996234445
535014346426860464495862476909434704829329414041114654092398834443
515913320107739441118407410768498106634724104823935827401944935665
161088463125678529776973468430306146241803585293315973458303845541
033701091676776374276210213701354854450926307190114731848574923318
167207213727935567952844392548156091372812840633303937356242001604
566455741458816605216660873874804724339121295587776390696903707882
852775389405246075849623157436917113176134783882719416860662572103
685132156647800147675231039357860689611125996028183930954870905907
386135191459181951029732787557104972901148717189718004696169777001
791391961379141716270701895846921434369676292745910994006008498356
842520191559370370101104974733949387788598941743303178534870760322
198297057975119144051099423588303454635349234982688362404332726741
554030161950568065418093940998202060999414021689090070821330723089
662119775530665918814119157783627292746156185710372172471009521423
696483086410259288745799932237495519122195190342445230753513380685
680735446499512720317448719540397610730806026990625807602029273145
525207807991418429063884437349968145827337207266391767020118300464
819000241308350884658415214899127610651374153943565721139032857491
876909441370209051703148777346165287984823533829726013611098451484
182380812054099612527458088109948697221612852489742555551607637167
505489617301680961380381191436114399210638005083214098760459930932
485102516829446726066613815174571255975495358023998314698220361338
082849935670557552471290274539776214049318201465800802156653606776
550878380430413431059180460680083459113664083488740800574127258670
479225831912741573908091438313845642415094084913391809684025116399
193685322555733896695374902662092326131885589158083245557194845387
562878612885900410600607374650140262782402734696252821717494158233
174923968353013617865367376064216677813773995100658952887742766263
684183068019080460984980946976366733566228291513235278880615776827
815958866918023894033307644191240341202231636857786035727694154177
882643523813190502808701857504704631293335375728538660588890458311
145077394293520199432197117164223500564404297989208159430716701985
746927384865383343614579463417592257389858800169801475742054299580
124295810545651083104629728293758416116253256251657249807849209989
799062003593650993472158296517413579849104711166079158743698654122
234834188772292944633517865385673196255985202607294767407261676714
557364981210567771689348491766077170527718760119990814411305864557
791052568430481144026193840232247093924980293355073184589035539713
308844617410795916251171486487446861124760542867343670904667846867
027409188101424971114965781772427934707021668829561087779440504843
752844337510882826477197854000650970403302186255614733211777117441
335028160884035178145254196432030957601869464908868154528562134698
835544456024955666843660292219512483091060537720198021831010327041
783866544718126039719068846237085751808003532704718565949947612424
811099928867915896904956394762460842406593094862150769031498702067
353384834955083636601784877106080980426924713241000946401437360326
564518456679245666955100150229833079849607994988249706172367449361
226222961790814311414660941234159359309585407913908720832273354957

208075716517187659944985693795623875551617575438091780528029464200
447215396280746360211329425591600257073562812638733106005891065245
708024474937543184149401482119996276453106800663118382376163966318
093144467129861552759820145141027560068929750246304017351489194576
360789352855505317331416457050499644389093630843874484783961684051
845273288403234520247056851646571647713932377551729479512613239822
960239454857975458651745878771331813875295980941217422730035229650
808917770506825924882232215493804837145478164721397682096332050830
564792048208592047549985732038887639160199524091893894557676874973
085695595801065952650303626615975066222508406742889826590751063756
356996821151094966974458054728869363102036782325018232370845979011
154847208761821247781326633041207621658731297081123075815982124863
980721240786887811450165582513617890307086087019897588980745664395
515741536319319198107057533663373803827215279884935039748001589051
942087971130805123393322190346624991716915094854140187106035460379
464337900589095772118080446574396280618671786101715674096766208029
576657705129120990794430463289294730615951043090222143937184956063
405618934251305726829146578329334052463502892917547087256484260034
962961165413823007731332729830500160256724014185152041890701154288
579920812198449315699905918201181973350012618772803681248199587707
020753240636125931343859554254778196114293516356122349666152261473
539967405158499860355295332924575238881013620234762466905581643896
786309762736550472434864307121849437348530060638764456627218666170
123812771562137974614986132874411771455244470899714452288566294244
023018479120547849857452163469644897389206240194351831008828348024
924908540307786387516591130287395878709810077271827187452901397283
661484214287170553179654307650453432460053636147261818096997693348
626407743519992868632383508875668359509726557481543194019557685043
724800102041374983187225967738715495839971844490727914196584593008
394263702087563539821696205532480321226749891140267852859967340524
203109179789990571882194939132075343170798002373659098537552023891
164346718558290685371189795262623449248339249634244971465684659124
891855662958932990903523923333647435203707701010843880032907598334
217018554228386161721041760301164591878053936744747205998502358289
183369292233732399948043710841965947316265482574809948250999183300
697656936715968936449334886474421350084070066088359723503953234017
958255703601693699098867113210979889707051728075585519126993067309
925070407024556850778679069476612629808225163313639952117098452809
263037592242674257559989289278370474445218936320348941552104459726
188380030067761793138139916205806270165102445886924764924689192461
212531027573139084047000714356136231699237169484813255420091453041
037135453296620639210547982439212517254013231490274058589206321758
949434548906846399313757091034633271415316223280552297297953801880
162859073572955416278867649827418616421878988574107164906919185116
281528548679417363890665388576422915834250067361245384916067413734
017357277995634104332688356950781493137800736235418007061918026732
855119194267609122103598746924117283749312616339500123959924050845
437569850795704622266461900010350049018303415354584283376437811198
855631877779253720116671853954183598443830520376281944076159410682
071697030228515225057312609304689842343315273213136121658280807521
263154773060442377475350595228717440266638914881717308643611138906
942027908814311944879941715404210341219084709408025402393294294549
387864023051292711909751353600092197110541209668311151632870542302
847007312065803262641711616595761327235156666253667271899853419989
523688483099930275741991646384142707798870887422927705389122717248
632202889842512528721782603050099451082478357290569198855546788607
946280537122704246654319214528176074148240382783582971930101788834
567416781139895475044833931468963076339665722672704339321674542182
455706252479721997866854279897799233957905758189062252547358220523
642485078340711014498047872669199018643882293230538231855973286978

0922253529591017341407334884761005564018242392192695062083183814541
6983923664613639891012102177095976704908305081854704194664371312291
9692358895384930136356576186106062228705599423371631021278457446461
3989738188566746260879482018647487672727222062676465338099801966881
3680994159075776852639865146253336312450536402610569605513183813171
4261184420189088853196356986962795036738424313011331753305329802011
6688817481342988681585577810343231753064784983210629718425184385531
4427620128234570716988530518326179641178579608888150329602290705611
4476220915094739035946646916235396809201394578175891088931992112261
0073928149169481615273842736264298098234063200244024495894456129161
7049508235812487391799648641133480324757775219708932772262349486011
5046652681439877051615317026696929704928316285504212898146706195331
1970269507214378230476875280287354126166391708245925170010714180851
4800636923259462019002278087409859771921805158532147392653251559031
5410209284665925299914353791825314545290598415817637058927906909891
6911164381187809435371521332261443625314490127454772695739393481541
6916311624928873574718824071503995009446731954316193855485207665731
8825139639163576723151005556037263394867208207808653734942440115791
9667507360711159351331959197120948964717553024531364770942094635691
6982226673775209945168450643623824211853534887989395673187806606101
7885440005508276570305587448541805778891719207881423351138662929661
7179643468760077047999537883387870348718021842437342112273940255711
7690819603092018240188427057046092622564178375265263358324240661251
3311529423457965569502506810018310900411245379015332966156970522371
9210325706937051090830789479999004999395322153622748476603613677691
7978567386584670936679588583788795625946464891376652199588286933801
1836011932368578558581955560421562508836502033220245137621582046111
8106705195330653060606501054887167245377942831338871631395596905831
2083416898476065607118347136218123246227258841990286142087284956871
9639325464285343075301105285713829643709990356948885285190402956041
7346131138263878897551788560424998748316382804046848618938189590541
2039889872650697620201995548412650005394428203930127481638158530391
6439925470201672759328574366661644110962566337305409219519675148321
8734808957477775278344221091073111351828046036347198185655572957141
4747682552857863349342858423118749440003229690697758315903858039351
3521358860079600342097547392296733310649395601812237812854584317601
5561733861126734780745850676063048229409653041118306671081893031101
8871728167519579675347188537229309616143204006381322465841111157751
8358581135018569047815368938137718472814751998350504781297718599081
4707621974605887423256995828892535041937958260616211842368768511411
8316068315867994601652057740529423053601780313357263267054790338401
1257305912339601880137825421927094767337191987287385248057421248921
1183470876629667207272325650565129333126059505777727542471241648311
2832982072361750574673870128209575544305968395555686861188397135521
2084452852640081252027665557677495969626612604565245684086139238261
5768583384698499778726706555191854468698469478495734622606294219621
4557085371272776523098955450193037732166649182578154677292005212661
7143463209637891852323215018976126034373684067194193037746880999291
6877582441047878123266253181845960453853543839114496775312864260921
5211537673258866722604042523491087026958099647595805794663973419061
4010036361904042033113579336542426303561457009011244800890020801471
8056603710154122328891465722393145076071670643556827437743965789061
7972687438473076346451677562103098604092717090951280863090297385041
4527182892749689212106670081648583395537735919136950153162018908881
7484210798706899114804669270650940762046502772528650728905328548561
1433160812693005693785417861096969202538865034577183176686885923681
1488475276498468821949739729707737187188400414323127636504814531121
2850990020742409255859252926103021067368154347015252348786351643971
6235860419194129697690405264832347009911154242601273438022089331091
6686367898694977994001260164227609260823493041180643829138347354671

972539926233879158299848645927173405922562074910530853153718291168
163721939518870095778818158685046450769934394098743351443162633031
724774748689791820923948083314397084067308407958935810896656477585
990556376952523265361442478023082681183103773588708924061303133647
737101162821461466167940409051861526036009252194721889091810733587
196414214447865489952858234394705007983038853886083103571930600277
119455802191194289992272235345870756624692617766317885514435021828
702668561066500353105021631820601760921798468493686316129372795187
307897263735371715025637873357977180818487845886650433582437700414
771041493492743845758710715973155943942641257027096512510811554824
793940359768118811728247215825010949609662539339538092219559191818
855267806214992317276316321833989693807561685591175299845013206712
939240414459386239880938124045219148483164621014738918251010909677
386906640415897361047643650006807710565671848628149637111883219244
566394581449148616550049567698269030891118568798692947051352481609
174324301538368470729289898284602223730145265567989862776796809146
979837826876431159883210904371561129976652153963546442086919756737
000573876497843768628768179249746943842746525631632300555130417422
734164645512781278457777245752038654375428282567141288583454443513
256205446424101103795546419058116862305964476958705407214198521210
673433241075676757581845699069304604752277016700568454396923404171
108988899341635058515788735343081552081177207188037910404698306957
868547393765643363197978680367187307969392423632144845035477631567
025539006542311792015346497792906624150832885839529054263768766896
880503331722780018588506973623240389470047189761934734430843744375
992503417880797223585913424581314404984770173236169471976571535319
775499716278566311904691260918259124989036765417697990362375528652
637573376352696934435440047306719886890196814742876779086697968852
250163694985673021752313252926537589641517147955953878427849986645
630287883196209983049451987439636907068276265748581043911223261879
405994155406327013198989570376110532360629867480377915376751158304
320849872092028092975264981256916342500052290887264692528466610466
539217148208013050229805263783642695973370705392278915351056888393
811324975707133102950443034671598944878684711643832805069250776627
450012200352620370946602341464899839025258883014867816219677519458
316771876275720050543979441245990077115205154619930509838698254284
640725554092740313257163264079293418334214709041254253352324802193
227707535554679587163835875018159338717423606155117101312352563348
582036514614187004920570437201826173319471570086757853933607862273
955818579758725874410254207710547536129404746010009409544495966288
148691590389907186598056361713769222729076419775517772010427649694
961105622059250242021770426962215495872645398922769766031052498085
575947163107587013320886146326641259114863388122028444069416948826
152957762532501987035987067438046982194205638125583343642194923227
593722128905642094308235254408411086454536940496927149400331978286
131818618881111840825786592875742638445005994422956858646048103301
538891149948693543603022181094346676400002236255057363129462629609
619876056425996394613869233083719626595473923462413459779574852464
783798079569319865081597767535055391899115133525229873611277918274
854200868953965835942196333150286956119201229888988700607999279541
118826902307891310760361763477948943203210277335941690865007193280
401716384064498787175375678118532132840821657110754952829497493621
460821558320568723218557406516109627487437509809223021160998263303
391546949464449100451528092508974507489676032409076898365294065792
019831526541065813682379198409064571246894847020935776119313998024
681340520039478194986620262400890215016616381353838151503773502296
607462795291038406868556907015751662419298724448271942933100485482
445458071889763300323252582158128032746796200281476243182862217105
435289834820827345168018613171959332471107466222850871066611770346
535283957762599774467218571581612641114327179434788599089280848669

491413909771673690027775850268664654056595039486784111079011610400
857274456293842549416759460548711723594642910585090995021495879311
219613590831588262068233215615308683373083817327932819698387508708
348388046388478441884003184712697454370937329836240287519792080232
187874488287284372737801782700805878241074935751488997891173974612
932035108143270325140903048746226294234432757126008664250833318768
865075642927160552528954492153765175149219636718104943531785838345
386525565664065725136357506435323650893679043170259787817719031486
796384082881020946149007971513771709906195496964007086766710233004
867263147551053723175711432231741141168062286420638890621019235522
354671166213749969326932173704310598722503945657492461697826097025
335947502091383667377289443869640002811034402608471289900074680776
484408871134135250336787731679770937277868216611786534423173226463
784769787514433209534000165069213054647689098505020301504488083426
184520873053097318949291642532293361243151430657826407028389840984
160295030924189712097160164926561341343342229882790992178604267981
245728534580133826099587717811310216734025656274400729683406619848
067661580502169183372368039902793160642043681207990031626444914619
021945822969099212278855394878353830564686488165556229431567312827
439082645061162894280350166133669782405177015521962652272545585073
864058529983037918035043287670380925216790757120406123759632768567
484507915114731344000183257034492090971243580944790046249431345502
890068064870429353403743603262582053579011839564908935434510134296
961754524957396062149028872893279252069653538639644322538832752249
960598697475988232991626354597332444516375533437749292899058117578
635555562693742691094711700216541171821975051983178713710605106379
555858890556885288798908475091576463907469361988150781468526213325
247383765119299015610918977792200870579339646382749068069876916819
749236562422608715417610043060890437797667851966189140414492527048
088197149880154205778700652159400928977760133075684796699295543365
613984773806039436889588764605498387147896848280538470173087111776
115966350503997934386933911978988710915654170913308260764740630571
141109883938809548143782847452883836807941888434266622207043872288
741394780101772139228191199236540551639589347426395382482960903690
028835932774585506080131798840716244656399794827578365019551422155
133928197822698427863839167971509126241054872570092407004548848569
295044811073808799654748156891393538094347455697212891982717702076
661360248958146811913361412125878389557735719498631721084439890142
394849665925173138817160266326193106536653504147307080441493916936
326237376777709585031325599009576273195730864804246770121232702053
374266705314244820816813030639737873664248367253983748769098060218
278578621651273856351329014890350988327061725893257536399397905572
917516009761545904477169226580631511102803843601737474215247608515
209901615858231257159073342173657626714239047827958728150509563309
280266845893764964977023297364131906098274063353108979246424213458
374090116939196425045912881340349881063540088759682005440836438651
661788055760895689672753153808194207733259791727843762566118431989
102500749182908647514979400316070384554946538594602745244746681231
468794344161099333890899263841184742525704457251745932573898956518
571657596148126602031079762825416559050604247911401695790033835657
486925280074302562341949828646791447632277400552946090394017753633
565547193100017543004750471914489984104001586794617924161001645471
655133707407395026044276953855383439755054887109978520540117516974
758134492607943368954378322117245068734423198987884412854206474280
973562580706698310697993526069339213568588139121480735472846322778
490808700246777630360555123238665629517885371967303463470122293958
160679250915321748903084088651606111901149844341235012464692802880
599613428351188471544977127847336176628506216977871774382436256571
177945006447771837022199910669502165675764404499794076503799995484
500271066598781360380231412683690578319046079276529727769404361302

305178708054651154246939526512710105292707030667302444712597393995
051462840476743136373997825918454117641332790646063658415292701903
027601733947486696034869497654175242930604072700505903950314852292
139257559484507886797792525393176515641619716844352436979444735596
426063339105512682606159572621703669850647328126672452198906054988
028078288142979633669674412480598219214633956574572210229867759974
673812606936706913408155941201611596019023775352555630060624798326
124988128819293734347686268921923977783391073310658825681377717232
831532908252509273304785072497713944833389255208117560845296659055
394096556854170600117985729381399825831929367910039184409928657560
599359891000296986446097471471847010153128376263114677420914557404
181590880006494323785583930853082830547607679952435739163122188605
754967383224319565065546085288120190236364471270374863442172725787
950342848631294491631847534753143504139209610879605773098720135248
407505763719925365047090858251393686346386336804289176710760211115
982887553994012007601394703366179371539630613986365549221374159790
511908358829009765664730073387931467891318146510931676157582135142
486044229244530411316065270097433008849903467540551864067734260358
340960860553374736276093565885310976099423834738222208729246449768
456057956251676557408841032173134562773585605235823638953203853402
484227337163912397321599544082842166663602329654569470357718487344
203422770665383738750616921276801576618109542009770836360436111059
240911788954033802142652394892968643980892611463541457153519434285
072135345301831587562827573389826889852355779929572764522939156747
756667605108788764845349363606827805056462281359888587925994094644
604170520447004631513797543173718775603981596264750141090665886616
218003826698996196558058720863972117699521946678985701179833244060
181157565807428418291061519391763005919431443460515404771057005433
900018245311773371895585760360718286050635647997900413976180895536
366960316219311325022385179167205518065926351803625121457592623836
934822266589557699466049193811248660909979812857182349400661555219
611220720309227764620099931524427358948871057662389469388944649509
396033045434084210246240104872332875008174917987554387938738143989
423801176270083719605309438394006375611645856094312951759771393539
607432279248922126704580818331376416581826956210587289244774003594
700926866265965142205063007859200248829186083974373235384908396432
614700053242354064704208949921025040472678105908364400746638002087
012666420945718170294675227854007450855237772089058168391844659282
941701828823301497155423523591177481862859296760504820386434310877
956289292540563894662194826871104282816389397571175778691543016505
860296521745958198887868040811032843273986719862130620555985526603
640504628215230615459447448990883908199973874745296981077620148713
400012253552224669540931521311533791579802697955571050850747387475
075806876537644578252443263804614304288923593485296105826938210349
800040524840708440356116781717051281337880570564345061611933042444
079826037795119854869455915205196009304127100727784930155503889536
033826192934379708187432094991415959339636811062755729527800425486
306005452383915106899891357882001941178653568214911852820785213012
551851849371150342215954224451190020739353962740020811046553020793
286725474054365271759589350071633607632161472581540764205302004534
018357233829266191530835409512022632916505442612361919705161383935
732669376015691442994494374485680977569630312958871916112929468188
493633864739274760122696415884890096571708616059814720446742866420
876533479985822209061980217321161423041947775499073873856794118982
466091309169177227420723336763503267834058630193019324299639720444
517928812285447821195353089891012534297552472763573022628138209180
743974867145359077863353016082155991131414420509144729353502223081
719366350934686585865631485557586244781862010871188976065296989926
932817870557643514338206014107732926106343152533718224338526352021
773544071528189813769875515757454693972715048846979361950047772097

0561793913828989845327426227288647108883270173723258818244658436249
9580592560338105215606206155713299156084892064340303395262263451 45
4283678698288074251422567451806184149564686111635404971897682154 22
7722479474033571527436819409892050113653400123846714296551867344 15
3741615042563256713430247655125219218035780169240326699541746087 59
2409207004669340396510178134857835694440760470232540755557764728 45
0751826890418293966113310160131119077398632462778219023650660374 04
1606724962490137433217246454097412995570529142438208076098364823 46
5973886691349919784013108015581343979194852830436739012482082444 81
4128095443773898320059864909159505322857914576884962578665885999 17
9867520554558099004556461178755249370124553217170194282884617402 73
6649978475508294228020232901221630102309772151569446427909802190 82
6689868834263071609207914085197695235553488657743425277531197247 43
0873043619511396119080030255878387644206085044730631299277888942 72
9189727169890575925244679660189707482960949190648764693702750773 86
6432391919042254290235318923377293166736086996228032557185308919 28
4403805071030064776847863243191000223929785255372375566213644740 09
6760539439838235764606992465260089090624105904215453927904411529 58
0345334500256244101006359530039598864466169595626351878060688513 72
3462707997327233134693971456285542615467650632465676620279245208 58
1347717608521691340946520307673391841147504140168924121319826881 56
8664561485380287539331160232292555618941042995335640095786495340 93
5115266454024418775949316930560448686420862757201172319526405023 09
9774567647838488973464317215980626787671838005247696884084989185 08
6149003432403476742686245952395890358582135006450998178244636087 31
7754378859677672919526111213859194725451400301180503437875277664 40
2762618941017576872680428176623860680477885242887430259145247073 95
0546525135339459598789619778911041890292943818567205070964606263 54
1732944649576612651953495701860015412623962286413897796733329070 56
7376962156498184506842263690367849555970026079867996261019039331 26
3768556968767029295371162528005543100786408728939225714512481135 77
8627664902425161990277471090335933309304948380597856628844787441 46
9841499067123764789582263294904679812089984857163571087831191848 63
0254501620929805829208334813638405421720056121989353669371336733 39
2464416125223196943471206417375491216357008573694397305979709719 72
6666642267431117762176403068681310351899112271339724036887000996 86
2922546465006385288620393800504778276912835603372548255793912985 25
1506829969107754257647488325341412132800626717094009098223529657 95
7997803018282428490221470748111124018607613415150387569830918652 78
0658896682362523937845272634530420418802508442363190383318384550 52
2367992357752929106925043261446950109861088899914658551881873582 52
8164302520939285258077969737620845637482114433988162710031703151 33
4402309526351929588680690821355853680161000213740851154484912685 84
1268695899174149133820578492800698255195740201818105641297250836 07
0356851055331787840829000041552511865779453963317538532092149720 52
6607831260281961164858098684587525129997404092797683176639914655 38
6108937587952214971731728131517932904431121815871023518740757222 10
0123768721944747209349312324107065080618562372526732540733324875 75
4482967573450019321902199119960797989373383673242576103938985349 27
8777473980508080015544764061053522202325409443567718794565430406 73
5896491017610775948364540823486130254718476485189575836674399791 50
8512858020607820554462991723202028222914886959399729974297471155 37
1858924238493855858595407438104882624648788053304271463011941589 89
6328792678327322456103852197011130466587100500083285177311776489 73
5230926661234588873102883515626446023671996644554727608310118788 38
9151149340939344750073025855814756190881398752357812331342279866 50
3522725367171230756861045004548970360079569827626392344107146584 89
5780241408158405229536937499710665594894459246286619963556350652 62
3405339439142111271810691052290024657423604130093691889255865784 66
8461215679554256605416005071276641766056874274200329577160643448 60

620123982169827172319782681662824993871499544913730205184366907672
357740005393266262276032365975171892590180110429038427418550789488
743883270306328327996300720069801224436511639408692222074532024462
412115580435454206421512158505689615735641431306888344318528085397
592773443365538418834030351782294625370201578215737326552318576355
409895403323638231921989217117744946940367829618592080340386757583
411151882417743914507736638407188048935825686854201164503135763335
550944031923672034865101056104987272647213198654343545040913185951
314518127643731043897250700498198705217627249406521461995923214231
443977654670835171474936798618655279171582408065106379950018429593
879915835017158075988378496225739851212981032637937621832245659423
668537679911314010804313973233544909082491049914332584329882103398
469814171575601082970658306521134707680368069532297199059990445120
908727577622535104090239288877942463048328031913271049547859918019
696783532146444118926063152661816744319355081708187547705080265402
529410921826485821385752668815558411319856002213515888721036569608
751506318753300294211868222189377554602722729129050429225978771066
787384000061677215463844129237119352182849982435092089180168557279
815642185819119749098573057033266764646072875743056537260276898237
325974508447964954564803077159815395582777913937360171742299602735
310276871944944491793978514463159731443535185049141394155732938204
854212350817391254974981930871439661513294204591938010623142177419
918406018034794988769105155790555480695387854006645337598186284641
990522045280330626369562649091082762711590385699505124652999606285
544383833032763859980079292284665950355121124528408751622906026201
185777531374794936205549640107300134885315073548735390560290893352
640071327473262196031177343394367338575912450814933573691166454128
178817145402305475066713651825828489809951213919399563324133655677
709800308191027204099714868741813466700609405102146269028044915964
654533010775469541308871416531254481306119240782118869005602778182
423502269618934435254763357353648561936325441775661398170393063287
216690572225974520919291726219984440964615826945638023950283712168
644656178523556516412771282691868861557271620147493405227694659571
219831494338162211400693630743044417328478610177774383797703723179
525543410722344551255558999864618387676490397246116795901810003509
892864120419516355110876320426761297982652942588295114127584126273
279079880755975185157684126474220947972184330935297266521001566251
455299474512763155091763673025946213293019040283795424632325855030
109670692272022707486341900543830265068121414213505715417505750863
990767394633514620908280093493837643939925690060406731142209331219
593620298297235116325938677224147791162957278075239505625158160313
335938231150051862689053065836812998810866326327198061127154885879
809348791291370749823057592909186293919501472119758606727009254771
802575033773079939713453953264619526999659638565491759045833358579
910201271320458390320085387888163363768518208372788513117522776960
978796214237216254521459128183179821604411131167140691482717098101
545778193920231156387195080502467972579249760577262591332855972637
121120190572077140914864507409492671803581515757151405039761096384
675556929897038354731410022380258346876735012977541327953206097115
450648421218593649099791776687477448188287063231551586503289816422
828823274686610659273219790716238464215348985247621678905026099804
526648392954235728734397768049577409144953839157556548545905897649
519851380100795801078375994577529919670054760225255203445398871253
878017196071816407812484784725791240782454436168234523957068951427
226975043187363326301110305342333582160933319121880660826834142891
041517324721605335584999322454873077882290525232423486153152097693
846104258284971496347534183756200301491570327968530186863157248840
152663983568956363465743532178349319982554211730846774529708583950
761645822963032442432823773745051702856069806788952176819815671078
163340526675953942492628075696832610749532339053622309080708145591

983735537774874202903901814293731152933464446815121294509759653430
628421531944572711861490001765055817709530246887526325011970520947
615941676872778447200019278913725184162285778379228443908430118112
149636642465903363419454065718354477191244662125939265662030688852
005559912123536371822692253178145879259375044144893398160865790087
616502463519704582889548179375668104647461410514249887025213993687
050937230544773411264135489280684105910771667782123833281026218558
775131272117934444820144042574508306394473836379390628300897330624
138061458941422769474793166571762318247216835067807648757342049155
762821758397297513447899069658953254894033561561316740327647246921
250575911625152965456854463349811431767025729566184477548746937846
423373723898192066204851189437886822480727935202250179654534375727
416391079197295295081294292220534771730418447791567399173841831171
036252439571615271466900581470000263301045264354786590329073320546
833887207873544476264792529769017091200787418373673508771337697768
349634425241994995138831507487753743384945825976556099655595431804
092017849718468549737069621208852437701385375768141663272241263442
398215294164537800049250726276515078908507126599703670872669276430
837722968598516912230503746274431085293430527307886528397733524601
746352770320593817912539691562106363762588293757137384075440646896
478310070458061344673127159119460843593582598778283526653115106504
162329532904777217408355934972375855213804830509000964667608830154
061282430874064559443185341375522016630581211103345312074508682433
943215904359443031243122747138584203039010607094031523555617276799
416002039397509989762933532585557562480899669182986422267750236019
325797472674257821111973470940235745722227121252685238429587427350
156366009318804549333898974157149054418255973808087156528143010267
046028431681923039253529779576586241439270154974087927313105163611
913757700892956482332364829826302460797587576774537716010249080462
430185652416175665560016085912153455626760219268998285537787258314
514408265458348440947846317877737479465358016996077940556870119232
860804113090462935087182712593466871276669487389982459852778649956
916546402945893506496433580982476596516514209098675520380830920323
048734270346828875160407154665383461961122301375945157925269674364
253192739003603860823645076269882749761872357547676288995075211480
485252795084503395857083813047693788132112367428131948795022806632
017002246033198967197064916374117585485187848401205484467258885140
156272501982171906696081262778548596481836962141072171421498636191
877475450965030895709947093433785698167446582826791194061195603784
539785583924076127634410576675102430755981455278616781594965706255
975507430652108530159790807334373607943286675789053348366955548680
391343372015649883422089339997164147974693869690548008919306713805
717150585730714881564992071408675825960287605645978242377024246980
532805663278704192676846711626687946348695046450742021937394525926
266861355294062478136120620263649819999949840514386828525895634226
432870766329930489172340072547176418868535137233266787792173834754
148002280339299735793615241275582956927683723123479898944627433045
456679006203242051639628258844308543830720149567210646053323853720
314324211260742448584509458049408182092763914000854042202355626021
856434899414543995041098059181794888262805206644108631900168856815
516922948620301073889718100770929059048074909242714101893354281842
999598816966099383696164438152887721408526808875748829325873580990
567075581701794916190611400190855374488272620093668560447559655747
648567400817738170330738030547697360978654385938218722058390234444
350886749986650604064587434600533182743629617786251808189314436325
120510709469081358644051922951293245007883339878842933934243512634
336520438581291283434529730865290978330067126179813031679438553572
629699874035957045845223085639009891317947594875212639707837594486
113945196028675121056163897600888009274611586080020780334159145179
707303683519697776607637378533301202412011204698860920933908536577

3222392412449051532780950955866459477634482269986074813297302630975
502881210351772312446509534965369309001863776409409434983731325132
186208021480992268550294845466181471555744470966953017769043427203
189277060471778452793916047228153437980353967986142437095668322149
146543801459382927739339603275404800955223181666738035718393275707
714204672383862461780397629237713120958078936384144792980258806552
212926209362393063731349664018661951081158347117331202580586672763
999276357907806381881306915636627412543125958993611964762610140556
350339952314032311381965623632719896183725484533370206256346422395
276694356837676136871196292181875457608161705303159072882870071231
366630872275491866139577373054606599743781098764980241401124214277
366808275139095931340415582626678951084677611866595766016599817808
941498575497628438785610026379654317831363402513581416115190209649
913354873313111502270068193013592959597164019719605362503355847998
096348871803911161281359596856547886832585643789617315976200241962
155289629790481982219946226948713746244472909345647002853769495885
959160678928249105441251599630078136836749020937491573289627002865
682934443134234735123929825916673950342599586897069726733258273590
312128874666045146148785034614282776599160809039865257571726308183
349444182019353338507129234577437557934406217871133006310600332405
399169368260374617663856575887758020122936635327026710068126182517
291460820254189288593524449107013820621155382779356529691457650204
864328286555793470720963480737269214118689546732276775133569019015
372366903686538916129168888787640752549349424973342718117889275993
159671935475898809792452526236365903632007085444078454479734829180
208204492667063442043755532505052752283377888704080403353192340768
563010934777212563908864041310107381785333831603813528082811904083
256440184205374679299262203769871801806112262449090924264198582086
175117711378905160914038157500336642415609521632819712233502316742
260056794128140621721964184270578432895980288233505982820819666624
903585778994033315227481777695284368163008853176969478369058067106
482808359804669884109813515865490693331952239436328792399053481098
783027450017206543369906611778455436468772363184446476806914282800
455107468664539280539940910875493916609573161971503316696830992946
634914279878084225722069714887558063748030886299511847318712477729
191007022758889348693945628951580296537215040960310776128983126358
996489341024703603664505868728758905140684123812424738638542790828
273382797332688550493587430316027474906312957234974261122151741715
313361862241091386950068883589896234927631731647834007746088665559
873338211382992877691149549218419208777160060684728746736818861675
722101726110383067178785669481294878504894306308616994087987031605
588410828235127415353851336589533294862949444950618685147791058046
603906937266267038651290520113781085861618888694795760741358553458
515176805197333443349523012039577073962377131603024288720053732099
825300897761897312981788194467173116064723147624845755192873278282
512718244680782421521646956781929409823892628494376024885227900362
021938669648221562809360537317804086372726842669642192994681921490
870170753336109479138180406328738759384826953558307739576144799727
000347288018278528138950321798634521611106660883931405322694490545
552786789441757920244002145078019209980446138254780585804844241640
477503153605490659143007815837243012313751156228401583864427089071
828481675752712384678245953433444962201009607105137060846180118754
312072549133499424761711563332140893460915656155060031738421870157
022610310191660388706466143889773631878094071152752817468957640158
104701696524755774089164456867771715850058326994340167720215676772
406812836656526412298243946513319735919970940327593850266955747023
181320324371642058614103360652453693916005064495306016126782264894
243739716671766123104897503188573216555498834212180284691252908610
148552781527762562375045637576949773433684601560772703550962904939
248708840628106794362241870474700836884267102255830240359984164595

1122485272633632645114017395248086194635840783753556885622317711552
0947223065437092606797351000565549381224575483728545711797393615575
6167641692895805257297522338558611388322171107362265816218842443317
8857488798109026653793426664216990914056536432249301334867988154888
6628665052346997235574738424830590423677143278792316422403877764333
0192600192284778313837632536121025336935812624086866699738275977366
5682227907215832478888642369346396164363308730139814211430306008733
0666164803678984091335926293402304324974926887831643602681011309577
0716141912830686577323532639653677390317661361315965553584999398600
0565155921936759977717933019744688148371103206503693192894521402655
0915465184309936553493337183425298433679915939417466223900389527677
3813330617747629574943868716978453767219493506590875711917720875477
7107189937960894774512654757501871194870738736785890200617373321077
5693302216320628432065671192096950585761173961632326217708945426211
4609858410237813215817727602222738133495410481003073275107799948999
1977963883530734443457532975914263768405442264784216063122769646966
7156473999043715903323906560726644116438605404838847161912109008700
1019130726071044114143241976796828547885524779476481802959736049433
9700479596040292746299203572099761950140348315380947714601056333444
6998820822120587281510729182971211917876424880354672316916541852255
6729234429187128163232596965413548589577133208339911288775917226111
5273379010341362085614577992398778325083550730199818459025958355988
9260553299673770491722454935329683300002230181517226575787524058833
2249085821280089747909326100762578770428656006996176212176845478999
6440705066241710213327486796237430229155358200780141165348065647488
8230615003392068983794766255036549822805329662862117930628430170499
2402301985719978948836897183043805182174419147660429752437251683433
5411217038631379411422095295885798060152938752753799030938871683577
2095760715221900279379292786303637268765822681241993384808166021600
3722154710143007377537792699069587121289288019052031601285861825499
4413353820784883465311632650407642428390870121015194231961652268422
2003711230464300673442064747718021353070124098860353399152667923877
1101706221865883573781210935179775604425634694999787251125440854522
2274810914874307259869602040275941178942581281882159952359658979188
1144077653354321757595255536158128001163846720319346507296807990799
3963714961774312119402021297573125165253768017359101557338153772000
1952444543620071848475663415407442328621060997613243487548847434533
9665981338717466093020535070271952983943271425371155766600025784422
3031073429551533945060486222764966687624079324353192992639253731077
6892135352572321080889819339168668278948281170472624501948409700977
5760920983724090074717973340788141825195842598096241747610138252644
3955135259311885045636264188300338539652435997416931322894719878300
8427600401368074703904097238473945834896186539790594118599310356166
8436869219485382055780395773881360679549900085123259442529724486666
6766834641402189915944565309423440650667851948417766779470472041955
8822043295380326310537494883122180391279678446100139726753892195111
9117836587662528083690053249004597410947068772912328214304635337288
3519953648274325833119144459017809607782883583730111857543659958988
2724531925310588115026307542571493943024453931870179923608166611300
5426253995833897942971602070338767815033010280120095997252222280800
1423571094760351925544434929986767817891045559063015953809761875922
0358937341978962358931125983902598310267193304189215109689156225066
9659119828323455503059081730735195503721665870288053992138576037033
5377105178021280129566841984140362872725623214428754302210909472722
1073474134975514190737043318276626177275996888826027225247133683355
3452816692779591328861381766349857728936900965749562287103024362599
0772412219094300871755692625758065709912016659622436080242870024544
7362036394841255954881727272473653467783647201918303998717627037511
5724649922289467932322693619177641614618795613956699567783068290311
6589699430767333508234990790624100202506134057344300695745474682177

5690441651540636584680463692621274211075399042188716127617787014255
8864825775223889184599523376292377915585744549477361295525952226577
8636462118377598473700347971408206994145580719080213590732269233100
0831759510659019121294795408603640757358750205890208704579670007055
5262505811420663907459215273309406823649441590891009220296680523322
5266198911311842016291631076894084723564366808182168657219688268355
8402785500782804043453710183651096951782335743030504852653738073533
1074185917705610397395062640355442275156101107261779370634723804999
0666922161971194259120445084641746383589938239946517395509000859477
9990136026674261494290066467115067175422177038774507673563742154788
2905911012619157555870238957001405117822646989944917908301795475877
6760168094100135837613578591356924455647764464178667115391951357699
6104864922490083446715486383054477914330097680486878348184672733755
8436892724310447406807685278625585165092088263813233623148733336711
4764520450876627614950389949504809560460989604329123358348859990299
4526400284994280878624039811814884767301216754161106629995553668199
3123287425702063738352020086863691311733469731741219153633246745322
5630871347302792174956227014687325867891734558379964351358800959355
0877556356248810493852999007675135513527792412429277488565888566511
3247302514710210575352516511814850902750476845518252096331899068522
7614435138213662152368890578786699432288816028377482035506016029899
4009119713850179871683633744139275973644017007014763706655703504333
8121113576415018451821413619823495159601064752712575935185304332877
5537783057509567425442684712219618709178560783936144511383335649100
3256405733898667178123972237519316430617013859539474367843392670988
6712452211189690840236327411496601243483098929941738030588417166611
3073040067588380432111555379440605497721705942821514886165672771244
0903387727745629097110134885184374118695655449745736845218066982911
1045058004299887953899027804383596282409421860556287788428802127555
3884803728640019441614257499904272009595204654170598104989967504511
1936471172772220436102614079750809686975176600237187748348016120311
0234680567112644766123747627852190241202569943534716226660893675211
9833111813511146503854895025120655772636145473604426859498074396933
2331297127377157347099713952291182653485155587137336629120242714300
2503763269501350911612952993785864681307226486008270881333538193700
3682598867893321238327053297625857382790097826460545598555131836688
8844628265133798491667839409761353766251798258249663458771950124388
4040359140849209733754642474488176184070023569580177410177696925077
7814893386672557898564589851056891960924398841569280696983352240222
5634570497312245269354193837004843183357196516626721575524193401933
3099018319309196582920969656247667683659647019595754739345514337411
3708761517323677204227385674279170698204549953095918872434939524099
4441678998846319845504852393662972079777452814399418256789457795711
2552426826089940863317371538896262889629402112108884427376568624522
7612130371017300785135715404533041507959447776143597437803742436644
6973247138410492124314138903579092416036406314038149831481905251722
0937103964026808994832572297954564042701757722904173234796073618788
7889913318305843069394825961318713816423467218730845133877219086977
5104942843769325024981656673816260615941768252509993741672883951744
4066932549653403101452225316189009235376486378482881344209870048099
6227171226407489571939002918573307460104360729190945767994614929299
0427981687729426487729952858434647775386906950148984133924540394144
4680263625402118614317031251117577642829914644533408920976961699099
8372652361768745605894704968170136974909523072082682887890730190011
8253425805343421705928713931737993142410852647390948284596418093611
4138475831136130576108462366837237695913492615824516221552134879244
4145041756848064120636520170386330129532777699023118648020067556900
5682295016354931992305914246396217025329747573114094220180199368033
5026495636955866425906762685687372110339156793839895765565193177888
3000241613539562437777840801748819373095020699900890899328088397433

036773659552489130015663329407790713961546453408879151030065132193
448667324827590794680787981942501958262232039513125201410996053126
069655540424867054998678692302174698900954785072567297879476988883
109348746442640071818316033165551153427615562240547447337804924621
495213325852769884733626918264917433898782478927846891882805466998
230368993978341374758702580571634941356843392939606819206177333179
173820856243643363535986349449689078106401967407443658366707158692
452118299789380407713750129085864657890577142683358276897855471768
718442772612050926648610205153564284063236848180728794071712796682
006072755955590404023317874944734645476062818954151213916291844429
765106694796935401686601005519607768733539651161493093757096855455
938151378956903925101495326562814701199832699220006639287537471313
523642158926512620407288771657835840521964605410543544364216656224
456504299901025658692727914275293117208279393775132610605288123537
345106837293989358087124386938593438917571337630072031976081660446
468393772580690923729752348670291691042636926209019960520412102407
764819031601408586355842760953708655816427399534934654631450404019
952853725200495780525465625115410925243799132626271360909940290226
206283675213230506518393405745011209934146491843332364656937172591
448932415900624202061288573292613359680872650004562828455757459659
212053034131011182750130696150983551563200431078460190656549380654
252522916199181995960275232770224985573882489988270746593635576858
256051806896428537685077201222034792099393617926820659014216561592
530673794456894907085326356819683186177226824991147261573203580764
629811624401331673789278868922903259334986179702199498192573961767
307583441709855922217017182571277753449150820527843090461946083521
740200583867284970941102326695392144546106621500641067474020700918
991195137646690448126725369153716229079138540393756007783515337416
774794210038400230895185099454877903934612222086506016050035177626
483161115332558770507354127924990985937347378708119425305512143697
974991495186053592040383023571635272763087469321962219006426088618
367610334600225547747781364101269190656968649501268837629690723396
127628722304114181361006026404403003599698891994582739762411461374
480405969706257676472376606554161857469052722923822827518679915698
339074767114610302277660602006124687647772881909679161335401988140
275799217416767879923160396356949285151363364721954061117176738737
255572852294005436178517650230754469386930787349911035218253292972
604455321079788771144989887091151123725060423875373484125708606406
905205845212275453384800820530245045651766951857691320004281675805
492481178051983264603244579282973012910531838563682120621553128866
856495651261389226136706409395333457052698695969235035309422454386
527867767302754040270224638448355323991475136344104405009233036127
149608135549053153902100229959575658370538126196568314428605795669
662215472169562087001372776853696084070483332513279311223250714863
020695124539500373572334680709465648308920980153487870563349109236
605755405086411152144148143463043727327104502776866195310785832333
485784029716092521532609255893265560067212435946425506599677177038
844539618163287961446081778927217183690888012677820743010642252463
480745430047649288555340906218515365435547412547615276977266776977
277705831580141218568801170502836527554321480348800444297999806215
790456416195721278450892848980642649742709057912906921780729876947
797511244730599140605062994689428093103421641662993561482813099887
074529271604843363081840412646963792584309418544221635908457614607
855856247381493142707826621518554160387020687698046174740080832434
366538235455510944949843109349475994467267366535251766270677219418
319197719637801570216993367508376005716345464367177672338758864340
564487156696432104128259564534984138841289042068204700761559691684
303899934836679354254921032811336318472259230555438305820694167562
999201337317548912203723034907268106853445403599356182357631283776
764063101312533521214199461186935083317658785204711236433122676512

996417132521751355326186768194233879036546890800182713528358488844
411176123410117991870923650718485785622102110400977699445312179502
247957806950653296594038398736990724079767904082679400761872954783
596349279390457697366164340535979221928587057495748169669406233427
261973351813662606373598257555249650980726012366828360592834185584
802695841377255897088378994291054980033111388460340193916612218669
605849157148573356828614950001909759112521880039641976216355937574
371801148055944229873041819680808564726571354761283162920044988031
540210553059707666636274932830891688093235929008178741198573831719
261672883491840242972129043496552694272640255964146352591434840067
586769035038232057293413298159353304444649682944136732344215838076
169483121933311981906109614295220153617029857510559432646146850545
268497576480780800922133581137819774927176854507553832876887447459
159373116247060109124460982942484128752022446259447763874949199784
044682925736096853454984326653686284448936570411181779380644161653
122360021491876876946739840751717630751684985635920148689294310594
020245796962292456664488196757629434953532638217161339575779076637
076456957025973880043841580589433613710655185998760075492418721171
488929522173772114608115434498266547987258005667472405112200738345
927157572771521858994694811794064446639943237004429114074721818022
482583773601734668530074498556471542003612359339731291445859152288
740871950870863221883728826282288463184371726190330577714765156414
382230679184738603914768310814135827575585364359772165002827780371
342286968878734979509603110889919614338666406845069742078770028050
936720338723262963785603865321643234881555755701846908907464787912
243637555666867806761054495501726079114293083128576125448194444947
324481909379536900820638463167822506480953181040657025432760438570
350592281891987806586541218429921727372095510324225107971807783304
260908679427342895573555925272380551144043800123904168771644518022
649168164192740110645162243110170005669112173318942340054795968466
980429801736257040673328212996215368488140410219446342464622074557
564396045298531307140908460849965376780379320189914086581466217531
933766597011433060862500982956691763884605676297293146491149370462
446935198403953444913514119366793330193661766365255514917498230798
707228086085962611266050428929696653565251668888557211227680277274
370891738963977225756489053340103885593112567999151658902501648696
142720700591605616615970245198905183296927893555030393468121976158
218398048396056252309146263844738629603984892438618729850777592879
272206855480721049781765328621018747676689724884113956034948037672
703631692100735083407386526168450748249644859742813493648037242611
670426687083192504099761531907685577032742178501000644198412420739
640013960360158381056592841368457411910273642027416372348821452410
134771652960312840865841978795111651152982781462037913985500639996
032659124852530849369031313010079997719136223086601109992914287124
938854161203802041134018888721969347790449752745428807280350930582
875442075513481666092787935356652125562013998824962847872621443236
285367650259145046837763528258765213915648097214192967554938437558
260025316853635673137926247587804944594418342917275698837622626184
636545274349766241113845130548144983631178978448973207671950878415
861887969295581973325069995140260151167552975057543781024223895792
578656212843273120220071673057406928686936393018676595825132649914
595026091706934751940897535746401683081179884645247361895605647942
635807056256328118926966302647953595109712765913623318086692153578
860781275991053717140220450618607537486630635059148391646765672320
571451688617079098469593223672494673758309960704258922048155079913
275208858378111768521426933478692189524062265792104362034885292626
798401395321645879115157905046057971083898337186403802441751134722
647254701079479399695355466961972676325522991465493349966323418595
145036098034409221220671256769872342794070885707047429317332918852
389672197135392449242617864118863779096281448691786946817759171715

066911148002075943201206196963779510322708902956608556222545260261
046073613136886900928172106819861855378098201847115416363032626569
928342415502360097804641710852553761272890533504550613568414377585
442967797701466029438768722511536380119175815402812081825560648541
078793359892106442724489861896162941341800129513068363860929410008
313667337215300835269623573717533073865333820484219030818644918409
372394403340524490955455801640646076158101030176748847501766190869
294609876920169120218168829104087070956095147041692114702741339005
225334083481287035303102391969997859741390859360543359969707560446
013424245368249609877258131102473279856207212657249900346829388687
230489556225320446360263985422525841646432427161141981780248259556
354490721922658386366266375083594431487763515614571074552801615967
704844271419443518327569840755267792641126176525061596523545718795
667317091331935876162825592078308018520689015150471334038610031005
591481785211038475454293338918844412051794396997019411269511952656
491959418997541839323464742429070271887522353439367363366320030723
274703740712398256202466265197409019976245205619855762576000870817
308328834438183107005451449354588542267857855191537229237955549433
341017442016960009069641561273229777022121795186837635908225512881
647002199234886404395915301846400471432118636062252701154112228380
277853891109849020134274101412155976996543887719748537643115822983
853312307175113296190455900793806427669581901484262799122179294798
734890186847167650382732855205908298452980625925035212845192592798
659350613296194679625237397256558415785374456755899803240549218696
288849033256085145534439166022625777551291620077279685262938793753
045418108072928589198971538179734349618723292761474785019261145041
327487324297058340847111233374627461727462658241532427105932250625
530231473875925172478732288149145591560503633457542423377916037495
250249302235148196138116256391141561032684495807250827343176594405
409826976526934457986347970974312449827193311386387315963636121862
349726140955607992062831699942007205481152535339394607685001990988
655386143349578165008996164907967814290114838764568217491407562376
761845377514403147541120676016072646055685925779932207033733339891
636950434669069482843662998003741452762771654762382554617088318981
086880684785370553648046935095881802536052974079353867651119507937
328208314626896007107517552061443378411454995013643244632819334638
905093654571450690086448344018042836339051357815727397333453728426
337217406577577107983051755572103679597690188995849413019599957301
790124019390868135658553966194137179448763207986880037160730322054
742357226689680188212342439188598416897227765219403249322731479366
923400484897605903795809469604175427961378255378122394764614783292
697654516229028170110043784603875654415173943396004891531881757665
050095169740241564477129365661425394936888423051740012992055685428
985389794266995677702708914651373689220610441548166215680421983847
673087178759027920917590069527345668202651337311151800018143412096
260165862982107666352336177400783778342370915264406305407180784335
806107296110555002041513169637304684921335683726540030750982908936
461204789111475303704989395283345782408281738644132271000296831194
020332345642082647327623383029463937899837583655455991934086623509
096796113400486702712317652666371077872511186035403755448741869351
973365662177235922939677646325156202348757011379571209623772343137
021203100496515211197601317641940820343734851285260291333491512508
311980285017785571072537314913921570910513096505988599993156086365
547740355189816673353588004821466509974143376118277772335191074121
757284159258087259131507460602563490377726337391446137703802131834
744730111303267029691733504770163210661622783002726928336558401179
141944780874825336071440329625228577500980859960904093631263562132
816207145340610422411208301000858726425211226248014264751942618432
585338675387405474349107271004975428115946601713612259044015899160
022982780179603519408004651353475269877760952783998436808690898919

783969353217998013913544255271791022539701081063214304851137829149
851138196914304349750018998068164441212327332830719282436240673319
655469267785119315277511344646890550424811336143498460484905125834
568326644152848971397237604032821266025351669391408204994732048602
162775979177123475109750240307893575993771509502175169355582707253
391189233407022383207758580213717477837877839101523413209848942345
961369234049799827930414446316270721479611745697571968123929191374
098292580556195520743424329598289898052923336641541925636738068949
420147124134052507220406179435525255522500874879008656831454283516
775054229480327478304405643858159195266675828292970522612762871104
013480178722480178968405240792436058274246744307672164527031345135
416764966890127478680101029513386269864974821211862904033769156857
624069929637249309720162870720018983542369036414927023696193854737
248032985504511208919287982987446786412915941753167560253343531062
674525450711418148323988060729714023472552071349079839898235526872
395090936566787899238371257897624875599044322889538837731734894112
275707141095979004791930104674075041143538178246463079598955563899
188477378134134707024674736211204898622699188851745625173251934135
203811586335012391305444191007362844756751416105041097350585276204
448919097890198431548528053398577784431393388399431044446566924455
088594631408175122033139068159659251054685801313383815217641821043
342978882611963044311138879625874609022613090084997543039577124323
061690626291940392143974027089477766370248815549932245882597902063
125743691094639325280624164247686849545532493801763937161563684785
982371590238542126584061536722860713170267474013114526106376538339
031592194346981760535838031061288785205154693363924108846763200956
708971836749057816308515813816196688222204757043759061433804072585
386208356517699842677452319582418268369827016023741493836349662935
157685406139734274647089968561817016055110488097155485911861718966
802597354170542398513556001872033507906094642127114399319604652742
405088222535977348151913543857125325854049394601086579379805862014
336607882521971780902581737087091646045272797715350991034073642502
038638671822052287969445838765294795104866071739022932745542678566
977686593992341683412227466301506215532050265534146099524935605085
492175654913483095890653617569381763747364418337897422970070354520
666317092960759198962773242309025239744386101426309868773391388251
868431650102796491149773758288891345034114886594867021549210108432
808078342808941729800898329753694064496990312539986391958160146899
522088066228540841486427478628197554662927881462160717138188018084
057208471586890683691939338186427845453795671927239797236465166759
201105799566396259853551276355876814021340982901629687342985079247
184605687482833138125916196247615690287590107273310329914062386460
833337863825792630239159000355760903247728133888733917809696660146
961503175422675112599331552967421333630022296490648093458200818106
180210022766458040027821333675857301901137175467276305904435313131
903609248909724642792845554991349000518029570708291905255678188991
389962513866231938005361134622429461024895407240485712325662888893
172211643294781619055486805494344103409068071608802822795968695013
364381426825217047287086301013730115523686141690837567574763723976
318575703810944339056456446852418302814810799837691851212720193504
404180460472162693944578837709010597469321972055811407877598977207
200968938224930323683051586265728111463799698313751793762321511125
234973430524062210524423435373290565516340666950616589287821870775
679417608071297378133518711793165003315552382248773065344417945341
539520242444970341012087407218810938826816751204229940494817944947
273289477011157413944122845552182842492224065875268917227278060711
675404697300803703961878779669488255561467438439257011582954666135
867867189766129731126720007297155361302750355616781776544228744211
472988161480270524380681765357327557860250584708401320883793281600
876908130049249147368251703538221961903901499952349538710599735114

347829233949918793660869230137559636853237380670359114424326856151
210940425958263930167801712866923928323105765885171402021119695706
479981403150563304514156441462316376380990440281625691757648914256
971416359843931743327023781233693804301289262637538266779503416933
432360750024817574180875038847509493945489620974048544263563716499
594992098088429479036366629752600324385635294584472894454716620929
749549661687741412088213047702281611645604400723635158114972973921
896673738264720472264222124201656015028497130633279581430251601369
482556701478093579088965713492615816134690180696508955631012121849
180584792272069187169631633004485802010286065785859126997463766174
146393415956953955420331462802651895116793807457331575984608617370
268786760294367778050024467339133243166988035407323238828184750105
164133118953703648842269027047805274249060349208295475505400345716
018407257453693814553117535421072655783561549987444748042732345788
006187314934156604635297977945507535930479568720931672453654720838
168585560604380197703076424608348987610134570939487700294617579206
195254925575710903852517148852526567104534981341980339064152987634
369542025608027761442191431892139390883454313176968510184010384447
234894886952098194353190650655535461733581404554483788475252625394
966586999205841765278012534103389646981864243003414679138061902805
960785488801078970551694621522877309010446746249797999262712095168
477956848258334140226647721084336243759374161053673404195473896419
789542533503630186140095153476696147625565187382329246854735693580
289601153679178730355315937836308224861517777054157757656175935851
201669294311113886358215966761883032610416465171484697938542262168
716140012237821377977413126897726671299202592201740877007695628347
393220108815935628628192856357189338495885060385315817976067947984
087836097596014973342057270460352179060564760328556927627349518220
323614411258418242624771201203577638889597431823282787131460805353
357449429762179678903456816988955351850447832561638070947695169908
624710001974880920500952194363237871976487033922381154036347548862
684595615975519376541011501406700122692747439388858994385973024541
480106123590803627458528849356325158538438324249325266608758890831
870070910023737710657698505643392885433765834259675065371500533351
448990829388773735205145933304962653141514138612443793588507094468
804548697535817021290849078734780681436632332281941582734567135644
317153796781805819585246484008403290998194378171817730231700398973
3050495387356116261023999433259780126893432605558471027876490107092
344388463401173555686590358524491937018104162620850429925869743581
7098133894045934471937493877624232409852832762226660494238512970945
324558625210360082928664972417491914198896612955807677097959479530
601311915901177394310420904907942444886851308684449370590902600612
064942574471035354765785924270813041061854621988183009063458818703
875585627491158737542106466795134648758677154383801852134828191581
246259933516019893559516796893285220582479942103451271587716334522
299541883968044883552975336128683722593539007920166694133909116875
880398882886921600237325736158820716351627133281051818760210485218
067552664867390890090719513805862673512431221569163790227732870541
084203784152568328871804698795251307326634027851905941733892035854
039567703561132935448258562828761061069822972142096199350933131217
118789107876687204454887608941017479864713788246215395593333327556
200943958043453791978228059039595992743691379377866494096404877784
174833643268402628293240626008190808180439091455635193685606304508
914228964521998779884934747772913279726602765840166789013649050874
114212686196986204412696528298108704547986155954533802120115564697
997678573892018624359932677768945406050821883822790983362716712449
002676117849826437703300208184459000971723520433199470824209877151
444975101705564302954282181967000920251561584417420593365814813490
269311151709387226002645863056132560579256092733226557934628080568
344392137368840565043430739657406101777937014142461549307074136080

544210029560009566358897789926763051771878194370676149821756418659
011616086540863539151303920131680576903417259645369235080641744656
235152392905040947995318407486215121056183385456617665260639371365
880252166622357613220194170137266496607325201077194793126528276330
241380516490717456596485374835466919452358031530196916048099460681
490403781982973236093008713576079862142542209641900436790547904993
007837242158195453541837112936865843055384271762803527912882112930
835157565659994474178843838156514843422985870424559243469329523282
180350833372628379183021659183618155421715744846577842013432998259
456688455826617197901218084948033244878725818377480552226815101137
174536841787028027445244290547451823467491956418855124442133778352
142386597992598820328708510933838682990657199461490629025742768603
885051103263854454041918495886653854504057132362968106914681484786
965916686184275679846004186876229805556296304595322792305161672159
196867584952363529893578850774608153732145464298479231051167635774
949462295256949766035947396243099534331040499420967788382700271447
849406903707324910644415169605325656058677875741747211082743577431
519406075798356362914332639781221894628744779811980722564671466405
485013100965678631488009030374933887536418316513498254669467331611
812336485439764932502617954935720430540218297487125110740401161140
589991109306249231281311634054926257135672181862893278613883371802
853505650359195274140086951092616754147679266803210923746708721360
627833292238641361959412133927803611827632410600474097111104814000
362334271451448333464167546635469973149475664342365949349684588455
152415075637660508663282742479413606287604129064491382851945640264
315322585862404314183866959063324506300039221319264762596269151090
445769530144405461803785750303668621246227863975274666787012100339
298487337501447560032210062235802934377495503203701273846816306102
657030087227546296679688089058712767636106622572235222973920644309
352432722810085997309513252863060110549791564479184500461804676240
892892568091293059296064235702106152464620502324896659398732493396
737695202399176089847457184353193664652912584806448019652016283879
518949933675924148562613699594530728725453246329152911012876377060
557060953137752775186792329213495524513308986796916512907384130216
757323863757582008036357572800275449032795307990079944254110872569
318801466793559583467643286887696661009739574996783659339784634695
994895061049038364740950469522606385804675807306991229047408987916
687211714752764471160440195271816950828973353714853092893704638442
089329977112585684084660833993404568902678751600877546126798801546
585652206121095349079670736553970257619943137663996060606110640695
933082817187642604357342536175694378484849525010826648839515970049
059838081210522111109194332395113605144645983421079905808209371646
452312770402316007213854372346126726099787038565709199850759563461
324846018840985019428768790226873455650051912154654406382925385127
631766392205093834520430077301702994036261543400132276391091298832
786392041230044555168405488980908077917463609243933491264116424009
388074635660726233669584276458369826873481588196105857183576746200
965052606592926354829149904576830721089324585707370166071739819448
502884260396366074603118478622583105658087087030556759586134170074
540296568763477417643105175103673286924555858208237203860178173940
517513043799486882232004437804310317092103426167499800007301609481
458637448877852227307633049538394434538277060876076354209844500830
624763025357278103278346176697054428715531534001649707665719598504
174819908720149087568603778359199471934335277294728553792578768483
230110185936580071729118696761765505377503029303383070644891281141
202550615089641100762382457448865518258105814034532012475472326908
754750707857765973254284445935304499207001453874894822655644222369
636554419422544133821222547749753549462482768053333698328415613869
236344335855386847111143049824839899180316545863828935379913053522
283343013795337295401625762322808113849949187614414132293376710656

3492528814528239506209022357876684650116660097382753660405446941653
4222390521083145858470355293522199282727605748212660652913855303
4554974455147034493948686342945965843102419078592368022456076393678
4166270518555178702904073557304620639692453307795782245949710420188
0430001838814290081730394505073427870131244668600927785818110409115
1117293748736278878749074652855654347488868310641100510230208751077
6891878152562273525155037953244485778727761700196485370355516765
5209119339343762866284619844026295252183678522367475108809781507098
978413086245881522660963551401874495836926917799047120726494905737
2642860052114035812310760066995185361248627467563758962252991164960
6687650826173417848478933729505673900787861792535144062104536625
0640463728815698232317500596261080921955211150859302955654967538862
6129723399146283584760486276270273097392020014322487075823373549152
4608560821032888297418390647886992327369136004883743661522351705
8437705545210815513361262142911815615301758882573594892507108879262
1286413924433093837973338678061317952373152667738208580247014335270
0924380326695174211950767088432634644274912755890774686358216216
6042741315170212458586056233631493164646913946562497471741958354218
6077487110573384584336899396459137406033821593522435947516262391886
8530782282176398323730618020424656047752794310479618972429953302
9792497481684052893791044947004590864991872727345413508101983881864
6736093925719305119686456018557824502182310658894379865224320506773
7996619695547244058592241795300682045179537004347245176289356677
0508490213107736625751697335527462302943031203596260953423574397249
6592110106578178261087453188748031874308235736991951563409571627009
9244492974910548985151965866474014822510633536794973714251022934
1882585117371994499115097583746130105550506419772153192935487537119
1630262030328588658528480193509225875775597425276584011721342323648
0840271433563675420463751825525249443296570438613878659019657388028
6840189408767281671413703366173265012057865391578070308871426151
9075001492576112927675193096728453971160213606303090542243966320674
3235827978893323244057791992784846333397777376559018705748068286783
4796562414610289950848739969297075043275302997287229732793444298
8646412725348160603779707298299173029296308695801996312413304939350
4933254123550710544611825911411164545347103298810478440677801380771
3146540009938630648126661433085820681139583831916954555825942689
5769841428893743467084107946318932539106963955780706021245974898293
5646135607889834724199794785643620420946134123876131988653523583129
9686226894860840845665560687695450127448663140505473535174687300
9806322780468912246821460806727627708402402266155485024008952891657
1176174390203375848778429112896232470591918746910420058483261406773
3375102719565399469716251724831223063391932870798380074848572651
6123434933273356664473358556430235280883924348278760886164943289399
1663992104883078477770480457284914563033532650700295889062659154985
0940797276756712979501009822947622896189159144152003228387877348
5130979081019129267227103778898053964156362364169154985768408398468
8616843754070651210390625061281076637990479088796747780697384731704
7525344215639038720123880632368803701794930895490077633152306354
8374256816653361606641980030188287123767481898330246836371488309259
2833759022789425880600872860388591688497306939480205112217663591382
5152427867009440694235512020156837777885182467002565170850924962
3747726813694284350062938814429987905301056217375459182679973217735
0293689280652100253962688074980926434580116557158867004435039765053
2347828732736884086354000274067678382196352222653929093980736739
1364082898722017776747168118195856133721583119054682936083236976113
4502817578302029348459829250008956826302712632958662921476531422333
5179309338795135709534637718368409244442209631933129562030557551
7340067973740614162107923633423805646850092037167152642556371853889
5714164197723874226105966673969971731681694154350952831935564177056
6862221521799115135563970714331289365755384464832620120642433801

695586269856102246064606933079384785881436740700059976970364901927
3328826135329363112403650698652160638987250267238087403396744397 83
025829689425689674186433613497947524552629142652284241924308338810
358005378702399954217211368655027534136221169314069466951318692810
257479598560514500502171591331775160995786555198188619321128211070
944228724044248115340605589595835581523201218460582056359269930347
885113206862662758877144603599665610843072569650056306448918759946
659677284717153957361210818084154727314266174893313417463266235422
207260014601270120693463952056444554329166298666078308906811879009
081529506362678207561438881578135113469536630387841209234694286873
083932043233387277549680521030282154432472338884521534372725012858
974769146080831440412586818154004918777228786980185345453700652665
564917091542952275670922221747411206272065662298980603289167206874
365494824610869736722554740481288924247185432360575341167285075755
205713115669795458488739874222813588798584078313506054829055148278
529489112190538319562422871948475940785939804790109419407067176443
903273071213588738504999363883820550168340277749607027684488028191
222063688863681104356952930065219552826152699127163727738841899328
713056346468822739828876319864570983630891778648708667618548568004
767255267541474285102814580740315299219781455775684368111018531749
816701642664788409026268282444825802753209454991510451851771654631
180490456798571325752811791365627815811128881656228587603087597496
384943527567661216895926148503078536204527450775295063101248034180
458405943292607985443562009370809182152392037179067812199228049606
973823874331262673030679594396095495718957721791559730058869364684
557667609245090608820221223571925453671519183487258742391941089044
411595993276004450655620646116465566548759424736925233695599303035
509581762617623184956190649483967300203776387436934399982943020914
707361894793269276244518656023955905370512897816345542332011497599
489627842432748378803270141867695262118097500640514975588965029300
486760520801049153788541390942453169171998762894127722112946456829
486028149318156024967788794981377721622935943781100444806079767242
927624951078415344642915084276452000204276947069804177583220909702
029165734725158290463091035903784297757265172087724474095226716630
600546971638794317119687348468873818665675127929857501636341131462
753049901913564682380432997069577015078933772865803571279091376742
080565549362464641260024379684543777339026472512819416320076848736
251764065967540693621758879307855916478777274739272002910342949562
447661308200729250734529170764226621047673037863169954237455117456
522022783324096803524667663190861011206745856287317413511162292078
865132941244815471628182079877168346341322362234117788231027659825
109358892359162055108763298087993165172528938001237817434896832151
590562493347370206832232100118637395770567473867102173212375224325
241626358034376253606808669163571594551527817803921774322823436633
772811186390511893075901666650742952758384008544635419317190531363
659724905158409106582201814734799022359067138146905116051922301269
482316113417439944714833040862484269139502336713412425123864026657
258130943967621939655407386524229897879782198637918299709557924747
320303239116410445906907977862315518349593035305923789817515891457
650408025109479123421758482841881950138546165680301755035580054944
894884871351605375593402345748979516602442338321406030095937105588
457052515704266284600354402823678768550982678161765520375795655481
677896038927498355608791541177749423573400764161093294003899982199
267257086957326068774974224802023307525187650255968420760693229988
587579898896460744381788170081548895226516722834045277219106991415
764639485231126794730865803195076455197675628957428881796812090026
387145257858315277615109088631740243695680567873015235427804793414
266495223833707117511265375503942372098784668049139473446530714079
622597287130503077258714875570502582573466866613802351426056116197
405543436548698005444879295970287590352258409782683598666446586045

694241390729095266249932902973440568160683805726626057277088407073
471496060064561454070734432782514087474275506722304845357006092214
390002992981608211717047917614505191008132670375214930740567853311
106058352912781007391749949197845112915913681107394055175208019630
539350740248509553772500367054665162330430425087442324262404632115
078997336929985407041656261041976700202415094892411856092409637604
429612002364590706449770627207919019235964807048923636979860198283
087284228564752353162882791324295524814447505521909672046080689545
181712204930321853740627247421519740305769043602686360780792004776
232429551829473522027244376339027721392087767065716241639751785859
254426923428535274328856336850789651962072519416556061870370550218
462845434257850383000095374518292958440464918838685793483961151297
160581665745096703677495836666693121881763679644943617130416037243
050658485131749264055855194018005180908475211868224616976149243238
319486434415908558011073070311201502243416073157929528752936835820
397003389112114170685219366589789459503154389589015303827143001929
589074149943592894083097077078362875914484037045038618966975811201
852319231868659968038583812370329156207578835948780941688205531605
128190152647592807574958154564221341459378167056992868299895611982
353837157880480478704584175394665497690173220310890070303362911767
308448450372145669644401469545173857434157810158618783839278552609
399130570255575559060947051498093487773320072797573038245989466809
680822221348485873822999281794090825665209581655472475244566743697
594474686376332428904269776106791933910983300422310293728298798903
209391092682836306173610173878123679898645149311702437128285882630
486298884492207415640607147059137405524665756971870217355287245439
427714809179364437650637861861324348635797411258520863459927803688
792498354363298457687650165065115345008695721239507544785683173631
557153527046524235259737513408825461609661440746675514226836031959
801072152463551069171871335731685485631280857834435623670959650949
946968820661185118086034202821331801249410991502601435450017432730
793625113070298250499417994284451146479329154599555909587807621636
668591791065435966065253525320273650725989121255686842802077246487
722010996631829559552903393312284364864475973560859840760947298389
542433932623153239918981852264180831296333546356874828863465618504
810632288805596737844562000941465603499280879405115310057587129552
571964111506850340773710604380371259575596985949362058477512026354
947347534748189262254190352671614429284899857536740692165271630086
060654373736823556588626486343689153218095572204456777137368310458
075584529612832832606319629728527966674362974800821318627921869044
284342630735760703999669430789508147269730253817375694922751795354
326156912040594832860949992366412287881226419148504856328072066418
557059520375030322916894489427578306090910852410601400683274205583
969773823150734996108758763704255564964086855071942256344966732430
656259250474581762733281816017019698166542426378763601453035946538
450325476674999737340835665138186025156520283637389171016545414882
674448009105704186162626837971120886141357279611099088292970229692
128180978798951391504270936786444983196420134566833908775943006442
485623012124614511697921939634409508083229281294270436599146482749
984375942113020418297308417178813090379558545603247170819195302771
465794555475544754284434408139388908609776017857389307518661906505
018077165001840744325854024184360501118242990702323417243674525365
349594799063334540754371812699399833719218485418735979845348934592
268515068182662490078029335012658824974226241885352526636702827662
499349829488748331061764208429016923052899608978604130065109028179
805040587107671179041130217482796682353001960220253185576789843317
586806378359968791601538922220236575765581586611409199394861599209
159917553341783033347643131635012705390697079326567812415906434284
721360235218236741214733124499944334155915274315931687477882533155
092770336202901222597794809855392200064527162280855398278906584233

447552821276517650572663267691141075034845871896996434875775138479
148183635100621466818585096348887081456976722020167991199462417776
688907917136865945960726468538810778783002161368276697026223459418
737476733537998884403427046803042551694127158739320398444374604547
816113056625176412759821181939661101850562880555942566060032312116
180994622129301002470913347150682268430458680300904242861682025562
140946087900065191099495570815816505828983340739466084457565780636
690272843462018587328252924796505286681408503538519837523637451925
622795490290557907030283950104854835929834542814487304358047053315
081510503001521428117175393649133166172621235405527863308002083177
055630294963594201654333094094177196326234119387105161570101798053
551679370860291366756986097124120368583812957695307798141365700174
761356966986146068491439699573837631695824602513342108072621713601
943018087209888551415024163818325975259593165531865833117126857941
527206612218422661411825154657484878312610347834546749258308729985
447421206445095233245050877431496166555251797168020991720026409374
921907569936896330281391647208963581771735555848592706524504862516
419540550801343510323389813378302497701822754906381499964723334079
613041469739476372650869273347108415685608430921316240434629863920
841660055904598506491243505264766067600344441618186403670083774114
101094320588955598658670077863671896944089622321374034113597199133
135946553685446692367652589012108413777432482191812747847892287264
892970032371873456157981599834839100412601050746964599430331978810
634913923812490503061433407918328004063907098672596197098311265960
147473725330526853717742146554005873924623727617364905198713368067
723952570781360686683261395014329509474851594724667527201684316586
608807512768584755541184381169011622005552113484488960668259227431
319007963011587084670117654935393046563356225311244727796669005831
190616101972663073970542531439818457379449486780134618217875939076
999602029083965677287846905736401564015047696448993947541474608339
918696889271156942345492651246645507792554028105037622035967530558
601856492056062879090769453339208808849477828894851122154743230191
383245562993881020614490266876010207753210915684977830740859649857
967152617010039475494539917698791323546550106407355816999409756248
149967443278429202762644189793918158394562708173301582160225519659
898769376164019861207466755048861110855726764507052622446130222335
852072273620485057289238815884938754535229186399714380884061757286
220950122506515863104258884134355431973729856217753072022629475552
483044445340434888878581170341345342522354319407877972846760181583
227097745180929342193189815812482832658950040704855206099893783900
341914163044639163880549658786501375046341695655156618298878630705
842306967660254053024811471007899784211830489010464056896539702885
595530925558636052158957375114089564905844156774937105859648014315
874614491250549253191164653821585197370093280194530320572628452658
046046337816631429933076646646530760590548962888724189716060225882
617577539922055131509377200624863085562820493575752724995567089221
634233983602565328731029194007041176919220850015116735670101958971
001797019578120892910969417754369904368202563024054822625401905696
507710581574240721496339560365270283334407305750073674562260584649
886115101689612181119058471714461068719761017456587373796740697137
423238753839030317200200207205928488785123911746471673743737923283
881966201687622191346233893762599527025672138622112458980212130501
407288904300322535504095866818724139369938193069148744717186646183
111942603161664070377316487001864799600243044003242241809402278533
309011509880870678268835317200767522553138008818780431690190072804
831799287414125476123089606833095828377667688287578688683092976001
011974533898331952588619630132917094385816615374171794496319177154
312506959853481285684619377669894277459170918802520012749905559407
289696594793331672243621567896776966708035229039018485730806275670
867658627104769409203565593025352743418965927002227049233186829991

560936413757004988537304596396152734629396974951748062696451793018
719986788537581415975799314806608557232568374305282764175670050288
040489429899580948103534833934144927885925262192415547231997143385
086637320926632728243514933640704589683852345624744361175256766987
767597223439206357507471552918102762614012992480422883990297879925
418517499129630283990729635588579890593317795908769073905646025623
533567221552259468838298452882922966275137162422172954678670715840
924184084147557582539385240963302051349704740695399567897981727860
920462286839735779815111868152659884606949758965481314651150392626
377749513761557248195116119877250344564710738513435927355538712462
375598193813214238441581929070046389771683887207916361741432497079
109658162746429717072871725142745898356897095534626820169085356108
944898407100581920302176945120771774588795519510473384184739980796
306767885845167575729904306971542642383498009870869933670912108394
453506245922432312348278549660374657188014892937945147870540607924
575900601219622123928720017215588666345734971409533721151655985757
941724419889026167016101611557834315025460328781198424027484608510
722406676778760855247617773833089502610064388350550205456324346167
859451941795669874968515244883847513618180667108316165564209369270
520611898517292617141714434655508706306063551012949400309759167799
158426049197120954322702678432654296572403272088714321999645313202
587109677165128549669962552698607311763718207498827399770601991362
093083230736838206455732563765982912578131492224220427971241441629
951265945639792759380383804782623160424325399132851123032247037561
942321733047854078576244013291717992979240783390715757981426816864
655382946847399205888631655934919867896962840447344968024077092831
376408103352255242717404107673565424441004483347440101726441052954
787296345898640501203608024451190350994974493973617181575277093780
209236668135841636268319263406714182797421342546220705415600050959
674045616840451771747952790353254932589120483385746590096781730416
000521088934610768754004241977803082885181200173369559127137714195
011361304409753279190504891583246399143483531648681548579178632935
123925552510211182788573696060276931301469661433449642302114382483
705633532793858895267672076688971274435815632088106650149568143558
796576909857765902768707453659276364975553449617308078160987103248
013795136170367763457594975686208013996374551762425147780628722265
971455482906769295713643572152674468987889418820751292225756509143
552828874614195097862427527881571566400763721037803194043095844272
549269987169234331890022141503113998765260688761566740210197201719
602390861082974927639569541153032275460173870795625993579785302443
476716399591462317931239989986928437975702492369551587297683854005
227651495614447105971962889888157109415171701518114743513643854005
116246202131174800791983749700100471363432523281578911355450453371
905275068229156185003328469567926226208190442473340362503892792071
585960039363153368842724375366799698647934741133198328619441460653
922784099903143840354565047056789552024827176011874335643690243503
085631309559055250390492731613311734922584644609024535079190184411
299321699770451832853586480428556822208737213616490586303256368913
084103760215679927020005322355439804653119339775459044045078568021
398465009693429547310269249947586466058091669984160684646087293943
808274308285817479694172872990311013192675573897984091364253479694
943480377703364634958476862982590103470727861218623001986607987782
684245933835638919570206853521603211635230064988744600200170413056
985365154668752023859375183280372851143274811699683692849220447380
570633496618711240947835915869626858643589141359854253577688774932
743634514754488640868818030369652431755688300205860773256959716086
485415834468432489963077011371344675156930244885482077124133557732
306949458067267845235943631507872728157901573070033178796854436279
525719023623274614262868732738009497741122856237663214904653294072
026197539071740422259539242888164559796570030957141389106936845036

268231053986743753240052701534745893325679514941854537808827063457
295962169085383535370381418115573816378209032561519869745357646412
125498076005156141707298046994813593483150568116642793219335279822
714715767340186088721518799669350252700757556099719882863064285448
128275139280694702750148163289727314347348528529504604883271673978
981563678804780443602109007320727369749344630499731442571560433133
690387618100948873120713482710815889857483265854207510077953118326
861708037070935927614936782530858340482351003632166378957426202550
350116861543407379504516482896755698358935522020173679548075781909
502697981271148703431190363112246128295303820512870430929471974594
690821025634788995431771524379696211281224503426066399268852133079
196370277780448857920573046990800923440186638113252097123096476059
989947925759851008173039606822219975327301606582628527582576695078
547260349382981335825281786706085126560022688717811253597829337347
791412736284188656175920832879447410969703879854736984025458063294
835022359393543587480223989760916296250110473931169449100666907230
634693130169711820632535269244043840093724284428209709364856909468
920087371753252557030543539828727812301139808093867015474885803445
631871319602678548793893316205007675264112044390237583342724298699
654786368534102848857370254725502365663418680919038388670787907208
403619402164670121534837978151832826472578628815207101081499558980
338118961569441756761340717046538512170902123777884333649651872119
905407581877394397528364143953044245913903178813004188791887114553
148267469987055587931040240388884083850687341625071657274185134952
084963670955542450439483948045979156228282483787934152720362263369
561805556371076814888893619275742659935823559431530887933052767558
747512365065843969475604297192002319868024351719937868100361102312
568364256079597410574153628297180046497748573718378639037039015397
374911654685499716453941611216417610717145401765190565052520662277
883129045719693205990241375395983861982603205495839501675552509644
137118222561496014003023035407899209698677507867200038074267970530
307167932296015648622808518403352350170608589512912223246117830253
163628943946073652771336511631646446199099021224922412315168992767
855863736315526002503488487813233001910189399616702731416999626511
945742636761965002434737172729028462209798394871065982270009954918
877696188505432653211802219444282228425152556141187434018041946141
394514712872527592391255964437356833972896331267678234910356332961
294719101515714311579549093390326141191865475237624721531102079369
115848742205822747343201735585077122437969857965491580627950274097
716886114807616315161055306856692457171769220443668433127398933794
111629722451699985468562215702417594711769952916550211685500108985
761934639455908826270775311465775223884634351937653973498480245497
607602440308084489010683878697261237097835782451668011714859836794
055290461982621656691720274262854823933960018254599409254308169691
032978411234022885600190549342750223185294712829609693976813734197
704278121300147328677605719405969979275512461718434956985641712872
481183465420642318714551824152867630567513116267717735061751124546
338799426529127010578995671805721436557918350691777930704075732904
397494995822410623810514917650238504182730096620171750940590805408
957283755406355152219965820757351315707592361539863945921115586400
098809755261053838256899272158478504174606516151133788336097601211
484870055601658124924706825684427204547289630942030665044529864622
359422600855499158914995360649842803457949275700949795945060237877
501947062463239495495782308228306684081880252107663907423097372091
628533717680621644693543231791785530583317142084798863034084657264
269395570026857605753934788858709460058272323051910811751423491268
733658596079989173292891589600181509181633740080603547520005151175
102901229924870961545928026206076169827218102916731554892942374085
196743307916607849905578210193571366243599088361385980851615641747
694605478554008195353067080308969763045294686823321053287823743894

411568517627171163630940147990964945635459295013073900362682100732
637008235615069126964318335171625439030469898931426154426359511363
466057378654951244574752621678954703628904830484996804037722513431
937373441236618586944588064018584073147633792940386340435919419872
355263015654608051868676068043160845128459160424413269879125385602
991599672787661951950531764883134693257366894644382558139108486209
663742674579831301222343872583124422033094571457541470479293875858
238997738515213523723895596643122356432626286011474890868171592810
6687270840082033771869215352352692634722268090825989889840026208152
178282611229313118208660070996860365409818326807558247767069504109
975861436243552161945353029200254667367996485043373133495208210751
199258926638995647569858707901856123791578864374469037871509500112
550210038845311923652965599461900474846620642347942329670060529003
709175578188708193522146871427235277632559898086948721113845980014
123842163827824412736542446748833381679716201128861914154019367129
0947899026466664431560983729615019686242282506723061667209435465714
251493086424887785986827595887490650772602509518295367651811823686
169447243607837642947624692263194989219646440683169287661615060508
138463194151162025779078630718012311594586038965625265542233462344
545073947886902681594975131168851436945210216883190446168629763325
229863851818850049286935727647668238555646365544964006317648285575
785866610228551564859908820958689444362546986795238226861159699100
563660829267915337538160661122478695313261585318717638859893779291
889029987938798100036973078489592706254104848593158543233956831042
390299070263443797875691855434089764407601308444819786265079476440
830134942435834281885915259293471436317533749589701072873501270788
980481635045676667693207553051840432446100740321676471836083708475
065126930707660849825299000317850305853682139512735038638246056425
103377755809864643398017186208142663074172592226000511091342681074
670129014301654101064933212283790827515001003530015654597508323772
965439697382047741626571065740821649960626227496187953347907065988
974871779564334064841745645747906925170149499810095353413548908754
836327579522407206986291024671703579251441766703886609906985726260
581240825336225218992000418975745765315123000064445715931701771688
635483333051921582055946117357716321132233931965320386199005116178
171334001070576652689919708169202219464704323795356411866063920558
609034457064151797782145054722278852987210197858846070047420028468
873795844228949974333656271877991721137916164492541329715652879529
532639759538535920950138633380507561369530899547584883024261962758
985941513780515805025767540401785795852448831172105089277089227273
431973823884687307168230248788688585510108073522781405371406520758
107270848167263977098731455162646911423286103036932984330300323676
162714264067587806731883971515002798163374779078775038307986759404
591073921034587404219617034925808189907205961291586420202885734009
114955238865107911371495334639763988183948804530075074740372280936
820535430494951948332833470075161979008687285439962981575605891637
624723069162871111137676086480323752459664930411753946136464337804
671165055504670671836221285795048067165630427626711429999113487698
447050370637900181096888629721757951732433802780617470496302042492
916619171886243355599282093243919445711886321556320161654247055375
938696624656334121541014032286990930159132885808831241242882876373
872742838038590710292748633351503090445328052597795658920554562434
297982794134891756382400771612173324736428540160610044337641457220
785921715591401037832020132133833096380778904095723810558829392796
374381660686835195059277019515361601722158904287856784820682919441
698718192862730827044416303962547130532843883379133747687358261221
162583602728961624559041896770247453827583966522993712351630489833
012421417455788591594256059792427721819908556279848605617453684478
923796907975594555154646853163024462325674034895845462256744858202
042457391994253094264224504202689038150152683602412559807597523648

162809304891274615119623154611400822056396780658535407668688227542
650381225999162076017089556747446524234452017661650325945665912966
786324621379919222961458671422482492880647680321086477994100410060
033906792752373625460277429600734788038356687522003482457694908456
862696057715701919174892260635208129738797443835483286136939562450
392976805783223402171676555917766840375723484409461762931288492689
936871389838822271060279037990019045583360079739277410926655739233
147025909233890654388422351324115388018559234956139930223919645050
450369352927011566305153351918641864823442499919272027295345959906
304872360804159576002966812111683172366038110542803591445720248256
456105714055462420821343520948108417158289572445072063546816002305
120140848054358742526171017681853883557558717415424775449772221419
261315525269109175563331932322243218525422182729149159810583689702
503522813002141192486014248068079753699647771939490680468355280834
732761030604940973309169031678309793463661183278453186871646268073
883365670456601042376850580139507443647963922284112697945134773004
924987864965636794909929132712528977651918175427962806084932375520
815361113240339713165504391887960198382138585000773242461778849187
581459642642337889793330819488160040113126525635693244659398400636
890315254722923991414474377069633893576192603918924793631780083102
611419548543605157787160049557886565797066588551042882466363057207
778902266777042512681571979533225107638903681976284402861025880539
233932947467202408854127649238644760216116262082421299166036229918
492378223630098347811952291382184732634228575912097980547828525059
183798336801787411242644746002256241498069140074097972102327853957
561512834580616541111792671042799057939449713494632895045651286884
784187175802050458328387485313736911351025506201027753458094391050
010218339732456504728894768792989259450198750767122363791875864720
121496606115128048709648863056228440839369443872169212084920085155
838125107074195518720809374694245973117281172105192890389637039423
577686212766821093182763664984042124938144097959863114225436483965
499983479084307021764385554351257436828228153032222380834767951113
557014806318200453220723794891863572149106242526993994671015366846
234105153338142684770627585203524099207972086991453730109551641503
317628200196916411546026820723669255275141842996992053985343307306
805737238050416719722112737405078927266340638850686734458560773266
648384578027718911475801323105519878413365218519071460681389868867
103147598264611293795439526672867275994833590259744587868768496462
683484434414135917714587766088077845357183932937193739323640835633
757668846821111799350554102085561884901020160050563954168745108220
603555410817666460524124966224422804545243216032036019464135609792
001959024049792923673298924553990101980112140290868699920575891777
188074146122205024728585715367530747814389730571787268366360157613
610077228631963885264623512553807731945956356796538236249992655180
433079635962110674552852142902629498265675533527310046878865731047
246649332656792733134512295505918623293739332608607745135077530901
574443829487339779605322849358301361837958626480321297368474817516
476913662110360369509106666505171711508278200932788358722598394046
306837631811808904423626219988123682680785795262197216687201745517
472627818032683058548803970977047934831035439855907843552776676033
139884605271503138856332467688927104595851932895139167823857735772
658100479825639355193520055204080028705967824973937478860528356493
591497838037796496000521244583477900175604246586665199807702883943
851638095504304921960324436090340085174660429627430976838715194598
264473594023424821104475729111777958773134155360952759570898612586
771456252399450075938020609355024892008476733229308574222255020645
569023912654366357852427242905605320575403082101451238209021746697
579765347517250146583747884808053773515042222404295760361375432486
199655891939220504699982106293160967565179075132296077785755331026
585842576086686764535520927748275567545177169950878941180593630524

994496701237598006553499873966639539441701705969810151271933311840
767923271853953980976404852784674387231643291002906549530861283330
266400758012961849920702200255597215695758837616878436434679275586
357397225356488413306011928957464280935785808113233143311528748217
976603971257952890036407198923328131611640416937736628013259738222
237426818917648959642270338039059295964969648213311447316676504197
678110849096646942571706945700787126401448652242846948897617256746
535220506162107300101926248314682120355169950152200731638400413203
033324231216708268546893175843663043078435078592810447849266395265
239871864417338008568169232134742975458326940216125333283790096064
862778549412667951367404587741694559614076265662502990069226726787
603658713793279604184883939339346926354341548095183623323317522937
035210291464133127520371171667548720634738923293785107290295144629
274154676194794274716691603049782928896147458702649979707920638724
082502300642554499590401197410853516784440901880646293748354439614
400353523310304041178457228902958180581032123743825898702747370401
068377771592512645357065083009214792583498924751274536220061058545
759973693135297078143742841340551954446721489415057452839171603715
453082525558343202512542416624457524562964457910769717152147095185
055003550543906316882581057850746356562047914667680556984384552027
709969719889807233714869563567031776877637897432734928293439051455
670607446079704769316462781214171381827437856146219708808702106421
105737785147135883737738824076528045191427137488110559744718310093
937519765980210024101251123081368260338474491087716132285766026393
884928495989823656572720426357202637482564949491262914191713064628
059566982549360326132019252804346170439028926027993140436137026582
012131285148815857311178210413103357288871817295262711200081475064
026830464189887697478791731737038139991888242416994212152776045185
956711909418073734793310997092831554681656395271010461137625406644
958618385463898220899677832955011143149959368039822230371363295742
321735744647342109741491743641994731958840052638726959231836423254
918455955045343778467094704509594201202114220864191279049359945213
739248711074323149511380429379365543637217263481907571135312709307
952729522112479531498969908089466574769556512436056114200866399056
099000380302506124236077503293413472890501316772809713162683495963
409292243031195084878867103533520023712730202916592975252657039210
421496349523857085605723434621576956985134068304548331545907536471
146996824209102321431171769227738534770417794076441001301048596092
707211320523185382227444870243327103987811479127546080836115687792
151311310450083663631007517511025900280864277150209627136623974010
752884454683316182115027892643072976355761055112462033248005310599
511150543148482955343295983057427245173788652719300073232173623758
732731489091094553740270481185557199051683938745352067970859211896
407854895041094056996598871598863362077955045219321563361246853031
747054439402941829263552401554523160986825531389701880153970459625
016917966481250155593231148267300563383579726032860177847414960045
697257834956205873287301245145557634523029864814954410090788352980
120701265410952518460666201767420452573679946907719084537874820608
029048251670176619820730618331239219353569004070521549893903446593
880904750772416954365185807506649045944318886297872357160302248135
220460109063521450828063974927551284769435499620339916448879197437
902095718886320024750207910237907307296374632633667459427556378453
569136734552401489712590948036856628232100500394007310663207525728
314711519263328928520696723934717509829526021254947643301953574383
509258283111339115390633766173730772363027988986998579945016592376
906754883798892940060516282614004815046948281403308391643424865093
963545890913280595111633455036563482451915058317949808318272813479
505077271733594966337188214919283787116463903566925779942457394355
473044935559396848032790208614196815082606481092468854338332986639
074547805263629161562798803187828270745163032786390756653362197506

3224248645769459753596673200603898262930000761251494798008956712452
256955982758548576901246368659494224227727177151849641751071598416
357207241224371968067203927064789427894217128426413342711831847944
133460647243141150155098551171241466824331235206284065722692606904
747919644729752832274956981963277872816259540120205380732958250049
744593080978240952991296542331849879880077168163198608651208831586
725650659441406184468374963189291374599342160348482288315828973094
216147368925585169927155311558888760072170341024458744020844342827
300467309795555666811501300338889583802314643138290026007632285034
758307808788951803139810207627889851743534782251208467594974300244
378958428956807526632036276962994601808349419949127065591308400058
626563996391104068510412820071532462564263714563557576945284927112
635577196325065896545536482125459263355257292595281499341587877651
569223119151023373440716991656476398200089698462984399775938539811
213321810328198969945792617649358297483733877523528594640351382382
306269453634581003193672502069828073843334117528315731434263989641
634712705303477569915580031181591809113788026883854757697292339888
286032302997704306662886955301210272705763395989768941024996847949
816842011992561348075644040655946238370872368881254894914879487348
086141681055211400184551700844448429484755073273664282722206336582
401745498808291301883914015680905000084954657373000327477972099175
074617859515799532022372852359204007425152256386166756203188398117
618611960221628474319079702503674592828046781785366473935600354038
278281845766947823374571138221219326167295010427069409520265028052
289859093500239449087456262053452217311940957783019536051850385496
140621825306182036518273370621119893902448897538635818099449181578
487833652886543654224830202789241704968965110417275947501781226785
814391748649424357300909171264877160595920974458114629554223100220
085120522589764778114827039426776664278274625939511743807198618722
265586504030028469146927864680031836034638172640570270742262034297
187555809938687124046562233389146465830554301315509528510972630050
805188265272685335372937338569182693717167730316118647494810424215
127915910146065697953331337740959367493264414637024275245393350301
309928336485407069840343991212452492755802997988240920664464042585
966200888741916498773027540372920421581093781471313622628866669454
742124495528490914921933719362340294337125575569988652966236450353
519202677763794248208286056893623152152317885014521313214914698685
483594470686585010981314205892676416115162109405356780736810089734
245872932705210853572676380056422884092966588447779527954671073519
295474713015079220840328232204428944678218396547110902117340725139
724757357008555312743219996751259582568063235880883884366203262266
191414934740436498000247398332092411838667429609269460701418388178
110714282439657796388439864782313715424989472583041145149526872423
618996763058816820846327437441210390552765218710735564525713360114
558045585684558650432859917676519619327114349866540777451450047307
271171479571222757201812886446440777517460328242317338533765298981
044232240467724632047951798097157602580088576897513405948054826877
288477629384645496040270370508539419092769937066804551719416040376
351180185513657545109524703460226002074174282384948178225490636599
208474903758320574467795910675566064077500934712981700581876940802
799269046059498721176341519148822518670439557310017937100046657292
180372848797971569227888839704198254565706428908985827958625659901
375968750078569853420944399597152366767355991155709006141301885395
600693305082611578831597901882912877765396964067539208084858229047
556190518637549059417647208090848523929966365377746870985680142361
370763704674236180292186795924769777652926292904179839275053432943
384476533398501228283627985150263745427966717714841975733906572871
543054321575235449320534653754238204844850884634590853386677292538
520444984413136863751894117684862613603681937363513393254080685226
921474307329134467625293226408453308449386471515618139413634350364

8177947550976339255988278690369632386330342579445292292377520328 74
4890200405326681393547528550174645317172145995081455613646925266 50
2271153373818175978557950419880754858113362891549009039080607754 15
7573613737559880187573075362487370012912238261134381039234372313 53
6898891533749493786324984941764281417045284082969399172432328677 25
6415048376577311449335215538523001781108276163630370902052595037 79
0925341104705700465652519779256793314108866326405926231788931260 31
5285758716424211903337987257758742901290375936269727234314893572 57
2418837941862768645667758686920276014398050163871435204776738809 00
5789283633817797388457344100149966433235822257925351711059485607 89
1824015219982852269465095876314924712795201644676474027046895454 35
1030698261799914022340728548915468068420957432075066211544876266 44
6757986364438802325863608869187594422715214296506641613849638150 27
9721730712659205782660027847181400342092656930703090445702459646 75
7649018527813931481315092036410498459690602253144748229457070252 70
4363040611144551422276693665012542523720743940182775250894143291 52
1517059974545931259468212143510622763303318504339488951276720637 29
1512493681935703191046935729052762887687825004850548005973230753 26
5227792552419913159617911522069419685479187341566997810967025629 93
9932081645071741734905643398652199866390557093521198524390679861 50
2144862392843873982018760228547123039494596615725875096503200712 47
6657593813721248011341535506167547203695791055974610671125417117 45
3695430147191419937319722797169021161357262524311647228936664414 26
2124385498136236949635712821160368544160710823177510780129830425 38
1419089224920859536461082139564811320531607370777207605599349815 03
4240640775123315121589992462974978454743857855952270892671024791 99
1996450430401660056217629623401492821816115205046438140512010176 32
7979026932712227012592708163045794086959388503088585777676988005 77
1202774618583728185859970177211160371098273932414719793766386484 31
6000841579272530611640850151500165203002001427433763904187886226 35
2747022589848494690776947476132763910525994056603823823716369435 55
4706581748273071824741827263627240462399440284444736424586444751 04
6902997652674973443569857085390578191599585996096750612830910194 74
8865650751261397136329276415834913042083009508511004140745574437 84
9278985760726105769741819633696790755188383220173443764398053682 96
2687328518939530815972138409987536577466354932531139362559789543 00
0911914267407538592549690157973419183710401699917900945678359628 57
3224471479073204569647197863154908628412333251748127848288098487 61
0221009742783475164627905539385196688956965108760628729574590889 20
1702386720740106024538941519547393281424662231268923626502720564 02
6430217769031895555206112711463146717038915773390065452869232720 80
8111578757374991035324446693616535175221246886608059397380546894 86
7556025887068710308118989220242174952934582195353009915613553607 31
5909567346990699248742680019538217524621053498627010613215907572 60
2408043008278683562931983842710521983547275117642330279958926872 73
0531183558056875276124091974244476335680956874844410454670283523 65
1415276562700804363097477453767809820873498038498259924881067029 77
5494953522829951654655985068742831762852085719613937978285057790 14
9962321392204623415241682380388944662426737300189654337647650363 41
2518285095120888648562947143987795665592807491648962562185926715 41
4692176768396054500821642162605610642314443579823069196578047057 47
1484600729681823722879775604960891581786867293632379024157920472 83
6469702103139751800978415985500070553649387532125749616748758725 83
2599259576150743391862284379883013460445408808178096854911945411 93
4702689650599198604109976532111965810629665500511618365170620292 88
0877609149846167316442686419708923064846305675457388720247601652 57
7608529377210933584453871074027292591915246267623538179786930642 15
3401316337011357356351110981418211296622107367262696150726748307 75
2488744484167665737024004850839370255000591012266948358068391545 47
9166016456914863052393507793244672558867174160485503871149031760 75

5373219447283058221915580788075245369693274460174736052420586469 68
6975770612186776197205874910451651427154954238539202325269751234 95
4654630906132946005665072830987280338737351553752235631835702537 00
6494092638080317374634854036114660004846876242310894723791650074 51
7970524862846727663375517303687368385644037049806617909200831710 78
8210498183315526148505373540750351082239392474456301096920422788 44
7371696889509111857369268903366597185225377703296220167081065518 12
6758009408525150684775792191389321380928696119531220905038018107 65
8748836831788278142527862618796676068219770390932600672961512755 71
2527864370698983544440961391737903545485180403973331374805235879 10
9555830404815348045391878540382432369073043102740626417777626573 01
0347033840211296690848180461624964873947345844121553025815222149 94
5822249941941954725641031750211442280865230280221342409319393272 76
7819599060811259862396733945898961907167977780259511631477576264 0
2858826251481582164399441350619608117589046195115853908261335496 03
8803237135222451696811805975121895900285917973908665244952804078 27
1302700453774372678555325048503974637573946460984085658930184822 34
1614986583150346608218622360580194811455490351547426626606129502 68
7840975477981407268239569314724876098280345081189383404096153431 48
6301124867646531547875845494652222753187735608908350438370811208 82
4417599385864663093970481172530040203058134090447450511563770541 03
5014166861912485252694933482978510181114723298740453961275402222 19
0958440508723066232688884970422345670001194975185979649409914897 13
8536227945887407609904328542281277305818304024945108706336986946 86
7400894810975397100908494768304107115295506388876524905456599942 60
7738863473945525114489720361047937572544723966023547748127494160 69
8351013147640236419491461059805563757044651556671236525682827015 74
4528476022078175397233716409698626492055766876156445774464466492 54
7734672972555705388285907892317597067686398249662945556019387315 27
1036272012429312017642522464480318195446833376399461313836144570 41
6088834222537155878358070161156027177541424723331527813566940098 98
0044458238998420064074895892389238927522891473294553124042477552 08
3805237951012393843585877545499900127206828665999857909842930384 60
0732962384262907972182333727476694640152692048814304227394388383 86
9880723650340088095245127260013615257041577497895464274592866962 16
4154275190720789657656762047087629102592988877128340580613171820 68
8795096273552308022803665885309302704619400614464491862785664244 94
2081621020383276111696224421386397311571301189918531699151581650 25
8342812848741492753605073550149275164965568949868814457828072415 40
0901161769365898628113745927903225784890933976881608670857002995 34
5721579420980997220532145751427154112209398869874562801165332079 25
4551969851910384281572683512010923679952429068679954568308388593 01
3667218521135364172442283704920603648154449717799886187390619701 26
5066843706404251244599519090062260821798454151398740861561892465 93
0844027470147101672547160166860173976919976620111199893015535406 28
1778132823867987398831854809365141752690405027399232695322939310 36
0456984252059471087760223210167746792793562530768337722069298099 52
1332754934107640682936962565380979829922150200761906567133233307 19
1753110953769674314458270474521918565656173056185321660425946455 38
5616883759934532767382788781222315372811134173554517073553208276 04
4077452544230785453748112596654635574596043270368542157386962244 47
9609259367500830989140006853836358817787486427106882578787407992 83
4182519771408422304894979155179876782746847540849289938647634983 91
7539244593293129138080738765005052200666662727343844540498968011 83
4325534999762501192176787558098067233241678261782570891163017980 88
1955837910754011805096216010930804225701805492976467841153876914 30
7088247531217231379403723659287710434554469626659999262339332986 41
1371001268040811602769694022871365072981064452520165517338604686 50
4062129245789271472274267638614268236764085164119476626514371013 93
8556806427007782965968048607751794922121562917386716354649889853 83

5751532497431583541399132213650515513841090309027554332364412022253
0077042821114714191814757096183313782294342072543410315558281866693
2838668366072691638369677932010214202904681337049153438059246547111
4970835401227241006503949742164188669227447368995062528945027771899
8946913296346758587926423521163354647468642605485613157784036114311
4902695442750564803847888794329565560484433918406020270451468278244
2315140650702210485195920723120049337176738352370930885652643448411
9467734538241329688543063024778255435028195957175433268735831728277
9337741010263471725258000551089980879204274477838536427497206543099
2247960572140033066159793981569706136609839640552028766999172254722
4020639606096429945427059154600073536731549880773908300158133516033
5730111114109280154122806666705878555092703338500983115676285161644
9242550929283039087709889349460723490286585602054220670371568046355
0038260527637108239865979318483093676416563607907066052334341113777
9312161202058809514614377394768353883950472129452834986548086483788
8501946767694562326701998713318455453483736084512767180056787542355
8871951058956527978045378344846504681469516775381369518451030832399
0374965716214330796386015448161449552393511121218944302382695405788
6011646737366479565206587250815927530571313438356992004899961804322
5495020521955502061792779930564245836658721675351928175033449923911
8332562361626502081490355786124405183440403815991358271738433734044
5297449996405991865666415356124243080016261793375092142965808828322
2195705784317169794628455133096838246000369899618059298795066037600
7124327255975365088203863609588090400380017604750786697443325877233
2154383259983998643950114495415077009728226536958394380850912841100
4162909663701274249881761634410166742340050683616764823271038894222
3948202530869672229252434075060265129885763587813750085100568868744
3282747187323242898477335425815041625895502385448906849676764892822
9707281158435116760776172604891355851098147895084298498360559365933
7105320205997904436973534016628764532063718869382189780157321907622
9981036125683876483872698536012944816073176186580668059683733894111
9826500873262426696002409088320762261178399915744021058427898450633
0360141993392836245540276835099897204218596209020162101565192235844
2119488202091237839275571856055416562054553471969786612350583489622
8212860820840349731199881077259045458633766108505095823850307512844
2596428597494715967542592403495586097964340196646672175723723707077
8518464663837067170299541698329886912472818768027381254962938987600
7223408465709509894320165487604793394679468513437326303922309331799
0687303169941800740480006872513659785795859947801994965234272868899
8871781351617155057783915871386404057895659182321370814005871380888
3652304716712718220060186088112572603398624035420675212769089210811
5522603293004441018906372365919571195303028824858684782564883005255
1812608103542135181224715840046275105924448705837095408353189752155
2361034204084507641376742347300588220343231604746330435062814232100
8294872409025947644118910322337404979474085782776220482618219514288
2179811243726766258468951951069986737402273230026026150597064215277
4602326999497006158235928282229783286840199729036537816816002884111
7306733244966283840324353650413975362055091052197490957998605957266
9413840242675559674863774293085831406648031844531532908153215494344
5828804429373556800527667018000947887335886091364949458385268927911
3655943428817418645559410296179299581260809706454746509023426184033
4501081240335390006107346941209783867162772161370836145151105007722
0117042140575102955114913702554533502068141165244769178458694354033
4118791350719472868333896624761011830170049726189561183989816053900
9200891172772452827329958680838010737813140018760672501269264546455
0976733747002367678201352356732426247888048234362900999633010976577
3057107450862132187796828074343989648355242714487573058303218024944
5210923199120417862983211064561898234504950543971618030395685126533
8014922516948784795547241863827862758232782129939782074286755471099
2498218244686147958081408355004668755962615790617175902192718697233

7845472411298557573179374795351829558429913369281405884804215715 38
0746853113023354946272141844005632397445875377275180714660165706 50
3537500007800054761003678636991113239858621322182246246434350103 63
2239859670172899284252341131543432629303907359534291441393387428 21
8721484186131279071626858266847205954664035651133279272928367042 15
3333781564897878724347231657710811890588115922053413447767521297 74
6355065511098018114547089217012441063492394924242267383494394078 65
4658363868597002601991541683855861557896701272200232200316861954 19
7028924757421666766801524808240221111561909829095288293422784064 90
3953396720086499569654470752118461343409778577773642631658691698 76
2749541886831332475145315900233544095171491408135927319114619200 67
7579215856331076125470709339611644150880072729394563684925327185 89
1551688147209601141540566400389210281186485459504119005580079283 94
7161996760030187700072991661348781038991897992779330826033333833 40
5791933860125992663543506471009126063462523857434635268474929790 65
7800172876659682562194685410779874218445504710482511389936542799 44
5932024438989851344256726693278613295048517020426704168104239887 87
7662828350193125454951010870376696381206031276179962188931877783 05
2045019481204742705204573212548733903930286680853928985514539518 30
7016773725339156792769039073362485903433514761178705177976647101 07
5024507681616557253954820094809110586317329891753118416036402195 03
4635732195947558600832082926751237884955166725064922072060974120 31
2931357435374521855454983025804156517986227801646893748172397133 81
1236953637358110573939105369179739293431977518803252435258608082 75
5374099972101540080046979927943422345447689707580313149065499764 57
2719969962803326920908915583817603213989264488023769100827420906 68
0800437399250454122368497194097746704673167378878520494165644737 07
1325437283139540962318133764738488941218277568760582754721153484 06
4111928660919806142282295524907588525871140721341401635238119989 12
7477891313975746828093424728231102189843007024439996429064445084 47
8802766865394635783597863301435743073855224801180578551630030594 80
3517023052917619376680448974551900622981417402254687938598091422 85
8374494142946684056784478629968730373668633975101391007984558831 97
1893984042058517831262556099075164256666091448576606836793744806 52
9724037099333962928343483326610413687134472596294417153661683256 92
9874607519349004367548712450125173882289594264322061718377059516 65
6649038896234159034283659246762389215431621094739650098692570895 07
5041141578197189457994851682923997676852605909408476925555603209 47
3017988926182294738346886884787742147478211246290050487616242097 57
2295178607339598869641860539956912742611053799648648272882147298 65
4479372705114310364153995043024924890389871904738048121737057256 63
7134651471541312220563195699529710744845423257854093196070374806 24
3288730574037414313238215835562671427568755755136182019176330108 62
8379725855115674172305047190608736162770832629644295804827975636 30
8237643616154555406169800458196446706678102433478459880692484772 74
8952982620451694370037112019129535311291971380175955779745321797 06
8998107869799671161406472583557313852803781447946186458216347452 03
9855897512317136407974683851455920414500521772122914466992786476 52
0100365397889970941956779542290004143845487143488528556517630802 99
2516764442476821864906215121917234256868516006058597808966236688 32
0128396531227030746548182119994822538814300401681144503621167202 44
4620482829677761601656378975763497955487255108091057813394203472 77
4484748769898419218280856304164926029917623036263225044182962965 21
5438562876070374218681400473863094501591091325421030325613511075 75
5828734786562608093256450743463372334224085585816338537153069458 78
2692020523950672724753690013980114964316594582971648686322048417 95
2196424498327948806313464620108913932870531345561503788769211459 27
2685051467713559958906322386507647782826901680360130617085698288 63
3635339821664116613355480403703821003445838081505583034017971208 22
4939095038566095855713953746347628324042175193426566863925591774 33

783255482070386105633012623762876981734728224250946153189070215082
050421810397748940765721499083247852854595100246795973930841106272
522541569649389236827358143460772759803346264312598278889441818491
738026870449603886707186477083156478758911780354308201318656582034
354073422928347455769651498683915039761412613360789480997559164824
906255168553679482474050984649608568188917203699873757964398001165
295270277237226019357555720232631014768692847626362851893048492690
926409854724936481814128316893832831257956621359883554452066740895
840923148625755911051962200050308020425737002899660124136355648802
803399956946560958857632199260300046853975598028765558317107063997
506660476148677763563226116127152242671096736184025291082552446153
885776660277960808983028370687781398492381254517178987577906769165
132460310875518147960012167620168554361388753511114464644596594898
628685003842938167759796191272999045913439604283622782145743849108
066267372039815968331145831327755737193964762139470369487134483796
533672088650760949443106748938628101668608093548762040629531426836
790162232434421625009619198865282501847807500930929896168789351440
485278448521019497293149122933664283836109583591179266973210503286
586371961913064985733208661524319891775175613307253369060628944014
036246735791686124190767973072153896099260914778003921829096605678
051574245394812705158278656086176628088767548528264353457929751091
037432431480490509972013400938712099679922667327456972199757397498
352955663444532434557032626027829313689388962967691490051117916415
739641516223459624143879984997239721062591045242665562829601459679
012861764153524786433047855814962571113956032515036318374506194258
790732974799065403378129323435496477095994159702169181036814733833
330641513877132215173398409381746568333237521245212042635149480179
573706485748255881296241114146469266177478173860156155696776808063
542808133926222268057358604395739162738771435084847701866265316974
888647386824309419601892875891202138727709615384880950656532073442
058984978568214481099344327143794129234072975479326476182962040361
443641127465240436917542835856614059594332610091323144864164204976
494795520171710865170698122416084821707217101649482479807749180166
663180760457163952518386095827183272086570529825589266492312740506
731234877203497799829560941063603051658168190384801114703042390182
045758372731652085922539947510938900121122194266654459086779269137
115495078966657667654609628827777519957055450729792366620852350781
689434003204754374040076217990918813510949939669431342798599215806
292704213826756214353405924672023502064258541096859551282959888016
794748534882762322608988214260279669494883399735380911531026157275
260615166467574723112673113045630210164427562827821914879246698975
320978326529216825843304790854783365426975843307795571952000101207
872401988134949844384367638270411742100369511690111801683269994661
201008605320941579019288976139784035165111599346420444148276820545
506341848306161979946027048964895243897025843417177319031533093214
798054202089619512507592936490162781474077322477257322019135045680
559997856927754305465787984285946840858678413411453824124072065675
598264826257619030338341742518485385403847037100690876508085350864
021762101015672829143567367711035116439783634404283023478073545669
143817704745089458721178783915416653092472697951952686392823300371
685067876207877548178391081973218290478799329139607887417683308186
531819994065979267822132271345963247140952946307619739674998463493
636097580672536615518078598145349535821601480260233176252015063663
993913514287751153532124112251505706572311520853765028432210158406
189825700470439171864907241208917145612024917300437993499942065866
379857873460604806192281194643315629256867108796971234962364061937
388112180207379159818010975908011327225784300250111378803495792043
918992883005162429217600337641079337196813319206758299182607848524
757117752420168349348194140053916463935218273710489150036580479259
761583436513553494384319150921462930819950183591670942530265403298

032496761584396347114353247143703922148617843828261138668855215984
613445058033026369143941743559917537871666881400452968934351987652
723008458465501565659895211301104852881693941568670635178319221855
955305000298648325444774777199550165082658896713964088988056795806
691606580609404851392801022276976156138260831907603324548465286614
649429483966773300807073200675104262514142962447145368750970687850
660059394026518778610327654702806325729906196897591887386672305110
123794932925976495748262551959273944717640092556185211857724430888
945893130457097527258670714556514236034181989031519545721886211491
710345305965784508261868074364977358317577008647587996432274454895
007809667119616215136769508530892336123866628348110293980460743553
427272442810490328075676700337727112094912843448745081356882215603
305043883517541081483037534434208412208168360581326234576775427931
619860454305044485105558004116794337671320558147058727208825360473
106496793184796373527884478852058731828660065633493256023590888983
537772507970200505414402105594610720764924409136337227897399466397
512341178836631250900614162322765702854104850679744981271814676430
841410300237525653730495276727548454599978716332533105061902402151
814681001465126285103975983941288236986211318315247764967957774419
133239479855287165302319986980239839847319817881713331034433989083
795800005131965345233833901090970444714347942650262857403151815203
546507282311838519865802936213522437975431938019834329143125027577
667543168698886028656770135003725896964458686834176473878390665444
218192358577310787002319174454287141600302682837240494643603478769
035733261881143101081321885527985897303450534403303722769151404531
823618783217199889890550829089662419765855980578341428737306480985
290782145941126494992196511361256777307699460580206407239180866900
201756956417595527211359337589791160475982315587253564456825714374
658566889820373705497045290715846973763555870609280120176978053293
579678380795022792200105201676898873254108389319250907174288810810
708623207551018480041769696826290392399839381162366384787130819320
185559267865898070985022953739494217542469625354704395473241339247
648521037611777311231385001618713047106477839324875850063619911967
787753268071392468984403882659360510854652369222619272403499121038
316226297241144083556868049980746048371359252075390170144693739164
092864863919053757393294556536775435632948953085479197356181168943
469443443643030871444254910609829482881581159563562993377947392209
785110406721664480320531067091303759488434578734398473707653747404
793080903438244339705830532695856299847938304808177975089019323978
819644747281348548648563997367907690393025212859195095945330313797
518529818662620117612609532139263391827182563275830591189372106915
776438388722784228529009122612514080523150812027262477370667161537
297962365171711830918171522805265375933737558128234864296932266784
713386959887691580950811504993633735690590084289200705482525461768
954164710778011758607143286624044830552364259377579855244869608072
673059076502488514081476189179998962929079540606916509862750703309
100886611993183653478110689500553232123231040994315669757128432110
589272907562665298306834612688174350276344573487313081278785396682
594804502445089945385062622281565720665625908071060090719474158064
342896173131515706055811399896076568427723954812062465492792246644
108673930170526784065224750410536043235086881525438218840578152295
198789560649956069827453289227327038537584520927092429466734689593
377789658067695128590449057399130794876253979899894685344867084276
328476440980465348855120943606428893738371053515595879507510368199
958600924794052205154880777749983061313790264128273715757106128173
624978364745020722775619521267432735816854961196988825831126166950
522240218811466930625749538470869958657459988789278684738719864383
790480463746222816126871276345113094783166175997075950853325746028
493740010436450345565804494429503453183381290785088833858378697771
084982066510206279570766983344517793452718037691141020755747743154

293290326295321149788262035159874125464228843952777954992895647543
471058985851590055084900569690369399463805412744078272079588120610
950182666750528291004286440115969091560260245872117456045510940768
469797368274814597904045521904841801154566347833534380881534140372
398178819077576306472338368480766171878875254440731865830501186475
632030171398339007898754244110262777492594557872631516087487025048
062038162606284156754299711008457236079436838831775697116071774760
197736299860847092256124190334430386806075160778365027891666283609
317675969553014936812797935466652393898654922082126132776378982029
467995816243987059362391705117507050493924429371228752072100479003
695203530541747026881003131427531174456246407354520013033515441611
612845306363822062031827141203471057333057060956104199977441294378
972333619529368071162946497417467460616194428419577150642124491154
067073122138420641412696715456643891594717779694935195834684336783
221413037431073429174373437635441590737738077683355454522041607558
324500141271289974101494705488647243415899129609228298624074551605
891496310210005958713471920979723983683128011017526431868611183517
017358675406492657915137405821629724201883751029772027692280780173
235365852486610373552463605197417587182349087381977451996041351604
688086082725590610482822257576746358191662903439070547597034809044
004304333317413461423454127456779872589232409091510873059202427900
149673701513477215142571480238781897278909931923211885180400304976
289387311988687633977056903190741451762975055829507905515712897726
034354672225187519472277750347806298881580276408830585887321140899
356256544526325626293042854399332825503295028936990777054902947079
622008390293221444112657382089568543447852253558437312693375479376
599430699100569908215603145081988649438948867959773652023776380526
949555871454270658517474445964682352694105685193373700491448623760
659795743742949313762849542374769629842362040406990322328625482822
335420165228291288443421575127060202153831784521856484115066939436
436446339032946286921500120033173722315945993702440466546440107095
463778627366769045642599775860341423376275925853631264370897307579
552699685031320690918306791326542030640031482455986239265759757317
759128625308946541251662284071633701497902673843253016190101372978
864695403425694557263052203876294232648064996238163085500312651680
544788556819973108967957554426839220485130919026882403377120177863
986046398002560372060692953460153673513009351664904759969041534844
228406494643578396273959796970119995996897055007139802671431539123
914611613581834068087605346672553050422397928096566221091111847789
650335190031281930814047064787403671555521140340703039890722323391
594235126529717112144915912874696964544557092280434733841013858874
280507251493201836765498654426190687675030397956939024213437475259
202844493707032198240950852874392941278159586475430366953365464650
438122955385696018708146303600068102231935356775884221706627177875
228953937497394498460688195899260579042663242818188329768257087830
890164354054641753677975214014916981613499304491042042741729907318
379698513124559586063991996596689961080050494007296397098959517574
634950113152395405436384247715767305796899780935112310127000606831
560134705616884208186210590658438546853522653099408095506864518196
431045500569852864036972272644964072209107280506565175900536331942
571882619016852091109444623049387276226013009665098018150216116189
314991755448664845101939640892424535185862966853588072370252086290
396375135442408416767961062540774535439718720222038982925881504881 7
462632144019324591263846776453878214900321873605288401615814676934
097243424966959679745512952152475413003838241759677554225154868903
498467584610663159419881211797133452509275307014085614263503015271
473708797902296635683001787990288084193893922491884489117670080380
387588878016977011134533491153480210658508757002551736325688200975
955274871225357182551697875315095569086898546483794843035187061492
313573402963136527912761526230610431409239565352297493261018023574

1449400201075752924889589293245803518893483362322662110704722279 51
7896431135332221513311128130269965705654236666071242736067583376 78
3519101251099443703046290763466149644955996730321258522840068128 86
3206013843915352393209115790604734139362973234927591808942336565 26
0939483133648102906435863118308259658785978471502344907874767879 95
6674248520510401039997571039402206306917347420208969917560052888 98
7367593966293674017209821954183371282339328624773171964386256653 14
5512699222367766777081986434967998415260451946404590163957896049 27
9139291043490275683817268404705229814089067131491526250441754527 10
1123578680129893682849339139638336607814229179455434491680970664 91
3188453781202579621552321288398882948309602541545158301556456231 32
8450317418576979979910789556567996082529165537586122338380700692 19
5796394198374261176767691005073575014710412739177835963479441159 24
1607409649189238641623144315098433799999574123860845568790650179 66
0465904011900931064914597645508744169170936159780546717465899301 70
4137539046825444198493069773963033614330040322637044138842456485 31
9600091024035914860434195671889198585615655465775089014431777128 61
6456862190012845946074216074295710458314004620124639011021019323 68
8746231874639063905184609082474661222258683171698906360640254048 93
5087506001935383235847779777771841566927112240044551677054193107 30
3883694387978890462421759004666609104016362270064506716725632981 35
6191695775856133339039827759965225099040387093278986221595494379 97
0630648070964941770800581227055933091621184400463589378563243586 41
9106154006820478790162140445787717398102952607173000991217971137 54
2433348822666186718059345350035979406261016945589487985287382394 61
9259273830058657862369012719296382659263937819596877763449192781 38
3915273468510317128350116775412896963401763368803347613242500654 79
4483551600242312566460801078670258603760993908004517562600906555 54
1309840427357430050066877433135282061707299033893705322254670042 05
8896404652393614283079185404169666783240709559587709423200941561 09
5553433443491385438840861082486242898596197412565717042400678767 12
3685935372271091567040606219434726020409941395472013175524491583 45
9442749191929135023558344041872069743458860538337018589765720622 54
6686389914740617138440911140542444892418125280587378444375990337 02
7144323207852046419314755947583142919416971906297697904498821308 01
9258759048587570102804989009276466743181741931273879879190866705 64
6017414104518365473639211201831272642135299075075316741860411390 85
0791740441726580092889664003508561829937247213684341314956929570 40
1981300160608754127957466419031797332593924021074167670242353517 42
2118285715161832976814222607309029636948713308807785556663239728 33
4225270656507307251890309039502297514554508141344442816541436441 04
9217506227064362861017571711204836658149705824635780075504562645 37
4462805259328415678857985069010580452797562628572208304783543668 13
1330317233238135264707525779523301528916639528654318999573174578 01
6782672814602226403818995669379948424210982489742008823311140013 41
0440951609308313090546550315955515473977480221462406761105271613 75
7998628354396966578355245670079360497518767958500434785944448348 74
7345525999632392588201044528789576723339110852081379948423471531 89
5261281875108905121354654969246066557673451857177405113980900507 49
3228007094056920655442879928976809138532882392312742649637907197 99
7852490903046095850203281301188191897987538612770509831126796867 21
1781006094288603341607408020448532441414457945472105469892916649 98
1941599750811708399758552531253479307072377194823738336760655418 50
2113337357535711604984088630696264989015115562982779223043334984 49
3678391519856268504325200844798554629691262997883130293630646337 04
5033155263752040473922415707285777998802963532890069840076781896 97
5635402176619429442475372564984572265506787359093405723897937819 14
6080319827113924804979411004922981431759499199310328089795747253 37
6814606174543313264489248037013462642669263173424435742705177475 65
0675563413336005917831376373759203890204265171691865422448413609 46

598636267754333221729097280677212181229450177664232716733109192752
337724245059080858927565564344115484438889532132702856054060064352
403401177439426383149269420366767731249233446046152792228711747373
206820737950407753807024875139736974872208079418362724579267158605
875684373825696601528845015936360579976487955466689796317276414458
267140983930260584443731183219527357824299238053046097925321759529
437646696717859956554797526010481116090019255987703160369289053546
421969361790098547207855125725975325768780341842823941930116764712
780200132449054170687194060874864250992490041243777990256723623875
213448754686801805700267716590457174167509358537466327846614717022
291277538164893581403754204131631796620462601683005835840278084250
847061028563214676349216441559656539951244111527225209885576318078
808628374443953733638662891394399045918693562979931691320743108491
238782696708173798380276007328352371305703835388120192178074557053
921312504821976693406394280234533509698054521919641649696642051922
322293325224980990680943829860823933868677395445267363219444015986
590406652867020651004940978671302450896050636311474978975431863273
763793202279530010877176844026182180038590906077029345978640932969
511233853261494565585967711754424619462086741789881434778027023789
183865475073672507012316459542104230368253015499272923049706500688
744552908893664655148193848056374554470319717186422720965870630049
834366571830309458525285629892546132607901723746233601382089476404
721767102107836353063283918528942630970835241842688066639724543519
498745949527236882351106475938370531361494523326299006061354420207
900800784435918514238109540624635928800749174723260142829150664735
646949149075313040411948746127584251725422993376561913228344136159
688451230509792290809347780610001202430793367546069567188678475890
291671628151047910984819968795053757476103438392892981834755913533
728342888492285393965950164594229684902163576984603656667706884979
061493789586623897851395030195525207115947916243038057133910441235
127977174258949971813208993972409457630504381765420237749372929236
666408582635630470188942847136621796280779475814106472039686900573
358837832383938515643676929109532126309530237234188776377595132558
571988684156351143465444921346183625820017739111963565973620917480
289510711911931216161504935661400198915406771914740604502008489007
852104489840715587249131814241237453147390958592854919261955127528
154045555489486053043951830551638652963511435855426789578843322470
303223984629694037003638667059755189622821668494721551679940102372
605276192061750456049663717076263845953005334443878994432854366301
464142075150267652998714841483859242046843515052858926483541295999
641906383622255006162029851790807999551716142892743322162806963512
162902965050345455980024292038066113122499875748777814543334957813
655800830045879054556552375964308994728294156584689806294311272597
554693021887912731035300216864227633661031890511086335963986070974
737419552934178507801365337868776791151473833252513002371910235875
886798039385529704998321830389985333735331510345804434025730422758
682609723983422315017640803327317622631967565989772971839422971652
277619673408573444137475914779317933398924359940581396032281346592
478558756550575159428611613176739552834815080851852071547951439266
728751057441386769718902087776119592459359290863839696200576865099
629303818145491280734180972040320363366766499443919936264145227145
073503705907609385752440000947482297136237721592630836022139158855
909461407406976301297086569690667624421861836355204727903533175309
360779778798470802390218595874487896074523749056283747418931026806
280481743381300198221277706092184700815252327145986723437854310497
839043649305860764535756025983828162540984963998318112971881438639
542654408280086193057291799568887988182572440923086077708626351313
609463097677409970284727668296668542908454052022919003034322471898
204993824806075163872794566894084973666516228133694882858339531350
502170536111817502101016960937372882174683892618068718872117122032

067336498312812545726927631056482587901068575208080633928751364817
583758109695596993384841991062692241136561171129547967778123862393
493414008547053784583782851512327987308840937357211004586036545449
453018681073293761108679782828034366133339780538614863594371635008
771193119559848021828992677797694091393084926892397161087516259813
646427951911630339179612919001760953221655734911037471209457900418
602899221551175915683036249471608650518632279742956136519830351897
142876022375071605999046852270284824202570096299382791478180154066
416917925969650230616749677247841947414200924297729713888325116655
222730338964447305270490241477275647154092376806641652822611221660
551903510495321695382999570174114651029984898251643905699093945986
820498552583128764456838984342109365894310511407555838492789369974
095013891988212479916209888392435587365554523753623890641072663136
573386887150143766765743928298320734613140394952617095308448965800
565584630952329631871245183661663042774985273620234906785915576936
220534724261112532638914302528937667373926286064609916642583999874
647434141639526777322469333134089892282135236716095628251349234859
268040735518153607196567395027069135357634343767443117249084553776
703266698841449114808884801324930258438177011878566635729353987811
406465883694172838736570843375751044799123597365972434455742718384
733620516409860393102195921211225720343651001396389064945296714205
608908617698288316388283825229707658189611895457298258107339454017
277497834540687764110778004407429296639807958026689312946890891500
618618418921853041643322169492782133921182771902167520208059672627
494630028053887779459621856830743842989256463024089063366760647389
704968736267734714319346437826952783760286146583892789336232361603
686965888599440717090143857650085623703570747288123004277647474703
779463200055437274736584724026183902508185020399413109503970812481
221077612832459563995640730378422829494179041799135365337060929535
804128449019567717436326558733430284401481499075465103281813878210
907214339837454150957218087233216393141184885404882476133156499354
030311313197143885666833802176668360829503236040595136775927155165
679680295859733803613440693078137573011613002657970242655917863431
943626466230186872587963057556366078289969536349814522388660073014
771879198641606614390805777255192448707082910976735549911200612317
536184781317654395572950385452923653669413348562178789261547404561
504523088531184389783350748069944802081583047802929139502742186788
691980176555468181445443074191102292721931864440749790317259939771
362180997111761468900013772407009234849963308320304297321967582789
400084665235071155111834810320144835294744885188632413303960676395
857662392727435386476553325926113916010589720694912160419438436276
922502040836018348118271585534392555374582362825523726253314359699
646366678255933821009175987444402718522512906425157453594796130527
189599488847824353172256275413109599850442774753526388871189264977
071705502201056823253071154389564758303122551162876396883514326272
862981524075588799596209804394659688932951904490105741914199814985
879000053348961206916311175468253485829007683953766264145205273936
078651380572241506897185582776538952151358565897640730148811113373
869245888909822760229733951244135075100387258948206647854453929055
116049254655683017922363526377554626840904947800372684716102649508
826206935748463164396897896270083376303743017561945738907884810424
309285523631029835517451745446606529767081994743205995165291596008
715652115461296735413957327751678443484864598339137584856250554601
750792209883587719338601394896751483376380213903415290428362645376
374580878281537904708544575967614210377236123296196402292022895146
968811447058289309803570015041036948417054728692275197044694697292
034951969766217664143620321098749717299081440003715739281891528408
319742294373367747782587092187172252984069305556935225836786253877
699037108329877979505169169629957607026624877256111532102452287179
703093738005633540592931089018740049575133056457554686458819253443

7227170484110760458345052572429176844235610013945668245660428800004
7407292619165754409533650005445833313333486658197274927600124232238
2251718468930694085723246155423928138874220276616937979356634410445
0371155982367577143124912796231411501645288804409423900517346456637
8036293953277878016360441042759186420251677118235910812494784489554
8807258551257454960799569180129713172054038424909608736362135131009
7528620986224262418742435783767729126417918801376752003205633261889
2410186165130348102440068568086061104811294274090093752748578585886
8409229731577936688608619964429073615749053303451074679213921393557
3414693782678405331319923544330346071951552057006610011693010611446
4556489168050091450055613784940454369313485910618419330189545486638
5219860080820040286332226857792865947499006936075105780234742015003
5317737300836494989167289350909354212097520747272504366618800613334
9590930611407110464599244759717542401996540730654084169735239250441
5635500390264400292227515519108629413672360002694120712781130876365
3161522443351622669190123101713629501331698077009767031225923340099
5423527648984420891092439027564816170040721739272566024295837155571
0671685414187130035713102305447259377064542064373028381478419102218
6882184665671383261282637806975309886082906633039669846839624674776
8851145064913151861552462947924811159873110907977115298058809209228
5816227706527567771953931120357319433459343473372951899415721472227
6190367800430879590479992664242819620163009888371488450439801224446
2455602660408616133199723284978761593171268140040450561896686909884
7082394137085518132619963768897021241523137818733130015601121995665
7035414106535356384524396556426727217434505317089708620347654758667
4128146407197922805744695406849279599459045820901873176586616251778
7331296935726248763018274805306560029462418101514313186902408749338
4112421582150837307412833731003222668395769073506988176827548481777
3049953913103184653278383865626717476001806278875804925400887840339
2798564649645155278927345020015410031319050962710809628895237689882
8726513914081945116719591666318188533731279822794780963841863308812
3249343682732708847168484082306510680498401989966141848682192923771
2432262932844248302361017983910042699040774479919083761021111239660
6725071929979313651770673164504798623225519797029925665315101596660
4596690150887068882982527286405989514250476556464386139713909302202
5719458558252713927198113277588869554462920605202687675221367966682
7468775874528760778634491382699563480082544144131825347204948014421
2654329829678466860543779061338910206076538974678379990904198226428
2917135698004347246669699301575114953715204374031918107954868943224
0622909458623262452209667574495285660164657873688424654026560457769
7329001295837874201711510057426597492533286825866257024583781152218
2201277576078722787536254417678516818491979949497649100036934909555
0819450205563811224964796766249650785802327123689446228669796319771
5390249901099117672053296592010243274158366462851035194005414571990
7148638824694469038224568838850078244103925016359715374849056945224
5605312540379176033101653477500199864958058355366142071699741173331
0552540420552110773185810458946104627355807094714668352878352224442
4395195109596480193399728225441237291197533523339788200500320948830
7780662833646063246671001800870666288977157613180394453085177859997
9679161756236424579913187479952951873675602067243360786278316446555
0471333425577456220329705837065208461481461803279556572311289137991
5061078782367241706315742790860275826804832820482530595944865355330
5335573608943668378778877908835773316581566564046333631178965577555
3867451359654743792882443277617766529977537884432122626758789612666
3833068438490058005776137309460432457331415978761655537226301616442
3353451002374635368298942478242558064807664336180523774156314037889
3371269990081154608408142405869284464087423891245775193664669946337
3591584411931779500858480652805204513861789723299109646117709762997
1698805474148640403588839279500405680966882682526783325875358351660
0505794585314848377702967618326360649136605647118508049163591118816

805735686256767574836279625954231444084268694441780846545900109830
083247012732767325186296528101198756674251237185471917419644610996
381436922527648768652429643328488026710488044888015591064476982918
336443256383798347892249924247347347492558557293151861103453413733
567227462578276718755128522961571935018632517217599994227794412512
769491665964117645331130767839435875570151126833978807782308932767
292196739065650167909884959899971836201837724669791646815888400401
508326413390170244028639070088310664906834976762880088097131577264
334164705251536471773066139272240563257100139729989909559374773055
963634856006159849612535183107450428280599101135615276461371873230
740548644387095103762391293174413926799644747323618213633118585804
069936583777606558414953328326602877854696894300229268531019343019
873705871735821809800669389125076625708474659506289918468346949911
962050562881006235243400502407512125659762183568345522576684049165
251570758414614413289520970093068729022716370563859061059216969457
351312296992925835675318834452109537570173563261816644245918307191
732592805373518481830987229456262172540444189864039750384513606111
006210718088689290538855653803212319776645007978808922913907197183
215533766071468815888614665937080218118486409491244157801586964737
239095958580311735493963934232398121883858322269062273043691547964
773290362031023158462282118660828589608169094090006189644213461734
468252143386306086410764913030963038606156122694775672705661641983
226612829559405418526700993894418145266998151219653967190513843135
365503213138068242451734889475925031241924841752557403818235113902
616355370936864688471015259866820062966604332671588470284672528273
675136369158934985721514957696957393793129333387868587015586438472
121908813119471337087338232750005623992374477172103479216899958700
150469805895623651885426829398566671272305833174739467989387917984
475726396699725651509335049449623932989411838095115220273859361991
620893155937352131938012702984818829682456924664015891024522408334
073529472376766018719083566257343946835470483622445461993712921994
552160770522653798347510666769463255511566494911680705230528173086
908826823801294125418146730584593435812734334074634710981016973378
451137000361466614777973756676762211878253942360370654923722566475
192700250824888860406223409811545113334223901773684113599153372373
184676634050715689668193810358548079907399613453888826857567243504
591899740069104470411162878652679201061613247199984482371523349978
363752301431351328269553952901086494205818604396159053058259754001
573475299749827230953870577210005396418869704874528973591568792707
994416581049442687939022278200261738842463895922113926387495411419
594330027084671423706812813778229848743892258019606732295576646222
560726500832043734636892069742573101488777832814597005506211252970
943955134820697067809204578900900556359931930300746710425701791847
467995201645098538151015396961735455277804306267757948771097991362
593662234937064837059816841914409008692838417581369607702626526373
984217927518655855340018024947388424795076359369625165815980054901
107970726953244886137434993884408366146859209020138746292972909384
539568930915524703254564948483425584353927500268398089195124385714
727889228818004727979105941649371664175676509443374654097289014406
328130189143863392806334434942400260228810471699972553393957076410
706789505905241632902212917615707202813379630649859882322426710298
264264548227932715480458764992124132126818276723090347559579303115
848248948301417317193431046635619982934226608452419772743000894757
519064436425070401157381317794809599533926915579884005478289536523
956367416572964880463463057367371172158099902098944537332554066492
445556570479772079145812304506188806693477316115492135285980811109
640356420103206503138783298144430856387206579389407056232795868744
608528406980628390128319940403175369817291011930274216487446018619
632159446845380755709872212964758426105804371014414489107488133766
721383545414247871366665387182071284847617070028023077139862001523

2852846749805171600941770084830607816307406741291585704585798091 43
5416092906134945970968892571056791005567529007475043799463382111 92
1199900912215396556317263329873593583866650018970210376810565539 12
5811274256503658921429101919356774007966612713823071408188284186 49
3254567005047890235799834629665205390345267229736797112229647576 38
4279533707030794156328931174663489962869105186047227268887787587 97
9536548113309718525774883625499507808962383116823946505116854708 62
6136402178204452762226218509468771458466676588999479371028457027 858
2886494557819210247088409805488404942892027586325135120327683691 65
5093337575687742311036161066838321580802564333464542717220249562 18
0605935860577836839825461822364498335419919081817549239621687105 28
0495142246375891201136159799843803455389874368637941643003051303 78
8958312792484549868399065860064078993352812785194098401671972972 70
6993221339071842095517824752068026846361653977165123457434030443 24
6614781771199610855372824309171126351950119153810332261700960781 97
9229460355260187876692362124863624885129035442839737923251389555 06
4014239130766546753811452440247068376528064142487208913451379638 59
9944935160867710746014327477238510284749466636334619417230160773 62
9762889772512830025808468772653015168202925087300134621992315653 87
1990410605507419303633901844423978744233849982606967605702053536 84
5646427272703489439236648459002459794947394860416671133571702812 09
2268052781568833531326433175902994653857485218471097204771824805 67
2156192313199662763782820670627977864382255808727403553887557637 22
5829990506735915414714947437264983978705766331150533421161217453 40
8965415215549774624788862911830352604036873282202507089353084352 34
5808150719569588924126052875718396496305507662860091116726175300 72
8173888458812373598537269299262642666002172976904093229166457800 80
2861573105013834059960521518020233746749329410957691399996766385 21
7537464885072146422768364860918319733236392159249039000696788812 10
1129746358373405258687854457022214620873685872796641453017626335 41
5588794059073212225394670737826546756081074649604180433957953872 11
3306464679928612294857139338563297616178508911558276611979023379 99
8663577047496379682239935095795450820550511189303477935702443035 28
3044283470241059046122468081137539970742874343512072417982710008 29
3319137141928877140989863705462711361421706031603887715873410756 26
6034626034693205757463632653061205961474109678643663281284892462 17
2769906044003564831372701718432611076286907062962876782483372521 81
6784952087018738888352668188068856155382102917938468812597592238 71
7575687377663652172791829359888912481290484999654764459655545951 53
1923019867342143962690524533746344986037179272054279681688929555 87
9457553413146588128331024557479280502008666957169395778015341439 06
7707468844437199722947314209624309846450531853965219060267110060 56
6217145056523961676291582141003930733389291862567033371447241709 24
0794482208195793496981155249255732540880883164819519948492518859 79
7181791650718864975353694319576366026242617229242548005605957217 48
1535593409253828324333447779423450894659468295480156164008840235 50
3732349654987866217107668010625102744723405477738722823370632442 23
4657130998335356361790451296645359207727938793927009546601461050 91
8027326975551357136549094051709869143338343735386223956625316705 08
1322123467368781442761854788305850058107851555678807693973242122 08
7306618262009083050415060798786720780086387483147104679622180439 47
5755630990862442443828090707516360392136097396719349408198200518 93
0846341841851377586942138597002519235721035235978147565628370064 98
9358061942774783767367165686044012425353942546083747346222496082 98
2724724021875373415104438842714089303290396631705985272743575722 49
1980439640689369083307046069033634037611356692720080172060165258 70
1662092465653183217835903483184668496336231773544630393379348923 79
5838233801483524662070768884177564682572717136191483552894403611 57
9624682534709995778541481648466735735611338031920658221354967829 62
9458379489925909065715085858992403687772470956022520603041059454 72

235734307619920200387034244022234909496718095119479811812317662161
328126574188879267178040238578005598529232561568824676516359048340
588004483845823024199841762420397502821442033237813646956129181609
088070522692744785023579437156142854961033099970139477214606174500
788247541700679178188133730735538786796010124219243417398732897632
280986762293745343728998117259300822232462437598540018372660873832
647120725544913064336449951001947825445255425611985444689633861923
341088611902366362520061671773407268444876708707863399288518785748
868906955952057560806553597236255486657680659973002696144997913863
949137643343951178186561697245750119555271398766633102419936496159
367342333676593518995108210508545586590240452439501495865709751688
017729800819922259725289161528326432871330191207202622505599302105
520059364272067206743658081959198389468624150753802751656622826042
558448723696342315273704964736012472937470582351894637772876085862
713952359990692232587035991070927536077178731275481509403512701381
707948704002794636433688427716924012826404447538300216806055597399
111532756743042507916896649365346106649030339264547982624507527529
703551170293895493926050261167328050806361911350415038722553548052
495030725922083212991676993938578960521919040226593296893201528053
855848832676736575685837994286855431488484598780431993710784840893
374197790800338636966596327000480075341073313028695828601359287661
350885694130726895270622119444657090135000285078170081732969360699
447808011650899774698383275335446223117890041424456125659236190671
377822188309901262050387138637461107547138243333426066111911249960
431197487300355784675385580931940536564143872408715930702800223362
024034209266924841036541392460325281513910602580690086792469478464
151377425304908113337485925659032521084378705836901803059338532970
010969600087425044814184589259856965345569808272371276255400483792
707641017020870006758524443257752645790361826803605262387899668756
268684575871134948261702787264207740532779178396605930246805376125
287836224216318147642047643334565869242915619461741479293032672745
331987962759051058255643906412796059960516294105583577003536563242
856713972433093599861784854409718181725544777914093209591840501649
984386128073788718816754788756505663196319767304705864894624045949
269766453285109198744337351215664488814513250978299799856828301830
292718126587579974915259421426066384493476182366943613010007783474
504544383940594638253164174696216796375403949152116008355340458730
070341674476885386353724175911919125730296287576998669830602845055
125425577813049196573537081097538898051449828195851720963288792497
596687858557626872836305771428233523466567958926948548919544874241
952228540275810132725725884846046549518516222527214858969727263289
515266100741919597178328836594559768570577262847855954488372407579
162883631484906477914553487265755850111942264869962439109009594842
195050118285457021898741034571838981790486364649082967773150836776
997335515074170081220258053885245195363983453187617781231829233845
161492018946787202174802452815919012422558651698747259021550762497
491226737659456330761660211943484032397991440702488173434330292725
710928657389894240649561810909797654985118424771133900728809299016
301869411421261170343722496674766825988818337774891530013580023146
024260472055275799319899409643161144298528316114869897317486423082
626493416316845278016222869452176524878906995560991510960158794169
103884595635966852936125991245729283769357494996000637454051029331
252353719421156501331547537362809071428157731851185927633100144847
811577305157277411636321762995559710643742787164040829830710463054
191559937148153916125547811264374389039745212073575767777507421150
508298100857375238351838357539933202975989157824880504120705904644
073227688483087435345122645470626940975444513697572570891505730232
425735672721085168470673901113721018280580460322479166007383269145
415931982924325433746486049633965342248172938325475111403759384377
805581002679023593384798958654860787419414168840730434173496904240

691742895829113388157394322771015619624776355190240217127468627824
721979967626629009191769556438105385692640185914761669543194077693
489655590603130341579094455197560296624875454879091117532699370937
126380672256751463060740233445983148205780778552538169343648053568
079452045386888722145805202281371652698201162506165729737974807500
297233921909750122049474941700659392967296028738767195222550630864
385036022864184376624009174719032833908399536747468613101093275450
853701032488164563575489558603679918936112978761908356737312274823
781827018531064263096134724871436054931890377026133291202074118570
203965492336859086327290034787222376598941863189523397575264482623
228467814741678394175878779284134112230198805548371919662085993112
969783033886516758544622791340538447608394235553449033163300012475
799652761685263194532930959627313146726192661819832194566480048912
724042165730413638330422266489785155626456553219711447297326058213
214861528010097276801510402989652020638606860045981614285237499912
085209347292307977350301533905977647834289074748778151734815736268
828728847309608641886645303294760075330935853802770492600732884329
411952086482971131759375253443889588142555483851732952836011377915
329011335759811747590808295590475065765845686049895198699305066250
601709707832987606304681600952109729778751360186320545895578180059
587571719117232350915787137515399125515052606959476059331576350909
179773320833613680719455156407495330357188422563693171183439732516
057365037747321453500563595638262474936382247058368475214260727919
955251074551304244338336405493970033337134880029978594657544942765
183034121119702102998733619911776479300476493264915219099177723625
580527127257799284186221272202594729578364241569518389042618629319
498502398088279018227708670870719353980183576382804721762702614902
491846340252361295645126001797544961312208728483738833193857402018
908281767850298505262156335275083393941014555472125637636854640790
946476538165508050017967373743140990894748416914300650811821039900
941917142905544287434869177808284127163283349333738760189805192382
363730219765007029919984095395364081929393544844337867252570777295
959613871007157921472183707580415005441349860049290749969893790348
810208279250693005742360174677126398250444798794775513836887538882
077572120635319586500300839106544714907549279711557218460901553945
733251863898128582468776959800827417655549925565263787184749887063
291494390803074172603675896802548718373999961968293266122412170677
133971378809252017026230147178208006391621359820529738550555820959
403332647089156195552235663806264125747913463825374925991288014312
614436201171810061047225858418500286341562115688441856620282727660
065536243416531861727054704601829523329536489605733307453064730077
394581740556221801029658695455429623213626808519358450025873573058
666519561744637181113447756361029316422929997712848473992479149975
246975746167652401333988711899350291995072594035417767887842758631
733862021231433122324549995210226464191705902063721563648704410426
983363333138216958848319812093693683591904114931623478727636627592
154568410702417405297925694298191498174063952714478690511842343371
955926123191937579062117858090932058847948363057956121560105651820
752164895293647504997836425968788047609259997018653611113136048448
104343137267327149325176406779591282704180928409930214809574578663
493779227121375537125494983646132191054790119508054816377823175531
880540483447456823482955282130638303595464797553133860371316576407
833408859359457376719674086252518097818178803698601166138834712999
153771123834154528740489956469028260300688542763451896235735546181
582222140719678668431026826557381151949371316182349253043654779188
727730395772916676035989068298497927532644579302056250041982158178
336797583245820167033440163751943613079360668770605961550745818730
074058855418570777129376539546111235520177374526753650277123601026
263711408502493754519972388118497200485295407605375755048633498517
603934340365895296086073448055312295533568821456711805760475884194

2058349633845421653770202262887320328142627192419113469807153506236
4060488010610176139643065506664667145977479275127501313346596764 6
3960699440570311860560878122806328967816576537275062967283576263 97
48283846472950189179856048249198500799160923239976671964767833012 6
3846508088042831110985025546612968618556503500123610685297435664 46
5619849209211012663758311954624011266194893008382843865999999283 33
3794876598213558839333097596539435168747702542038052033733823178 93
8782825430477368592737723574788865668587360925686910563774468511 31
5594786736516484921786038920469205739213739659762934266179938759 88
6105571384739015869538001440033773942596352486926368960908705395 26
2510961272908873767982224107476784882990262592141720651354432719 91
6459983330333820509702367037918912977711390002179646455681701380 89
4182584629598768936359243937980370126043700019545375320947585656 68
6261869137769323655538553373664018114260401171263453205372512446 88
0839250455380642547662809345060391086151194883142464773935945361 13
4626325397903053106155154047570431835806988891168508827835754062 60
4700813348942775641988110461503391081966974360385607326708715608 77
6658858910608960720874715826970169056266871992681584833517410241 09
5060497613332210304683200931629481966641786641089259633540386292 41
3015247640415195327618247072352789772769577454314914572040541799 53
1857883749810850505715767111058158521670552201100240312147171579 84
6458543324890734109876109929564967615654471880624428493371942227 47
4044983798596475584133489410742608333615212077501929801512946567 20
8421155076388164598896617646436976032892432451053029825051224268 07
0373121280839351220225540841513202947999805751376864933655676167 84
9947133492695625773907848371824828315567929819728778686290363105 60
6858009907222402153876614713644801965614811245388627165423342887 56
1979792048557301929997500417588186220355084352693742241834775423 57
5605346725549561541898838178560292676908506131365952880391735556 02
4568797177231060321745760497595023225629419637906309379558104490 95
8762135916778658295393030657653092307043986757062576067142706385 26
0554759595253213047800632610710768083216210014579464097769268006 91
3907193727253192285262742895738950413768547745929603359227262526 66
6835217070318949628272456528458241425460630372804077747979885412 94
6353979992464746913355243372318304535384890808089315251813576848 52
7285891732859174645036561200688294705032047169041537686780019293 05
0636695778550885505423698901222980877912670610523562973580602220 18
2943158073555219093758657747362647369928888127978293339349986977 35
2324137599315546363119298207065372747860725899731206930627210401 57
2394384260875603932638706392902219030858909877722019855938537268 81
4793228829223698259046430933978816522998597111438879191681125563 74
9831316110931906115632552892612058651598514939761270556240876767 14
0605906275936789728632046558940753192715912951170184437557585352 36
9782060346030811140856162220429042890528709348719387536681994211 96
7871603447511656321704404160535134139017313668946388738555313863 68
2433699759859706164570626704130459126437284989148356890455609093 48
1011580923180730184599840879909046157493109861431331591978406063 56
8318841950570759621032685084075395110460713677431506318655681175 04
5684291098593609486346869593672277580773060728837988142468100342 68
5874419533203422259222591131568718551298843839977181848177575276 52
8687274786799756095598144332697980232246925174800848043735402673 86
8444648250945683719869661983308898587835257932328100478498000016 59
2407290314660281505647241103452031576527657717145051080460305129 75
9639033690487822708390133104005385149373537497295161348972263979 02
1198896344486620188190295769295043464723057845265200580679906453 90
0495542748739603331115133434232393928153928575524189254275336899 36
7076736032707695340715397783176932998580029024738091222270247003 01
4973214830993493324188082111825695862329465185756368975416357468 95
9866026651728710637317821154407328308409582293717686280368564515 91
5257032902756903685712988312781187473459607417310097884731562838 64

948619310435016618122663037695937267645885383809430494530230302680
142109755025038907214842460093398754399153838421377545972464098687
379266027941662047086632843876627366087827215003598927765170744547
706538396196028343102852384091338723785639795368257883705830489472
663481348213171908883396336724123153639729520379956140542026523557
331822605360301516107672701613667753472021089952406019019073107167
115721315313139910873460499485588793055573290748667569249917791477
776275257215331530591915437576402085562431149445372545956809702564
757642444230904740701449387200931485566126738641899425494931363104
759618933034909499307284324090098660429647764160636212894769517265
674169221041267919762026291755853059616058835981509438139888155464
739539002210859787185924059647802767889239242804773232416801150880
994290751300672861497273785041600155380972786910116538163760299560
019987567710528743417964863494875902284345081024845232428506194564
649282883380246745314360076653939325316906934715341110259091559509
809996077710819240434008174019090499522416945936708415512633504468
374235408291264653803549416953846871915947864482169071971882790453
741758978656539635436417496421138332391272660853829567746264220437
486137508696560381441154467817463182415780125489762580240567221816
519025525646655104178403139931552734970128274640783796773431039575
001167643501232392187217369395615725612096294658612581792259971229
360156048325293246605900074675382891135887696605023043275464415772
720413553534310692302099040958828028424925456609225504736786633535
977670114754779378951221639503917488370060692083214313105651140321
659149716054503315260875624430397512016270444756654974450829108449
142753286512578843201433719161950742434585426712768110260079969773
273109108740407138883985930205685477056812837003241060994880891203
723375156916771294476770105736285175269226738673324904110576188363
433437399317405736193536907770580699187001103875506825865123396341
929847330966787573203290483700569033536216837286915868224849316458
641309955612807613543158394797965036457984422529399803252134609728
622695362672470762899717796327633461411207041541483053044019675458
162359860634665727330574033424675682539988557003842039565097719954
100268376282975119707156928778058823190261710147580089737378346499
210043057076158595322507336108729570271507431229792031372110315120
578694581824201741832056515117533812845799817329613000972285911308
282090905331476011967818503836753034704700057874836099759090912963
034418276550511984294261174212501745310883761527721032091623308833
571020857721625950992529864364182068943965690856477512431829030183
533951091146751371853424630585177074434321613169130454456207295577
914988904854785029494251869923015642048236729967820854327708171399
372971364728551623691028094394904980957111479873532633610861544909
213621071957862718265898464545958700906924924882052343511286873862
691252933569556562440153334475671624094781182657115595475669936842
356249997922772333285678478624526949813038295767158836825390348461
671496801413859919405559791791785828197578481237247802296273427132
738070171213159345402254416861464162064185495562201758027171741932
960403072428557591403748752412558364868478265305790211293015046009
300979113289391102092842221262887439723987929998722171268024426957
043640826917512394728858097663173521903477402078301082500823068674
816599291621420437855969070083963431749157040070491113309702304687
661585748313508014447599285202072786040624690986245818371056631825
492066663392868941642231681397853741745589835502398141347627568661
622118636756113454018506123014505064146476620025479372737016911509
105700588058385528775155356834613555088814313744985636377736943347
307792236920232819512601988334853193084139129692103451156646155817
184516091865304897119538011024852574989315864723399926745372521914
878779978880756267375063872378056469764352686130677476116156403088
981072299006136202913855386468368424583544342072490652694313192636
306455791910328174622465230508681145392237903469993576181922838411

783111273426609317171605472302748587000104786605983536876204234909
356314679354437007086760444160809343038896416912293846293502166110
021076164054661453282613302509899295539192759629946278263263211656
587431955173359427872479954828722781079314977711035342554381663505
021820047559845719470764296782715877268483623611180659244515952829
152301818089716722717634965228375068073131741445335093301055862157
197336759105167204885674541572816321725939792701826776592787907269
759586524444798627848766953949146101776057760360711075086603455755
571296234540663775844877314065805021814441457012161388944294254301
272614399603975154880968417538877870997710531568960577955363596700
780699856501195536169958191091853337403661999066186774586536593782
895158619216835838537205517181966990029062252442971964776076579212
083499798148310842533800664605646546284410595975870105383783766951
341441171157658015291972393283182374190724182705562114292481259500
862193482545185655397012584064777459094161077898448667987879836035
943067050826469850650965071424287984166501330336475959713294583569
058759697058365984023752645595142841527430934760028480597374451154
823040085774538194414235491878380929229783184414022384436112322168
850562433541858843251154472064328496208456328119410827058831893542
884543650548453563300884266856935636428902027669230848663361182991
429872638798806829980861239497632951046359133826912525187946694508
941539649332734549729944898362994739917547441647197173177987268394
360240105216610149815265541625403854517795215840024958798797410495
248004753558164544116079649674374767184221183581573767370489681657
618646684473995745738638952849566518957447866597778195075225888298
702478900964065318520474237695238933550121847859966007408965038385
951470180407234577687838560758095616453392168848975425983059917537
610132320635432534424048860000309082261900373063418486886143876373
649417887401204826095051275986339050977024247252980175882639229387
079367325221116705792644140908543740148530459025037169637477458607
191405425694381561170144378884418883091592292719203584129871622866
850532460389435650023073416708375186459536802527582405209237446765
733512706016011703490806822232723412140846959667332516156575806659
024310130320641153751168740775678740603592587886171973634936771114
265430484708113330323186633985509494314397480484078764776783277053
488015967141016984435669780845487805182319957564073978831770271135
643924204452033300760976436796999004095854955620131358480587537494
725693403309091728323941836921932491518687235477393921275611794664
018511800138075010277721713064204253265553611432390788203509453770
750843488923010206936485172849761293833257931632804024023662247707
358488505586196021481895075688961464986471085846445373294965523337
264188383262127117827240693226571570786417557289614533829164489186
520495527295263300281049823109857339430816022566981711150564218030
749436110781361389682204877365185667020919787109427227650347063385
085500842117094040508256992457562828262781375133270805294552322160
845405765437854007179908127688366953749752286406714615345649011269
387426711403621513820477587549428565722785336658487290869174951010
237587497660723016951857365090579491818691542049514818950633136723
233600179192443975940164167719835945106934272172934837133152708252
285878147644954066168266066328173859064681708480980195630954019100
230303837721074832278139011682082582389277936139561206216213391578
640790409627777430623945887116813593241244337109448308742299489657
270496966891909767872956785683749182662280759470730876390942917918
464672898935038166571603238341300482214907355731011475604391076423
070499714171792722498893625118537718445653611243536680334158347109
999781275045931072949201640040438736891084890000220658968949509883
554543303448063469068362642692622526048050382229656658564454638172
578720242239306031674501605397755165542460307432569145384140667700
093348172625337857836954968801819714207583047902504544932943440806
547069667092081966871809574518223790333116866601065885464616222513

680755807281783990499382032540352222147912787357337924050581704793
436111604657520350964992030094306338515155701039654361560042502091
754083680251075696272405400706130739148399782154975269620067771746
125375177474080770421469498072465669210313803655901391446319337852
495607651289588470395683600524056037732266484889767598647222236870
457260025131465330278949073668317542852793043641684491309014822977
944414539776700050476454539441997442534009022064970795065778667625
625790416787951719322821604842790422281457455555258501105051118532
051282481704493408500651110585967966113480543157990100271163704146
255884514695315016137653098634679351398306442172125391421048484018
069955555893386469844709722072920441600174464574485789885219133254
971330254820980219920946867055130885041123215989403060607764070886
215302252839630610614984492974704512812064392509526839331630165354
068929280565187157265787411940217478091727995418741181137373534823
204924028544437285424144786673531720397284099921075338521376852189
920275476375155088032382034514104490336878610551139745556445344133
528058933149507241545365042536863587651146455776385286184222500373
544338608419457202578083624670516135441219360521249265478557979011
265815919933225542147336102522035640035827908575507305278835431594
674179374264974074094794894477957316609623021732397288402601621550
899074510246296718368591603789059816357439266727829502991817957028
068636510124544515441318142965418452451978873052020028802043389552
095212624250682073625164648296888315050959701000226437213534878582
602533578984284992642598493826986555915745522772230447836700451292
620325907284470070718264639429939710579650492402721513090902016322
578929364662069079114189091709554858581709996939845824188862304346
386468537094692019086644250014237049070605479440163636224484204946
141454073340772056136753779947174346418696144163556429471591970959
124572988939233815001041229439585288124290316381893911829364047567
480132005483777642241308322733790168055134561187865263787390846029
832484496777676526714460909842724092219442087290507772474227128491
998627528840954536122442608122367302636241666463676956582340509347
865011435452230172110431829674611812712477267475584183473918296468
924243908358983041077861222164667413927458084410934467091407688908
115480426990464476617903706913186431644872934811624753142709479512
183711895430801606136867423308652068568392614804784456647494574832
329837112783484945756818482357381296729860250944563100213870768049
043011088410435606595632913551363659537905774508634658418379378550
213855073066062032361892026534379655424091388667805176486602355686
801024443819982174081868308063265793445013660695883116352765901963
710912216830217994317817811597562569334811817590163704539548800254
386919502939484296333878802324540268683115920771472660964081472974
256413523770713265586567292609352131356326973863345139232379491272
741604407165332837276663606992078289885158189007406817883560033839
550249105442191369494384025928975768041647987388754419071010073882
502600250529371571205988217997519052515481351289265070350312953887
973951968071463129797393988552240677107478132966112514244409425462
058656056386484117697376509322232005813738988859893022336308095219
342652281506753067731168349920030749784495333173923562877249889011
049829135380994323467387064792939183829847365091741599344224180136
090702185376839482371972551488138816352825082378087561773037185933
102376901551814895668026451066955667635627033163755042821846935526
079312867717163008152297052501399440411109952375878216898707228324
155404378594936488165971060194170111775308197796006102061075809541
843822637717441589308934402454807763589859838646004481913063291821
212522007280634089056273136156282514259729116909696211674082471631
451891747360069596699142308087833837868659015986702232142869157014
142480704589721910542004790420726183894565916757662433748165233431
013197777875062648144789623796854491833393254452263282389839955214
350864723998824618234678333412034969696346523102970980070312729811

300298748758845155628443101315609908946158784058400383614543062750
283843451683679399431155194067233688033261838130190651593168620191
839636438811828697041164945876942211365769814951731860439447681922
394006701455127928254056530324642352419083789115209165207534501147
751337617613160303463500158304324119830345045973111548023529147267
556528539615498251732218702811891475582192510975188147499627018320
123866466554470962703221196735206682568834873759645072512079691451
687396399872950892928615057450939183524898641711515633710772070437
194298978525854106512202087219851152011968200668515495090775699216
193168057612255084107995644735723621151384426059118785236111157667
462461676058949088473218825118818916537294130184756365083622904096
877270759063075951737344653812358167205699861544933744135511580828
599979725070005425695844829042157032963296954183720611253277818507
824353239187267379753901060421898213335680014917629276358973974915
103361029448548755412659458830826273087297415813599878505897081564
293241595652057224388601584207810475042628112904425526350548296613
431983475578851932222671869303645667271026495994005116630866373172
740445456949737487485211033177549364625380611334474310806832630846
622039370773105244279995137450193526614235225514186805510400502143
876778592990110859251867499131314500087258371166936982497699408416
160624284063083328979971618705057651962404924316599951518966497547
503900114739890318968783264557847453725180452235972687766876242850
753816616792488000823409032034807146522890222308061496574270447722
125026619237142356260929122601825058373181197103907517533857713780
776213177245287947915831714843227314735068371778815798520230352800
599998697766693700822670880420433042717610360443602119574053183239
775082537624353359925874480669523131409508267297420082719591871616
960153406545781475710124329470340498901172403145627070070858913555
130659474830501092675331050476766851006872795324432368964938724349
140188685802176697065515885025617415207031509272651458735885771669
074118956676294168134057842406773388665298433582820992092796000256
053731611957486517297171140435836830233310269244755634963018267857
351110563974947335708175806329870766803421309668272612847950604361
526544217036355406583290195474112632161794143686238782446810885100
608798206571969473153168872765582925484100600262887084707264146369
814546760230690648480001950891529208834752002948330118357071474860
460032318036646630113783461481020801040824162464398628580275352540
541481178772578449824401215358088326311157679388344399416742552671
812706870485790500170018827661154025989664563822695284086125700000
312015134146214627435881881137521596235509096186934825303819680850
849675713080265221001754452150438824469635391354522294838227521939
781610063081571394734757164331002885720115617471919226677195436928
312826604396069925463721960291425377797398316744381208097218818831
236226603387075326789425385591691829772833273126155084174849512359
891579860193104630204088365812328283393282877527485978705364732951
561411429853246103430255531301949643011670379286563766956985479637
443740469514404752486274767380255896740849630272538858173832095777
727044265967645023462419588725735933861552680812047751364027860596
714899368123712011862123490548171292454815430238041036501487535674
543111800604500426130787682215885144267302962084048226136949742620
817609999350033446197688418790304159595153926411196546477482084960
353618894576122048571862646143232749719188085841721650249255612284
867044407945280918253914446987618136633194396064637822450816138177
872928278397648591104634556227172221781769229741153867862146057242
015889821754945547494863631767227436470898021546200732501302370572
121626662522005303961351678831013008568016798771386008087441449608
596103041041197485369831113671070824797474197170808243016916661770
771312763331363815453158913375254168398408478643177506675039488466
367772146792112185361223631672188803806610698593702379096318692240
259119146345846149741712192550199254747960048460063345981864608011

593744703731663195351890879205648107281187772402039744024602129739
110134992696648989782233646553651294973293415434068946943373818266
377860503474934332702908375618011054934690179339428739905663796976
347810695528961987646189850722086345874757753558684468723357249179
047654807751039237363961854667533349597089174705010313969438090236
340457990307072485296328514308887866880742498163585636339314194762
523066152520565896307037142091574467866737683351558224442263717555
290549395328823666896153326331493583928128224584932540555941071950
713799703563742340097316130986462139379530870947165361256508033157
850445730000941413946001474525441403816920993360411596583800506303
682545663080628250094880200341800214558417554634801876535677644115
164771043843669008537061169050325303146835437133581809292400768050
958188888031319229966049866511923553334427159951307690820852662967
740310259473022591776820132591077731585784477312075886450933987756
187266253938362357576251588056203092312138665780721626116181270037
560534462263494983862525666524229234436513969720823782599576261080
998493754227356751224109232447930724282802917623537533863708763873
518155274821112448002459124640511151114996644626198433900579254635
394962288892436232521864025248104905959554083650286893574890542000
912533867434313407342265195998144887626448318552732774941228785613
062258218781200116285735213380860436525201235079083015059632454682
818922475989132871694359851422675732581509249821248990518465907278
237639649232119042056438491725564318734416229620060447190161161278
608069159705072338317990240010621164747758439023757467891316957011
822646217702894571191364126858718686358249327174656270672807513674
315975075657747583764063380449448206683521783321333278967763836574
467462017288395723672110981540162132700681687402313661948332501044
648564646036412531741333237960756729373305212297457933352566168558
892004375962513420306383429430609715847409538019741154953001028216
505595925945919485334822732715544487352136534472942394955964530478
805317945586293418901077793490276022180849918514125716531651374508
750314014667742519764762046166931133260453878964516572908438615194
431140161514230702247163939901004379068641034162367907418506463768
256603895503347734896731133431362942854314887603124731335419670980
008452642740142097631369587622585910093111299737936001355335292074
829853672042761269847640066766986610534552072872187381806791058162
907487010767369652166873448787438277199732718649255424806684238330
274106960918550071153548924174440794337042318254560683867024205233
933058031730647788593322929965546621687057128180663158107596988037
954190286710515896821839986172264565237272159212726998561668843085
968396028717153852669414793173289354584495315021859300866891179713
664949241053953017401360785889154713408500397680364538111157208612
956394709645574270823873126874988730970590053373183461689693417093
000008616802780058956741522844366300229652650701385626568435888629
758589271228973122504501939753988019599295859466744488527923464103
724733413533839025948077395517640674147646580145330375512587839152
060027305459805828008341586750878202182980291241797731523538577064
067711668452133686650109064439918466472914384152284355957780524178
692213439026209703590303502527032839798676548711129716415065768915
393509094042163002921262342347128521083954216649117518876848901601
635079499087251459442840907695196996180377128279292330631394632150
965793664885286718536589854282324046387338281784815302092030883156
972673439255833643216320660898884580711362776399966495706481333243
008044307069228179629683286131639498341581788714262196654990514044
999490513227583290203973389028542575136640742837719838951375846035
685933196763654229787959796756828399831018152542366659857278588886
806485189459707162034673703516804567897410832102068776915310505668
766877329334920023893505744369544516023429794578060306718931576795
190895808112827048686785651794949425317989898545584635110166292415
067016117622197572925577322229957957026951427313412587036021325937

4764294767723385539394960803494329630814590799338159431146102374 36
4826090527489260911499781759924252339697286952524166873150092382 04
1212854261361635324913662513786628744172873692777326685338999050 91
4428805931696176825772855927778554889122488088669629022220090710 53
1986727332035012560832761865468606900461217655114103453283127120 44
3522951001679479031335053425355678386919223431249052133279436125 69
0468033045406425931433485989352987882254953185742488103764137541 48
4499829522748902796950898149864690761644389575234356650649798259 41
5250324263255294411659694055989586650761215339929748641052808309 88
7919712372876169729073029530158633809543194018202669104693139303 52
6636283583219629341950220558215628115100827837021914223186157752 89
4430740125120698223625704135116212793447479373750708585344904025 18
9467769147420649139024731524047392237570356833125539744473636977 59
1310167248556425227049855871329918475843821185152491532108660870 93
8947746555890976815009091552453184371101679704394227200606593472 78
6492376559469584717164290257863271834360438706061526799319925178 07
1960601819978896189144132968153273553656553178278789877045484925 65
6831540484336866358934827911537849960146294330178535918922268713 56
0211563806688873602452428615177077111067128514397173946256684077 70
7258589195186572002830268782748806462486258045143333445413308616 37
8682332572962579538006735091060533965232557596824150482795196197 49
4590510082179623656701477056459027478980181006309518889621379037 69
3653372987268128208847887010630825541585042133410149582854277180 69
4946338138816824519034448050492243551000331414292089422576831348 01
9510419539564834283831689946997068936123952993364773605967379563 01
6178031842261826199208163486761966027586644711808760325300708745 35
0853575490894833166708013253482497118067652281580236070823339041 42
8117022941352536003306330261124551686492275338976533327508837308 73
5465914111897983419770812110908047137442356324199743619581423276 74
0560044467491569494557871493554792225417642982230757366515960393 95
6787295208307621299572905646333279790560873601966838068415216005 34
0982287176820543030494829640714377958967789178526513442090147965 69
9695860332176102839832232524209091874975695282502362444942356873 50
1034701874199053002938096986090876149456728711268068719599242400 64
6532771157004612346955067259630156672290905445568896694903638197 93
7468465866534067955971944629775631645824343862403793489804730057 57
0983951582161392144404188942268166553489541432820615539268199333 81
3234143139879087206556441176100519791030792115944641248229869540 39
5866978962963602248076632631118560938170907553225965817149254580 95
0048642819307237586533109347410268460883510176552329792792588642 96
9057722571390829119090719641708538459454433599189629618258137957 66
1952533777093959309375586959791505854695906008160034355707922057 28
4184858559961647715619063376850432936554547474297930822840340104 21
4779400494818065457292244834261048015204893325978936823575947758 48
9390796539861320097773887838900230664965067318652650568283958219 62
5803380702097089887141462158565442623752543139384253212757340745 33
1911629551711879136992703539172350814998662377944284188433457149 29
2710333226630993271591811777984273789750147894332684972051543072 37
5606399877296166872532347099071746405402407398765307649992827255 55
7333971022446852281974406356741544233989522404042548339769553714 73
1599039115199581609495985121037453659944243964558662189512073140 20
1773556781853195745001591386191064089978693283136483900961375710 62
7234780052282421184264275528316128586976015660464318335336103972 33
7460199915388931573028588269160920494884541300922625883777140487 96
5516015543593745110789847180884700960607789076220693684073784963 36
0963425095847082572563368126700642910298222799915761939412305010 66
5619324385291312270883071567471968202186272019484744691477509958 73
7748660296312621123936262684323153391719356913789891966066712770 97
3432280825198475061954062034493330703784267983799417718823847785 73
0492398625585661163352861527957134353145248103916383517055077877 22

297623979208407088711586623991923319336495574109949375410066796880
142650207310666332190372968824698040807054186317885193804782714122
565417999942520847288328203476858489725525747181941141110041741566
799999641975328403240933119063192104713467023378515181682298661343
846179559222892272724792951269711902324963913804404399574050092712
081861325429437494680803495274028786638624393417108857657456509859
476694892184500640546563007857601863379039611427130965704638609176
346038756811696167424770017570120962241599529760603853488570014814
031370011280296945431637235112508802119138585426221056899489951830
180914171906159263693473649530715417590666788072282014882919882051
557077635832956721911220357704249516850618829530889889133774280092
605574823119088319103131939299334559231342822908244952580052392312
035468409591811803767004110412429520600416749760555822753840278557
228994429097079220373479880867350017022354028870748724156877915062
146524891733255247701844863336042379174274985534336281951376593862
764032817426362481472009657057617273393219713701624994376072232561
327874249377778589269330335964016213344136498402711391338427470757
769543778601175664910861942707182917441242654445981363785943440204
322865897546386434827291483675790906124620843234390391923443343496
772773556111421320014394443227320381369085729795736326744778943865
774890385918099259886296977925891374705285779546130320543303677522
033550855052641852468351949293468352432860294168994575328382103070
059714264453901409018029918233366474407788470720216230623856055975
822134483772962995988321194341336945834461478359693702832682714104
848145288290526166403281494081840243768279808314945204633401314793
187522373778064144956575621060530337373631466749971428199074239705
585981535036662090465058448358290370627882179517010954976396032910
465540606926458630212687402703333762870900863607757172312759161950
765391337763291958221560239574342934468871298084612180268971042434
170908330991098588888835254085942276917768288120756179439690119075
663452417006163200810141847533290811300309310975867707303631842545
293345309766615291752366323656474216904228061697515605333059925079
176825022364645999570337747610841475018859988302655204068322532391
058724489413214920420150763661972890004060592720424962760719992999
765156898504788208519098035733115741544655500524131490124398995076
737791147971421276661555365700029980643522358559463340291519655744
773725774525517368467724114822876372680019635844862426037986498657
582130805125486775367180449618700159104473879342430418785461787045
785436649442843850304116481926667184975252670736583993025400618865
946300442593498642188736746677914010289921935190341984732576022585
319484839338206114648070364899786708653140531734815143246518534005
640853019289907636016009140767076874864987866144724164384262549228
598167910812920521882291519447434704103619261982249688650183287881
228655261494487243355986406705534886676421607699601535508232824182
707156181963143431092962804052569380172100643874560935856366533754
096152099368441090064234555949678992586527173749829803717638644155
408339933247328130954900909116944267647099606051366703401744118303
662250489910202822410449800530639392246517643281963200444786431071
064518182924901554707466301366585027750507967666944709231116950742
845792691986465479689769857442471202502619936276904918689385379697
748241302056076304338922473675747538314713417546782974962447706654
093819818294053395278667728983884828299114239277363245716014373375
263048026324942165455657671976751934720546499442516009891508526537
508002510756054326553772723422307196967945272246615973866021741689
039122722547133825915532284525152266946972817303175525367108519113
588765425443579041298241035431744232764343271370654209963215706364
060968713845246245663352691301220789207803854120376020634119553945
346946694930916207958199116593075741982692987786665036590825853102
107170150184413675291384847390819223564708665621950319865198555690
374767109471408761353154871815930278188382078139400086999967045174

005890292947204951246680739095172243055169301048038278147544641937
702694249327243368125202460157153486104406075905633203741788371475
352143957277788274638618416087213432549823690048373821826384009251
021559976282492414832391100246927892536253848077699875241682775157
981445345592180912352016230923561872620356180637137437050124625681
248863511622694756689681361908739138611682781042246641848813774916
377582353071751093363651592078320285074878177329456795722880270292
533039303562960965509081112345990450064098314626001133976600372981
338813161449862460738400410387389523346770156047656476774375309135
303602773064948548181815798555845871362783153768046482215248418050
024360485920424819532883678403638789956319332163183177839752991937
552421965960896506553739404460898228965083088605090890249651264721
191096922940386605909137826663597944840783267636254438297382631612
385127135883189511072580994198572394263896590594982782417809235047
599580728228798338367066100204159537645690875936082090530464645605
498351090377847790876519746000574937826856962268923656473689664002
376142139140408853022853014229240229342391847460728918244015840316
196570370051165037483283612130517927679202949584496107578731219312
362792490708774704940277207668639512899595810379182555275737019903
563985512824029479351343047014985331634148827241470870511372210732
637816770795704244352542402658784910323099442185047657104762926221
526379911773502945540414719797361893916413646795825081052536221009
567308707059953511023282255406880818424246132905503411246368206259
564429291757401920097057467517837870949738346200035152023509658220
513234951881288097417013828007277492706073842957867654565122328069
601873592793842250298239452654566153768909500376120416256518301073
537003907029150204753714277894368805917320302711857789917666634257
164269537166959331831417686469920393292873147806545499610556358587
858035598893825325627842779752774869590582901784353170386419677914
076504812980943838768811633599534749783496325840425665564883523023
097152638961085263284139935517370055701579243314557133926350649126
910328745743368016847088321019831805725899635641749947999141176464
087830985873887601262243929152513512743163114240916595798544231194
074263914199573700819368632439542888918921590733557117772516588695
449446490515695732422360494291061139881878797814569230082568163508
933768853608784915097614076727220176526327006304042988298532360410
002404018299071505820953486678658549147523103917653043924444519665
134251485886593572530618789331732908416340355221647410415435261375
821818187912790652821080566445817008188462120953276418823619373937
158454165450046137634755726916725247610255780211198221219161676924
799468148510221108354686977604706507970232697917944664058254587841
235137839159878685765801747173575840055450021699156624893432775705
316234398574651211255669761595794165500430927839580643678562017610
936953432274420323727782921264107279273315388054265718719523146147
608512412071162145370705234609873528525352639855517375988621522832
527062331717710576468344207112184896971626329212490614166624188760
417868396533520813403993199974584851636867649088685910452680787306
216050214958591937822714926533322860968536505039861403799578393235
926809107789054855586108859242822422592774477365117818270019813885
316073056803365796762717845777429169997919369629629072997268103049
709697061750361784872804915714553234024897008651825057184139097089
981443210863274307629534648301060291760317398316298855807697144339
567729015294792494892573053103628809298857109774203433903894241774
960849678531158757524460721062635221799957944832824964981796880877
703560490697406097558151120951620501327709107803913461147510049698
677195780467282368221758850855512187378823843550239713535647675312
848875111455843944130756166908021940470540250925616388730579959357
100709542152424023897386614498430269643615697593835035800086525206
634482325093428912815946824688131107670648072715392133808549088932
174463059788581127442534488131962175507453904692292260778682863658

751566809447504786267227357076953714897264860136280801508442263265
972211471187217154458187742615869707938869559231035534774484427102
772791812654193912554760484431809343679664633404282833273374185062
986549946001209056686091094950352084418389916340306963343519971372
234045101839365628394905715741199173881420686449188564896816333551
950660009288433325248067355841713374961715055093426371894023253035
425993843941877187420881455435435616430348910314815205765886944478
270644910995335212843251910491246905432173805106794185988054401289
425123258990996231232405387739821014464058496559741586595232058144
988525103769306549748931350603293607448181499898201118274927781520
113240464303834000930223108054725959755121674670665922944438571075
829356865159801179019948045358247172345030176398914902214494890216
019868415175873791916826610983857384537652804189009337550323487675
887576583508168084898048899461346384675835827589450046648026022470
795960731123470870190122939638421992508876853711199854331293724294
847578836115174083358437533109066594270132580329543981526920681054
804215521024796511454543319711530574099549378383693200170656410239
939685203415131733092513860829839610344837564348547094563741106045
616668328026369760559410786005301485403212528253223272517323249355
788226593959508373340095059845300844861549376083077293236978053902
069489843652286792858078158108085806495326331730564681609178514712
540008807225793713598591960203211769851661813820572666448797145605
056476417427368418914506734245675641604829030981897917595674479970
441848154395604702337843568126761771579873748731652445882100164106
192876715295197730961257950401327995125123044607173765330443488975
837750220067414677801697322800545673449942537241384582367759639957
228554593078385191403950474413617589100741462268192976969498861286
529855178802499331966356382483829419247431923558426763507319858030
301534307486182437832522793357993835685378113275565386473002476743
067237584455570664332239670583789750194011098458453031203974160814
952863365122483951151426513952136199492804776145672284844312856596
154497313827859533076736960149415863707036217565867010430358696114
579171483445820548229597116654702113627728249354079462907060140372
016903577892399326303272607254506004036460502838092961007600067621
093582161548809682798180459087699075582797111496748587103659798177
900559920461992108621883339386436767545357823633698908816193564218
210955951100939837537477554658607786559433062248491278978754508135
580009553618632247789455782167285821565583485741692055782234361503
2535551913069451960052894986940468655864528839323919612404399594779
057554351905822581270246825732160269935312376217316256389732475711
628596069997082939495981464546812429119289449321675789363587752365
870831262612976895221403712133337137363657009749611146795473894021
625486684146352498148656843712993256610369032098432452443637457892
832745325401013787354608708578491533913301848796502158881092990371
435011496211919724372703633189011799293100919897206605891949918385
269867800580939230917378195429850851684668129923342594667076177767
558862080126141261464088615606370386756461288814378861816884069210
573731007147127556028255238461049428731994983801419274943751006947
906095976275704074256052792040373513225643720532009690271261787884
195824392343316525246682094254662729793482420950273277702953598156
498247338180616393871547749197535049321791743206684340920620175808
477830518875496124423952011896490704766018606357333213987937346739
149080881235134551377407155868222354558845754468634333775403138713
026260714622401171706024010652254911986468430964157219449244602828
173252536670353723004242498660648053112750195435652322568738263515
606179781774903631475049573203258272282087901580037039472207847114
408535302162674050665051256166950057399083273250689952126975261606
027252472836652446769954693569475947257566855811894258537772576809
839768588064964418575387172908716236658429546000645728360531387581
386362944104313462995374182776271853061591934261217713201031002114

5256576690287097455533109073858111289551403927166875224799849874995
1785025892689021482459578259051864454825308670960541524639164867 48
1996956919637597196303980961058033546132789435981843508697452592 00
0548590030372961683071957622685435364173118174509579933164776907 74
6402740259052553880918629368604586739521133104685547484403817107 25
0663691014557314738282505357057566139391755260695186896492503446 86
6474914652615608555050379139420298199422219947354382317832230368 471
3733024748559429826380406512984891971277312697939942446836813979 71
9308945153130102282071760241132296391228061815709537618452022878 63
3617842610353107341759203978291654370239534309225910850108056559 18
7725277755480027001929461414415376722756825533214173720140747134 78
8443436316759161438722559433049497719612338422266160489643962420 53
2677970414308024116401196808910109206342903802792551569679532441 61
9283486641083828605441536996436593196913777787005936030482022913 02
6514592296134558029718272438419687672437084492636755070563340502 68
3719944935473265265632066274380836995826335167607082354952985615 83
4331195243922970039879106752683149442248758705971197501357168808 07
7088016385784327781815130277868311685891946114301089589218392897 13
3594139288856488545091637259398359742076715707460714975246059863 98
9669574623157776860487972014803576795648458982197028876161231947 01
3209559242144883555057627232344348426426011753223061822303565850 80
4701101189919325257172054996292664129773504285043702622897235852 81
6267563789630203898474355948061217387390668535438453039293129881 93
8833041183423778361478059757505840662254133629335780931947819663 92
9742350390848059320069789917678833968691319748258864747086279971 31
3256137172730816533406139462568550590727545864506864656527768255 53
4297214088338372788201028902932403132421020026106356642443696612 08
3041768693220104899345155973211746630090867120083557242052922510 62
8503029406692705805044006818192273514256346584354811095932073401 27
4969490002544720797360379164669703195033832848355167676058310365 45
2708576554980028239478223137188703965216420784140386320050168755 92
8924424891643210796200313711074626069359189558182399883659153109 70
0423581742946007359612474329057210929097629241041065662092350379 24
4313926890303062203407870584752136844349814006643996828177728832 83
0680829674748510726842285639503119239679399702278280832904039187 94
2701256403173198670548090381729010938267703276181873338233299287 35
4251791214674169684443841609957921734925475411516955036329294606 72
1879838177984886836278290997984302172041753625222996727432571630 80
3326267942700883466799312372277892804907269063435938633448273734 94
6871808806945080082406899726165871343751874071244353589993574950 576
3910550260234884831930109776287518455556142797284284876039387213 04
9090254184884269775140116269376139550458568990473003987622256956 95
2852270270070700223631278275647209189072366145338315064508660157 16
6725030442531345730761424825299347355082009481110740264270328796 13
5455899723876924388109759704444572797225595582148318579221168381 92
0223766601470535503329905663899611395020035590039531431485319997 33
9561100645962955582149616215804551632496152498462549133866615566 13
0574710730660649476125925134739867240429470527139458700571144617 74
3592489199997798539858915545801175707545841985707464441715735287 08
8318155664906711613720524842124067568833334632630939467440591539 28
1243468652741507636710833294679930796012132262362971922889061129 43
9568658906746885822588883989165018835533075233198157903553586855 15
5782065468218332159074291034746956756633924854152236453715003886 21
7890263431378530266227448817999987385332341525005050759944529160 10
3849242964737923144851996764003120426193110183900107455976932457 43
9965196822111570172250000780185200769092799527481957223522490092 45
5102100832943506047090382176234012352784838737727314319812353312 16
7350741624784195463253446152082891223780469229085093862807526773 73
3648916752751088671869074857315117987191127589737172122200697902 68
6270153977033376235391685730235327780805150085259817532955508078 77

886672815650966691615839112721698699388759112688648485453452898384
500172007531788096127347744030045241675032393038367061707101305504
380587173067566833533745378303685599937759086951306218465528579235
933917419171205417969987256132453266577397569709321705621938004614
828574998937523164351347470736588209810605778865416514732489817870
094630138507925592226072971522620388194374843914310594095992584334
465657681739689326110459870100372754352511637744161227299994101861
956605142159694120635513144859719545286080974868254874524459036260
473138064839379734468186624970072155471060193500238648389343756227
635012792584941732643662372023278553594194930450011152493701147634
634157542640955747394306944563542362081212241176373576970867776359
301935638364440288936305078333228036674743943248657079895085250872
741832683527199515779265271987637499790762084389463472126203607830
817381428047878554978289786227472441770030163255013397053724176828
153235161769069219970255699962054642437265357754725102403129943553
864594831470194940156026684943031837836936554661866566254708258607
489483972825155891603855349506451384744221188275629862063313569213
435053541753254622942738570185142216047979181239135818570233638135
445357112771171943216604661431015474198215549290475621090189572080
606234908802904067854566746372417724868119007420655784822192950106
596683535208679087585534490092713251073537813112328600410529188355
048282568212439318097857966641441641974384650359754316704183852145
907794335773149648457421486085488674529131457458931518483420505854
272116027520701053028812182044257185040797177351938264441514303400
003896508354760695211261435151449409699151517833258517247989474052
420610045984073638435113829829335370285516415328184689878043592175
819760111037188260115715212198992803575460838874094737522040639123
362898280661873195323552920401422000951548088070610074538656397258
970803032798551240570967529948775250348381191484476396069023998008
588751011612900600807691194381030260949480659847619690480593217852
139982865901636139729473334245297578429975902328892122887617453643
431583753143784957460887473734258795875821990193538981422942391794
151561315397930251464137986089598876754136943230404870285554197809
229580446989901929045589068465978383379944925127160494133779070648
657858949675759940506175576329347568082892202911154918648820159214
617765449921182725498867656896225170636148321951406030844868842947
490817141227669895297665284671870107291933779292824435324313828520
635706158076925928260322211940276877904292408365323232151023540753
423210947605321017167804788960416851071973969399186187946346189679
713546786722440290516444396478293266946358491866150401165503213795
823884640354533706750014682450893963508407963388339316440021557629
487655451496229849457357045563984582865390103120311995586329789859
964274241654564022155269311761821934040528049770013958185699504506
269083218442209858065603603966505204050926529449163112247412243985
455233459397360215848895956457603560112394722600290911023235818327
077603181928957893191200422829722719276801057856446673340203186065
797599897673630045155344121222746492117841921042993023304754593408
148695733885585311878925724359962470195810494083427130065971636437
516574637102498705362916929006099797979820814714713112899508518492
003986404614653025099491414340358369556884216151820006672539858532
035670787534474101821344997039591787397534962114723677715107506443
419320670978481013906119468142996565946949980301501505043949916581
936434061754712006023253305100568566199539885210969917968103065156
627611400123939441274050406560022170985477796442468587486319694618
955103513339164119590397189387610544264230246441278596632014847955
273227434092863462009840598245338576386151933644320983391819574962
950525271704159411032941605520070797004452742655032910680168291821
505488657297908306573320056671104039316642894607397427613272069913
773588877646840767260164503796909067376249123181569461325842146511
243018088628385018727320829304932053488349080225799962089315382043

4587462062523629681224077557166761470833253074351802801564661524 12
3357726665459689501535120964074098799335251124236839325550804077 95
3890651359848693148572687489949014085300106254036984402433985738 21
2677629454919277281927072710075950541945450379091805163615808362 88
8700153867243945007027498984321855676474032471439236648434111606 20
9310196018250317806835398572583913357133449303614491708665979723 33
8814530921740318117477520325816743389458264967527525203611262736 72
1097645431340238065872011251345146117238016383594726875228176383 56
6558961886132167299893940149412510356465833636887760906588376967 41
8291919203119456469780942498386090416033096376452927942341930023 01
7400543432258546250947435455170968354369756035650199238514737184 92
6705972332775797911738152474353163342411729845894129107504555042 88
5877762737340663304160391808268741726065961598933607786330701992 22
3184666488893045271524055117461202230160366192193936615793786736 96
1581625973005821281128255764679594940281466745760455774706739022 00
1976983182597002938195414927590811337332360588587778716100672583 59
6232604960016058991488934220473616132710075452300484394310989991 63
7221886232625722472307119791823049444351403357447663970836106986 07
1445700692763966397349202921834629764438186018937668805345127770 38
4815690854061403280361502803860949033534893230357925117393530415 84
1133265471290567398884435930822283033032221165929854191965597971 84
8854238871580891403693016171725700155706148369068127422955027934 63
5226450068693430774820746663687476147620022750181551796978266737 41
4595043870588723873389632912139573039946630543402891327746816875 46
6950216141246550370091265917983029038873484176139723433945569356 60
0838016094355613785537468920714544233776467196313846465263157010 17
1323583974874665442363027792854190450156664578818599794789712514 81
1405023776902617289793013080656571631212120791429070542150888983 79
5453659164355123341745987948092769417511490311746055224557854581 35
5867021530900770319556558995997468057416133383616416911400992334 15
5643868362258664428079403362670105226669361924674723713640905428 98
5205188351003692681879974656470525450682683936264069944223117912 99
7333641066781735915971628983274177288723020526098042487577710069 88
1962403729127162845583584784034049243648781833724320371618788149 31
8366321324242424201471879866012908295449020987399595428721390667 76
9827563089167942174016882358765397504203024489864188963690963162 70
1205576819699291549927751425437881294676650832503512671684664484 44
5472404101245280642178327322277604369161028807835887184371005180 84
0179580141083528163516360380534630763891947615018698673670605014 75
5654519125563485474406162027393835035627856152958894681701699940 14
3323110952872124482704720605460258500667040757911141368279069786 86
5871177920435611489299687198880325903495462586850786451560737217 15
3995339107054574208447004899811282899421602122209262449472745405 61
0358209264251267803981905452659443737519428132171370336125910575 51
6989928472946953424298072325629025888362684267844702983631329496 60
5441625386147488283479816732288109784876941323436718833482975132 77
5552098111835661299848568702173449715945581420516760136316810447 49
8709163649431566670016341247315263146646944702228602807118139928 15
8887516372142668321214150923172057318911173288259805252015609004 15
5477759524040891350094036519708487007496783327432335886946312687 90
0985023131720661411321086076048619570635662452304872049297016794 57
8145820090361928067821394589374337776931269876868117124816408491 05
2538842393336908946354092358023108172557634997996943645975444894 85
6647732804498867623578917302150269879645498427712336025239601367 88
9026391276316733486900994658881028631022374955359950171618779405 95
4272032568075099172304060405924475934755878192311507086038643640 01
6697693588444107736870284577037940928349414028221295864075270639 35
3993044472385084396885275777983552083175810709482686545514923467 71
1645118856722380760062998781844878270052720312938847998209719432 02
2757136352039888007560979354968507222173819096427575684664407843 84

976235954164378986071667348604995364292157690926961517095282542108

602668881287621322828870123941112135608499848560226167435034883052

115199522213094722311882454739260808544121534421043454311042835336

107232244610950475490308238497623378772397985764670714850727011550

335079176889428553256555785689141110539376812300764172733233555555

695819795161678765161127158802381737058125843376445496393209033630

888423831346474132541575834085328701621478467527366035329814219899

900103996516639857816270835896248137581128520502746831434621865421

002873579845306419721733111903252007346192981287229517898245111770

328323475986403956270619085455073580791658971007776402290351977055

165146315695428841424375579757096894223288731250154465913235682234

856323088186214869175254442042503115517112520932667209352445385328

575930785720519631126771596563353595646066381215699176134271050357

968934692560977592291135575500449546809395941988076919375288865024

897112468591619511911805736623365074921836732839574906693966899486

388125465885588838303308642792235459716140863913280169686706096747

793497025136967094921185182680683710393297681827934909048809926852

979497855733371545681229119082889996496173672758296772254271826 42

232866400132724327309242950923056622134697756027497131137749640216

045186933589599433451701314743167166992535535262519182296068551102

552106617693913058993047044013055539478586631684376918286472343532

485938877973370002374344405223057833850423369748670050160028663716

354807214257274236347165982592000599527350286342941390667926697237

987304373539379577587467043870950735671245544966030978961181945541

702455921930096405938055229427692173509881950338542439019622355656

650959811895084955834758326794413719433477706441743068760728732386

031909376467452918921839273405652449125058695651761156206981250039

315388458184406490819305513822068081023933630856535953832850815185

286024907380888193971974192664563416144842651154131695628352519591

124428382628810103084755454897369025403588236483142440595060433363

721723113697973766253778983291481467685475411897102364658779329452

455366084629871709766714521539359362956508416867938874745177684647

019705601206291119659392716942878200104738422691208420374736338838

627479266343817074600861816517701247380026891028324861454672894643

770339434204648424196702561879164897251838674622230416516000185643

129965411759820850056332395241632046675535001335372968491746764631

941349922374424722463302202185954740646378821188234593940899689958

667766370114295285312707935566323783256196678213665709220602831025

653913540119066214292393816411208069617216043809938799300327913519

396160545906725965724244388667309883949480405001995869954087761066

913890684279935646950245990878656104815262619488029162203772854404

310761915233096761345657898664927602310346708078390992627547645000

231115988151525016675637395740190577034126134204163590448083907653

748582777525966628543162988331420747782612095040776043338836635802

430892448403488354102870614733963283464657835796697459258740113463

457623216081042397622251689597347681742851273772134888431264298689

167069631623873420014694898521423020835510710710502557188462778564

403760534154873713405703530471604771067752932007990830085796335058

913648697747150937612256284483514279338752636745707222002567691274

834223794366061319862676094406210515237198485974737929740617724333

077735380254302218943957667695095667279812485008486264258848457967

719356146646462601496495146347149006188672601302167481074660541119

266891840637883531105630441708083578019992232956434743032959791358

894379380097270442582150692797998883144672532976896720924331096787

787043725470404969378268535332779967817629151867127754136572668369

349108729256606562281591526335044669497567922949764583960403124782

609680807632457291796313570638055301817950615589346192005525020421

276892047265235195908441637059762227580527335399057273772924589843 1

134662089469356846280770879593423614342618357397284121665260195438

481774502442968737870447818458084566985918167574593630071250992994

5590215797971267979286814183617945293811474383459113049494906254577
7757396574482504189366105015672239114063379044269327671783572823477
8402429229040376747003971346834385546406427071026117530091308476127
7357563889344495780143671978013898265342437760672048730565920693327
8169737707720506732140005736755344980895540538688878671591124076027
4028764936109146485632435139228289616920538474220896046608059038237
0996591893342589079006223704080066997920297981944092771735027012737
3684682086738310270794793553022082277521544609273562071517195538747
8966819084680286066268052662617307395592893243276656082055892649227
8114572078932587782368082793050500307417743535142587643209181854327
6694069067600791908213420396368953094525633402213073020986458629767
8965547248652624284611047366575090417717320523237414075658489932397
2708682167942643268756947351912174769111157754079997199926682888507
7939039340610310421329646825040770647705217690955724326859664717697
8638291411537797697600025819272394469201049660042850854700148091807
8108172665045679671866880646205847880930071167141907849713393914997
3995255245452094946507843497198103614287781840332205706946395154767
9469727677477064248646079392351956543663508307025207982465374274257
6996945775646261198738629434532805415082762099066227743584448627037
7670924884313967312656356805978534285819844609008250228150510636727
6914188760397883197731862657293142180732905509353856244448880870517
5851205561944137370328540547572214634071373693265521086932227094237
9075429940899442544459068675741143225242616723435219127825854388457
5951679782993283236427374574525445460529398968062635137335872148507
8088202055186599580340814883297012537812350567930508188185685057317
2332575555424196054273583194479764324992288226604355585233496066807
9055029052163377847463519347497130223294939655104159878397401675167
6185936051793389503924662052455112688373111207852572442457996232947
4501683417135951402520951792646811568298203136188273964266233216767
4415246954875581640843582125850442476706996938037585730039057901107
5154147795571791693127290959982213641159815952014586136789206666637
5321839445791129429493727464246482392154779756157336708957618405757
3220985047485835708917663527278094953542744825251137393829123783357
1841471827848818093776259467255433420690238375597658467444988572977
1001533657025938386098378883705596616566122618812454638780740364377
7558292593401364517385844624554076490296162202292447917789014243277
2492456246105728329944276796783144819346705517570835029425673263357
2649065141412102378610932967188631037171704617628931161672590290677
7122398588365964149245530812072857084100660761685435166635303413827
8011338196779122899741266552449513403389346361812822564990534115037
1791411670938307677687742325698034291407998029191076113965307761807
4076221944515194026040634703567993538832743785881520110804064908857
1752700820562380205128642184248230026324320559979983469262326656447
7019563573006795390572441503981642390821362351327177145861912103287
1123572699330876625534408941512051799027314738681826266444752804067
7274640857238015503894189125958937399265016877527437697415337481727
4220377071286644907711626031544171194141083486068995295074447722037
3627442668184711965636157137724246154560704796508783129001334349117
1362929755836090601759494537968615068179085076075662127381001179187
2930761186299116355745026020212756543609511385690948154244767226077
3400610373342612736080448553121475788902375590577113174550094118597
7486529627058856391738971595159889870141758696486541853248637794337
7805069893455538805052331249498418875730464447331444598505524739867
5399707346233819398008577304356954761698282658938100306024112186657
6859802072533716561353350992188595601078815219559929848307371141617
7648399503300378988247903454105325020549556935880161545989189368867
5721247489636136718628188546447861792435817101125518513178717745047
3073536450297615072923011083308025515349518692948497169009917303947
7697333789565022956148778780483665828348275402301923036903858197887
5343038285582730067215613042476796509973673898639630845953309944677

3660052789535100775106235405180950620729591214778792662633854287921
5897759586305806465044845262391335383426270504308670094670362204061
3397672529913651878423065839667022625805621222107335411618502936351
6416166557792377663958604946932445508059036179864427557412949830211
0469698616449313701037027750848601539616658645128535453048155982961
3829859815455625924865918632881763011014997372069201538698774186211
6557820878850289708567829701926958276952394082579589346666668839181
3588155490694368307035327632079349451093653994509720428367306703511
4419631552887532148221893259671737078127140513347473860809636945631
5120190184391605573384080516638291488624793513794037131979668758561
2594829420746324161481962682888498009688756413177902657691055508021
5432280312585899845828720832573588947631349260624962718322007318131
5424395364377056481929539957001445543839108784491441936804710651631
4740311703744824585051857881806866288441707935660426980031632363491
1203029197537009960106661938962173187622670718263148522844172794331
4068181031018384175349973496979013526046083898649384170852934692791
1583455942477874147581862606722466248117722498568622989744043843921
1840245603609191236989597824880644631955555593083281673460231204061
6700724877475998063268452732025570156216876628405832688949305051931
9005049504958701540034854277602462485884666673423859744545671611411
9843038357063974266667038555609645239035702010736523283527692067721
2136663585746080761599482575890261556442866496737256920804685117461
2670246787668603228796511978576164426500255366220799720399986561461
9155119965918926099875691957219827550950647597861562647423557864501
1138970419935099764066765571208502958421155914947290752355349927411
0085129491938559625940326382025249882249214444755882700290036795181
7052357627644235584183330712046012462993991548419581355125514677091
3447144330924763732150118612798381856025571631417442644210392318411
2486156130470981480247338812569605196772694383214901046524099815011
1833941450600842229131941609950099644961963307661716802799661459641
9084857174082378057131294396610368772726979043490318967493232166571
2331903721541461036471884246356801971257097712420455992771894016301
8075557915318038863852263293491228689445871244071873985131098072991
6000054029691390863266714179236497562971925021288399097084846804391
0717631982983862589760312738181027549342610128244583510397246172601
0271247264410283930603677754398403846237465571177660427479404471101
2532275260708819152596238810359449121002592156755099903598490287361
6394653336222785601987852448078120000922672556304311870218783254731
8688044091883310482551503395062370353459115756948715844081222535461
6146121336832914177138712079113256329969610586306388145503829307061
5076425004095978377200913542843287311066940704199932530568316953311
8544062180960834613197799338171659170654879552114439934636910391321
5853497773805380142494093450362761658136895003095126105708412344561
2960132807039487146758901016641151703939321469890302667266058467351
0596475274805617807867953935510326849129867665654263127329885291921
7008247087740022137431156586969076065899085477980877564865594130891
0270456897729741955965501092219356932384978162258751764655242092551
7409257176954688605190100031608012897289870528610854229739093968151
0775009659717371460086115220926226085270829883643736243877981277451
1170822368080610770774136633479557435335472506634409792898991840821
1815020062629005813678154528485775952733595359748408724500538827411
0399987019521262331698628280343884972691416958629503620272297488681
9849003974147161674575114133460273449742355058780721866552587350641
1253083245738803560851576626591008479072047704536889750719974356651
0630663167587611347516441890509949530441171998514991673976622942691
4451662140808774913553673453065182999775820146575308157940816750351
725631308268975276869491317516603141962741227162095782997451250507
368949976478651309830445539167618793163664040969770731171580041226
555288637091406258178846923903643987679438994419596332277331510624
171111117589582042138320024715855862315936615312894321916548928211

959762276658143596743190469318970709546254984802349550186923112936
640292909966700863878400428904420862483661779064302063305933920322
434365160794325702465868466897715343280772170987980118148551579281
644492135430015252996137723601077292108595131459952461659422716415
747632365702571880611706348762926273236008312525699654343218937450
779674452915427894712722894704464813147441242211665900810057217233
044387008737360533164683029287005557200190699431998706454465506242
821727117124592068124294810550504047059241052883574006564845472456
074875624763472596201955416308086991308656786967875539700812791176
866919496838135150988085209582767929487854818158433903895764802898
509257246086253006148886286503065719865793656157955982572991894328
947716189620569354672805441856350184626344267485715560888443376776
7751811195879631684185363912337497661237712587055575367714255354528
010236191288246608468567360849341333119579933540423335773588963780
531839093444280492270352162230871494436067300423117979682863905171
951575052097655902730996709989020051300226332647381845202399769112
952460615572933669965418267875614644743693887290887894259922714756
326206666732908094698629295343111076243281643273608630864133864864
668368334034117417243361379086047880568004597543289332721406080344
475032843441146117190967017625398428226686468388170610025364990074
317384700086148176164319642146091993738188776548270699793984153938
974909461030806089521056237233733955299064854565477711132351150583
518723974869707635229334354972561003011215891267832849264645292657
116115146530034496144130407078693714179233116662476964087635487399
017477537102018211428142144824621320489013665523144244134042877529
811835667348556593691796255853153675107980671452796637458994210311
881547454807524651853170218249967058200928170347143305649061103029
660077886218643958620309126219537459319155011169133155954733941172
086135358840520458592736046321982702240715420614033109614862990759
081033133065914757495394365387018430653038342790401430598298810968
662879396068421340105866813687700862550410669655362243076097486920
666744068427555947082594037595454393281264615197860109409221003946
623938100024885780821530539641236263035680445023302479433432134418
808431469281618392368201869189398393330782579391518765988615852658
830313054820647419923861166216919045975656253336318446768950752992
586777308978113220554526893234119637741580704297917296184933765166
937562151464881384172662171532362271080278418137745960978655724521
653492678760880091880707514451795591893207464840761990517355858488
913303280635078797052313167676931577373187959490721237263799259715
349422416504918609591639298051537541530560108354141244266350884117
088954264409770274228232128737818584813773935509749335551140624466
436894204535523793022955699025688892472476482856987927771770439584
369247240062220941325554943292326806265100656067112487799788039988
221458634529591716662481653228741155327526411248966562365362717905
170820153100267353958824702235281639972401534641220320257977808273
135512050193684281552081855499751491511016991412711608445400907620
830051416461882552963462036087371679019058251894683895404682662971
748668008393029512607766929924069435225777438631812759679506943700
156062505627855914341512413394030327712953253107118617480257722349
489292521980974308952122314619576662075923556359726690767986661233
291059527961018343106907702032228716252083611956494811752997132749
730597835528521285785478442861816852571073997916448507379463019479
486010937938364054003035089249948913801089313227030643660409213615
225175033647591255299336234508746206252211615213453346405907315273
240795593956003274879097386942606636143145093479579364252820760576
736682245561277978857985090507465575999523325768019785164732223573
444661249477999064293351032029241706181476957105077280191727166542
272028024548065568292656244457107484434380924735583240595727928137
009317949584280200678166703023483010740547421926860540197880276706
177331169854901005325265807003919332218325517622195004956023295431

880724870989224933073759045534887851895773428251250967651971856799
652910171995101746478143027813335716956422319340757137678346086967
122438121730798969383121704204911241451586221205738198926028132533
616506332709612681127354457645034386271837391993894379695856116712
668383393759855826461542797813317912057829123789989227627725615951
258427540001446320445791065468667324140533658619184280422625821688
273710321538212290016053895557458048149707951428828742756657075814
826054824202210612037688341073437044616953135658473158464995233288
974086138926037436545571031357309787030515797674186488333083334683
061776199649533323434059168678388645247041275531439579402788421613
759684918282328600669289116050761181598098057229676116423560905478
275530999022836011825568757238788125858293421121206435351362342333
545480003763735392284413374664475464899727153248706234324739394940
743678490417272542657426758951827960203343622606184340654829291096
947327758106315005802505689492133983705710619553810369925100616045
006231958956852776338414533870921568787580321274603112849248871469
759238966121654100784516651875999266072990204583456279634204397156
524456500393326975841615274186890528103396227728680145702700318962
787707751372895137492853891601345118147909121245542835114507476620
614502078740552719831064913195084319393794051393560862448712063282
330972563106568067159358712039921409666332251191044508321653543621
993777585843281227230971764972700282533520236033469451608228728472
752281846877737507229883391318768369026382449348885643460614702141
015933553708337592611935438143753258368050686926516021319638590042
494502607779328982929749310257474851915475821236842755637397781015
150277718846739673439741825642715865300921367338800791231126616041
891722846890638267871722469773414700303377094862942467836229172179
125739785889572304938003585912363996896312161385831046483707963766
267992976156682119846593415593391674446886200355689651840618965020
995787949475034213451064682941891357624099495577188337647484493614
890337338736408448766512857990600569180355802175743282237209829640
541398491768614254113578019232843223566220125337569971038210371450
536113521580875443258875177314981234159790077484154852468747186982
843716427756796612188225898363586461233727087316163958782993815527
341580288062228960322744791973151341958948838419529290567529135828
470288997290468242178115881254450027577348975661069369938306002844
248830408556897564911615693828782862045901715920661835559705573502
183092691196050687113637921989163882647003032398559982585297372067
596850212232594796092137013315436900473475800526697316366280876754
686843154412005445181096396331779963270733270078424261594328719836
710018530522110004993585898093472727826132452225547446633652346902
607995201882984865792935643341058619206357658021349497123815423332
633081824963302038636180607430078936284804945727476555968976904796
307725843589609723556268852771769509575485467415631893654443452682
522268733165858336717410453518601689739003705114038721607492565728
669414463434281934220107879944479315289080704416783720859140380787
192020468714895404296577827423277263006754826839257204742895691916
760052052321538211408873240679725588369972297703978174778655445133
936952804673097919875464405405015355984214901764939708993368236817
978618263713774776189924213964754681521802356570084650624621258009
338239375893985352553247370307268761318693261257733337290274919695
015084048179987728373665255064027193614777325988089081494639422730
754621137974252544785730656206162327584566336871604105456555821963
228444258001613092292561169521705856174292971169937298798552686573
679816223076859491733218637615077351715337805336399472531737904670
385755272237382781358856453237660838981202294975179584990141689663
452187860835838411893138472832576864873474621953538997800875424150
586749780156015931136540552070950803525500481212312377181521072980
032310175918378625405659625399485447107620238523408341501421890183
896302766908646062889973158305000605416610521126183324563088749423

761321117383235991026715443333980903010767519215606860915099297579
489847091340484776037253316486633273997745741707870588584989036478
250500607565276677666730181427983462997863115472471904638130827026
950271552434583777132888840113322856123276424758054914145334004307
351368200167103048967407913220417329365588638081990240250424758979
906199739449424061393859002043745081712616036278391241147268209085
690526837422506891099193767722077768737126770152907129682261584375
714966534629615403528980698498199023815881324900728284203166454586
451867787181771772779283212526968322976641245496739715278796804347
658957612653385245739151343813784500518738591532963414053689484439
722550801196079269028116229367043437115837195386577860034194671309
665344253552356135039263743335590248778009316758556650202614245175
520231051803797924160186816532721349074474187926304637935701957254
656870769649025628311394908306598139258771657534329051829883074422
093153945626718913650932778527585614188691505843112818062116453383
461456499861027990887831599923320834970349900964482897361997260841
303050161383437573503350269679199100394576485031398899804053476207
979951035562800942711980771413862537468942006711292903794021105099
312881767863557121288220584525902329882784488972855767643376551320
983720845365197273566294540752078683774825993769508547458537785440
151866870321270325108378857553525327422467456165530175294697049286
034935237663193775815312691121571250545649366284046131575493234361
611438689415519179552116040327941387040597365968287723555493695367
249260335274498928882204488684436527515895468955885890718317292891
292345774428441927250527684755038702706328297997585388259938790678
996367663472636799709113700050045191515070502085744705320311342837
530396450683734947465152543161640695883965696047762481007698125762
324027656324714558678116653563357384133203756328577111457947736117
758910978449597487134549945405008974943123702669160022779621516016
443144632155674657986969134302091737537932953736310293482594184851
531345770064943739097642085895731774231457672882967906750299223152
573286983302634123352631634902064904297082100632648815676763242544
468703921333767894896001251362652354725651702225595569986284251088
668968471078726001673324221562512429272130805593262213072140936864
354996898787430352676884922123183449241907637471574744625215974576
466357242752795222891504064277678656611519193319181783056716465304
813810106667342459156864174457688390624192018654102252669706153890
999072549984285484195668192454519747093061422753151298445309182757
715136118167303580932146032258472352811825504706062154262243245514
468964572693823166555250959895041093425374308599979713700425885834
030449726710962996976323360777674373479878835673010286471384545928
791637490145406647519394899352212362474366131747830486884631516036
592243576762762344666539589796468790552923902702010757218919138214
831626852490495848675432931241826413466272282093653277283976675572
672897319381293419430572396207232920071863867466703063646013311111
642546802512289430533112509853860120123607044969978521095859875329
303277162267982305510767692680002207418849030165005038534475971018
301673782681943612416569639252294741035743185176583656034123276433
900956511863260791733899126277207213516175222255241829612433962825
182328696862544411862381233064034533155601640695747232038365145663
557498734411685994161655182496042597983926781613148318090253450716
466644267026276118597649132476829527278057032238343515063672177066
376374024903046590962859602719797255378001418201998101813981259504
234866248344043921136487236662920206393962884531448374890102608403
614840731200674156229159669636694083603264334149637120985454752501
773669601971461784645155559941672637397085864959877953242158328218
410939164052835679070686421078034660757197989148155400542005107300
962796234727249970112217781656798449194332226334150338567530824467
734104550327428561157455387421400071928430177447314230098365760751
551277796281014722053066817420350596794105098046656313637782517247

091409925552471036812670513824675211720052849429521974886284898527
787835621060048781271144063499088164592445189801044293570832904722
016072696604619842607722478310717143909349289737950750564710538029
161874918869946353013572935018732066873115017315310912967948625497
958151216822075712318919091383383534471023659794480804712338827444
035053467999529133546094139272844651391190836076226579839815642463
829159990441628452768189353279135674740322735150689098775472181557
499848834669462227119434351395727560933187767215742857830330183042
225170496329716122968367527489832947231506974978874140021926700672
065677292131084935729407635928956182812900110978472432830384651974
375857368591230981783603031405282300813026631330413992533992179415
764798534708178636113772001408570838639437703529183497403741835116
223700401731882693932630875054875664529093265665030243944536227279
170800381578513252902365105680962589179424001638714961212169469925
442398674726206005713115387838833883078016537883877521159311944935
956949179394057884886062395944418497289287230849557926072113297712
137238869698636023682916222546471088062109447913239901540667816028
934694282155062721260541798291781738248919973382953016826679061778
013533650471886339784273533585623279185357977922662703802445696829
686254911874868530549785796598918486218623748556393532156304899283
486556154154064951221046610376548180602506765491340332738629416911
776263813834785118364105699966094920204489502629446168466855106066
242088314537401268779478139859577769903987707399417032565319355613
000528143599456061261608322358990324895659567527576985324574403560
761288607968185761977178876556198523752744722359927202060238916718
790814708867068302793989768378023337579683748471679204205611884614
435084238369737859482588497825952141431676898495921319389412875069
596149193271147035874533660814943754697142919529031019389435637183
593749148307423044934029596281116652389958110600093862221622655252
976610650745271358949733447407281673926348622262971347155532936244
457994650823197908769074458525370345709007744081534167863870148099
674124003837808523427397788174691080535330509119443313873040838043
067506030686269532124522901667503856318585859317437769494157410810
572749444384001399152295292401680667458424696605569107697596987310
950784518251857689800093942863712191016698078851710571144669507031
273706962004730035675368235205815249186823908397408809264852704581
680063915340134937352547150923527044161926572110042345848085322398
093081970121586417329130532589871715885516842060650340556996859371
591562193954595558557009347711681179835995842798195564356365309389
050941964641889243417661217711754573714429402729377177659183107443
058151531596094826350633655723861413920813075414610740512741348138
890687520896517547286443489020150187201836613841728079882729582018
977486126338360371109414086804414638189975514419051152014024187628
978688233866528874956474011072459905537992175155647819809184955876
752778280803822629818043941563979561725694090929518577447883651594
478720682678596369454763706238206696202396620665921081278183219127
468081453031421779867353368489380826681896912999835199422321272638
771597576428521321515883717146485428812423122468402839056157796819
989785562510271070628379399431907357979753622873719947845210383168
668521420822019266723155810117372442375609151489386343666526579426
037168289281580693159057152379480256619126870887647506950850111370
257880233381801903021002975975592681821635953507064188571900594974
446797417420252130947246191950277213237247025702961631681464762184
643644651799535877759048091724695567396794553734971032219369455962
778937791938340697253788415502062958387483096195420461546990222684
347461767711319737486600087935443607302433663280865368473350668707
408900184703067698214753133731542862215155131814095414979724670676
343697696458309286795212019941406654043266683440819686918622917654
410364920807857292423388755061809836591222653797288411120130691018
576030498329532694214188425942866214695276880632082571964867134224

698526419419022236241186339130284171844724822755723379969707482002
437580371792180734202080536935740618765664169607739120909813494702
120725197213699642344209305478465069237446490420888732630226156357
919606309236991602782364930003449747123779455951240858239709946570
275366759813304777505050536634574715516558372773100785781787153031
613276848925357607846211478860351804029765696058486717567636659308
748016099927950787178913104203849478943286084797051504283326524571
886423198399932856342268607883443745309272893146092544299060787111
736766959849633062177514884899337787867859785265280570548661217379
213552124702395325608190678852803832422968075544717437748950143023
150146961225494895338362756944869304674198022922555065087429772758
076095106879827109193837142290968268728596321942836727242477443909
060036804852784543854819955828743344189095523099265929588482897771
967505439205771668938552397736092582090693430578986742357295312051
485090384652493140068996173731735816222294455416149357871477506270
376192498036384400160913611713729557661808926386467940279365670385
305779912988573944783757639092679443336505496770742285963808721870
399582714758000440222404214003303590360960548004718847304678286807
740989832225262453168032034084435109374319499380299081241792110895
423927096542582195848586679924115788447815219557498322258335674226
798960098032009354865108549467676713405310343499864349758000215286
835835721365978208435732604661260570464409200520643748808684041999
585408697477316017505390253064903620449458476440882040053860571525
182217793518019414711660086532948281060021915944692783460379829268
818677784883782713148160668128480874790430234200377130896464781785
599461837510620688441358628450630346441913942893762354742777586769
014678228907006092683252250324639953337566728997660254246597951963
260902742615157481865278192977983681101331339651625793318419407026
964988951386923961261275369592060229690087420834720840833188415826
838019383358973224335136412244321174979404766824167809635203566415
433254150964501977910541460943749815990445792838028880133562481814
072611423275972894824141887025957454934254722746989976877162316099
322885042028070838100814091887352633318358420740748446573397838429
805347106002374219987211762683334909209073865337959074928089283030
107207550472450851183334676304759820661789998004462744803370196555
021320441396423674506953708781697379969379061637848201169796270721
270358480479488580658308963231288673402963848241128765952185362411
256969749199057478280326299861231724793050323637705845698785774531
610386670675558440682408910511818429025803298514096157331538756311
438547792152983663838215871358824082012778384097362326475844352630
281664756079993221483927156321249990837098930946329559859928728433
521252427433494379023824949445785164936127032642339094544808620028
353526261752981835525297880465028135399112847161281153414460389703
165467739525876538384445746110351561641809273346254142217903310714
720310599294953895958436885773489495225982103831596420623273071483
716691798967444541841890372511272835300592982739374737571099277652
356370360647348724784839684203742309758998874387876542841593565973
588345060936129924492587467691542804598132815825872999110300780631
592481722052213206010771492336601003182710066727266488949550942336
897935481055796423771544954137177407995177501466695465574100801557
934179598301318715461713838220333287263136997808093756281698575352
925390236568114358655398284283241700051641990051764383512005756933
430421802931523685411424059868057389737717209032816486238395498050
084360235358582554618855942442612928921434147898267094176760452225
134929872997435333820627622406331004883774527381188722581819982219
428293676666000040379914870018568674554412319573518712379305995148
215954867701054047820258539083335640618262225208028648666809763156
107137641890902360603954124553570380667535676524726680367517673845
564696693596022634258001555720896238403647713214296692193472420798
729629861675796746082959712748570679034670391578658581112738257432

519039782995445767430575299283028634186242545022496241979163982734
904359411395898404348957578332464822165249725331811930555856140503
105076548589915525542652886287528895545773678742029770378468475636
642494767084854307354132840361634913471074468329858980951110201242
544884643071227174886586964367223751257407663807577968593851823215
803790138851324567042252785387661013519568286523394604020035673386
025205513475307900746894526143616381246602094339688182998572534654
355285404636104131214993769216302614831518234694209627911549417194
660720665528440044356575326641438934277220905575184236912080347379
886707969228398693750888161460738382464200081539367400188625730736
953499730836725281014943043645634975213545319519500350764823703618
453849756361633974429430988638719898808188086747495831760222984672
501959183717870015464719437744024587964419343305273778617450245249
707149907000518726929283458717863091748438785506397547781397976147
102974805258930692216662225235373449011353986266028141926476293709
768013187204140666876255459542229249384946271177550175862021378876
760029805157411237809551927818159082066363654035686833244556620095
160463375225688255854582920019306381533873656517945743702588756264
732107732276466231522699379582538162507411935992575434703207518963
927929216230912990259044551217209318966179934694954150218683377015
220759113008886890238579915282639867824654608874627852622681424733
188588572416651261959000329224404728408961960264923773072793032869
835071995091733622206904266211379357378789633982192711117924375186
838175762134729227304841109052893127397566546440159910892056359539
550622684903481778340163888074775859106047358664560729940094200063
120435623081164981455149655513005854611735524052167155666041333475
875987920445592175677563283767227690115416492112246422360395403368
455011342654247448989545996792036442429665248273506879964950157404
621482511116740163812882370549267667972800574632906194561799730944
487237467063062834619376926372843710250629430239838747180411277944
515182108640001558475791284640128739950977629770826226345882505207
818345760505308157127681646160126745615131039107176973845578732241
330030005534719511669012581135208015630373046908093097927353658564
913574711350904412759076490299193882008262173939592861233365729706
646410270587838551318934657962685933047956026011545035967710140057
993336889004022075384825139930863716343366007923712406457617650036
410612205435688688177406253057006023018982911091534071177517124423
703643637158902201162317102635650130243991215404270127303916604348
528921717678005443537960268144769874794055715993778356399662100669
274192714681089620407361116347202589862464744081961204033687520897
010880633542844369252180174251211967856991105833494499916830944946
984707806367546667767825383723040528489291173054802989310613282285
243013974421278401082297992256374991861619095395092292352403872656
334962447446903480575135659465046250309625011185996363024036541878
244570740245894880605074168390715058032424183755862679604489403118
420715618426638993005968351960880991550054081911609426156177996494
555738936233509560216938453029407415354220170088505934108021537744
168969765523900070011310946928000344435606360766131030272873892742
266524989909815901237651570432773192185028448811193320110357105719
444387121835232255486772644086673404544135367403990104641792881141
327732957052332339987800916026700289290467003455063211355182259645
456365580270462153147060321476780387345442039887757315364197294374
658678276336231119864674608317162495938051631791016021743160036372
135135506555681162767164832287962390037143316348095868924384711690
483078965100591104965015992831438312018932525166768955897310518020
709156128212794785768231503099654870137801420342350862188944511309
174155201212503779765726305117588445579181661243191479349987937188
974667677782724332922702482645480284999856755494526946870327503783
940036651442685682081309020949057899622100814077366965566279789587
599381603739294081898326023119790605145978038449412185507347234440

4641363331714829781976698669655140051818454197633105563504488497l3
4223603391300589797173467823734723292305173885050046360256819980622
7282581124555915860150184390904098641809717100754618847739349112732
5711271075330950790361979461708733446648052417888060677311064558842
1428743120553686450754131237892050164182455985291702855298234917562
8151981749535650404537358800409736931002101619740994088572336813982
9068523058021522578307985844449884900267221549288886129250288528132
5271737803182076280866581987021339186121133602461873626491285983852
7042460547885994420824018091973627117515404746563411804862886439872
5110526018600763208664032080058809812466828727691582888514535559922
9721451343188177166455645026663362751571422612127028290235870314672
8624273023359989513383310690803679122897592232090053533983610528082
4879743470505105124297994696958773290081207079728796535839232426572
6733921443804703617065295956729932344168693092018662571582035045922
2274601133491784768678310636302367243553709325626949823072618631312
0910501643206126742460867916703779309406696071354477720412401713872
1525414787133745660229142745368281009292055889007950848372326787182
6595562128376549304312274644597738111563966740927499199030967831572
0443792739641666751097892640931174682418788465392879439142807191372
2281945062111996049420141675675141552265693285969399005410111647762
7529256494404287958357100368450907034580190874999930927342332379062
6474107462898117101040277883382145098316061371850584279038953949612
3459869455343321733883804422922186848247101171485158347106099757862
9761968160124373302306844692710557893261660012959934985974917184502
3344610562408400109524903112915131020735366066991425097441671089182
0442792638502557662206256643470568888120913431296547816198453967512
5482108102441606244493185873512142860108581558715194193976552610622
4780925408142475964662701919437855071869834968769265751713501764022
0035993835301783027817671022024492886556546201055956741577115904722
8583016542256142005482685137191627689825272660007703368359267689272
1174661458864432562954417051216860837357165976102782388486067014462
3296368213637303317464871763201427880067424934856844572688678255252
5509250061546975828854921081222247668229027751168223695025439873242
5618612099967380501457521453467701080259152981604212231163287602642
5784892088144425417823517877294636849168637871033559880293528797512
3166009650345021350087861481652756934254915758254478587897790042102
1592801135480971581549325386490211513898577566392705820047833081032
1935861720959285030983719779563846649873345549013365660629589933122
6670354255179585895342556852221670572063731668209322415546565287062
2082026853326008665800583966090695049703022545349369418434799181482
5403175216153188936016989829712382727329618815135404187049273485262
2656664081364863788716802997434199218404526700361558020387500409632
7218865537661056462525859676231120914555806149237446224865590525942
1467834123013364881208645131781450546417941645672385775090452177052
4997583323609161824686637311995974256373924319368360663346878883662
4893997708709923975176942932704315716340505835198994772125986124652
9567580313640200779332879786511301194767901228493345593727454467772
3069942456260202388754930902233573983039664285659923462394343075432
5576614858518612844661731439799759776844709297927738276470935627942
9450937574975809402297195543701438592212160580810042397438533045432
4671191438712266270914012615384462773661088651827155664020489973872
1853842797408717803985878574872168926362934079370551601837140508772
1496281607873833623355597883713608096663152189322875105227403710182
4125482971285689541641949279438506394548386171545286329870074344742
6461465034144602561936493892557193423209623857284093622072055176462
9825304006432287560380697731469996601018610184090834745280892809832
3912909149258303651173029967654739251518450277244844953768047638862
4019063487296774799021248561273166399844273618623088551731823996782
8171581832063096996485147295737236946479442548250144837278643035422
6699644315398152771686798446857777317672421499306359765181359539222

7680687103230458025191560364641845527228861482514597409299719945291
1059983347241041854202720851360543073574876227384079200167634661512
0906147191081330087692439890505428382858717459600200884576448251903
3137554808601794034109441898837265231940718313705379983523443759544
8981321534240842874824428098988804719710545292339984765517177514415
0963503314438415742836080790134130163961579445590873662789091442756
9845229763054393408666782643140163757170561881345065363728887368457
7730018975435386415363938173762901822963330494418919406597305753858
1213398627564624984703279184151114912113525010468511900896117079029
1888918806248825384228364119065587480883812073123231413442333531441
4336096562719210824764039272060888862628525885199283013330589057651
2728295714261949791649958943631773247495809598414916399608724055941
0589740951851845370108423911078235447953897722079752261759973799311
8017660258416783458521545313578584209699130699520991878609886124441
0106074119863744715309935103342861637568094850359275704744265896791
5661933828768847466738762703577987555965494014662899892099869716481
5407230339888393676110133037840451130783799704331160533262199544251
7703071039684397527969197308128025112622360077754000513085974983041
6454049513097048034261383540913445405641341014621937160565528044481
4008804530396494929738268650227452822994845774673433786755028009971
5605100915288666465879026257768957124187931583948729738877148353841
2481293119168316060135430299784836863527731202903029710778302774731
8958134651942756160667428436070204002387686104592077696567626787811
9706560612033973047229654813734461913219885892321867439123224152571
7419290782257091414018156957284573833622918850794868329493305335931
1935720916763645955813679923869635567492986511324827139460731628551
0124132311737264877398296514923426741322472886328460210413669666441
2677281041495943027672387634286066448079048426771915985645126086181
7040257274427745143079017361515617731515750059883996401418804973061
9975506691012924075303749581557846276831148373516100826421056868781
6356840858920119268252437039035251766690092384082646752617092602691
7104070471481531020573979976815791829812892353041464919875936156321
2124516827461722779681573302532557352230229683398277994160348264981
5693826397360590562321392948550742764853294267105896994589264214411
1960008453533311450406865373131957148434854150415172347068715966581
8934687947761605065252053255188779427620006779291742862951480363931
7155624921492192899450678409720543460019562984744096748624653637111
3020873814175483338166165615185111911346847323655382485319878581811
8145010538694131580428941053108502625828157123111145551238854904451
3479867002570776217413802918927623452389391402805293096864556020871
0747502963056856668723977499859113562083485942647022385403313966551
5122940520677229821077169887490683123218656678892534843739289398241
3039270631046016785592875306017870222133068112991425648726649716801
3285494390895401159821493770170327676209298763615294761022963864001
3909946651742860527160651172140132509592705592948397361299817981021
5671385331771066750331317827873251215013278377486502070331355062271
5581304810800294605171798864186469383014272229157943503979917780161
4905282771302956245709102784944459005025001264756232514016120398201
3255027526969519670742351684211910982090147345534524738516054502031
4488652611948457946739103249460175460659491334735648784812681880181
7073525918380839036790727219871365126911287379537715995274134266741
0529860582672777608419974697064196590299595629560556000221763788281
1809646584242944311604341015403241618371124118334133690860407381821
1867859296600601526097920430269051432225681436574696554200716104921
6071055162136298793005559121326652543344723751548317961256407867771
4243070700876622029181406550213601916638438599988612327515290352981
7034953210752896906114040165980218828037680534871490208308719178041
7753136085841410659675196043240179858915353244342336299100339036771
2618991404668102761485787215430327575243593205031171651703430242731
7608232710098962149506384969100290257741671365850448982075513534461

944194185199121456681506843573075876541271316654235668122273722233
3875877673936228746034106368156518664932281342304242040017305391 39
580450340596804482575134055549046416335784381605886860227991791515
677699184838574581978981362012970538786726606889518850722007442610
297073712835694266977933820878091270526740228190344887810682804959
591079430888100469561835872093432323304409697612377196896298211991
687870983396113452620176959400345867383397823414732191382499749914
065896773447434028358031537479848996761924969985182240176819305210
022455108578603846905687663641289089751554366506561650619221818558
606395256352043478945916167981232360574968374823438905559643350429
275477260719321983082538071553885217730924299413144190263558021105
357988665362641510146460711985598292895490755148136944093607176494
262910340381718216143960417698528173282088210369061259770468314059
876589814268531700310662742574082809102331168159759586548561781614
606434476519302871734300921800100587395483454403762764601382427634
053294655808884773746683625616908343097270069974817824245741942626
077709798914229003500843321192397735909559457468156646947811010103
696356946867890309337571102762086607087821065555377926088164133752
939155961539106238153813148131766276032319888049792167796110491023
883227506396471007696524744146098226259447672975844810138808410145
215932988735385180730698100946012616786893086024378498607208280266
924451098153916959736018213287944079223067584129848490365630343690
870142583141989910541398522693075466950199902772011993438099809657
194828591987672414559171595955750006024391473464999909496228073208
901853177416621570733389283886391644137593974177979961906452774096
579769282536534878288646972253655754525228031688471039269429944017
744150565410839248185380972246265514689030002078212754945052791543
698175496661875134783191865741255835539740773733416015611445281501
716175117999639940611911008630470479571340953158279114969755061425
259661879019404745287573343889299080029769877893086987339902732472
293618765193297280946392158801058120917330356069608825523217970057
600041590448817939229844535803797460712947076082006515168336564512
412811294002079114608274243109520336002850578510317812969011196732
086099490036742606578833236759989031746784188273762112822615043735
782612823923583260235062150253881205038087610757792341102006638835
964616931815750428606621212402530812757970025787253844905787402407
677517611828280220570076803317314373322249720895322231769914830922
918525246749051877165871928339145127222439107688038146764776825605
199162428994666415868570033589710058172746117001313172720152645395
750670172388733144385271949699753724585045185112124532376009243047
239954398933276325847419966021261252980566184976823050412057268302
788959012984790370101236347773267203908107116393032892689698589802
760428530981257919573240805314535999506802816476376786162049908722
050571792632644701380210327447578509598153769279437353995599069201
108684572761587374741497813219922100979463616836883769800680193267
246356331393619802284466029082574970887611612619391798898914147203
605599369088389305805359369339114503166658376790682533810154946336
850527021605286589896942257096353454924087953244983450152302310368
334930834082351682915189641667157504762901953467655050454331891572
657051498776384149079126728380317905379403906551343242579313304132
494807608810469731249545345457856264329245753975443631106604365289
403443842934131029921856386196903953622936190101639935285350105729
932771839446878649027719241196947766796743216916617401837190656046
390007652119611483507207555929101785378770569542074600725347546329
875918008302027150297749789152839894533255407195166657532309264951
394211425540451153778645696623468005001055766568622256559753200069
485364386223037984856936822387490319549004916657833974366986091833
919987237194725884528872540128464505663054723627109926427857024582
922373042200103989251437607418119767998004961158488903136574404814
727769349793351969079124128680495050177445358305674042673285789757

264025168112914401728938893906007862203398066619650785808534824907
943715105931869232064049673865635312813040791072222135766548218780
519858530019883207194602635121427993700694070856559587246813655434
167121600702677482923620401452985056021224418548337825955416419100
110698441606111936134157284385573768224370273680210549049859651658
297294455519182415160406551183970720272020846402043930729863001390
554348608057272087118125877938449849043705292103749701001663998151
949476294999864284937367525363175218833130871088807978839241770462
788936077376914701380205788950494781158875639904502685755056174160
558994625034600921021093521309476759343508224228736527388837423211
347106010920493956173174885378022731466288416038867881534237539156
003774078668328693984834808067071923600158571920292311134173510221
745594119959835444561375619179631107040180474480380943839754826744
551977505936659329500786951398347929873388781017794560817544738135
591808299812498231500373506626543377645218316617295923566550503629
887119356012041679383725200771593141903519272458016944939389396886
129000119117055885151579807832197586364396223411559124784518708290
402202070552688856767767572084330196215790085294712798233970767046
678343101904313793909567418493179487559919905514096196893922557331
938718224016540438942429761659128259606455657678962695006754576610
574970349472098549641722192264151810279891105903306539154665967022
021495454292522568011997322331862993012889772600548883051801907365
617848724489615573216482574547538161434670840182571136375339420168
400511442960030308232427627244024934395610559393307378279093954401
080585108538114412665516154280952868117050960782891078997195299893
421677946200201699898496514405533694909314415663747898278927807417
117097798317152252276910176290637536782986869272805898815004823069
790734921618995536707907033479375433604945307207964877016335038661
247716798894046172089012433709581716007094122493621549649575492391
338905213792848132560065407087219295204117451146578362108110624285
418078166194941845801094848226063578640095318038055317525908824674
419440837169751263837722218999035166081850378401036964191489110716
279202497884078503577014056163478742264000063558174689957745981617
176542473582133634390557463367004182631314361141816033296676296760
016799420553340364035181666054990897216378910193314935297881620939
541968206581906428364266241323705903925680464546366588202705763264
918291587136360468736384505449748883936255634469025847997339724378
268667920048942544022238694891720046655825732880233249943539810894
646629386210678261585278995737113648254919496669990046514833047867
362138961073979915734993372656791738205067948903357851703480156848
711905733150307323648157543719277078267888498830184864653982118322
884774599068233974621561258538266237228319698602520433786277355751
555072010160597871217465069736999774885058236861823974059628238990
617184581682396699394042340380271521493416458066506094255166330604
931071671973308360331180912226728261653649177815454713336139513693
578970790381291008172086749705669639627505283727439791628764864557
681076979043877788536898437300360143129486649262310772749037059562
142587514293266878284788078762847818624595678168662583026820364459
788509829508925259441721135355859411423995153512414886100581148133
714476205748937224169221906391313782811620178787608643888605065870
832408698639465194511688837952774635359778005996422511881275601601
791590224752139769106798632092833840600861021846713981186612051037
717967858647158891191978082065110498720927329367444664555227833315
561279846519883483619760801583131790674551241002086775238220655461
455939748978692163232155531192906025885276633670028108500403677602
024625577852652669770340069592157761564764259634743356471602185512
767526489221675998015472591183530177901102148470226732507958525275
484231626158929674912801498005754149289437240746443811161096891279
255334866504394777647016689704662497021733473368079477321086193443
422642160858013035024637111089416681026503673752140328243429336919

373726378916898338751375557910265452952313728785719567272503523272
501149088524011122123152239535668141756360827968894201993232452749
115000568066190671007305621131256401829504993342817836112004413870
830454117779908282985239103165217553221739083863377240702608516018
650975472284511975391203976275960199053838294949822684160694237074
685285118596668768797229864602757184502991246920648994694897748305
050135197459222778942804945888936266175575585016684911380345406553
384045092547795648368531413220672805295322177576799732975000077209
030258510443246399340674510943312435873235986285879361322862400827
815076560815539481580746263592719106228645291219548991273889934768
984063069350153058083956513944024323250666224298765923968269410311
308341511967555361378398542211792194114495619165388491859795707643
267369745935938106687751104593905615875963496617956775816312907314
395200211716241602363878096329901332470378593865529140518948540202
174774349411807469378036532613139946208945557490603976970949550080
264968790833922207730630331527199447948997819818289566397872623599
650538450840226160712887069191795534834127291556345078392909554962
176378094144760392676202991209797852610126161587127075355867886070
133229374148009805349019787651172350139260320282831938137530461743
861854870731522878960438016260215193217278125010153660955395939482
662978500964721476963041420928560836755369714576744658251377926893
003498187673095366561540940181812138145157189348521141376323974759
124935970455118111351262638521822684142229057616723362217416385969
594285558415266032581735696873478715282538546866170831715678979869
207966857938520386732793631311097017509091536397157747854669238984
188000859849849311591372836081341437393598408772681388157631645299
040033170061435515871321048490860408630995545829324985126941508965
889662019644103033569857578797191371874747941989023985576445427531
759127821820679194009597944889802165519947491076702194965961007134
306836058843980625029333392918050437874958457839559752191849939915
665684207644401577026373497360798043894373233710357794629495956975
286424169076671625974311702801304335272139209895910162931503144061
676033044871310888930329252095324604243871580713741133334967521894
678420435201200510171558881014072790337090139060829623257365434902
251585715973438396432549682824253927771242235747636514746268630421
600367373905728097415180263325364778806297783650316962478876630494
658904139814536834964837676379724030131546539880841739693614258671
793819140481431262211849010477107002065136340198655824595491518936
088602077543374425879392350378338502501167727052720609919380261179
501593818710043945478642611784251461725602723804763286997966113116
147174598788554203789603048511936947192108774950855306289958503777
799044798797681917449414290009803597502443144572163879873259333474
843304573940812551247937720838298860465524871445206812031443287202
182491713332412389413032203595572780514404956058136514098616007905
100746445574326539394539164730244554090449359189950093007018061723
337167982022317326195486552606537659624069393912796408926084161148
803306464994054074645973148240396568634321593129943937077821600270
955871259263938062653090637227159030214454082789035367016709815238
983270423840016348101274986996593833187719507936973083569436728856
506110250945352047041905954246820198982796106997322621366281673631
229890562473777629237557610116540065593852372739150669064576794639
205897165228649774345022841403508880830934461816836667371572514163
826056268400920108841378388920760123000864027233105874037792368077
723633760999633454914229514026340740695000357192016355410390524035
290727326982389146458549806071219716833951774684572732705783001650
434385226732890660418884113825083413613799619810169705273677247197
959326117762234453981953204724407339455212937548499646212828779894
759263556471124809844788635485768440400796454086534311784469866699
631550715355346753318278942174905295408470023651559371913007076532
061016462428460575445913627408024944264302474203872311368140350116

491673880339796281288237086263147773710950925211669667728400056696
523553312357273447122505849334210006543804671533515249182317846165
102580881801644604999405884890852354086151838940436071934067129236
726069448064599978077724922090290386244074458697014205902219888068
460965151709482306000964657014364407668066372796875694071351567827
990649079063277209044524503248575792807082252032623968335485158606
931459783852836169456336186314956895751252054275834084337654387735
755811332332244587416913044623332885304034168185327650796295332567
196803046626222693929242338176147406217694381301816446836250602887
868826388486228440768649870505438229258065848704040355625732567495
201114319375477540770919620795371814882506166306925483188887162368
525155484810807574535347566506910899890257900674711653610446354848
625845329601116605524812366581334844340230338387669473085311468229
529009285203397072972478459503263973047096928772755667410787921270
676969147191629646778484264375541857569851081658718271514749550361
565003713207380545212738607371349328329950679483810466721696131667
455649838641066553851957114779798978040531315313046953559560125012
230730135122823590308974131531872460657676506927312075405356228053
969566709404554331001699200934016030151096700708703308962865869548
111711644722242956459262470228438373631682761826381454527381901157
150895220166955589525546220679207427677769230811522647511068244339
134165002524040693302585989456339270364194407539781200821821358504
554735215748043870509653774461478113468716565558883519727921318504
550683553943076050369009362962387836408667012944398938544441878508
815883750876290001144469012888129558556775237521659868493432422064
333126591574887295399533862251753806821534505112447440946911045116
323995851505755123125829401236747715157902678546634378329976843751
816713246639546430207887683845141331311200438362720947289667797439
488890340393339347714916556098784406261235812235129549256259585831
916362448449112395365765871050788073967088109766912105133672021088
490924983481410808514719793119832560149134071181692653771766948863
256773850811309929392427973112696774583490608959014679711219754532
868794910038496940607005645672377105349189064450652802955744757018
578593533302534373141442053035818947250256597419922390085503338479
296623707672334636290375995008754307502579639741502039884959037585
768291001734410030163901748485633064220117520177885798427457959125
026072781470357311880310825407223370561840398146430866701326413991
073500244188772556351318020125185808148975409736973081487305408871
737347442840919291643424402102449642639287357398240381058420037345
869531070327979850229309466268069017927241787098062523829754926742
717401093133908440060317715039883971756517156642506614086351975457
345974732854603525770816379080538731580692280533069866107176170472
318941722385413267567686410850693619772850880899912059322947870172
365995791125474049023042173561164395489353844038661966783227383630
991110052858370782496250614551882569385163576399303075590707409177
917689600909421662686399459309871665187527628061216776559917910290
609779887602911312938589553501801828282284251271767414232794377249
083446842157094679010491342939738156593513336070619125183966348987
890494708726441344580810241396525389714439089177752252411780220168
874982430162373290165423895888029875750062831044553948727701249308
315249497974712676481104179236903256497908621475914072338569985684
899320722812683150370989919313076022276809177596019419663136065337
542651454170789726564216949912776720193565187129742389742007742270
600818331468689266029409808583955345298132643374294839713715782663
489388817585285996432152468492022170504236438629715317037861202578
285472396855010947264868652733936132705317091849608428679730630043
616542134626766101017003598757979069986223205488026418532486292510
961687965980769538976545361454574455400165223914248148929729381427
906255885970122387283489024057385524642344391199345027206577171521
049912790899211699242640970409416207231803949694168898542656153032

807224682554245811114270095732327190155988537895755711619245963123
390013892387272152786124203816814896467821416667587669182854585244
394137306771464037343309404136447692935783257567547224604923772545
306631226140550175638115999431970278836561469974535618662519921774
758789668022046667762597743833899566039040362829861482702138619053
606636684579151451491296624149189690080815398786558385378115703426
603443048225501319786604767627111519141329606396129679567514855605
359664271764873387754842166807326793446827374535661080150860574339
919862152957878761118559244723527131690090072760229277857204073949
284081028003889856654021555633375622291458982640581718488090352195
923229845591916946392957967530091549871090141039887383479249362893
105797115046206176901054689301366912564960764551910533627317915600
645964827476548057231889471398410986013028648665616266629576250098
178394457435203937949163186162324508410436164555398170233396828075
408160676789235051027647052040995697148193078321599322556225791336
901779370937542504178257657070596223970542412067164187424641557566
178175183211009184626487177650911903345723077873178804849377654425
394524714942409147933707351348787631457698510024967498296725718389
578378464947863985440231214546407023160932103605559461954760831841
078154975855244947322143893205233734975829477293697854244733192165
853383175552249465848759397461203136817692491287900551784037075161
061508632843344567384956658915034942405200789741383221214924671798
085284634286820447027578369882865730447370179875498833918216443632
043836027526113090044610037477990279490761245993811240516191996059
651390077909634293583119034305624356715734095056163628748278205876
154899881362284006319511195201780809674906704976589428203193245913
242559617114164316694416180155240661886331173995068796437781553809
722292974598686743643437724460225008217013149369918140245420915767
683955013168181074034283041126865254986803264579323184502950977452
013898055358194141019131984833867985554819940171661584883611814850
491864675639177286330583746651251909951762786218221778373921604284
381236585503598776831679887691766786403769600339672806404573452597
520193285403903843278475185561475310226363733593846397999451197734
568566544674283895819110350875024475420750117547265579343040641644
816400018548961723573698765002091463124400680506656182113202933685
956754722666466024686854200803926074056629829966228278866733064506
550328841629388295625887554096946807070658121980508578924056678207
301913200670603642168364916525631353776254830895948420536098722955
582752459315009433419009078154671122572710798521222737556158326103
023920531679278861411032982264597557653404542346104902957223958753
311957961950228946050308356974031984824793750389739827953899206897
189129627097026816017999488236851544102490634503793304638505980500
689368850921596092493454617018696647022532619388193016821226484368
777952396181368777350178398760142879720848366410773287642886925358
714697839726188810338450333711815171148471575357282911137713631319
778212024568460969777492196379684737496910945644214623527467527261
285301800789573543032753550589002760724171082427797722732735900626
663866696013522302560850972996315375782433792507162172074406333137
963875171443926623811455393900438867851842471758753790306636660932
688831931210323207235140907033605416575082209060337201668113885031
468464451916950436558866152125950693828434458152870871228293140727
555933699681210990351591016421256071107576563443063511705673167435
289581947549521611425193110025890413452890075077583181812267074861
693705113747405144794546197953017476006106793453483773940552135929
988183465458679825875860431734040554601182336493553306359083224391
666806121029285929309962757245031274894390964296332087307746715007
773300833934315885963701244337695776945482607716097670861548166679
423891035060904614604413039687136894886799835087804068064381621772
406347917811916200629577770139937093439443217249722182319521253794
132602753367456855860884410590851123027060655379689486119033343118

293391087619618565414570968938743695706123428019773355738962407681
631584433584877073360720706401263672416841255098300951381957688615
124648660191044190004053873335671201528782626114531444001949050115
641718014623553003346080217675891561479950371467332745815027281127
211826466922555444131883985950933419623985945561184947674786532207
149201414043587348389120710525816364490692039881387927289928539884
606794699973386287843222510037432806665926419930608469361675677484
717995553822497857465567250556748949309600038811165025990005993740
173866604706262123885284817010946710138768352200253700490944667104
755790008627486998607580100559897397752748532074183466193993789997
610753993025114426156892048551972307840758227848383123586478168286
347239705070337701551080372168639415071758912025235200309364453816
100089088130502039169341159108232754929969978413544833229671875424
182246552003796227904310697702416765482939497616404950028309838939
426022430461690484355804747722403871786693491539288578630229892431
436841730470301570109023060675037024472003326413487285601003219723
656520159094929341482621229998231733207306487960120379727647315563
630376092938373423468209183320342088037583199689240992749363529073
564984723927517964835646038113180744527184622345859794497228431805
274062500057844200483005238238751084855426648661840587880464120681
035919898396098727131150641081845490455579927609435421840067176453
548615105282475682962685981806029377282987924425294387085412073102
529404983278917912774900315217552148825260347141601819538454176711
806252183687581941540703676815615766181720477998692331464033613803
346520401842615803902641825361857224684486061288736869992720274162
680637666211206929034619695458113643447415987140189211660466226582
661590542069763943593123662045528756034216500347360119434225614914
032015794171185171542756396517256864538467095452483713059489858255
974527756437837209390373760644875780538089666661399183963055434635
153154818588677926291272536342628898525685446469814497461892414958
636636719814006506858886086022426733798812768796940649702991545245
272132575428195324917311506620858665207749095296510075340404922735
654828295702569062935888169041465106971777242095544613025854381786
304850806058990637380905430695026138424222705375354598590993266967
332165151948172534532747333602744725852724539478578704905484758633
115718366332359132347588259340641521039072871936326796375928473313
161233978154985650774595742630192501361344218177865732684594980392
574196969999876459824956709409559549064514319299753296990292901811
334684918939731673374047376102153497902801317223379127998639147101
057364580882496403779366914426022522432918220359694796522963241504
625930376366432840865616023121610990271779794048244237437724217545
327436903074926261725888065223326141060338165320932320266991087084
758681985639904985750117619963690596992541043687532918190720041575
982623454667270157369711333570414032093793451266060707990655868796
161579984934109540903212436544310873161586375727374817450178665573
793984866922911759920434224760064859760054978280629418739147496645
660197689263616598289656557445804099142689094724970673522047011619
153600945273632530666440201002320187322781976148686634898913273470
144482032429311784100915283333037691119705125251189029708294297488
398137149977805278164934370560432600535269810691898658868981610889
926992043454781553574046529382255475792396512578169849867342182185
312407343115296082141120919999406160101582191273730165017695811861
903668977927569046785710181059393731438811929147494435652218962602
863258663651901745365921218638768107774209158364690909165182739807
531030664998062448492774756188452973294727139148997268407785897786
865604872330575242285717247344366674181812327084159179147861681978
003287524219464801193159379351523941740904190984125780990903889407
794204672704915345000248604274553073068364722207589308219944523472
145218428256209291437681438780213969363997860221263221098220773571
441294126406537652642854348297069365511680672830614815535006779927

342874671740836666020537292204848408702523012585717914569665795239
635968627064590372072680587943981340066767014117658125223348104838
686771740587973689615599621784654973073934095466043145860154049561
577645616734472126427468746140830206387935980428496622472232550466
095231768172458636261128483387407650758288956774589588736109519742
072321262333556151933824717602181868389530067975021207690438838128
356258145012500711902715651443462706481495059019699613904056079067
372607241129244719947702838483531863329817619994731283314491596877
750429032797703476193806295512384013842291003576769296985959054439
828926666087801034405967055905207668370210159521951394544773118741
072352794560844354946676079288268193567646665891613621404247856427
926815625448506316685268327524656002747776524127942705341934828054 6
267028159924539124873937558094012591977834653365573562593766808769
975257460270216696492529983775381969384625470851886151047522647513
648918833573818916971219583268100419576537702119211827256650889668
246750486669965988504204119161533208988567238092601814281176234479
558294288085813698860737275497491213068743742194301486676625969169
519536885691174938231969755955794021793887372251515997140544728970
839551036548666281965036848684661039274556841436359017774403875651
208077145636487772844383315635724968367563148103943896809211928233
741450761863056577773779414533302578207887933713552328193066778103
474487881453302276711598246301467739131806469901714532318195729640
171382993445866528104239029204440420503010850372288970722667320416 4
075838352116255472935420977067186526207629467204363364327350566320
411252128722589414997628046891485550759736146505117641257930283697
453203604650615692381197213251056180613452134381768173276284141810
216441341702491755843656811454797775195828066284424975037917477236
204204245057363060911154840242699564336003530143666597511828032803
953421054049191030567314210754130235793487723423907395938930043689
132814854688219705348268064061334476035746590906564609800971717699
575204375563545216850442243908278083480721568003121380513744755738
663358066128982569525355723266307395195406369794691392739195092970
992913488014867607271497851682702690507107678965765304404633626268
887226274293120287517384975542143150499890745646121569554253570152
014746265873588291544869367168210972638770366929876270333269267640
511235659178773632477046116118752837864088038280136349041450851318
295587380336571592375540437403660094312662493744735018369408835012
318057025510894184693666883038062360436168998681815046281454399370
843946723795281953032886060996315478054110539798317391048191798793
376309918240071636953592567835866999085256828346179992044849215828
682554266066694806590558837547674778900630307639773201191626441931
231373328223641811934383050586585544982998689911466813117119421891
601793736025759632185321048687499204734702994267871276133342376683
428225657565015748972028034318032062448495723097390057150931453891
843449438283973734515799805156259164322627014186206236944759302141
050850281203604910993905368478056021662704636855257274132906042289
956351025228475190703082532738499555533044957803309025927531635221
809889882629115980337112570172176766904545680649223051574746891557
171017567240354189350611288873024043144319869586521866760733038549
036027746096354501952529653407030159703240985115025293058865671901
125083284714968064894381300783718623924468179021621735691228872394
802164846473775176818942122207103565559650797948449900827193552814
791434040371387172081760903198856458746108109910593691774379471287
936895032477418648580648196799561464367082487089936839513150720305
653030078868598203607206699167376164147566542877193535910445211691
676928163963645629783407370647882740618340543570774121613832028737
879037858589327455361495644612550505547826687454455090886889469271
859889494234495074838218501843413032362004668070019175045926284083
850536431267686980340268115807098103458986041308417355099569441517
991754323348063307326133913997978800038210913276601454961115704285

8028160675162338135386305242956383309503201928781641324922300047611
7953582495605914530004246447880621302468978655969262925763574028 79
9401356921167553904002699664556025682972369504959099602717097381 66
6168678004832729299059428102968161574696306060610106226717021253 96
6747951389381374853895351757832945136426006936137777440005669930 17
4020113667731787704469450601292260749691106157620763789334504137 33
6511956003290783523596465326574749743528672111629807567585108385 01
6069989693586715225964630570091390876287416492541708169096847309 54
8860233298288800101652962808976987723196907421027009348880934455 51
2188188336519784318535596067476350722161178728735639465655434276 14
0685594124259121417078116303080101925876219938098958943050939682 51
8277130330334926648853295618795266446319063493896492797477963058 18
2377606580354022796691081809322672514261428768508550234036395970 56
2141251513762046722444289799785545413190137205600294567063403824 29
9178075125724484463577152589347223368452680005049057940765926118 34
0462764699835321989331271173271051129387746272008131726320867124 72
4783103695325057116684669339199938383416530133092477294293584707 43
8826342400701321713209728274947961163566782615071566282502125206 27
6389751566585134060455290109261126381662242366899271064904188627 00
1442112873592393998250056580064325060750945893585007218072932230 82
4610825818587467133406733443268051547565276112290094215465561831 03
4126870172286541622690757446663740257850581983903372668539128342 51
1388977610370155470596978428438121104166749642361936898406356138 76
2279595452151468928813282394396366129450138781676590929250897532 47
1669123683482751546078272804451824345375965504925680648532309992 81
4514753455092755527796279414245574405255218825323955625085721179 96
3530195675811774436762550973197511556514845137285424074904838081 99
5588091516117939219104261909284857816139051482314744553101516159 17
8414599947122390516596944103972729574115833974593906205007758070 95
9676589892496143734348781563774420837499914618345134117857213565 76
5100288216534378838906972299886294622686851956288323205705378942 17
8959367844899972838082251295857374295653148704304032195433016472 20
4581397905745288020747285881031140858798747211863286489844734053 11
4604400480011189647421657199931158890372059003146641812617920911 94
0887850066778010999185461909348926691850911899853281758015614963 44
2527274202132308326262537829753747808496486205747377298059504902 14
5550108969348064510974333005997985553203313182691751915919500655 84
8843655165633523507949744148699554593468266676174984193192323919 85
8493142907033972490741043353155071618577128445270455615148720821 78
7901075809945990781903407684845590803485256121124463883238877600 77
2564059505857614506172929101763421062016322763133570869841611333 84
3351915955219934239104565565973100823169947997845631959834114305 63
7058884135857232439459993716084515443224733325747432690293211134 05
5360526090724168837533543614128702342378252708953823576585165964 17
3281100423670224794265894895420024627797793098934507602136241713 70
3106513275975961348992427004704717253332642277426234756632022517 98
4249524982127655951139456814127007662315485158257359633538267179 22
6699363339180668550948028966397016335803063577792061512929958681 81
6023327826828756138695348983385807840486775650291623281022321262 86
2370364711672590911162207449944470337154671719355796034064957218 39
9132431571758689056357820119356227777634216236724756676876172206 10
1521338942884427554638039142982934097063768466511699684549774924 84
2162345498790190059012230711024880588049920820267341521334526194 82
2718040452465922884429554190815449214580890457049392729832168834 13
4299536825867464108367284683313287432198123007451303144400768357 40
2446278097701300214218712351188443907814286457148671303162743814 05
3388576038852946905077691124396402844275392116011246848558859087 11
1204331369833551298317704475439527351180945626273650721342386754 87
8162350966398758989078105843337220397544204986189921453439457001 07
6699302333404507062355822832197939121071633904478457406495968373 68

359996102705598109343275457182265819162737640832649194463392541412
570472789300121814099502881776632184985453085666790070376265770583
827317495612091752324760127284885442229898679988266283950867894577
143881580967550580114816329510134178454949532484743502461668260490
860543498626070769522068457693088810199363886020569081016645051872
181500574347274692400456628013524424290432379684768326499597859954
187679609888240649742665229584406972977619146264897831510287400669
792362033206040445354794419819989475253195717052085531617779164107
727646139215711774029913555501516709796619652406222291416099722702
986540871469079193291110174604012065208119033479335074093396733543
810667764425162109106409782774039347240922697139986419324018336762
578795166166921148570844034731109857718604143806570305811408965227
990337070679277771732401960636690599023966006174759660274364772334
171321125640695730430073871896976082625377840761689045650369641210
172605511050631805878307177104571678917209315551005131262488507497
125708827760818462973515666064138131857756923219422161698198183386
159109111212964068347645414987489259676939155208899974348348251097
717173347748490424157044765736574577528870313708739190721825057729
931772042125966177890946278107374893967275333669497759775761401339
096400599495991247742405822602276743479140436597750071174906872762
693456375287627915386103348098692957428984900870413755216037594678
764398436269591372899723772007314533667335269968366292608565705839
038823593831189614763613317043665297644360749401649697173956600232
484753127826135116274516934985914972842578011566354011257488383449
578205475651348675253533930949298777856682473832247136341278156638
245905023073398325360830038730248396399541840286629808766899600543
606746374781759738593200109703840094329084825214860785580072030283
926248148421073567689436508478291723943135377307833828620452560793
714347989024775448000157389116577894911436600367935436393206776263
021105215210135921546945449970588876283657933406061323911023381234
789116513396064823273430276115853432570782259674566926399445065492
819990540278815070629903621350504523173250136706243941061807667613
786614145637857660442074924229269770349845012651492167176963310516
767267848837295490056786572397844276311347324977198906007618759140
896073066582151384491345615555711510845132159738291100111428738959
946162393850583603232344208288145043391507378081863193720783803113
641758373487519765079335205354261064839646800228318032347662678243
897034382828567674099388012245584182825061658871841917739713484249
557535536154283510624483282114107566096796995104825227942158706931
518686822890659905445428976768340784284686635169507359290059446525
171865184120454432711637452459124940510317749743271643304786104252
035794032712103848084464363330137152901498842752377949834574799875
281511965159434402988721491706555591849396373620235346368882181314
372081349365898041885261814616685646389742839150595583703947123832
173452734821361569612832630851650382152956508420824710834855636841
528927797777756366598286215650221250746116759032116542096541470122
942838545756721417389929799800524641816847334818021732521988211950
351846705828084292711592599970153750974790079509303318805655801013
980812298456546816187153857992812861037660068440830849839727976370
041660306524614826604283117793289355874205593451881326476050299179
833827163739598602358878513460926732319515887297292466770976350989
467701402822922459093649319251931742859694152366564659951119254685
886480010377793163073879444378711516343580868385509803616734117746
795525054156963255517565930011098710343833359200752031771871321169
429737366650481616228139743691943602197933189113714775792846048510
574542832874817932872278710961589682604151910321603588677947479259
298850999499049216484971385441255339167379832698374244874127454709
620633713904740483607941575293633639044817954141117349362026048512
012305360554368887938629144807879100525559893282527733543592470673
999726922739927756533972566967152409677307351761299221420255506531

429549087426170533585033317774602589152893788654307666139718694743
502046969668750567663782500133665443412014978039533409484305880408
087138695315898917544323055761484459929712872562076470023808833082
557863754480673545385987638085847636506952673628098611990040267981
130204610101944598035927435305744929624227377339552016915800533206
697551301973113370391256119133054329794169919294829390557267957952
817726968793291142577732050021476019969815220206152451794238984581
852682797897974405416564805621008330286054730103160503201457405188
876198453502969999264657956500190448278241738609540179103702546381
436244525088702922663923366404351967800356654544364250362507952964
892139065648414018273697145021452643164662100373809950418558874896
308246574073342630025309949781559142128751970527100115710171637749
883378795656865393442661195440774144399248742320604226615977147800
654896433496235839622113531257289820135598481565702045748210917373
786628025393070446554368897474906584779494095981224478743221866015
300973454802469617267129477879519441513440173011883236744872044780
623663700352425861765683808485736885690237092290882122272083417008
979129256543541940782689930557315191699011807050189588596474048139
046260970734195449422706775403353710296483606203275561731021591434
684415539095659097465499279153763329473599602008980264079468292536
127789832058536058561861189451406113222427128611166867250257033634
886315857173971160328821238663749187456626042953189852087917692798
532059687082732060772049087562497623985063918737880636107372115907
573362989705665746883773515985230620783485667267399450197245706160
417028656143126685079755716895080673861961335761307793385665294261
178995576128220396278616303669765729274631760052262488130026201593
446959933230130444390851414406961294909514351132404372818037803052
701614745966697318233961655755091009447720112313016992708211043728
483536465802279843531764876043952080736225958640787345819153105945
582524031075377215743214571344778184309844749991891988572348815392
190452015661719255542998753345400238110974852027005371147123897974
701015854753862680281323170286201290386585144236448649286552358171
372029388017529410102252028569118718607964501087652984253297163117
441865075201876929274642106131317620308506790665882560616162451232
983338560212251996132072858164070209062312718344848223007894040924
391632745240874566781367355700397551427807392003435331321282287328
689542061881883291418904239295829349293059481391941921015430324356
744769924306848954952023954564550306504709712589530864100115696873
272805753462888209289499803769427671523724690745276874941173761124
890701919879296423247494837186391329220403340476272852904805702005
887722635976788174715798214217641766434900548515322233513050200474
266084260275811143081158773578536814136568366713391740316070565037
908528432267821646435930151920709912343384447619748970136375189516
849863063347124393571993453325119243402486722685096712244422809548
620967064207146038923593401068440047536963864975135973583310937832
600190925157443192037612293770890557454362847738453351375649811641
233689229522888668519991591629961786720819183717347307006822812701
860650275302983390146699957479446107026716111602787170650023445485
265531804615279803013588943109664382224754397716230467646353180281
996449375662371151160519787587083429214674980001529714109167257057
969361548756157178235831117710135901253539556871274579972017592606
546190059379608978461902722181450723587954842714991331503962030512
411091650441966975582513218186178356942755406145597270535238267357
110231808197208539486018220548268986636028695668183486685245446144
084069521826332804876044469190082669676296454907545722369233274416
649131955648643994588993387758700988054331863998554049323067761591
828592874389605780464098420897405506832961139723922222697903646977
678755173039666447415747265846547806596395648953581955700357971668
912269469927151284486477227398117418148866331928994659470600892113
189894296771965704861852768613423688150000417238002829767005277922

765540848554333486168898497387186788618987323238004240096386406798
435171625112697259246586787211070538015319495771649485062981579894
694171428204216416558665990728619849384917548026958461964229477931
498122383641538557038089789007613901032349717969632547196564912274
558263541323414243643574594749297927856960776359148472801212182057
123722912544332455660534074849518144676905895980695200349230012498
661937621085005123644254782643573382132966096697316535354256247308
090288177611337397206298364305054086194062218385024498547566872126
006763397437315325783835487482440978097393361487310202390453380947
415977664560313768110629892140901661232700390050502294761351885912
410647065603129801460888994927862354781233707563735243212718006105
308551717034053603307376301871136693532176984282601761121860063584
896534143606709141997792464097211427449546989146355548286434011040
147223008474005897193942555677557844039936570126377009233040177201
570971402261897254902499639625668908485897750415713042927159289338
014627628178042451243346115672917087218116986695871312610665581097
155155569633481984422493772789984900169133406501392255837452536445
871131537749642845154005364042185976909329790072008362962024673223
965883741317529058662626944673521044260379193152110356061561327177
958332423894101137830862454629514095817189416538188260985813625507
028147207441010322838569770121266793214647280115968243771101640588
292038122298228255056488502000903159908409669801425015995974256102
202631836172557111491392144361101853384556828607031576644860576825
091946215850695082849408530180664499120714286759898668841279064653
948357153197916296821916428762691256721694722877436722690746310853
419544061133608487163008322078153715481543546458370259485036167470
707302758499672313280960162936123357408505167586704703228598724739
808647326794039491393791308497363241413902943928457663835198421867
634664301808689606921433831960422100947209843976665228225443683042
220547014325651194268703971992934248063911831147159679288276590160
658481161372294419943326376901682224343559260799088203400234350990
585913929771576049472707702830957584270709136977043713575902026722
712135534497330430506741037054407734595843092276937484039563820488
592647043863621119935422550000256114497085052705009162892960498473
983059770893141204198377018700063858078442617736127875809955159503
846662074848157250182123540825433798202752568074574177955302589468
194577646065374993269932888205395151847408514744363568210924250171
052586349534579159028715221299536595915807697373406864938135614834
686259397425293493723922991126095352789014741520946191693752339607
918005888183785066005788221740893022376707892649055901783573302904
986104756624088404630174420916460792765924033500521369750536665803
340501312807124279897000627372915259070166674643724566787432560019
555424209445336334393919567680459087133098344796212966325811637654
664808900711247402815156434346310814453273397154323345449268619307
448373532903424290227063234450908155379512377571610492712179818535
358509941553871821944942708611496926208222831105450526017646944214
984796916249383350864389979794372572585034947332112364201564544595
832321025867338212082720110236171813291628134769361336231630005551
854169945123703087471769347530638094914882823181146014847359176501
968305714704713971680541712076085415277906148408154352770547111386
619355191825554967376875375655901891589207674352614885293763210787
312387572064840823737530328846402348829287586745751741196425955473
254712998878441337697174478289514806062975015981041096517924873725
424158606070926343451122180515157680503952320798390703844559080248
976751242811186831122353594495362332805156428450911638253284682769
037798940560973049659821677479429060522906427115409075963049075004
578669480644240791416042498973639622383553426568824892490309401353
227598292267618021399446801899603206758034293979479500581123563398
697279023670197762898407331986142970899455340903726057682234474886
920102976488719461875862934213170932727776916518710024989966658550

838113356789617481139240080692044146256653829452233915516045948248
702775240265603080241608406335831049915931308539474269073234720884
119182024847075732911507212454468985268553115998511179393810802097
734738174933999888973856536994038759525336217482394715478348005894
603936659188928996217521047163046603844441237345091038293248389456
001298364934173204224321656427582862696462987054943708647463427711
852938248043935821601986070062171196591832591807574493655660319057
421033069753707322301404429391360729974231482186205712797240843229
742225306478470222877289889172044541364168301862059266947810650015
772730346839982955110599642751983442090994298239413615583265388406
852983750196100267432796083226766089824373992304583819359944552036
471095908251899166291593196398638609984425245591944423740980765055
611750578961464359199255642675963119627783751287465379652386652568
169570032696428785072018471660573792272520952321099076112702419491
396280748169651494320431930648996967523523778013360171535579415272
267440438354774783461541713610807197104730886023745031213890081325
624317204976886802282925502433493959917827467695941155443098503616
431316394425732596746141758066342449250604023220280294698737518293
127065541377829886195848109350266364520750931961525082015023951281
069618830208378779175314247378006661366107125561380956875490976302
248182547336957774425013633346505272962419515030700162982343399091
000615550249467371288432197235339945293806722341962170161634329247
937574459146657715626682851107920980138236027790852490861406132382
047029603361421239678916949923423217152888329799391129466525384726
864053187319793226777027601787151571127131902216836416945329045195
204615033553473446978714152244708770708456141208314980110666716520
746555367187872873746904987162762468053085758352280419199560732766
591756957730028792070628730635622829071093172254124410289965621943
930339359793127298249018850599820753028058182687345362620769884288
389289635517726997755270892807119838327126416498135850566092974668
194143322037636016031702386454010380419337568874559351238398276056
529937969463111573623676580351575643680207979098069735892895033363
102750947847813570006470316765317984374893859319928446797050501465
842227782696067591977743142284898346229638095752245329234359223513
044120345909610127448589140505827476775911036197187481126259602724
586676557147275493941205551336228916904263820835739952061572394645
174449899129702110657095944985564756710539101364046559061659117790
624364595739346071857771170611184517001545450809988500405931558750
951206165545631462007387394433274391565408222265516671149813613507
373995489339174808637419664809327817100263955025914047775193472052
693611721552919289489112851231256310527709723493867708930988562479
735893275980846342321851624985305036273164555086002448011287948708
902187528734539294131614662088148268086141620159155491220419860259
848860991001008935521986004274340573101214273402947594356726977628
542777276759795406783215499987080260583813286902818386210006100337
642379198001944237044206333199893214651697433457699128223182611409
070898614415408199147374743368164498243252660816669669733619695332
127776912977263579843015097108158562779524101403121972539950098548
370069915726381749334231984170867848596330912936697738356288707840
800239223578231036122923133431387087137560726479553068785676787614
086797853884183975085046835092841447196834356692453914539697267038
657031729624183897923545368707062910535840958625288172928169247104
639591376543397751033038618690541627854067967188564523146253468346
430020306636243007728041839150504839977463906523527004766822033701
569158523770139905412638347648466384117910763416394509626576134524
834091389875379348887108440822515024794471987688839920035737926073
657685493015534302684384838893140272196682038727684904065078641498
395483862399144327100354841428571466367581410868575684974964249205
885698437459468657448018493422802795823563775643882682326241877622
162260709045198459326773477350182854360693935241658960117450737611

406406895988292994464538186860664747288899190982296017892978047357
912479632186915368703655952944433499542516058090830492735940881012
512804591065050476649626758222413393315802709420923435482413754573
059087156567567670109209505467111783773210475976697943635702499917
247764099099618422342259389668469915441887720946530070344371831157
287057320673987595782140794073633423608496383233359179022771268263
032769487753200468018475770539434300795119666775243961591663082780
839590538322951127233820755074415307889777628677166251881091187535
197330098637717478618815476411602223903031955967898153733333258298
360045188973413138579600929777458806142401045915014782067973943636
291993558227602367510347827556486627121882555285317825358601035108
225814502611204747092401718602564690068461731767990573490110072728
768926194527588335875822194738432083457863305280755745493828952390
059845682729141346432348817148584606783059482601453596876215967081
249553230576378156493445652578255229382496265751170749498866876544
103827053374089892104036867736560454285845169503140223236337570264
179657785208175448924655709924081323665578698526453538880111889193
286251925922213556676815576092763061557593066264739260898327834768
021460555713159391575134197362381437944978888581196334372829232196
632033578012611307701085721598982028012452701419440551082110912628
261670708062742710620807375623747391179018806303915191898251718666
137575727597103898114628132094118243212011578288178755591908312841
658981012959939724582828850347090530282922251789724313294878973743
215073413895319923645094033008944417799497855061146956152948565531
122294623526306051560149924641646941653581717906597534647747475189
449033886376945491013384753795701243435328321449298275732064946005
703587974137284730855685002414057806994944420965645454206704067126
917703420558935459214751399465865637953244989394807296345359598977
325035224253669755202625966190223911374464701515637749468173440379
453288595394926777638755908647972478088680068172355853131435632975
431766043925383854057568997429850951712778248854066092032655982812
701957135642813925406613098387251913882874323038507006601992157068
887156531369864586671792836573552565862718814401443171436793748105
969137093212168062424716237296617153934399533680541456986793897178
488910159860309541293529874616910919252380974294455148855831849949
859479590242636642554865556331493468935615034148837488463129465300
565980746769773601945598152863062761262676635577359767581138421612
373314597087298604713841740124888891879713327363626251131133467653
762929984089037789520000853939976358474428197985767807210489634599
077801542669717456754261723840220327733647639755175491665338447273
368535249669156297692483436265047461988233594559385423887390136417
704694539579811875271215977684425117995807169454668617498200389141
367574252951992353630286409958477380806675941697155808335426239966
791371918119745650950142157414450246559428230866854834547550417532
809049243969757733834069200365962698238063210584211683115360806396
000302983486986250141895196159770985309893415906918264474621242983
607543464462434641837589126993823538014384957364332358908803400365
035629450989571731821193875360604033750257331182525704669344702757
566572460202434358051761798043050015766122068591071191644783678775
528755576514955386462900314778433524201822322818628898360499556710
094713073625117504656828874933451108004370570085720732275083196736
841092108726460308626987012176044090402806979491118396436605218431
492307351631588904445480567978322555962857732503063907386237033313
393794864907355954685179650429666182553105264598245173537563250283
739435510180592720530901051429092433527312786900151513055874053955
359526490302813127589266878502683802775398087841969542444707598265
277147636801344512270464696586160140500059813554266004555304125645
385648993160312805596469709727717647751362379318695356428514304456
301276104282649403679748029330190134439986092840586881002688832877
860690700575222916378845954295112712364162904172492592870335181217

772457206347444140710457987011683486538940860879346428858140532372
205220333882782491606550751428498895026730473386894146657715191706
700715462849334130545953261782576247455778605289070556812093921363
602079484001904534822717501991998503517218198291555373940524474881
608401142868298542198154173994615194467566539911086257026617289157
211616708612807864422596878065405524084076980926229798908974388648
718812412152858621071441713146827394151245402315271846416021045875
096948375943180736202192937400119027475027176567343594247367066180
398677673056064018589905357512300230660837087116869147579133638408
623253843492671860661390466843378796516790070950960770044545355631
362405135816161738439970087207800572797374766973300019518157166514
482156340621818656955569523059973209613527960436084916464544009853
402960861674533438096899823943693824949550947169541670641283942451
714126019162473827086697693118069609710155725814785319462574614535
039762605546512543502145241434329824924138121771320340323718671520
627359281633744103154710463963111770834535015448259457608665977571
739145766095877536672498405172457008259582124548521961643789313109
882481700384223320632885004325420849215944237347069301246933339188
876395624142540683244296139656862403164128403058782564652342818336
566518958550369909432595309425060808246841425531437037390665109896
765398087358749937703345895301949519517021752264520732036027546394
131137116116222899004570802847540361406381477089041361896398146793
609058294820541858067653745684521520114145135847400424917141834979
108526755786923646084051029640568547162911479605166051298601164218
923584706774478369791634369220302198889638490152417264835108736731
345839534421502246261553366336148347864323356138053007496676208428
757530744847676122129520464026842561574021989849634090361092184760
431288829692663808182477416243214918051745760516527671485956723605
854481485440213290753231193378970542137669259894146244375806251615
321799734696371796455473353549249001405607436631064741766799857256
986302528399444346379930518242598412579835864959062789069536518549
591816028252311296488624546624741498780234896199049347281966658307
147577253201586835547077836728257562399243554639377454477973382960
292239539101363924842457990895204656398045121789111868368461117367
495659523732158831922247696642959496940073685050284037768906265808
500246717295897639915288552871279469207921220672013205280939645226
322708682212314758006603178586184106934504552579097773956618012334
187417941362215786050078339034591252524540485754363277089363734813
762506583880204845701532917287753658510284304303738094645827944631
703476961344868288054938747420783607209181966956077978078659557407
096044302978609309079720730749607010815586850159480975343530527293
411617148317473396610051752170023014799010869034522977048775984057
286298941810215296900745556597243348361850377715055086033011150531
761641696187723661381272278710986517345203857378730216612722258062
394563423895118271063899938281939468089089171426867874887032369742
369825435588883246084582028402348362623588364349326648017559046034
282151721956396349530430084841662178271514494595409011794488525950
494726556911945792036793654037611386749376191352883897654886121318
115303047160619686704364428843498822552331296875029163545865426866
088946046929370596495128448974048567800358527040399356260489828221
525557199699352579454526174074327085989113001429067140022594327469
021898299517955344274871811164211742934346618581259577501754135341
180155914001252399483939017661752161192300632039269350307440800556
485321736481168158330203170589764678232920238182476764490923997157
484669006626848707926979745436105026659791718725654581872259956718
471895396896356398273911694540082867722083973564852019605960672645
551934292523068186375946771657471639851037580102664513149058946532
011702593902980926721553261881121687059584164729322719691537323315
514987881303473988948962542717046310852002030893497607474809695231
438144859523362875963931570347642900052519090875253165740792449294

631761411281605006043323678149217024471810409000252357290745094008
754190944850132342773779028203768777598838891022428946586307188578
363258401140040295820151572777505522049767174180652296812814453596
307746839919743615077556084901483048815266226168875496803462833040
684967248845831448961089841116418534724679049542984233687929502850
535622738086930362906434961063890273423981644437129896752462213499
807179098325385375182451431822981701498047147440520820677173482930
757424460717784725245946185748904930509650979539054225306921236070
170383791085714698302257724852517384591456079105588537047066293052
686115149625701677756605098715221893119931908608040958932727146520
031599118043637406495544985222116311079240253084120858743275083025
736046735590502428762009605821782540707253588194242748229061261156
506709906900009646228666919350261335698044849903060697708791796420
344947066473435831304985932397059589076521205938976976179995460990
255750129252950517564633281937784817982728921626883979150390284154
892848405010183293430169393085976918820760983272888921135516982344
564447333253072962398579235645767684446557407881847532800320620409
124850379079033696967998575698548117548118386688492826248933731346
365620962364360176047562884825574687983523166892032758120831192672
738707762830879194416406020746280318221576402945658339747608798691
752555031704962919619171215072124527733136375472863049900375024593
485960032115144992840662158257436742274475501063912224218890391206
885714990281250332229301019625987938312748207951457466369086901110
213105305738750610287625824804729782975970378866527021744112460837
370072764091503713333614971740090516021354287018659906055371259092
989698875726878000679158690910845740780273990101872583402502706752
349279084556458472338387936948393212193705663102735811096309442346
293573358743954610171509748417603259483536217516712490048287878693
443178634077789561343147653044727101587308359186544227533506094500
454270943829595234500617950815499122260677053695403470872316703773
580038588820185360607740785920309100130736686153320514309483297128
610836602524555926973266001032976141119174374276782789747510302954
650308104060484212662927492258713195804378325583814279728206104671
644545396678275066337611956154718081141066372890445086071121650660
339892385555376753205387993468505034921858653621561162560773785078
336813948450925056970346054311689014345656230772431780451284414990
211079930904828898966619644774295261486897574573204681701313930905
117056129681336246565767032752997884256367261046845139557876174554
261407949927885159419323455730645855363767666277904565194687523590
507070290264235937689217411258335714398554727179693347166990452457
385765734636323402095801122354476444172330199688759404111588591938
802652082412625415775923953557139009940619257885762438343967082535
985086771745203064771259716871629271981108722640716731620311995057
495353350785579058055228056768709400358862145084193945110212966418
030102507190041435180262583918416963342871083924470112172842730327
747013437984117330124469137759748817280837808632835848060410924220
865767728752209963240080429944929304986884989845824998371385891669
131411594805379770420015970689347111831573389010474647987808156521
926441124175366266821681770769432381466336419486790863825847134143
907867852662542025507987500598344208643353203403385407169700485895
423819416463202364499218696935197625148758953644751634449406416198
941671134104435014824843798746391600097858007148865413513572346046
623479297272831424155920800251034678954542752194241325704026306976
946540161354854687985714429486803039101844108638904144811237544371
285330823993732836681962313029569185695856627411377033885853664622
747193167250336110407331565700765207124240797569995015171682190064
511788702874635229298088187710072903397299225664211305601375775977
190139941236326728084538940031909615421499319261336411225553601183
662732783852674019875478187635393573394928471029582528710380997565
439732567129487558224783626807452739034903745390658115194195726455

8587882696188599474918395265496354475713650412286059311783277470431
1717021755542733811316446122057779146073657791463076230156987779421
7994708000666933390808663128520372580428713945527569344186438283211
6307542493576743406689842924817540762456348435859978947995073584081
9721127260109801859131872698582043602154493537342282099832151279961
7547715108672556888219897690679432319918500345646597546894209085861
5186885415650053017704347774479438672703930952508071748114388066761
9440408803370027622892294039495464568694673656276512157444272755611
8547272970923160771008330327612046440019501088255436661183840175061
4330798789601849572564092270264536383848782826443778467646788945211
8613735355436563776064766781708984505435511469123142741416483679761
4597496100751751595807391647993195111269366016485848293907331879731
9169087881956186743588313735155390613140986275515212954448771045801
8977219105827633989474849102783391699522543776814394074186682375671
1244233235148234658676499645194524763308705364406871414568326066391
7694548019309437100867957512398911906085980795618977028617046714021
0263900407552116967903967972007171335597714677918457136111494079661
7124629229993314776342165412277835748258627534990067921119780603071
8857495469732841964644872481549238845041687488440326562774709529601
6774811952785925148107028490709150186522875342941836314061123708581
7326294024339098198386808979186012746208189395020988748831959202091
2020419914311024328861840438672146984472180588274776118855314334541
7759499157081121547243048811098267530850187927122360672654247225541
9511677834995137607049303136759892216457674176156088948829950931141
2765681879504457390726038660155812138169555771358420435493478953641
2023389746495492766853536201317528657055058809440977166826187785031
5656932488370061916868813257698988921537701642941547703528005611941
8422472985187487774953546599864731283766810231684783864208035715061
6104376080275900992417626841020731910411686475234925060364563867771
2961804953661056181453874745364735629557600768283850026539033822041
2359255398293284193944942050008998872489180621128704903913002948551
6514749543445752448228715834065454230746784942749309634700151432631
1241612982110976577978086462089636434720880591553642322648312645151
0216051965026584720667061301204933869699220607212055074846983132501
4456790361979375114510561099405972270610245531643418423159313539051
3072773643156367264580132267637726686186334792960994124327001774491
5398230432040025449854464125821814920560149218878884850042818418291
5383774717036791912893763087010427207210527934076159095560569028781
8415435937041294487067737642712638215283791146308614599688138515491
5896934947775300910908956450628879874949987918977330055395549969671
2231130329962237357438567780028847289642133583266974725834606152801
3712627432217243252933925759249244741154505859760314253954019027321
7179534824534471181832675337725688313193570020831617831857934695551
0625098741480850738372620144835846400353369127055621195890629893551
5627791783990885764956240379714308839097111026422589746293176689671
2234040127892499944003014646792202038304216198807717346647351646811
0982056584456771849874997429162956952777441709563128459610269014541
2233395364432479089882752945116320992753074993793818983147567944411
2459596372625788487798245921701280055758027161475792168773028767721
4142783904590739127392942678843857719239680522994034053347073573331
4518367251554265826396199993098367307950372448686461149373049576121
9415707070662032891811072389155275383366638170804303305567072752611
6774194630606087015556574452308746558396124050301480579106145816301
9013148988618821079382747513047641248682780160190849678442189011101
1839255967801588844050853939768387360141912309606008688848409587591
0939798875457125098902772115401440192622172796546564989599214375691
1142902020411115792487312650807559597284727869968278916268278694911
1524767458519228110865267700981927943533791355350051468985793823711
3882735357271717893830142216485717141029006997282353232884846219281
1128940817079740244219054436930380174929970320843401108733211145361

842359999320908951566908596491522776672296396942242423418831803521
099116402806434847354437983200003628081909768558492561175239297741
658204184481090895126836470846247411739612714881019329455867381943
250861265358837368559920259078153960821287907306065333544905988347
470101680869637317737325829139402014992329209692706783167596814766
966752080774826807111167849293584619841862617211092532216068525388
159185598806277687216438183516049553852793642109031310360781624389
147125433165370049295435731311918042841965032161578090425201331248
560532036085914481767170549766907392764895140552152060925413291657
024918171664437203666136857876733251108285903819215447665286225246
359219175013034284393319549122972792697639531748622320787892026844
508352041249612609478597647640505134461645779957974192093941387311
276724057940541046207559701574182718191565611832096658777408146769
169774837664183860817525478596851524694807752817906293992706525231
293089486645014790454710761515539979963895457354995616420964604747
459853772405194520424469515511057601494221445985078562898005200150
144217236030394428342444870888738111756954845868810158847305082029
360514301370104506990268158198945951504537485723487980716132368998
892862049934134778445964826238868934495641306886939680162402256960
972590583690359144783046409691845826547581534945007765160758195664
124007433611728666605780640979068506843839086550136603417156612177
413653524666292403852731631584292475107182073761997425700526636287
342485276970912414632604391164682571938447497652741279128833276475
340045879787567219728508025158776549056558922047149620525210401201
669876445381749387615396217620998186695643493775204078670455027574
954208283438265272799066404046308555601579354158018388708877140523
005777747910133607583463708160374140335816621710523779547780310828
789311389894479586116939228137724820976622315374165551870724300378
446838734446101858764966248302353552906856208893670501291450337471
297708298592055240518783105621652132246122880034754732559325711750
916176594166482394972913352370543886272408483705528170029629809058
650804794954624582240135714158490067330844573881811967445142911521
434279392699655622571986439196067753038374686672221703556890842503
483294766784150367836819897475626360760561739594959045378728870880
119654187892476530782025541234215275554653752784851164219300210400
696015444285500717437035400703359356505398651785707006582099804195
744951235876447812486104147556590450055377874542573276631373882502
017264896961612910104812793263745673134738711663877099845420670270
029601117226376272726745210181186559105258614533881970128991196384
735029017400070680631462301308053975457760287247409909750691788261
928319716472128495873791803549559085450061790813211982114298258375
305635097899123594054486017902486260767194835184423490587190753372
944339592409185352802957201038394209623342775620874772317011752756
872410122453028153879584509634857983910451921318634956903039125641
139059641254019436292949491921353071715344840968420710642282289811
864026763507160796935047021002318781098561356791065930660078977625
531978982500663151562983354439164449258057007801061628032102201957
047579865658116809332423000560664896736948762426172410119907596206
943468594040616410905711553454537680923271287235399907443591953983
973721101334949165692714299302802031477456050544661845753230590170
786156443038197017914956765394045943560606605070173938931321346258
503810731950386744835560194918228051677305768502688432549589089560
814199507525651893554022636610084816146203865446477107121879516306
983362021407461243273856073300741729085341371467646620823326530075
778457801275507872627830161825087008428187745332078797789429648585
975819284204996482962042735407338531005469939541254619473472170399
527022703577938585129683664406788983746565636135444780666838466976
517661499961854398962350237176711027408909193995831451468723612871
384972420690809504422367855102876286804251881635840261629851807211
528332237580970905745356917840193816002439654325782504544519694034

884092434085789998277191512303094738055403082315560818607161583433
955617281063733110606015264964148156840431946235604363017431750920
771304908868560472738551730953808475014486517604975677360783315447
229253433596384563021521710498738592531020397895814333663841559299
255089446027807017962274521055506711913163262652799366963598923830
060969816001670881344300203911771916307016377800383003711264182414
601498704171480566260338497751756038495491915791417929536849597062
863297174522149452643640004011685127587387943486668837572288996134
299386640236405894482452912428201658004781669418478063660478483817
618565155840174603728978215856590831489306511779198572317164764724
189304315319990881549971377420721011833196861968494405184713480510
376244887581817277233442721570874000852493919493398103083199952288
542626308518145514104967489642576817203145774197605540116651437193
376372188186506524854450399937660922677770747939980142258086621498
719124701387469895676580981634240795135703733486839946074001483818
809109122785049874225639471028589036178924869455199904917116231709
297408195172163625062371420825261190713179187638003738209989415516
736290310549402905372537989577370008817865887049043920910261127811
112935519422778192147007436373735190083294733687322396549476329928
275318351812624007118920345658855468095030263042519219879777374432
637260928911109005219868755372281053055764147614824639858637189772
797761937308767042649704411511412890062126113885306037367229595816
117021395030074141766112848332886016736716732035880470158024784864
639807999576764707923310644566260337307361589922617875267426013536
007295278511447312992791452450623340290963971759232197958011191466
992839606609054620079823745212245036016910411563221953297269544555
151828409453955078674040937185323660387796280514312676627403643982
398318817605978528134663946956055581184589398070501135751682068069
489438552913508828544734828151760971542385952213273086132204129233
077656558692790957004784303955681994015964223359594550228105654377
995470862448559080037069501560801930721464897267316393892553815995
861702205913973027090063858884149534616276426044283738912519184781
9
850025498263035851006341034437633407334699031270355830801124354815
866116467990470409954792381287897186780109815204978806050476668203
662967250936939607313669337472036724300318966620499750652520175471
357865734643836467637926850195846151069676536390244748995432199723
190611693296228778946122656683064351895616389957450772210945127991
885324449376487789040544224233470979587265217693777637079604073278
970245582953869616412632465754921044812238089336380764949967196348
615540609091415949767808774619122770828684460532572718019232463199
946676789260303597957811827900047139409217193998740760009997069581
634479233605106166460077875593954578581356191179734847242756439544
469001853703038899472199830805883405836720473010593371645853777333
738261881997860740674509062922554889908344358447071868346283907929
470801169686394851185081164381346028123477126650093708643498081061
192511699839069112411278849225010740467001002498755498035240563673
715644048348352246102196750403342268090196091918367697539184488898
103076931360368464907518519208998079674849520642528150398821992945
016312244419290790582175500212464156438780114736353486032318176976
992568862342243651161413783584860345729184564597310145801442339103
436619091211751414322400433814714649570280368174781573399255278767
581363359753605595393840176867674304746201122791642138790162717829
363320257354064982943159500554714114406637280225906499077297215318
483539621059207509481870223099482546729701848378246112123226391943
500731777620066954059960374037654410628719241786662420882146482782
794381136197446758843595640054338403532921278595748814000737497083
250483278575562787738665283977888843093724219594555535436816532937
198863634368179075180196127350934580410944655172588496802612101534
669727381161498560713593318421251782086976441366280313195926629980
080049993801799153449183914186001491765200955505742943903063235405

129132722852895331838612800900242018592068301245576885159986036670
882144036179949757693010158168404896369505707194161819229869985461
811066431624215434388574483433888071994766742309255414252204646132
633302192541233265542251790039623700118772248801218997398674540232
783101115581388876253275234665649792845609117583939724769569229581
647917057753460630170075274314017131409347082620758055636513836577
977785668667231433899715854051283817539517288672679243351932427944
640427484557220427137038338428243358563142551037569101814745835641
467895345086856290184867609167706199880065923053443639571728250888
425996639289712477574013093554392473324079182045553817663723533222
093512540132481590298902642974259278789454750065499469212124666206
626082143493200208055224057223984383044936328281922845488932895874
022579320820777499212636085911890296466098389588810029238820492462
297133229297037751993136100980352670524486853226374478046384325646
301000814486291219945715644790099446084293682847965274461276533324
488110332420251747386222344906972367553788033995966640307214375360
233103696573323152377229874426905668961779628232189871890962510009
667381607994856169911256164664511017559716379949948745173586586770
840471684474770849909769979447071072216462801394627545923362533618
584457602386869037340402342997958662188971415880457537565078504261
021206974369709692144094113468994263087437856931812699404387145948
959983500248233904352960214104347987103068353429770829833207751807
152848088283370145995157366923408952207467531109020004087766773452
083041072554159390052576034609120814028417742037713070084243715867
293605934806649256089060062140073524622034669434043776297371417295
657738443594005475357783364787173858831995725380639809960264540532
720562873151122978157160862957374684566542360082900430576533154127
168989746228513385107670664275111061263511316160924243466569700709
329952178094757112910514811469846816362099491211915737590934654666
176085925249964296490499530084958760781963600471026739400740732084
362442003461449470324239517678532424534809937752802805259240486576
284671412186729974077030839307426174014500322104972620715170167184
912813438981955969766521920190813700036727820825480844407705488949
773529007409396411521592813098524327606824759522533080282483140911
455034964805588336314363788086926850984022754356109530387770701212
000289803251790104923250778850259083263414354851687722009982947719
960230524388558044873833160358617226920300671018787426069417860407
069990250750049323362692993214094658099646531428589402950507599383
742467138926990433088969689317122152250932961528322314040152247200
696225193121876948328674200291736644356806635821053328041767261515
623021242888554325019347747162804383419392847933486122205735240128
775008941153319230976508281811189635502495846710684529264484555742
771213474285886128655316929049767845662596418247266927783440026607
279474144408370664575851237670920004831219403483729208560022902779
773086485414746185881115702402873149042337471022051225421059966070
353839506482334592609712442501847780809771726739247319401655039607
867012304739576533280658508348412526008894658467311915729174574224
177949335497989190078206213086108038655162237581246483554065072432
929291154509266713185929676930903243805005047057980295747163465461
868596663348164737563758253029528629237343678949466010883529136131
466638328071198371749145500064298208172745061751153316431785068605
599580414470505145134434661354349132377733690004775758504046993549
528650821231068855209618997124393434111680987953962481708529338557
609002702279497412417974047571783589151301019483114208868324943314
817802337650953324299552859443683435519727318517804946558350991943
093702256819318024684488318677087309347278038059155250231204064223
609470988530160758370543677837414644116053421760045932648901251010
943688839493750108078235517849509082358995407264746204374288810508
396455884266548692765048403283121820919225254911472664063622030793
455066039883857248600510852807898750922954152053685929261987791689

221592205220551985320147926147108591884318686574115963789931121609
989761109796335654449027343590983289478678839749661090310579656789
884814633779378097206339058401025151480018804012308861312975542072
153696492705801455275021614678086913660749812251621634354851006334
434910353420533934694524974769550862656936276212610915726891851277
303763839795715936693067949298648386633844544863127608551005181894
581104146470845401536291458227457290153410579881693540552831867360
382508835230473920214607034933191067272651277179914138372267050300
428895154913480292363239288242207957730865773544300787149940796063
032576958992623920596601385554180341966989324367028510494283621790
242444777381925654599726442141645880183324265738561878678959852363
478423536809059927119995597854014483596606215632951638907300427568
254001923588832030019113497523286130065109787692945531139668955583
476437080703315692464770566831708735818394804538875307517147833711
950768797640772884648664979182318450231538105517587340718962538798
537621437172436820710468814205249239365508704489135541655626666713
154192176366666445461341970658844048039586284011613603368548134550
509359031416572525760552586987870305119319075536363454402515452339
582336587160381608528218500714103549936084662784075061236838764462
145891921779142593006497312418546365599567512958502030822784103261
371511351983906124159646333982390087897387993371672887203567894869
612784691802988400077024046141684357096461162379484580024369153446
231929702763704581054668618648920064818578844704613762942820614210
703480363084411167800614815023913690139665758030939659044159125120
969529735812730979032583292747939969282438314920625902933092860103
323917403838342745711351398457747832024488386021968076716331653498
673034745401399921598221116711151254425853760916734327699904005844
974347590556420630769469347283565064991077767958926507983234810840
182244891170749665104061875918474857697210367432681514842019569722
074734482208792869960836293587631653890478390048742747935151528419
727078614321965828417069390496815772568280501220207510923634655176
931515723238105018022585517518247822341364317881652068506613942262
653446972893597805755792607832166738898066125192388000169534325226
200528899561086132879950759573554749552474243083287019180305647708
273670143445393759376315501750935185158798505069463905231958292523
097514074052545956314007436631365318598857577378878419026141186895
445650421603370647862526272470854341759779500692649026951120275026
309543674058016472131592679453794369497526101844660858000783127191
316021235091382970425870233641604644846128470918634315198653654660
902676182247471801225355996813235223866795597369258068959753037126
480244820458137018203432869086371659833775710858330103687434657741
106218143176556339621006385831674674809188717077376535589866220294
998738274442554792411634654679406036502474602456189525909349966735
951227127320524011111391852302706761427723092229472881013319296333
997818550318293443263220646980101295170455704300632501562504315083
657628326741230020495063971736784188910051425253052496886256738738
477796628662164973624028836930961735437337313667758358357017944714
574708124906980229776815688257225708949890899120660554025206080132
245048251208137567437661986796426412986059431128300054088818812331
334729747312126744443118675943209106681841781026557335326213877374
737553457827904151159313218518285887774417722966204691386602093496
942560536450662133317325961987682588594298794267093801141054153993
918960836361924874187916930646357844807215658399312037940118324480
201556714142859863727859846970740475543618234815879601141366235245
480672034561475693978012289565852162256169671298369008539004383451
036299591188765554858501038242000728257383191539907527071272412720
139581995535663735512890906976251070304892027945259155650048553046
678249437412341710845111272716022109419314554015799975257597062357
119650920779653514558284969464124712726275202638568898807683516345
882147443822121862964661262708267422635057195047392386350754121166

4830262009712767100489826716132451910352783620701285444467011130 52
3252269301508703063384519741892706340692454588091376803729575334 68
0677935046864787458770737621925305287481361985113857578454292910 76
6542928340713435022508828188929152445277839874721900813143807204 30
2072454679317587784666266568465288615076884031223212187332960724 42
6849433913948234400487947318100156723452617702576708867907794884 35
7597613518177223303246999116657596635615488804049732012975600952 65
9882349602233294960423551178727855292408028587766780633702288000 22
1810335470733819373826226757192925933563709540615727780572441483 11
1640428020011737810453773569712267028220634931269054549816718499 50
2811568901079688029001125658917905559234547229213785287232821812 12
5034518205954809677227766071310177860343882957331820642358723699 34
1009810617234963824686830091332565344923468406806939017473532015 04
4406113834755190428877540607758191617811541300399257403786443591 30
1907846113155981228743338330985378397280207272868923202989439733 94
8198177571392474916946466667896123429109370338793251233773971388 02
5498350706646550164356596853145826507561070572470299837409048601 72
4376419814227043148037384529368743600536391267265076156807813142 00
4122411959494039297701634281240787208085216663064592305670320709 81
6172252902696023063081292602279781774357161381029192980622509729 02
3421402721191693803271329832008372850667961628159235828668657609 99
0441599158720394183682247309036694969071774570121777144672683511 19
4579923576437894693565354208606297301046730719822766077439302309 46
8861548281095152021597052550236156478355794196881755560913857785 21
9222596477699410230570038366747623550697882318965569824146502867 86
3189211312240606180938604883264517308401695014208215732606429222 88
6911152502549936021800510419326096907384748832391402415585332601 15
2850704306609322444248252414417460744488445341855282414037622464 30
1160849294866458299855205426715174054544202062807034332941069337 27
2642970668910815358484014909456938246216847992970706873787740628 92
8325451342260408837187219903835552674722094123126765963381557250 24
4846112695927469752381449321640444689895162240069283709586273806 88
8336291637240041875958645520463746275695830507984538153471523066 41
1007256923629349276393671091313512704030545769699668455358471455 91
8192837712462583521412445812027496607847718105699457043360508168 50
9589453746307951839500347172519484435994948544685268129735901906 90
6535989033569560310064479682631204573191011544496555112268417325 15
2277386303081359758217229059766137627641766163476909125070161999 55
3759643211557534396621688271084036751192999600088624632199987541 80
9436005308741339626929982076296680154880905235587186807616985560 60
4341753925240496799964651760002692691655169875265250677395085130 40
8053884450609260109643688108942026856159073899850990825015494639 18
2209700648455366366899685892286382159711076717976789750115428087 23
0391288788699618678930719828675499197432627093410002685103259296 32
6881852414895791244327648721801452982185749771429294366689378364 38
2229658591114179405184942073570645283259884591225939492744455714 66
7765151145692903139525375804633758579641581163621872276615189824 12
2053513224224882561677424596765412540331784498838411137607350077 20
0856972776264873652783389163614249642106308834930890332084877942 86
4404972226828618599466893437948513348559058282069646123946497574 12
2362831397733819087455803316751727223866473603363229422165312776 35
8477306315342973727749231497394273391681398751716501781032613174 55
0637765770978869597675742214937163528845687419756069536003933733 20
2065164936970814922958343311631037274090986625747050514702272309 62
9622876768936937738712390204651672955925396375704229682701372159 78
4961803623480433790639703585582422108823529872394968853577050451 82
8950991937634747320351938281114420925467393367822925849653220080 01
5263180291408646888248451312773062679808155954764828504172711392 64
0315538504058354882187206324982256830837811447496727888333200287 17
6700343696901126333771406814924856099222370955185473844571790541 76

8739279171785165931986828875641818677687684101914918079399611289O7
0751588545524699476508217675677211646636427681998522410096521305O4
6508340727574484966197616146084059060741022144497622366799448483 77
7754612007723490483468047995536374920022287112718513560661682291 23
2392180055827814185815990440624052625463677109244383173398476328 51
4706535000797831849158240117595659005350270640384087071233412549 04
3005892552683369109471018856806309748638940766073009576591462156 50
5019760734488992170674595990100871084361834433277876536825877230 82
2334434543292752645035082751036885278769677924752905435163484717 78
3060043423068025104169270984042942326154928313761218792561598055 49
6179934882234043222837656531886125750264078045152954197194195477 97
7406155462426767143364705108681554032166445251623107122601230893 71
0475506825086032404639086714436907732441343984928414678828471479 33
2996215272656768340104003538027202527541843522537228344897065811 56
0857105993366677451985660472200841601908600007880595268182669131 38
4173418199055901058235929020135405146103729259840892444057996292 61
2098298196317512145353321039055651854357550155063302303939832174 24
1638876581418283754957382481357953537641564860019910209763533920 75
4849348388692816112409042860516889724156259375795831898950072924 59
6046798855441909311233298527184462335677735993334804074703720532 80
3470697637002715728202307305769614148719664204255727504919503663 23
0046513954181407251089307094439783121107332766875928037765071725 13
6087557193764856367448558888257887661339184493021191882292709019 50
0146842343636992753199546115671386857045074414321633904078029992 34
9058144656520449623351543572010554182060440262989131818118356521 48
0138655484650393917442276899832095994734532614851533809088184406 73
7269357842931940850818005411125012034574453033313973804469488527 70
9899805696000519141141422794776296903922415244615981368125575139 84
9403015890891283903969068237159676222826543755905616030020457274 561
5279459651918250071334871565451017527723448508700166716220881347 14
5595773312518768056485291054073928022211200328627810564024398003 80
7019056977396529787790988003162006689840372155196243342979928100 95
6086160201491088191150979379290036944991206217653774823719553245 80
6361501300980865044242529347835698514942884633840196508628261926 81
8181331453522710221617868856397961804255727094019690419527822189 72
3711576046001639909088872571825104688428346189131812029696413348 93
1760054804610495092798975176311147402264219675764519848872453240 03
2533025182483077491232525668847561695423934889778461915757944227 70
8558205785410061634879826139855509192493376344196938647024154343 28
2328276845684142699438372354025409393730738046343438282071965531 40
3267158470169414833139149967410908125309984316312073108505016906 32
9319101821105395585567039824196291695207657199927230717637308136 42
3894014823262654705509038419616639574583687476267352525581199071 91
8362373584368718343059092217995449969222330034287082269330565446 76
8367767558779608375718328106825559568543168045747689684479201244 43
9748747005737572457408749217827564247332585933827183601185506372 71
1682381424624589045907602969214280818057785601886552690999279221 54
7127089592401794765078445144146455171727245484769416076624783260 65
7354138944619885837567498476780536983929576326602264723992041365 21
6237363614666403231551854151548111858108443398551504367348070980 16
3062524751019715046695459749141410113086616816368604210338807456 51
9949324586116048711164862799838024812539418990136377273111338342 66
7785325923245333448537596647162083385374122635553089374439019515 41
5756799424532380334083072168419947899681242688846165970608333973 37
1771443649867987671879725126150631972885540631915126103864962031 37
4005154413457210449044670519451569227393667324976857391603105431 14
8168922251592576687809534620488181913512012841625814721027809659 79
9919441603443841823262314480816732189123799465974694473719947344 75
4614472906985885420101625230641968059723722842337324511406540283 75
5263039707842698045973210194934570025250559594698145422107028369 06

765111338008271970430451924780925117856272910352627916974258068402
627307584190214628440917898442561629867390910053700297885506985823
190928855440993457717507878492547917137854322631465566615358702116
916043172098426523231396606548893085383019683401924136867142069727
633671975814778723614330172612555205583002475666557171155769559720
731113661647649212410007432536721117181902698647349658130101367113
732229307682146982330958626017552721672584247759443215834483251667
717953813744964440656738138326645751744905748004650568402111858982
706460025498422293207274982206974769806226082660110961848556935211
806622929940380157261010384282960889874606563046798502292990209291
932461771606160384801422508869123734248586441731267184746634512149
080855321275811894748251785940175844722914259381996647903390875103
666661541646865470072022022545975348098423501364848574947885547459
213375096376782165427914135474670062812767442222991188279981357269
073785469091101556810429717305778842476385374026797415237094624639
434605121639245148210507976032685986609400873234156423535667666375
312276348010107704548905103240579565966741308311579279748096695434
726072474106920153392090933458277744733961650093575247112417075063
503208867717412193495146667638712637372846116040877063015837600111
533649212190203318068500324666379221737979268046636376195583620471
957455881725511200080419911461363395552011300394239159753566741136
702232551901934176455731469482202225229548333297745560513730774251
770977444659807607594546606593103127348715553264389083383702773822
074314568944586437175412106604933774542490470014903959465745943771
237897280058429396210552675039566321492376729814066350061202360793
595072500261188229881702440932306066540097229824335376524377994159
185149339041722501469974253353780504362141093577235490088186907390
269514016697214836261672332385111763897273755722811689919980399572
937460322172819284534093325844116963040623830035426887429021182429
856451245795207347984627346195104552425613736299433014983937291110
870529969519183533650534844242848046310476522083420859365173096584
496130285833654819543598186756220294161384321163257685982562967201
828906781124186868784597313387140418729700711919867701293106293096
949899354813921875928804839845138740758643027656157147335183544073
506255312343664960053109148813032384462652043513629026265933306812
051158885104358569945649938869570706111923572757110294196928994187
655436884256928063861435130310638444334313396196979733561523242666
417066390240362365593574944251038356824938543066369565628381349757
831909024277049909445141111241230206043422328892597491438231575907
984423517784541128724259493533330985710978755386839817548252121751
810308218176505155563452429948453904577562674465785517591489162251
178070532881170459740597598645830080056103223325384300750981134310
120450833190422865468587799440122965616563890815959223940343922260
010197221765736217116359902575752900033866022749259421935596129475
518513699393249692786635065238826768941167638908982314619095968338
612311858671495757270575686399745427113036591818384717808180841752
010065566213047632675249466820599746393688064999076413425808930820
409023632383517830632217617206433632011040344099409158405146878326
260477568040712615484260346833880268094044793089193734239036386440
254924481157390763168026646799679017556718706413633240288705087457
165871395916429253614402597840290871343774441758956655811307376296
889347527173711313779000310082729387122487986914124280084502725122
546352721992018762423508027844796784337023680736143992859048111112
541931101350959312727661124888954689194535563621879329974884586783
481448626980470399009162895288368911374616731561702410045157757001
603778370339572539261354053250114657419224801218243169853035363945
988575041132622240054109705194916292574379281916876204926756847774
860345138396946799094353055861500427944483112063090593443247000937
536710056044926556034727477807907836395045187624483926979873135352
843484638881332304397927748022015296192355486000473427309507867806

253076736433322824196132427056557794522660656950161892625626948238
005695033649150471162428579689682908969058363758278283892895520363
223930960420462287810637658111782742762532340505564585343287393682
881055582302015544340256660561199160833124527637674938321952334956
317862584221341665748262887744717933870329083625039959451591113255
050506004055193310678540221401392893077471031783341055948291837130
769245697952206414022795846705868857757846872528947007508518500453
068757078397466638450736019535737073785356700362585558206673724333 8
623835066357323527255029874737157104957827619393563501675928367423
085383857351276128826173200948780873129781099401372087532187962176
750723431042040983005430754543089347560999967053006260089395875398
030004781681712719509393419106833179242945159543851121090917226732 1
832118162279570595447822536126829509548622172312363166507257218634
531741072397650382647261206586272339002819509088574096005768787459
135373146151589768102894467346086010997367803156129155718923796941
378351231627407516945694908680544178759792003655469263444618177373
227167003444266776046094924812058797064658497352880792415315639324
344125789177935725901786375825693806342504430545882795813741075602
287584447810965427651767062223706972419791802152291454833956256228
460783866292668106052637667735843824873378258642885012123329247207
096075960682756058028935698068009042477941448052246140801929827445
359142613006731539974220398080445375011953972619448484495199114028
190660032628026970954487165779231879915526503112323553639686684530
243015961973492262352274323053604223375606417777316238560718050405
591823508941421612604389373200349753263396931768396397408340876148
966053467650020180180950179015247573815905144668404233204625195859
647960289531559077547204187516804221048827397952482737496742588221
229084184267327354050629747395625186097845807013227661151733251592
801250066103078456552279339066119554676984670693114454341653858729
999117725534075836267307205981923186415819683344077561735876011585
410628859025148597066302566272781881934320443544059426417472874446
384970887538924365482695425677051955005030485739671925936918313224
995238290395190787500747741928834128339315143605456554992740034000
514752860117649136881975405835181301064281918542772397988891155654
420613295214834039746559537469317679712605932622735788936943952814
037155498125622918360289709884483519995909272476142927384761134273
942707646596586099675123050324376092528374535447598558719279745135
456040928446312383889192976387224509486946643316458586117087884072
595663446488772838981448069759334634892092084747933664114769169483
043759599830298448510466971167611803157567043074868319135015108662
681481108066267644488187637341191046301486433951333169438648671912
530511977122226051292720662888283651460221944708196954631978248180
623064295919343803191070756728911303416669390683766514373340098291
769177833502351137723780700801344937512480505007321973812385162506
320810496669536517392868858139774907719078245297941956168869722316
752104506671379192086538936749986314866410170044457629958945321955
986639580917941851056008686137283520554464203327542845960428433290
425439861323590988961610491104037053812955077468163875576813162991
902508157027190764907757843602169772279041728321524831115467377986
753486330097098407188529177293638378968670454493802201715742430599
092277663302429744170450074589944751500765742782902593896377634935
315947832002254243267251842300506882020825497212921405633725581581
127104741570185389317829398787712798274886567150463224664385555348
488786876641355612761048582420589186519723435336395723609948081681
739740311903093045100043961806912344770855514924729667850895219861
090165524898357700496192037386165583736313265234598245319951059160
583790003979969517770697952469522983676074314990085485641433272200
349890338404285312421123402100498162429185892422243495753608082603
067624015469578806472961926684527511160095905378548316367124548486
778820172520546398558650035823500202150851642366350078776071519856

1452562649515910555074772785379815406327168195111754102288929837822
2254533675665190251216823016918198394259899975941176958752150927944
6376619633608719250944468590221362185710407220499663863587129905300
5552702841046772620212744667454521545772370823644453357064522514977
5678705171948005008025678246078181854875838922588816417620490361122
9043128167483207669348522857760679348464586576690952066100878790644
3016816753391621152056810844678941591233741463682113883375773261400
2746246664515098921044063818083056080401370100890741719376629584444
2169122790893283198267723332127920076809166102683872384324544206866
7975603948267365820673451550426763088181585580393191617327544295577
6436516201516644668557593725940971151878369217329993841578827660222
6709252914746182341866367219311226984236086854520418831280199780333
4878756588271058702370961302747991323482258137696121704622742249611
0167337547880106340855148662286995691527162633501789803398273644877
7428231538148290013432567888322876071651101159587187145010578347622
9752887433927458182768600045277571772478802098965643852942388173877
9991874712975874116541332391556510890877525768628661680719210903433
2650301463542749204474931246520147323197577036120450117479398628211
5253549720267179089505195085909795621538912180564878996785730688499
9639032778132294015207305052020960765468832525175264101355065145022
9802134353365875559161683674942894412148048659982256111987972086699
3021284995016647952381706495642735155258468462892001418813857435100
6708068039340064939802782040845015597431112977796802358220439971899
1827408195202452301617599479708280586003288928867410624713286909466
9466843904201205774106699462157238511091569237592785586844939773600
6880019229349147175801631652547472728540411178250031540494164953211
1474507549665480231018551844742049336821498678673878924957514706900
2466239047396630200661578109357920463627713503946978434359174142644
3778031190219547522692089547968878254856457071355666985023275461233
9882302786890131757321917167849301636501389552913159011742248960733
7494602029485127985592450773793569081333869747037415739655825885733
7413490358278143407462554235516439689046077958386649966494450747566
5796993514935135973200133033720811662891676509869480729440329917611
2907230111404658911382427272632968517609428418793980260523956540666
4593300789657415766970867192092945253931552743735282800482345750911
4485335424049182058302117366937604973842272159134835520404257616999
2806428547140193685561411027658280857040342325875865694650092023088
4983082678432727748692779550406611100435976476867865384955027225588
8542249861365736317396148099893608474097176495471543340623707326588
6975276459213374297141242070511225644949907914419244483283937913800
4206362380029700282062393180756192264853973949330832519708731384588
1198570171002491365252271986840831840478469364290251112927517669933
9886203438789175172675722174421453857611002834874321905243332939922
8094883906152940641101879375394113430317191685263553167352985363988
6776163506611968224723486403409681038585046067296014761310740240077
4265340243680379210684461534197080808812207680711064389058863421577
8528258228774367547014083100311384298534935282493585040362345923922
6688311448077546710591069406547237346587789419248732364370240202400
1751759704682954025507967730984443179863541346459539022765743203511
8843111559754635233045235505529285063631152408117678464547141327988
1340659274673208354528227663430595305473430938175037787231764648900
9649104425587969404117052776629702325695246367177584587882202846055
3053054661817220965509818396754440119356702782721083355606446657522
2809805862870333075787382108211292102103896165231228487920328037666
5387201958205185618250144240962836609846332252841101574173614882344
1460287377498491498459046298890328492560839573991405910241206845577
6248034590472359536883927461900635300602528684434546600578574568722
5002887974078126995014359696494764149318504962555216944452855745299
4807232433027736555745610429660883569742530736111303108238000315855
3873628688492109174918033905482850546278641000131694719989488942099

530864465026796100715048439262063311711860861208187157327345513700
141867686921967048859010362423315167760172717422330504953061585247
919628896759444213462356519312219428440714309789550559858862442017
362826073505116384635711187846834715883490623342588343614274793829
548341263417416882602888735547816653238321540768359096812054884548
171892692062036709653605640898759284508157427478621941367169943229
458693304953537229679978004871910203478247394917971719767262538849
528173051360089227052430855648745041216033551514931039641863808926
595190343501979503662299371070610980328347286934541513596718150629
766374430994932369570495349591419352727151418737658694512236367107
938011524216624494119800446557212597535804639991023932797708387184
753479985436030661774685481674302535091141422536356338388354354468
600110863848021479276315847935107106227221232890003040085551034607
680665195521686567189181334850680693770039068701376254055246684976
710144599349618422468980417018602351019649901337786508323436869443
782163920218850859965813111265889482917734897361101747392459963978
823770846435932564640554466354564506278165078910000603578958471411
788114001470455657924684793389859044356095193955983048411907085968
390826969646301033129195405483566334707548255971622409572456078995
227513743172920432944214571757021119664927329504589243511542249892
841829309680162790999014391000651606664654765723303846462439511383O
677701241619910309399289403981160616742076033829175930656604400871
622422948641209276800548402635460460212864312968617604867685458733
245904904458154468976001291767593717828778157463447497443174722457
141782495933265895990123263165431809785578257753550495717798199024
612577728494463535252170334339313436451383042589815147736236791994
181688328599187157217228765199470314248248787596411631008191276660
288566473109611646667671189367634721290963008692396234207088629338
631255612873406534679097419938288166385060278732800485054491820199
337871130829493390254440845445283110790671755781580093867536003860
355768063981064235751099733184028068507709966620139938302157057490
439491154383090561583001130141099139583290325869583767619707448919
113263121640981843472560087662111596951333890462589050402103971688
752976341156530163761401724174127541567757338515633409689244301406
179749753717442566473493454579246967993011026194337636448667537561
087691613043613748330479441225952612415148981699807681018481895780
038325763387804353118569719951740840404292157320717893877089593155
702274272826581614974080133206343384008689023889391833314200451596
140089861121562924364169472543135617018117920055959285439183334369
451919451431715413500742006390506071676581905824216202897696844090
552454470012818868581435495454205566898387862448320752121741094873
647410915786040991025855586394013091551756002797658653840756823639
735834723364825533520524772296088193054082105328131130488092625504
406239557590391944317141526527540808952986572630716340732243950379
987148815126244606312813852410741435979408576657852516943899274655
621805886920662325044937029212885127459270213767483429277774127189
221554062683300828600901792187538294862915016245407247778866998890
070980505692506985818373901350763943654187232930311836581686333644
779329007078574510611399148091109971279294384939136701584241896910
938623802725764521667814022361322904680977248778268641881228779934
329767071638705695119901896323092458999902179757131345174259360325
136902088395860854675047773229290628464817203195072814911800959505
125813447571570554678484436237769148191799840529066771547929117426
693348858567088139473448486214381111595475449852804057422506951464
720084246244722993215792264672178814520648208302769361192173852367
856740962791085234229560906326667104802881922637139090737684448093
184449896992931060368700953087272410262136788706972698569734002280
363504755236880049558697359039020691931283070710617913556767421587
725759822191294318645745477205132894587827375775210307119425545175
288583633445935800552400893120991882570655486639231448086237441459

5305590030658095292440426176752542067710335536849552465464357701 01
789796416313038674952396108289032577244899186229965198423278274995
958934083103129326766102724108073795462818807634269861761703310093
468008306518347713287054254996232603250116192827302129934934139799
634261512648506347348327591363178682472894449321466061847965057304
067187482841519147416841690897229561606700728197766108311410618692
743573355356462725414379409813463832286243364133478978890912641531
873040605317247738103537082669410654440622661293766233632590613838
197631940130398985582094820953918602481990989664862713566498757014
979534006764478586820491076270969775705491508796197691944139015941
256832679426395790182782545568969968032231781589778225657613871677
013214802115527276731117341653118922038451473699023164776475938806
016075537483382328545825950629102393600165447353942982876682073712
192752999073697440811342372020131423404505259316972775590585657003
132022465479086657583451266545682630554619314754718739127923972118
469217783762006326246681456322496877656028010455006968281528657542
598234834009264710128328430643025697652644694135027062145831911049
179319414349301770348702633346016871029183608374125327587763154022
303956288776844723280302142987294946474939503146491804133514202393
881524875937371592838326600354064289535416985061992235303829218610
486918255269025574988931977847206199198050179722622476371814459796
413713846207982090839588211870480155631852081343051685237415842174
781458011563058311767877089770942569153607878091136284354824022828
394565804195220130311977227965959838840936358355901185742704482665
056343842162536049834085438904028543049268993066135302956244002028
267343672871926207940297350617969254101291753762660825396822180621
641812462173118967334743094220887670606305467169963141821559029243
513784364350632262093120680143169163849781012271071502167924720562
634687067390887567539442448270838250878826535655819744166357784924
176318814836216441222232363549938942990784092165099611235325120110
314233835506549388909275961105369398083023861037130475667626055583
092784943578519785639053474326745056049094077085918865106554530081
982644525281740877465478991615116348753930674193023342758365049641
568635388344929702698830212838507501173072253194741218860306066086
656547714244902618109150955830742760829485811035201107033030587092
579512353389221572474247856716767883589737676177211751305869343355
367649036743738817044405436987385939266494471535038152596325055300
204906764624458522605213931219629970578255032704577980448589560702
099021534466953706842845217821445238667104694081075061673174785697
189794278788716052834504290221224398343390694767646413145818070481
842165818603669376409894336493814267999197179815233510841570647616
502760453863299952244303389384486986948796492541509969476646546897
692164861423923568275318509654088133533236031501845430918115897953
009608823801822954836466507308346158753739094675311255426108040965
927527145627225527350121765782432201282217368454018834091125636960
586741735441883030291042295409312139163251665271628121402003934852
462926770253355678013212110007468751049272921506773328246340543305
146411016945801523928106487165119374849628471452059228602216430922
707329113148505514626087654910369689708578112513994774893832884265
980561212183161153030419155186977220696407051706558307454295568020
558606479198561137208320213973371589718010093419529924086318041862
299694415900148445348986206796450530773611839913611440073059304205
749678639537317291277835848215629148003084298917636403425821977585
909988615422915064881854893919464924424427073460653662824110438068
746346424452489217270080026988968400977049906879061899434905998791
232993931686542977873405363741086041168212232803214430184507966819
142023711524639482201770931427298845543362729864739836067619735520
646544148606206582731163150571772420887655624872226829266602037148
511214624414964999515202973569634689579349118486138732356737272362
867229569307022272826189362420914468343426468002660771995022165093

651912429912989094967348869160997557084153856326697999287231066968
120038735043570013902925124556125259003322197307426285577090519268
291420781601592068468518949602680324164502321797845493500368685311
200743998786753531880447347851395431773960600553611144063536421618
126021263865730946905932559063972194920380562876788287430919096154
068691521231893627892498701245388290743083816074862738967877453782
363709467889116034175404550891697540592273940492666239120406468558
191112089876130221444569725686254529501304112171998091066911541574
687485849599866199083983781712633106815336413320408361685895059251
501682768475240163473441553578291894992138591091122483181871721948
688386571304048294777424440601099690156383523782761290959674815107
225829181329982874270549873596774842208562067520671599421809118851
021464388153607962345415092134034300612997868682579602938497659187
127068051527071418619605739031888512824338726837664102076717571266
109274582233522905129948528281613592546990669160185027594016816244
982303860880138242498830699639176230939613485459945178006710782255
193242050873901267954978440156989887507912316527747212894791531731
284579690612883700197518951091669085067985676051658730747998414456
849249212797902881242410088408847783731591936132045482630356747492
775654138559987303215905407629514363788522298669818514967083486052
744652644981763753211029230625903686358567994891492488089604126511
073389096634435933844124958326982682427601020989659454604773652398
711801751865136733933944944267677542321191082309423728968680220347
439593248623769437410866602820174765563194951087225889202215249803
245839271724279586677378380658016613729297771184466502501152581240
730709630180406940749655684993087263042183001570412013792245678731
940258213109454610936997492226185837465197323220368127821679785482
540385357995868520967119563235803556744705872326862792820603648717
936660559441175390180898377902808434422479687088565952716127883634
043276080005804509481613762417573420339477986303223673828425719406
058354743783890446415406579099993185608124308463533967991722881263
788799160033833788588455471982316793889336283777320641146617025954
208508851805129008431630715043310753954554199079646509023164428834
474068719718935466735649456812354304961298884537609297708931994214
630482207660235398243215761625487612842541210616113313364882245413
244897545356626534914240822491340206617500721126943061249663413321
878554680294591249172174641038186713621514571649507321984896957276
872688364311053604427157154289136681571274428332133397633430005081
273956718748263504621039314324319975491958090961365625700243201665
807095188730589919787067936829524404853420238652758845077629278714
634221930150056380457251317594012285611355436854201081823715869013
394106131783292979204109913274541054713071745330047233839565461871
634457034018556047181381578089815947036849425786821926363634477428
221860596424745794721701500258173333022732047386573215346948938772
327005556946006475062041487331611568622852690741688093499017469127
606927198938505564840024337032655975293686023874269601591645095650
888549020898484988762500950696676359381231697790345117805540667349
228798064769733991389207356808640524705632218673824785071644611430
980954948809247373180071966058926964767438019702682241032886561113
658492748669631268073768413367434448435491569475817285335944010063
322752305783993875303255072167800795954106798161051287012353251890
481593561721703239862529923914117857155601316674495414313623225134
309093811713897244019512308210327892658362850240295904940492941532
776864235979783872458059395139056795560489022429600734317792826184
751933955564593715046875619975797431690153572144066875808686554524
850048273571308531731244135792320993581940084780355302666178999034
001645004709491013833401772294629926564233454788104605647714030170
786181447811161624796255323924406800969011790922851352731479550364
501613013003828067884533563391135173141024267843977071244855993926
430774456327190903208839351852366033052369976131317334834526825772

8496057439167155395158529563330081941842265634997617320668390993 07
2216558028540545869711890122196602406694608294227814321543243657 61
0175020591296018436712618332914534588474962392709765816939404028 63
8746776848598592213820703486498305225048439168577534548195511374 94
7189521246181415239902153365851133525354141116564403339910148171 60
3055960643734286803239100314070941113262326323998396995376192271 36
9735001483985838849714481681517149745907959017744927744511130627 28
4201316358437641792093329243167440055461231142916162639760706635 60
3860065608371404383030041343474639895484594511269703337758329055 33
6412225359275249734553483337232586257096338433420359664089728564 43
1789587613518100942754520374008880107278848188959516723126211891 25
0019208737338613365013734348864042522520017704620726688200704465 61
8473896823556471471078268263004521490432410553635545255918421354 19
6865113739788666309750081425643198474037759145878959060984574260 78
8578632023144025764605246372483920243154704271119003189042040333 81
7000986422864341807477777798344255598930892290697457018720204681 82
9416752491348559960619800989484474891662876041980060259700127365 69
3936297540932085945466756234080461501354582155086320722660389340 13
7673057625340655516981527778559929988241946426651676877611917362 22
7020922783360525077048070759071803436335707563828365968139953907 60
7270681813656575919866837510546115218083781191964755409670958249 56
0178282456727368563121850209804703624641761986827177484782224634 90
3278108854631415173718143297928832562499371156297157373901158363 10
8704486025103004969469142583869370651203770466308242164894433580 00
5968687302148524928795382422861000736420364967914869424254773064 47
2810425508729193419606670525645064096087900244040642473114135660 99
0065146788809327913849384648065461017890562764563556445267879731 76
6008564598590457594504529363273229140340624093438516314025260021 02
0853250028031418098375233896395830762373673342548118934277189269 30
3398284120364951771760100346751920815833829363212820663131089145 60
2014822523045528829442917400514389131182798098198484322902983869 62
8251487394458203910940653280188754077209490747861179157700171903 87
9128063762366174401440452070229245232045405762806965793085020398 12
1837840206720250120266752955313083494353471936341772734063602625 79
6031365119785548566937284640420468489277157780434586776100852896 07
3693144133464873773525015924521197659754590876950206056175781935 91
0774036258357653600808937653281370843694390227229865322218288437 40
0138825811162971553457567403214986097554286886579874369009497050 97
9860937702783572233883314539804939892101714335826189674003122527 99
7303364571061607284960264026682347704558301545855748271713724358 47
0994861372658713025494024495738558899660535370903389251145405558 12
4569294137888271651990004376107967257280599874820479895678559388 58
4994834696519493089781499727763473305857071790270935682275763063 93
0497022966339552876337991307858593142078113351114320121026019873 04
2167062601435758411797707904580838088498088166626185358835592420 06
3053024643462899230820307080649410730415675977100775239855868675 94
5731744767094556842689038531128494988018144774566505096148989915 17
6299241642878000474138508045203295305391840976899463199695591278 67
6949319592733662054309181205566924621527407866514323526592070708 67
8795586416860452775357502074876714333770601191294031585743107677 77
7952135902613080828983248839483209499884568307672417592994303402 09
4399322708275483573885074199171369400498798586194234462796084144 47
3566520379282953170163351181530293127230254356291055458639577778 02
2116588666112693357407294436145574905637200712825448113557834029 01
6048517605243296981355027471470526354293526481366238869584898195 16
7904761247474468008477258871394552736710887847508425688259839636 83
0667647664513308234299538406371493965512602596412691663955329422 21
6277976078749552917485688421824863746324747783244929832354402571 56
7607928674259528494338989676434365754823075754784033503696537687 36
5498022398780119203544049128826835941953971843647255409053142105 56

663207320463884838276837926105500380573953794021513641366249674935
373241044043486238233624920495354428579053065452772650722034659290
443202201716324235831378351252109576415274124465776261675436094709
743356400769041436221806829935515109138556573734119489032184562204
438771527004821101276120814078245264988636103832650848085252951495
226355426460671844543042653382666861006655771695171442956555905423
681933938717532038641155224288474087963872655996503545316017872842
995906248975694314657253297995656442753810259566672558761130308635
459508684842081702309037760107313710623429337807454750823785605494
798769021390566558589286009199045602603206378272907615539703831101
800844901121481192777967483910272882057559782053508834615002190348
376576463110568401425042106378331650979093472594994266170452072326
910171868068931598950080623997586948389705241612230171728940390466
998494272133929568126161004650902845621267573941439279503195865023
504811047168563578354042648572127540263881287194620920381325464811
617031358676710643658766055165513311331702271823215687736219584821
685646528460697066190543954014065106309733365138119633316594903039
216427085354228049798026714911895636425174891344121426361554780892
145283670822169402598711263211438852993916963048048178929629882011
238074901305294249294801611435330239008067065721378167971985686130
290301299399445124984690100198919360598279169730514759434649602883
328969660815056345056609378129236133490585780550945642103530907360
195844637121650731982015642422013268456687741832331024731921868515
643412032717030573066078517538509706917170791725285511743627871301
600952208920242405030575640215372736959266799747810707279372391235
577709346828475601076301279131199539176281861594303820778398243261
731966313336206379349676875089524023642469231904541673862358360482
837439278866547759485902892040201939593770656732119490991043352855
179871403502030760557820191483882880946496482084241766992456758312
262478070390557653141263260242922436203719532918554718091596443185
685205788235010309107612806044570442514799758960888028125997862387
743549659904929673220844972443458243503689780365184909951214229401
566917453416838309035284779643067608611599763678720495505795636516
693834521021205712467189023635837908339119080206899596896990188122
321855252869348573651888630160452941028179736080689549524036066488
944683485357371170607994305471921648759431314126975952516610252290
957537550950933718544900072907676126346765291664645580371533060205
534741620555668380872331011456706082197136019911669601177265351241
440510936203601001758405334468987565349002447580184990285112905603
628154372796762883123816577437517662456404578370496485690904281846
741434107660754984114657421533437962825237739351775877039942552131
816901739901861642141354392779733470876597369481710103318186376892
728376366023019205919792959179148224416394031804147790028285712517
764484105931564467536330924157970212626481304280838933770672398228
654341731736481424562966180793136953250911287546949801550317994516
691228413844646308741027987820955877346176667793320063616141299836
112387852698449676224949460162224198481882844175972508965043238838
826776211538694490722314080038640966747955659603365865500834501574
668100371549812154559177082855269058782746268018954840985480647767
322593083364643266678951981323034384780554257118933244880337102766
080664261976800040145768192614123421421090837882603488039871589674
691868127595035419040689672781395132198842118325610948747352764866
436713359368373719071671361534428920725273057077805616065916154423
589107846465547369563439707372217818591230109443692313952203010113
674073457059526133029367437932120406159970890681203507862354127805
416826582353742593856966435762710973540865230333395749249771995346
662569428121211926674888665256315169706607240021939626684282515447
561496357933365845237724099687357953227591900979741551721334845333
578681422873993851902093678274021559991420456446438381600099906505
371881484938160865503572270641774386629751678966655499987889572179

0262309084544806465185693092556964531722410894516454267967618197 28
8329584139351338445960416728545739914150804959446613534398450142 76
1805422096598486710994408250815132392521360695106267337367922332 21
4259952302229364090476645961545055948420488131144131720464692670 49
7597490599351169204390276051574466773968708032478040634377784167 25
0219888494354098282116000727729150507598693656847220169410461894 44
5826185511600415494510628158872485140345190055563466615244737496 07
6611357787483740038862938848861019502812807817927450349584057529 28
4529838909157649132473101056333147813464026504626291567537790921 37
2478289700319632596891251330215246561205435837622686092820307774 16
8700459043526358174946367245517897849317506753904640416033638472 40
5464980750039300245766107146606057194951091402482327352669122149 60
1607089722072205462881003873076229689062152629711142892734633921 43
7857583816799570965129751212882470762293756572134890623618601418 99
5950002939343301174633003329729078340263825278379605300004735592 75
4684871892997206561365337515374779219624955179692200855731479445 74
2882259242287677732128859806537046540246199387296499359435632302 13
1108482424950180067571893986118972621824307783178334458570361181 60
9413976344651627256582886168782130134255890738184057342227527909 44
0150796335069630683158584259597583441339316667997304805147104205 16
2135621754090487773302273969806564959009456956985365843208356206 15
9345292542418929161730522209793524657122706640054135392126209537 41
6070259881312679566674617093237174052362963196089365298444250743 02
2804976641640382829257137163603061762596724995717615369585248664 49
3172010960853457234236254503854441441271638476726283333081895855 93
6476006163524985906328874450325511377681813053346646699501547749 32
4209856865935049010621141299141773099804599788653998555997208865 27
2973882165087748001986686031630561230114449331935784076334183313 85
9772732345270212652657729626488462044050323775092702644091599212 65
2486267716599659132457154139254001538116996614014497922059852865 46
3119881458741918733755185509581187101969241766429242389375494516 31
5947724531101984145080087615562644078821720935112593426184468303 52
1073794000418382893605854407065172644916885787285452650728104911 72
2412941522346848448989734965331556939326855402116655944907515310 39
7083246234459570196856432675680385445193586873351496819597696008 20
1253799008400105463352336418912796054468763570371065141356837155 12
4483618491925094994141446246321784596766719116487767444895994644 31
5839584871818846627420278441899928803275124496669648679345894132 98
6023303482928876260637136445807371340101726992400314099962898759 32
8239973248787138226525474190348822177498195455707963780042780145 87
9194411890770714358011030266245429362515054346165151986079342385 62
3906645515459086899700987275783385647691033468638899428963619169 53
3138310635144431946929978952150427343027450548912822404656751683 73
8409173741484373181971188226411967029514001048449736868836048926 28
8540745371246015784688794778131708392027701850083959940135078751 06
4535614615484503534678749015340275140901834645675419760454833086 92
1693902489806750922992294071550692377787826669912301589909380813 37
2850555299059934716784235078673905803655389520181114771552751613 83
7266566870550325145683158295906535700608065726990227214337914923 75
2422195825551552739047664151524230841309327935561940500532444145 39
5061094916327038715303701528100887540809332947909865917839654089 74
1191987143734113651271643824052441584288769757149771141471427950 82
9588702992792468332133705152675643942311350262877689034464663632 18
4445921715758792411319963298754131201832522267869678996413293411 31
7636653889683205119163622399637364006506242186919822306441981351 53
2197319859101563625698621817485470888837822021617101491243249216 53
2386557690852747254785968298124948068606644449351918303748366550 81
7554225733526851403898786503007040289933438197230196147340864828 34
7612607301982226861441179898436755838915900846999131405413831939 18
1656430884349788299151717429748649096383896734306517121736027545 37

578343113521721501826959291493227874737425724572136025662638413895
262627930213000996619630032325220131382188448222153852531276767630
485518700683146840399268185487653840563848319210024722319166100913
439507678555138370482142849151016989753390789756323399217789038804
763368137484651689226357162307184064156632492410866923967601216010
814456092321337429145784488061247863773882641020861802495130573388
369415850878231970981515867117095173880286795801510678804493390248
068909905291953284466968288254552920787080905016614853675330813369
070048013388285854616540641332025069383559631742436588406472615757
600993478411408406299823664823574855435335905053612627428200187848
052953044769863226366278296327416370115311182340817867398766107281
273257785139211380768154189444041763294630490061864780759891264283
257299873528716127741833680517563794195244023212888549117741506531
116818362269895319004959229250837626080500331743338563784867495822
310586318894073980761449692017917513933532988588534336449979130016
571286809999515576368835796903449984723426041943185991220465827495
644137636777021611431270014347716120164648321329271182571328791058
413578619311893745953236310239127088901391290916652719237745868641
703648012032953287516120129170609592709077735616740193911744124471
246014178496797282493661458990725500824349970890968096364168915696
208984519256267193430471714563044323998155688693543372623026149800
352837166513591216931783823097964852220628541884734869393594384325
299875376511924923350991966689310683934309929177429112608797283043
316638758402370220112172394561144733654127633402705845417785774852
486316499991704854769484320531209292739986610752631319764337653802
952214163742360237221850677911388725805767775543742535744238997963
358197140322779356139744707119461141651761515123882362790564886358
947268605733447972830925709439137795165630585389041681689876925808
365068825009361192610789112427098812226934685319851706637174204680
963766557289364171324938644334052887352790255086899509376151204649
845093084820946460641779407759272735187506149345281817675171084502
365204423677681513267431932510951920058767491849302776955965409812
253963577116946711260602360694394572136480764649901663784374841097
357300987497338721557269597603311371288315838030624903238330486195
211498262358667333635943608153309620435231806990586725316679671989
775739671985056332039162769296127845043250930278493655757046636650
050423538070002104337905436545267691563211623070815386679328752803
991810222879667549274141381460065654850877794899447855050889491480
528826587688444566272939081961440068398308052403725695064114389933
181166377016307519304450021566160912397787650073874339861213776763
163799499160358002942539415093611828779256489019970636115118334377
322878051378170068546189397707800275450470574657440961151865016887
216781580801618548641080898632223340991247492258081118532699879573
620303636012024863397052946712401923986888626998354310920045622791
699844169883212018095594550534885326175425495363851506311896253092
176652916582431590045834969397068765865424328194564764785373552515
306898910979666887810025698390687113192142541988664192866687545377
244317614463541566576287140553536428785180176621964712668996243194
827310093974171042590552437496873330365968721460188999669280258230
500025049474319578873617743981181941294800460295054273686692310079
383355277975003835915620816472862995161814151182430486495587047642
038715770645275872367708081805904084235237757757540088468775611166
581392511935673190940209614289011096489957150397207159050424785782
964191398186464569806900388364679836798101237694632288836091585443
010494261487603503799034417768599956759933050225323476525468899552
580628931781172182316379508778459343728786415144638730344373009824
804924955400332234343780588846442656516711172540890242516568074345
760295714812822409478460558543210753456382184804837562589157517060
137146819642168971776054953019924695302390199614826260170628481879
635799123969700159444146867753185645831272547174394450082162982830

4937569597521339743912031065212616962292811787214991497537254721296
3068703850875650615027522642033730412161623496397880994352708041666
9332272183593224279111657363092546649671249929614399075000097635710
2050913521721026748783818004596833106999955907782554648912836743394
5158247815280574610341511343563810566377035487980940326526654845824
...

254582624832575575756121613127958128121568538408559162780570929372
466124367205888681576790769303505178957563934003111259297972535777
544200569966402202138347356603769169544131890619160614468251813160
176609861677232066349745604650972882659512753972733368694175508487
217889388640618398460037168689685091852298344657755164156298149054
346762684211445248399413123038525805184868019570889226188325223553
643687364583479146903567872259825575975596021681452229949197379268
978806572774996020618312361912598422999744591793191907004469955405
843606932673167089261261701339842671888934212498755699024305950595
367665402753307550309490689335933765557321753833566489041072878037
317426730961814074515620721259831472457483012110660947978796294904
381332427061165526973317981222046734271212266413819291473278943660
918278788827641461469764222050291144484184413818492376352771491469
069743360808145042927657615875421705249394092838637329473577842342
407795488209531262353402755035057102890394313368148199515356610924
477427046999116723789895516390463749839660324274199311394429039057
605907415555332506554821517929225476425450871896221311351669933045
431200007471829800650638738989262564890543973968667943212705493923
274442799571733635910633348441851469534298128089686874083237540802
626059432986205629181754412222900184021005925843557050011626334138
911164722410329354306799246863155390027951392329972227662129951309
940979505302073905595811915124333040407885249710925372417474301388
303179701844108570451357681512915362442949250375261611011837321004
651896146782697244426178043464984407081819464885701556647291249400
183231574748921227215054856761733105517328675555551372752572280701
584444306909116842079448527192751675238846945201405843654124419006
882995745900543574308056155946524228819312720329234092490339765471
465181113145925190572580493515112436689165402260062755458017611743
528143148949991614671893523814433684640427672953871675260813395098
759620778572778924985598283482328917720811777733834663342418849227
919805296830926375673184709704872233707624758369814717742114804321
363094148725478149263087466784789524555610053498907888898459211841
022359782737316521280197485413419869770543953888749739014574122119 0
480539008552547517769182706070979677126597248844196823381058259943
529823826723631734242671557829646010506831004613792748906560307636
325981027936611235706225460930384592230956994474648995943528035957
281220735900214846748760962849701879898071617087186011317039698435
437109684351766492479554420274224706377160003575229427613743288102
773742437633846548182324254585865229937019088847477674002680010096
731972668495586454467670798787717513539808839832073277017804624993
278618880767133092543389284289547339980467826791459819674690198306
839892263439290357185733095966285388450311226586325701495178443681
391853583920429643375838949238481221756550210355406710582772688757
513784359797904449145269179059270350881467187781681401490099155462
169014256978035035958724739149761619033480456499169804389482848716
057330970807205046654803487557123331222248624733016399867137951278
867986438102554256042535792751624131624549552973102364591993011349
614295221853169829571040685148038221398883769639075814255195711993
591711187550877596254773775135923387032299401391763658037067844008
595624687639951401471457224685434012807858564304393947069971219759
406459214429010712931914057426533471341641286645107585645881239511
401177955080732163678101603734337601573155634925565939373671656193
550045881073223355930244825696996555838830534131866761689980856668
282771323568706812262548462982103131760771801239058725534724204741
520016176660218058824619496648746064563878996315071244291538840423
245075603214047762425803652609205191482910102715774592414262871044
559729269995650112860668854627487571876650669697796028230413811084
693087871684835790925462780349442642545861204599719960800316630347
958992894563255312542534431739985369459805836028674518508105331304
764752853762874570977776754130771424300232534740409303069421829116

816439039165574700321658811000624207185247579746980527651709727451
530250946186599372850401168149577814259636124014780968378688851125
147127622317915331487044871205793776550304016642970150767388550477
383288817873121246007452761235417666576881701011494289925734910123
564667639625806511271339649842282450273056693708923735816460953561
164343750565029963151679745340938235328999702562718021656243625511
798697216249832309565871968296025466806500004671622240239665382418
550573065814460635905595549641982011396965284439301573931052062830
891492180634287155353700590035047086460963541097884106096566034365
354449061700707899583180561453390650477052743156641760972151791948
928336481286604608353071881948053442177304236040841191576164461309
136759315286399233963870540720547988479579886169962180644201535353
179004476525582272767064593635057287804275734855898768296689233572
428808680624632489791895841694457900295928632288829382800916032460
635320238223124737736787406179409010413815330576102830088488649415
922557543809460630258626769891731846156393679957705382514934153048
349312243480633331688402699767024473274906189736334543327828082077
440266709778178207831208572634456094708554852142658489101849573503
186642174822985673406328525642088746642534053395045023102754493429
019160008441503984952021532560016392766936647780958412656042906452
568061709558520418712814813474344515393746475496344220538926109954
944289146367538957876055842484190258311817288502158858378806898930
594521539281374654088777536100423510149310846076543290946086796910
018840384162250090888837411244830646123775233176545420148684333531
525807526673468582177646255479877158003780737152412484086925690704
928900666781140279791636537433395145161411107226456176282259912478
849099284872988870529808306524599355173740824113367757972723356826
803378116357549983476669908238378145543916215512856385576818804480
343213210293942162408135480262308822241912311925661205255016134989
977537211303331839809636216624718633004541360033833053057938607902
112932032887174995145272045062395800542689317348183540808487347093
887388619010213621756502595911351442127021011648093093037494167291
593624568786003466022400339535225142449151606042997647942423498377
961134986659102717829299312465284256303982440607897986973420603951
700753187578630616126471450010032081159416960435788247184765644413
513385091862089785746218053947270574914758885846342665182414683879
858080482488208055020192887763490205355158562400189346433242686366
341174030312234237172519433745140146909287147290589015061523895622
846152031461702617566758586209515477682835625450643162643745807607
141785780027587608040332596758878853180959596581481600806521298179
195843985925295184458469272466477076091516851746385647187622149193
215623010127131052844507481070026502446417858724356779922130399652
183827914184826528162510461472116304790782242023484217623506439141
529823005543625701476369958878450144051305748180118673087237596524
652046435093431303966655856293925156810381694666620313639439917344
896713982981562741198826272351095251221821704750686253399267537797
846680999542042149911343540701022056926819994042516658933928498565
667347332579493437311852048961480398907491103503139468334077786693
687354754911077611269470298782112564765681491566691909552936732055
957727929512982090715157730091788477963374300214580360314477890620
077155490476480542427051316776689353266943735909722400831594023758
388314763542140440860421299577016536729659902048363057779854577067
028190587186483061382527527860075879070243587438121184097439290836
223989125389316731842659559659548495881455735273119107469179828345
743767858841443980936994532326065725996975882421929358791454369349
104390422637817675573224987314756957013416041498872979606838574148
390973894482340813010956583016594628071917844798263328455536359745
121872603325357817924068700106861650620278236810634292874145081373
060954890892474450662277330838526810902090813243131511849533596968
989039103170864371432842682490648126662406926704213367160470574265

531382424342208560979350065014126838867933302418654622307472025320
717893805031719917873491122677621899708478236081116007980195606821
356266409245951405941919888659605278045961898798897812460445075204
391195108742576253503374285344359966802548772112938561910122074296
511208884295468554439251909040934596997623225136684493959391431058
220054977616511932363355784477387007275167088770183360897310533306
167400940748760848572870502540396522062498438780791421232920380618
831048172321093001720191485125537211230915157190161271374065368354
640345909017516919077376312212625722658664549644959123749618371939
551519665045731490348698140453817457369758982275113774563078672356
216976682523924529815904675621852858455891453014822265840535952639
098539371766197101587838732782383755847244288253637262108186657407
440201307721398294034324598455034889846916089350460604602972075243
052225050884840981344559999075868131547522204656145766233140452632
696535279292379792937392919037486967196463071806072478474739655051
709747509660626023429037646844450582247222021323863885571451323474
982034996604066211777772978606443414673662111064805331614307054651
648294660337643562092912703240902104351027595403970654729979272108
961839673150847030362204984020805668699225246595358373749601331417
900353700524645605869477674688973094413691010744202027223857514205
225470819089634991421944317404112374851728895430801845740910319994
611280556433442262289579340517365029531336028314329702493656220118
807383796596866938563040365542449375719742102493740570193694513848
256986001953215162568971401835116525496006360110312028199534967046
160974620829177365729978564571306965165001622777885273834072598355
967397082404631525917673804229743178528315649444954503695640110936
985581798511502721191591763800482965813078985947039731206537802032
276034416297329698012059066824690143029493995250158989047710508025
383515715842805178152642640065745840279170365562834115519991778849
951688578980881405096867648256081575871689213785261434824019867008
595949183437996872749380392439900124089292676454523422192207578413
785334248788335354749324685978019743073891678142961050444496628579
719868493170449749155067552127911161583805706968196572594815298667
213335258086767899959649515960610988893062288696613263121755757586
483262796857114153350264721407950235985958527648203136398655628137
447612938148477402022504450859121825095624779073889654945265020370
785100531156965622029849937475086136190439762995990313119008043197
524580940000914558217454526625805274039981316932570018276842172231
805140682005023092966177270185446003704330143234525164686645610521
720692906036720273335396157708284888237288135889404534490226994538
768784657248578192875582017026334879541782535545557549068250069979
739505950461342053430926981905725531230338713302912850319228135696
396012838534552115943569140977460158198777412381988958667271114272
958310827089863920462180345379455624339718562497127140957925961923
078188404535552979777422106889367338855485881072236768784859382251
540354409948225290592834847801360135009151581145329214423539629875
548306801558853165966563394478186222393658069731261285120024220474
114337596177699106333914637580520358154703062295277217035148212385
304932657058446113196562254523852860644493309181674712723697272029
500262669493867606739072357441326860714781306327962522521358345146
175319707352809011354314677739453471024006089517815558307572118215
079950055883774454731926129253830499817430402307022389098160761531
109928886528725602179498866339642061820921316043176801177815429663
673507872419183405805978019413641380162857929818320868424446974760
959467546593513927192027086066670096446912642578969760050375281909
661537566185545806264352294921657908349843792574319715877064686820
018182320486899825645633405013849665576402970834480618786696893121
635133966878313623511774979419930548228986619040064715435959579227
544277779439667263372974662779775357319608434724918119021011929439
259038026026484174844478200516856843034661441250061225441185536036

696829948065721395351334078869245327059129149828017411210718841342
687878882980021071193184154769063232133035664704280199834162572610
516704131168493867700277509498844108513693169564448607593170835467
673690177738942973154551145922770111036084305577182412122340329282
298744398644640191956092300014394993453060442579969384917723978161
494511312042048686379167525306349006652395804402898435392555784845
807220033202925034659744813261401733733484152208726498583672364880
564331283046930530487353905968489776941066248996816465510182556276
908923306543747477325157482346420761826937202001112884908374084156
663787904917715791626174472533569211027963136363961933383031690960
585634786515836410409521854218925393845365190009456821882351219678
534912907472733457619087952770071453429642885777891979700517737331
894256474677870595141670950151254363254585850590927777223574413690
610705925417965794073644894013368462125974037769436292671078648069
165694144947649627554797526997506112392906590555602998061827757923
211986904515905942490767601449443302144753811078861683941736268247
379536204857866736619434018375399507887357076956973633489060966234
152033032736644168409155972675060681869195428972955496780074208880
873199984229331801642263918301140795970491267195672661938762353423
067783745037399215560497316196545379184136237601366609873437405615
646163459852384782852331973079137019825090585326929428640128896615
562366533668086796762690219338587009470620408502701789450516817868
277031934278430701645193131391148579096169684416066209283732083338
786764148839135298925848184530866997588412889658670242875568773123
590034961649957608292377522689365557076354134082655772488902435754
853975257909113420179830261153474517489394228238827710449742344359
228203662147297399136740367101215970943082487534476980106697699031
419407850208010006384516220354274895328569552580166987140127909455
465844685317297663885922327228023922957255162170439537798680918870
851195550148345006535420589588172819071594632777061363476090473165
184177320017762749668619298300484784222251662526812410603171436519
456728348892810958904469510765410361898853483266943402184793134763
806133555152023602176365618271131545325315248318501600255035300235
099811874568401397841324504129248995106356188398860593998518606626
698374306821560893536408037221056922170621065402903346895715239006
679969843981971994494884736379926562713791440855451262773768033692
487909647451106309430481047440825975290276493019099618286720668008
381247708280425348545154944826733517709915865139720744453559629062
029789651482279964382284624100494925380966317158494746496877324294
171486011775792546480922293925634847344849734476876789725518676844
578041930104358838478744984719157546612527742106519834036887682177
098564798974966417963758532760889483399378980386935905003885915004
182247692621391632221151170732974075729995059216141953417954539564
825806957558191410105474085836697638897485443567038088777622534237
252366858625286860701112073766444177034759239022054029211833635920
768287468191635734436212258468551849117378281498933173294328687866
734127709419506140678430955963466118300937723559315500840818820429
901112536254951586587987779332016060230253996395820888578524640683
893060314881551188185106339280138068829477553386857687006287381871
755096202301678908295772993703948123553225117730651413774797053438
937964519477623368044456610377282423774640653174719122855087525701
248555303495842547755111923104174126089604176453047384486184959876
882445549497422370796274252261378595615081527071735522514060924714
662877076575923280000636236617818518201466129968973204506701938791
223390280196792848576421517536050324280495374126017027574030305342
271641863949578600006459952392766917288951034783250731781367442373
727643857425217753618604996157784516405621251200757112686925439127
054804174130629085265480196487981111437341575547549991708223661965
071527972205089698520513649053554727844829720710781457451456846086
111572956596317579388647484246331637656494481161619216046287370290

404097536728861306625138090935098491430915201368594034990362979313
644033125901186964880120878666141208928978105070175592631593289475
933353555853961535737486473277884692900514837562696456927138301087
192984228256114413262879693085543514821959294806708059222682459066
959870498056520226321886000458133848213383801071401193705031999865
589124946066131408979946504502916697723288306019518497855653243552
234794761767925765445820526605167994476072270550260402538069305498
861065092174655658888730178883841289599959659159322793045738084143
789823577978122166391540010741213360957168963667005748458952054792
616196173666179668924730031816330776842912398177400293806904648200
505930567210970470723585762765597152866857405809911535605869057244
722420834985942707651457804339879341679576813796362083390395083293
449558059536376048546223113625167923643813542477484194804358933214
598819421360579294167412261599983610855016724402649352902692947624
134258256387230319743507861606461769510121854106322030817166112414
886764403388729757658443952202219610073743454148508916871337442678
359527056131521252620738693321830593565893062103049292095355381454
951160121464198439793903718964398693487841589092209093907042757821
905935709430767237024389005345312096700350896192224298816087686432
982939714882496041244651328082112489224188331444749268803634239182
966671662822415678183967524379665967458116991492813690145022797801
359769313865394554720684577771745913853617847926695371036950896377
227906128123654791570888690766768908193749340610368410673860054110
026278700874705947106586451439196980559706950556505015123393666589
057173313364476421307065675731991903938811893825307521088285951614
750680946883924574001113547027478698216862127432149766518830031960
333456223553442141736811700595766349367622329069184880323734519243
491246566532971823841739691986587133313412071051707368341724123447
237186724941510842704961554950379550152873822486053846067672039287
586862626169843822805601587578668309251223040159989753848922836009
598075215949025807471715773537480669005001534985359036976722971043
715921098469391204905426246339608550824918232865843934026293826856
371525962389474471783369996618020115478824991332365221595665340485
701123258277081886215013071577934600274395168927524355182396240839
150123473924668651002227673515415339817443806293681884318702195394
674578806838733045026699348204740930850952940088706951818632548354
824966260706650249956468194106470407122731100421544185549123163407
340196180907498723670338997499343924399165880651283667905641695736
521605028224488521757361133174294735635774830847833098492957430573
060450412840297114897365523337025293332859341544883137400581072624
246477515535611897734274294259684019406813333814161074909164044307
805277729770093827687366826928083628346772591003284128128935787611
886533037994391571099173130876841482981473167438924150708123330466
386665268851715228773495808650709021102713080114880705251086164181
615255674817104786219400105612800134647100048960081618136339861314
375953783573446347009738022397066733317884712174216623797833950508
494584056480430059112018417300502241962981137643255508625993667297
921212396833626254330792019745755537985778603339936113973147973585
880467482663190555031714751074082657545538452600524391171639479854
543854640477445274442320820115805894011041094538330920475598313012
780340587673381134517847042396208849358293399476294892749263076151
959475808635230500390635269755089737196321432027975808869585297731
621983594425668946663498655664182852784053071039460383705531953070
578143320616548372087637305421510498196398231622394615554016244819
227488988991548181616101412911142233274248071051202784972384904402
642968076980344031601013659880856422960754069569557133508005356595
188841456265319836545998149354703533396578804947612732090048553113
590869747145353689015718969841577548117779410760419019145652728884
040518827950849008264536013242915228888937975199955998596828893608
911271091030997306757062186597296734639843061928429550429210546691

6091541828035178323684155218186556796340711124306438551541562489 75
1763977188126209840873609829923836373030275059418770626263573784 81
3688683682933396988927744468696966294996896602769160036986059689 04
7184171600019718412362651997930127874191392722798698022724595229 40
1524322084048175398124008257637136067030334477654114042743699620 54
1251450482700210515174118908825492609774721462055366779007552008 79
9892323465359252612737727695456712154449995014845268543259740875 74
4450235595031758880946786706242795049681223173819531934699556151 00
4209215360832603215306918572722599298600395392547343180646477064 44
1544096308598332098942811738979506827495524870662827328053647924 74
1072354611945944265379787498697959643221449501435206166327360833 87
7895746269008896094162137344263820026765753391034189247610563598 88
1700835396449558521922407698130525217319501323741964534289761658 13
5407331302630302854780224851925520783232374548326796328907125627 47
5246122929296414094248502905947415575992751242508506996634735376 42
9407383918207419091625416097284459162561447272170590829385767671 30
4543843359908261608628467196328751602860804035347208536219374949 41
3665519915085368923735127485074294814451965416938229179315309180 37
8204728722389455877264858456583583688835417610564721255643864015 18
5687695779882751742224347111155262343697211707633450466532724766 33
4237821195879117615783397228747084512798865992451832791641445982 80
2144372701894626680357923333751748064104993185218845506821183608 56
8975632511813875046094241955744326397198431078927752472356672288 39
5527355236066225987885985396328772844546836949236760648441227353 68
2921913245547040744216668206746126567079643012005535159904741708 54
6163733620270386595227380642312621874062689090399816710861502195 82
6500644977817357318505215771516084763131429710068248249139162492 89
2556126384767386218233345228302857013815543747650578465690588394 82
5313419981396295736250191985710580846679236491105929088055068338 21
7718370944062699938269197068244705320057945408351861003661161560 94
5082423986504199873162383835746664545218873590261219345316048583 39
2126663772506208519054623623733732811425816643842498897985966795 41
7592003691300453703719627536068718301376481212741056148244879598 63
5108500548734902984477529757534939665530715055154410390938653741 66
6521591833549973825668932645268620823596214023963409712242682687 00
2533955826932243805998324269084530478141991498931107101571694749 55
5763521945874576862963018389905824201278786755796934723185030744 61
0603483914598794977948711391354629025486282224974389447438682661 64
3606831812488598723268791076616230538008602921583381443284532240 74
6235541879988817472381285359683828950062022524646357316108266360 36
4314856355316050499154144130887215414433174525373210651396119733 06
9487813913096873318613666961939402572004993080999953482194276558 78
1132352187781245718342397646806973069793406081383018907785379227 62
1548466408823126429816421239417456971356661539825555435294981722 39
0145222359192574194314642182664776888667725021712329415228978446 16
2910566285420071453883416781489134566744506929129063191356184691 53
3158558135076487541321859455745770156486652616746620858010700235 56
8168758105959676998901985472706417531288487494139070866420808062 76
9445013196701970335518100417192425136442744852197815370357770961 79
7803655471501006418180502754073583631210075848690420360453063743 03
4388761523828983557372852602790109658113583990082025106415006848 86
0377851451703993626938322618882301899591271000879075416628748322 39
4452285023918486791381569205686354321704163358637035324353038603 13
8245178894425200804853014804232640065209962960096641776937613082 08
0687020130883472099991664558057470297265064248590310071846989531 06
9017432283784757153675098497043483482059931223224751985485354554 51
9808422814507464169325174171166032932667762278190834897227510030 80
8975252050302466493512646127848908741183038587799856966390634505 20
0221239345266865799204423861484757242890105114328883814583700148 67
8228333016407276114036941362115737169985605841735445608033688890 69

2524353381053971593150452592094012886826761957851131323839763615662
2128576482640972356689220650459488317985864101056438186988942899275
6314816131141197839485143896402016161447028222175648273420064615300
1617015673045186184377052127062573422587150628959854886176205229611
6886565215837784247149479866487707067324817990842497441413030772788
1221727570393898531076626569482761976332874465960455935018021232311
3616829469105165367996131496561881423079790028197020753072041377444
9667453062511078456579246380038273856860224589540614393614994048488
4286969806483262108464380743336558398688089988471514295701014512055
4966842896674866101866876512973139628321441026834165860359911438933
1807625644344609274750282537324722439635823144186618983533732369166
8086950292204814362372048123472392174822684291066611784943531672599
2385041053779311049081572958008218904109965374052294046201984820599
4719565468430076822037328399061467920788031306210807428878267456522
2279510397530185492450108066714356522034098520971712751588390486133
1129466673396409924349264716231223460568160044054572146286566256166
8928699746838216339043317628637080958285081909697417621207405508511
1001815330208171813671768543487272089172606743181038687549909642877
4280410652857444783139948749789244343537320188375097795346044005288
1197852692754424896325741629879428825506076395165108387117664673766
6387526975088379398903288357402112295635432087437414162494910515766
8227117417711932232945391974092136590860000476202432818881161163644
4928715559908299814543584037170956530527567900610385822005025774222
4292569773732296609385467336929449681543260568582340850739091504599
2315081322676781063632505958627455148922828565406945222105635580288
6224167640557695260322183356239637398808014246118755054609555094122
2720020016673290789780007096384828312446295596545022120743326436577
1869713451446896888922951080200162568079951218413160983309702178277
6860244871443361314459232060147349748148691320774245973643394920077
3088574820672241184792682405330459869275458970721315458415404772322
2220839208036324127217631162891881643394036869317135582680006351733
2097450524378305263342982051585729293729065144082252093140038334422
8600943717769650829294111897120873707840935527547594667607700739588
2996325838861067374507926180433067251405352116133767896036538579855
0322184508372345725893974482449203287338602799204201279950628458611
7692934934748645046491968635338391449569329353499139922453664188100
0631030710950568773445423096458954361418630876241494447419866698344
7713405300957797872079291462389626390884639299690639310163833638322
1319539379304280498487596279495977933648358480037841610186331741499
8133643427387980302577970218308865036418106221571029282021587181444
5626643551912892390746449491042735969276652311469566584458181144766
3773752350128593126592576075055650198433567754320917506901135878677
1619549365520291390943771733201558080722733319100177931651968154222
8088370576507598837597021754117738087137985338962896830262981628055
5301107557758978534823854812982810501496288588718232218048882601822
7461644879029172841840002936746970665260086282843883088133563358022
4351057763528593351544438010102449942174781896553188470873781552233
6440714542829548321311895375408182160748659797776227910230823364844
3617233660291719339926167882868980057891191156961286113730404222999
6244445645228811797471536635791461504943812179699911719553392915466
7985888569082819110314718381129967865651453059679813190800422182700
9005693044807483008345642515023609363752556383193517427034362926844
0234776413899039043362351851350263930095966444898776041743786038177
2342060790714371194447539522843551677888570909340590984262800755500
0248725830650557511259353896315171826065846001289326829742161791300
8116878212721039217579698337007055600479265997432364952544755986233
4844740409617147566288275325091737591546032508096011443270411987311
5969680079689360407597750180374094171469981885046628982630503406288
1730282319799125530918362807799251133065557772589580549721937547688
5450346607218411557053096747424723286992072949541768648905189668755

0773621842979151157585159066981543346997356951876553230061572819 95
7408798433268786548387703704838867969634471044881036662552958628 34
3438480462678122147642516601976422702036294508798790923068997762 62
2023363411771182015399050173071493996115548403715228268577998385 10
9384004528263675761260563984391352940873945574277648499241414685 82
4291385791775623295402016824786676002102151382666411013004217800 62
3443217919523686177696138805006592509070252900155749948752601372 31
9426962837691739012328002602992780683106302734901011003140670779 00
4579276982793136849451630895091829048302965001908928336498837214 39
6180793208742328768068649099204449507359860528957211699519040408 33
8984083563306643854128890071475438665670708501846953790032571643 62
7157135734722510592958651109840684568971565825455725633355594576 57
7747618020156837852364031497853809831566253185809425785105813904 61
5465248072719832909577295805530088357643935465714579135927674664 32
5448384545582730913986167177799594349945503174771436597966834564 54
2345782349530220337939230896227344286671746679865568253732514537 74
3009223721202753169385665977610782359801886307507560408367712741 87
1458966983457027538487036030425842802127788310713511327727774992 04
6483037340486427902258367600773900836561591221966284269036366602 98
5432353631799451470339639496138687167177630565460918856551844344 51
6890334624584682912414317535865749891247595560896040292155393977 44
6428877279516223061246477930882654235748010717809152774016548710 46
8265535703098981310831043094866753941511631676658281403700866865 54
7643833977042757125044749221422969080622787608544404858813995712 74
7561301902637515073878311885144100537103141831634743367511749232 05
3176825839150342354505860226305868702779243229691617545953440457 44
7399711712119207789915812180624709441550694727351401234550204629 06
7783378176214191890146908807079818100673485939679726693487696523 83
2201910820873136965799813776062143345608391307991994916188426151 76
6201151633013365240268650603921725403434552867518082580104629058 20
8364681107351833729751961456122525371356771188784251994023543962 24
2477517373345353389150726288232132196100844063151547998599521588 88
4711599783751001062597243954442905647837242827112768861308729717 66
7450387784470605049817926326301121793285779630213417290584506938 42
3127857447098281990368933332322524565878486499097175032022167285 21
4998827754658306559015958435161855520548978267361357962795749330 52
2011191610842080236996138900439932835066345181640768389987922413 23
0641588672500479862191487276091383655534567175784547455676041291 33
2244609551483125353611287145210743043635547898213697720092793013 72
6170489082803939099983557408289800561303263280487840702588019085 38
7730318818712730746136642050910874961241901769134499707745752836 33
9783231561103564821247090359536816103938413756883377157827938294 13
5462391627057605602271779835321108182513441990267728610496870350 60
7337208935530864008142659916508722359726946248604836665891130395 85
0751047449472699392645264605522665189249764530807213109352096231 57
6084883113826036479166824680084142235887774104611556932270788793 26
8743612837957576853818407467782098467762736724469111891654655430 48
4797104215239779289206763896635896383566418058944214745396226231 75
3265579725268146631176978012993711098245340522927093300399629513 71
4438319513505731788056663961042122577872528013252838483308299728 81
8250749885183147176842056425852484751295545343386763129354644077 73
4050007219968380140522695947091991189551884053700772316581952105 30
4731149144913758587914656238871946479845265284802689647131727151 50
1040126023071212228792246888113632874334667237820558111794202721 64
7922565370422448776329697012927691315004252022598108009997988559 02
3568904329023147853873872402094744838539417783679432332561309381 77
2050173430979624532495103390555419373115567810960057360469040879 35
0621298748824052849743939646946584677743623702801414300304401661 79
0116579760269790511369309091941300404399250566495624246838020340 50
8948029000263762200578640552156227401553880280034689559175431276 21

861314760525568998950949893238347287908253998423463975791200470117
076564797800856626474611921493201815268567633485843782147331176775
382064248945809658200413472695716237038372077935659762005227802251
822529632003253692765319844596583810375507928342527858259174564350
062608434416311297019553754748518566666109082130176889791760811867
452945298815710766128602140319019653862395629151313915405878496630
720194218580207054805464477547695567872089601597179073617241406114
197727650252901385992813531379709256036120684983888215192251813217
998093335978213175107048380602194223577108994591747051824708603819
575788002816155616116658533162847263728589024423372208724629332702
835317492841004434726304179900869416928737222783808028826637801392
053292867729280423656591256451489454928932008400609684183178390593
490237620500022433912426191828329180108477069574155867364119280128
349645820683311575462623391664181390619885224573436830677398361010
464231646413313553235227375266445338203004095510321928897610402878
825716543401817838874101554129489492109750777460955977152478691288
112448292842571974688204885654909561576851286105935267802656143938
335859217886735660059653009853654620642543463791062988857389831835
436967921926477578037976099151997763156973019113881696777038313617
431644537854570073193605219700151735410076686960130543727588160704
998778936501742224661743819326919286242930106198425416346048533061
312244441005381190421705295021020394928499328022918752088000318240
833795363864223783182669354546763785703606403992213306997783815919
525955558887819155273311550013170879490166772728426303449497471356
587672814394265492052630061908000591094495621854521757908484182984
669384194955881207470010603768356344103320545001615165724072012529
860495889470797218342597016438475984865828098086905490367726146202
153986362941637717930476272183136596809685002918031141079704311381
186418491415869758498660224546492765131028727586293867040021300059
517816358644077874811780652256850653071350734245894460268346208345
803133921453542233875444863038607087278502777777508677629920222402
710743245913400402892872090265865447356210842527192228663131418011
220286876581195927271283513242150881645019120899669021973736772018
155467098939927354219911627316526245069499200284852366347161921013
531794460181932739607212488739815750393461817020822302795639335431
676555278850293516327345947265795104011499734482377420658757303463
602505161561392726898206604832108554232208407202400309137515825417
460421057455961533919845890027397157437538022426415567778759307934
804245360144550080463441240544089726593996633007997972592129223109
419470783842041830759662553943244560963589541422566136737969285423
713764749526337556977162602199226734913942723609178467619658720575
970336763996591575636399342505878894376683014289164175738503388810
078600218625038800881754282047678427259567196048406057121007965616
492691699693920855774499424977562114141333243237951509364096641 34
080844752861415797124250850592580508106462051245722168848201979344
115322991552482048598975130100755988479695867649524880279423231241
980738873590666649649151139629244887105704564341997817437109316921
664762069094056656347912220876673531620143957944457621663868466016
550053394793158087747107647644547839610999272348900285145797974434
466044051117604558617700843387605314800885367357021156503610454879
928403753217591482018829939970865269064553815917395418408308262969
421422960361926568803854599914531553195305193918345501858845493495
578823746509856082129842400795180417637267312953711599532987137948
096818664554688514436258350366624408525558593062441470020188212204 6
421925917234593398961925790163177529238655519765624923716284656853
893447270690882441102813258419107757550548159667543119569943978415
163324068894070439266081121561861902530322071390646769773268368150
661123769280024896835575713723112884258276892878231095678118996696
977409489348724146614973972794941266107636940295823628303482422371
763319971843239990398128493939858682724464605407169925940845181835

718891094351264176846914779092252837837532395601947453490905510164
233807811599663448262071415872381354203240493175757533707935096946
134828527465137714683420562623632197172961999170866638304381504998
872606717267657248389966739493478186405997311990052966003532994139
326485263280930082210836770501971287076699002478130085130527296684
406061016437823071913630704942204938341960095350999398713515879252
197394280615135656431340816156888490174782485783660680040392675996
290863093790311150672767194187688246283075188795068973905489798893
999883626631762238054216550097343843607589214242046806810224873073
877809478772352739016455743067898417558609780598011596558666081808
783531930027125973791335895789733400876344311886148697683788112151
087712667757231018332511139198516665079680964485325566384175831166
94938859216141667456755538237860442445571263339667721462244674158
690129562054565276810473636826097898649630056827907376919863156012
916142569306478100698919702022653867416260304963399712736676795742
895556631401488118461544582007593167883566826708991945569858024090
677654274445079856845354905475878108274277202197966003820209978659
519699449293354316949164917055441294482092967609251479903225889004
953954995722993018062179262112407110162209578552704888605381928423
608529570140657674221348313326026342177054373095357010890780730221
354982636285288782655869156856346625947313258519565913846892446244
583440227704967066534993872354752090977064881709000110639125571874
068247047136722570921712228672111917253220469145969221561229752437
455506882056173695494066627332526041370446290865446151044256007632
917948614510692258879443748157789125088591113417223303156749738192
086397220651352015828008698246876537375323344666978377328101114526
195995886665010821688159759495666029035275833214937286435874599676
476525820860555244733912117129797672981403798909728650697649203220
992792404020662929795608333348370973437110383136407411648476005069
852015674472277835899960842557884272473530611705160202186456818014
842377128587661659119901186881409516094024580682619905112961121275
457411927534638229399475349910748595614107959401047161296588915916
567992554444225077969298705769705847914304011825454535611172427337
139999943267212771932319339130006890262678523004204477598136728474
379012867170965176478255946009076012677038666595545097404684858912
713323990972933798358653508097267094853161645453079087157352995507
516924250275201254820633988339034478284894862532638437039404450543
436312024049568194850386290285693371915547792962898845325057659768
207643446294689814524433420558044994658582375053659570536224403818
429935935441506813507092057744497999051667690538020962176636560683
578158732037923102676052862595077654529057952721042041385246156860
576562821874755389025205785080074069337294298773746305792569937750
402685661586616804076154221619388979463853633831125958244187970971
954952240747959539519422976858251390076954836547899338635688061829
056793407651975802467421791025033221696437760044128207799049032330
812317611237997257214692833121847175212958011916642273935144376698
375199845306457873664077738069965291870312319459500416451412022582
697246981461488184628904987272836192381272041977916155713134479968
757570339354019325461289360256544031228921782203409543443883693546
040895445802479018084762970341979623021602945161124769165018600598
116417274382667307289529784092440165695776572555572957613024253354
790950676198191970142415166593574460395967361853255106100792443466
532944181807012147646030124862963997533347247459834339008685160467
240225216136263343752004066323425499308421418588260982094361574324
084564710825443101883090772625857025112104655164462007203915374647
393215292063379797098517074773038060536283898151119695460644201711 3
929566885311883280626433431701717020517026485281318412516343924730
717133554950605158671361101058050469783588061150722926127576939521
408030298283970431417265709132950829112534317694308075468655132922
242764990417404748134107636819495739774643796865183044465668398318

484194824417605986382138378235313730452285949831010176224943940539
018649427132324272489432022720850526670401611065492980272688629950
320140783550068178326612442947337934708704036933947444883640146301
430766548886919995190654063116647678194049730100375198570541672527
647023085919922739984234149334998390978640343907692242729337668926
604934944169471569715547059904217421925882575342592999565986426768
451410612384687880654457917717504027762823606330079437584074366948
131901830157091267666207989331700172020539549068640945149774097741
094373452109428596847172702340645067100714287458635586867823699633
907994488074376088353368203121137324451571040418642925879449637775
145772351175866088174938782675387764130377951906050406476302680647
426906879414474482693519539380970178496731946452891438922238632801
012183431411809807504797024389919357272570527060547047281474647446
208222454074714169406520696951676001055917701364897132278420170033
566432055511462217933132322217119327373477715778865837696990791171
131728353740193571986318244470476154481845770252344124845509681281
166649709060432274718336680981167836515700468018768170956889324184
407362310602566274757479697637472090635484029491734727487308120195
052709637583607462545479352954234171272681981339902641902576337361
165697385508744130241104699836432221001267728682180949890762368689
263384417518856262832129659941213751796989052092475199878946684512
057837358450431489084456881613840158803969872920098540862969471322
598632313171273219428914135494323359122937242309660154616499698557
962763275554577984454403223040904934659346663308857369596023285750
180268502120007127142076555657726407983020729194806512936021776113
609391135939353081217736284318944173962135545360500246138787960676
040805316930025093441825713421613614440119152289530653007779053972
003396628941794659641777983559253422287774656400034393526477351783
515933055719947159812125038017559547577745951520713908433610011537
904901507890705670881844574114508830512299700209969611309712189372
853308359428809904927007467960128096971829283941281989605213233610
705214431760149950199589535897183369078283138634236857956796563419
293049769815209974528878312145973684607567476636060039687917435421
385034895326295820544748769241330366118328689112778317546029127912
955676007418733225542908244759673043008045896634533781987536994863
350537722445159010541656658870698989013753888024327585151411858454
353652987491572718865356408268327225110147009098986271677224152877
689862267703698396995978281655794088825371837645374022181884118744
813382879471964454937570020723469625336015922182028081797260491282
924207267129800242376002246485008798898857231588422146946147491027
891554652123059424861027260471269813241493814990176735748960941182
680504771730131645894682345409075051861661015410701795541759759828
042293862715551077779967459122466163847477146011178964858677219186
104417530731906039973098127182191067244244194814711527834303920653
681221424655022693020656758812764754343855734742632815492770562660
066546711848765207267335654731669662177069833645835826830207766337
778647489587312552194785990526293246984363824685738723284277789839
925737597904038285297787397684663809624175477591483096429915528145
165803728244231957520927726582693230597524612450564355755914053401
429767508244334746624398583437614879389964144402514113002468869371
952157830448693443840734559086690946448138235353204219253479168899
801439178623237601755214594654274459179747606361665240186206188847
558648738058308937960029471475549016794959042815618428725158529398
298363206691979956738947880019958798034828312599253297599105020735
073626602542431051328629403495541763991094763294485429044481026891
525958952145732012266399103321680006863504862007357034858961061790
277660718167706817936631804538237919125956198438857609518028943215
796521205657611093989915496884031377549393540856953449908009012703
840172626180182046673795994682954369719423257922064747097589525107
002037741719426389346496757154272504046938718835727756344487694459

5084986388776168355058849700286857269280542129179585813191422838O3
871372827552868306454333148688092151697237876013755279811045966988
291777962410970709137037883930450645012459886785895788637091048216
529811520583322780817799156082638433465541976031504888419198608484
062649003995878169329427061962297453127136532694441514636256973427
524160873440269797879002146362696262012037753388367754969157208241
546392424135057574943231795379554632385241993089406051134109851878
055884092735591167161670187118155350582366098569193922700064682288
358994486575226714800463165675219420196618307034521639282318251127
783428328954142472172600810147875803021229475153440371272332167086
572434181080477957841442651899778860114020271232948237623382689209
641111630110322175485080943353504340776283415930030005339134180446
423526240038073951095137011158509534732482237438035089352893521658
778097600325712128354195312255082041269876035418900771365110860471
819410808843111074253639171389881359753193233465157986477504684575
869893919631188241144154303570400082640126777953841106665096407904
987522171722641564904349596267065632899045783760113685132624683460
213484557564626077735218836021662216832732675246600907786809348433
879198156466120824848678050644296958460210293045372463348760259962
242700993707358710745996846332376105029378740807906736268831432224
002634254183494649749433787642510786294049435597088950968013376240
248190955811349132979136137997670206146980435014907067331506378762
402066239070271832790480285148295606115474069599725619492966830210
211930502506226826388089654062984556197933891284197588113582007257
435616857677236659365775185363740768701008248672732582705594735875
949915271835476599156303913785716729854404027517173882658738499177
463098812776933411133364070227666786105071688504509241776817981250
769109509091441158337030312240850672305458124543727125939201379371
298950497688964104658348507481945401185770235917246901296651148215
007434229928281222799787375669920071296284554728348592496576820307
884679506470219473098014949774430994977910414662850090667009042196
029866331103011001113278230180588984555896639346087537285190743600
228423038962151716195641806562700099995601348969285573932626572516
364002040799847141233603888674683408729576146976265971507573970514
521674038808385420153198494093562083494180844821651843907186454857
935411988652622403271917749385275782250382269359705400549454563248
668816693702136705498488652755267963759254295311527394338996216801
552906883513703290248458258150712763600548356859654294106517041963
038966990987130227585345904165117509748613302711360435317037171841
680987314181958503156487077214947885462800392627751845665043091260
341422184230421013314028569150289035417750909654228140833298247325
956328247018868131890697734122400982457204778102124425786794196217
970824549471516573880791213055942557982936591018592952145889198973
641057489089488774613063868425977564232526863463439677983839121192
848155904632572684429806903801848937387866267760146675569302143175
290992680576999578973176289166009235193383288594182243444483733745
857062267504976827361392921256590388559093917896293628679219569856
722077114516768711517036384009901803018928779566852973917705416096
145306993759159622783391711279810129843002774890935874894539811735
338157684613950841856380458329867284936286928780127547239866389241
352820450578035388536484709732754492568009427559651602910345775124
513594193215268950901454459524169611369806470811023153333882766622
987028410072488660528760375404302185784296422316353133503406804027
844414752008268900378635478415653636895673116883950433545631780101
6615510364384448861498271395607957291390579008646612982441522813477
864422645334901586371744886261087774283733758627720819683069638318
058811078938957283767783011869997008943365606245718983815017674655
124808934944770008373453061948200224387252360495475711739466291361
825244605762600948866902565813293113506744377932320250380205435018
529949807781052599853044887550724931255065100388571908248547838993

2660286033739356873644557467569660119191601438807752987664394513 57
9476071447098889327766053074116311530139110492328219311058809736 70
4743234405890882856400267975943534642742107841490615409296240833 87
9108156578990949881571269023662004328021528958961577522206062145 79
8828404918233836573512543126936803798726868475523692007777213811 79
6492400361590234577003494115340683355738248739131353919147581585 27
6254133758998420361887955138073173462244771235853672790530083551 43
6917470851610091475448224060922455757610398609663567882894550033 36
0433372084655672516489462327278693098950945586309830114378782588 32
1229906713291819397652202572455840081402413093213342095068969419 07
7870202615357580218210512329081352831950915725992555006719879687 51
4630234571315295363312886696129887510461508593563383915070262240 45
0567951168869460511094662767237607237505288455533235047477489980 15
8288045753005046091690215964523830382629210630322585173215675280 89
1358488354854871241265327424716575220157935604338198464883776605 52
7026552678470835601024356860883266117880977031360613779093609113 08
7234077209618102390157853292035471271969105674794704414643312131 43
9560967516626112894440503663881934028642048503807286098791982980 48
7313349900484552194065734654155537801466230578392118511432796651 24
2618604478370665694246510969746211106625572671764171963200006067 94
6154444738300958784936312325235285189985719809160006814191918616 83
8901518124804643471901284000707041173800540248415993671028492407 55
9303963487240301375351991157511804441626152220088089789683333245 22
0004404297312612251617655694246030207535958932402085289249243527 07
3965651388572918316494763448810446032143908764832655167298762199 97
3683709458549393433833258846205940157298446429786277862823329069 04
4923276593292449912404613383396901524758560101968276123720343055 10
8979231752867773878201326684509880718026820392202804849215743424 25
6804673069717712187345608571520356706217008389369827536191719737 10
7940739990603683952061279228549713860022565446739856276967564477 69
9256300949570927013119192982495577576375085942369144906834763454 60
4394437131867956302588382681792897579073867577438197352081312680 68
5284194436531551097133568125748283469790178901431827752618088331 36
3997360282959901000051972437701525586481910612361767641145832369 34
7955064737525034060992789723071950827784970011960313162475551008 72
8852173812918560876774785619606389351240925078580628668215537123 62
4648969325920348921913067134717109977033736289595978350953252359 82
7128964919871104481561301082918581273929221101792694864281968328 62
4692921084643895996928816550769582289873372386157832942848807562 19
3230957406308380891462836413811692922908323367569040678765357616 39
6175426664593802436019747199540348365085688712885529242935186799 46
5568445132086630207489953169878887983908989545654675923206058192 26
1778837661222533547338637096772959302399118055662280926495004498 77
5277334625217332638938949491465403821243218073615845361140460215 55
2597536672022391988105028468107377043772329312159753622750515723 87
6452943634838791352898878790582155011110423358451831022761133433 58
0478971414977152515778984829893616449182897931779032646722874941 86
7545326918364087982826661910595314252866309267070173240595070622 73
8667057928733882718495187976068532280614808818646593287994277974 61
2452954095267124969044104613107390919211239694068351844696993047 16
8661742405051922297675298529668486734836811625766352554575224403 18
4392246233255616522514104235923273201888336360890136050472633749 62
0582370618484689529986526746636302195871613693678672483535610994 03
7381399698900440515388959039103282794572815113975877627474453184 29
3053661363795169817274605208854646923204175911435001350395075348 48
9615692495090020755605575438417029014607818186992492393911943824 11
0025705182138823009803545858781164004553031127717926661474377483 73
6623746020207353840348230968767789362305616789380673178566313716 35
3870471587401728905272491252082716893043739822965883776322658705 82
7681347353299478638582774381654779360985613156779341800020147580 42

455937737830360395631349135763401350303484073992757865953439127551
602075308652365385274503788859712486671650039877419265374145011160
495071001864930153582757306955302684228758483403210477930534852209
549079257356397702757373204550799101581843679809773130351644989780
684770092412465890171794998639015234524231446407331462397045474526
050430187421299438212570644915073546929709320638029037759118818739
015791038279468492628606493557705792753569998447487845448455800506
346031019432771827220312508097750299519197688024658963981141533713
506843610011310996298251092340076886268173814285820414110607895701
149506894308627965260288795353976116845807304352996562712209219685
525228849169734490752782340903793436643175688240831929497835431473
144939914844944463428965717965533285040094675939963594990733864266
562187481072632478724304062904946792025384859153980266086302820683
710681925863675616167488300314934301281052995998880618862997236896
416520456806077951010091774657308145469192581327312967302559205871
656588042033913153974415917287194875701426222147192789110660275076
128944273224291366994665927065725104193631023859817549079869943892
438890089393463412138281362194718079811145030002043390157920439312
553995192226090889997125630923302714291250144039818705004202596087
808708135868664901772444736952194467034906502238409693051825939968
039421038583216016400769477891924212148954359374400999379643728561
303628943116743708946744737971676182086415931683561842400484542707
621856066439597880214216431665190096072817460641376846555288918618
196034882585207484555661908969318905511599162690872569882176388463
745955064737773914158066740766500977834149348421618440383883109376
015393889363106315487134597252904837036883415016860751585799025411
531953560707703814971227446960968940953052600980817492700921933267
421388744897485958260981627811239347933827705619740666378971366211
011150620641783273090943864210443410015684879462446967599935247049
308499270573111248239759233598986452827704154827762908516503796081
505783509823027587421577959779004592060888004354874347352982814703
676657845392604783416704594176917489468082537728362160668568691135
194523833890891891110912798514587414076502852590672091111527992591
421284355439757589985220717590994624144692846326862634021582660249
829211586948010765766605491619087786452758667194236834434314341938
123350021289777131425000529224971673107771001716851188822998892084
729467521062242455347160799120832204726268215968866450816735096164
393399244775114623696703082302094264625367491347034074245876652408
826191033625198046411371161227393497964475670145458128842701067719
626329369178482286279120561849828090900732388615464457885782858409
709604774411265916188951776629166252716872171876251651363170897961
764648430969865502038327499036901395661677245334777359428410507910
768933523879355498187846781230812595819765132635425639402346170289
036070816642417750144015178987133940719540680368401437775382302327
416865127331446717927706754152593737093421319759704093148149199488
987228678226746965193156630529145957136183974955247480194339279493
656351149799084354265713102019714434595201177875945803750787462518
049950522139898147845950331786257848999775100918367587992192282605
503802850781001785441580731247007138124481319901891828791517297480
631535418402724973198667605030469892140012207784918654167062889461
437398736216971466574033954035465704207132586866333627928321215614
881054507326446439898380024170684921991297480094285081669435649295
783434412365261698482303194094863341021660698828462310983387014189
280782073748320543074954164289632481395094558993370449182618664265
415081900582707235884189828099801915103517706388164396642793470437
736480269578536810367986653193903768776582660850368718103572836664
336505771722786667287930908099722192218881367130934805010525726415
738134064117816210480678714302389166811566310728760536945753778478
065058502995269117032333037167196011235234440747526812892835586828
684026325716056974500194444951701806618108190644105455246621997460

551083766582885812981445152674903802269567811500703052376160976160
751647435839334104077980557722934775991343313672159786610550734227
837116776183199485930275857261397058658470986866795339609462918867
805571711368786100785500743881857106412692050966991492894227497425
451085029268848939544748228630674993942734032486837449145564735830
378788605984756918370045423301286627585792709510678969053335973429
361420032882467148804583531441386307976265974048930871107688512323
078607934245122017154558018416921640760895771328756451994313802327
207500512875563762033975330060539152081158801054294431785558933982
463564583104692415828661178849010046341407609499821446541460392837
510247350589440734919649540370272245345722012446368700313848339842
309183240249015795186593378599282947015985795919685983868598194490
544129809748419955368963699635471720618181358552592623299539916937
591709242861366421855846766772062305444148858262537053208245437448
229030278027065751038001710881783281865145986558325871955464585253
419757769782177292361207133364124028163497001437315008855271291758
919608289738898020217608210487754500133361319171319762085641491481
379640663040654035429084875144609304542879788815724796980056566079
959438836482028316033894667904451136553073142332760578710820792676
043953535466422536781850268292288474386393039583740097385870142651
086344620470517584760549904572725750315085058585681974684292904170
671661413318850438469807973560177710481176836641077939679436202684
819117731482408997692555128826314527801264381391375696394891108464
799849976779062995454495157317870080407124802833371117026427230154
423913602066185340630711308281520749753719314684009710622503719592
163865824282289408364927262824559605155252350591207841467076056758
736733618941117427616791555301719943675684792853267322657804559329
786442566694443389254568991712253772984042896325472825553367989035
077223103164222255936866224029328970790077496213095713496292896492
938787597564476663310010012085380491365778048694771004653842197087
555332495654302279840491862319679062531769931473584528027778205886
769223247796532393559859917992633825686079312971530659553948783277
738880713698149746405066251751431410646697548078882506210803693030
149523602476687170177830459449398213546668120189155589510932377910
663974321717152861012900733351801133111413566846800791039962245315
059620716207040285515702614335810300780277816502377517200967856240
169078815127492674101606302319578673330966741953326317915486900877
212517307235789809252253022563226541902339914103803099343538458027
068033444271651927725823425369059249275644499599318933730202415613
392172868821116886256585270998729060165657108807389487583616952170
620956326824609039961837889787201822687023785356834418100121493461
723067675286359901128088910089647377924597956882500739850238077509
591298155530669248953573727641323856684678177814057638772348760403
251294676471359436659413455310631406958562634633689731065163807435
534312610069096745376501440519811834923531887194079939990955389289
577987504772778032708466093615488559657996970259562328028461747441
648263204872412829894947810298822837746185618582323346671858688349
581842191943883222041292566218213616277944900410223801402421658236
604363913231229544346569498272220679082328807024151373524162312274
775730325612470426854433853224701279777859978351819954302148759477
816076188527083820208483499747127552820257969469966553819395937982
896137784430079530185400369661661157628681207957971615356066202735
762672471209934826291145872585661003020261654600684814387146083727
979259614599323921101703973376987349543904745166541954737744116188
091670072852497347235348009245947369144102322834363438410372077100
134620579466406707530982408555035768869970078481436755104015453365
221491888383202132791737495225085910409412646261587266461619176963
173314166337444938488514859513586790187007958173647585040709656344
453006310865134015456864546098577937682284642303310173279927121446
955531396650548172764019726579062195388132535096325094744598989108

785901696922581986048732516163148722533208681152503877839030921096
397314087014632627748736199925160369035164018132286384101577891383
454820869539491141654192122441037258823537352832966225404053959955
125418804695534701692796581808422169114677949577090318147199522420
048905885593746441615349093468210952738190692493401258540162129838
882360671129904727853825109322126760086356788729911106064744385406
313070269157932911471683574893086073417620348424225579743251001003
864368816055246682773280148166978734963320996341723779237883035166
054871671792874001119144726245671247002497622458224027397707027023
503237712416913149130844802726400994497259572092359302306992730005
224907365141977781182720305259060505366479310184870828397624359765
410245471902129646244072187868542913071991156022134359810926127809
924492988353214211516880443052422313351720366875910920612181715721
501323049150385243127601602678071027790598783630284909951332333256
554242832331269708260482841091164629355307970134715999285642688988
970076744233464896500451148248944884381190520316202395612515508011
429345593840225890445235491606770575264177519736090440204483367881
891568970277893660449983167550333460997434539066796812379833136398
445862204918269859801850628083650581758563282867239702164703792611
575436878345664046590607888585936157260733764794736283941894928357
605048336449401134986549120821004813255068375628197025686969954918
762197639720450279004466756395119376131560064544864855250749799420
850028954444995335745046836622766872082483164135994803070601611822
309156175259528490028995293428737617351026742418815937159948909697
922257721440139091272246178883874360805196751530314791141433573207
365859049304277337984471291954446454304400959751830974182337618633
781152912801517866360090164769745449589573231467955499389337513949
564362601454959264673734721602188531326544686008853720772213452751
031059526253071110235537885691649959116922083888770780517354383985
678670150963780886864757576698253235404424542840088268747777032853
826199762542581992934205912179778082778705118584523089729856387686
511275072763410035994146601222794895749559203609946037804848385525
959910817123628274420401784980211031762787788750303630226361609766
675801060395554799787456998157973342339974244475884531393345366459
175525813475504634426716109489081799689592267046440216917680510059
071844735263123541644248647774387877651738534789750140252040693299
113532556148136043532968312928991295356152904027591317677341277704
636530852213257548630793354788299638340699937151542249438088240647
332631233504613882159479516917592545098480979110892331137789539664
074608345730097651170607524143628834660918003849063569268532964005
516535997857913060664047455719084866250414627633572044250876603320
764120027683714720258395775725483081763522817065775941532708326625
539109689730585045622593689849897562270215826526528062002518441648
981919690955821207898972671764613380083956648772201932046367188172
395470493020927986610411846957048684700496386412595306737666603894
217618938754237522401874581597228442522907977372292551018088673990
839885492144913863562538863789161591888424051299819365171369259169
577919988494941497711519431575582630705994857586353474963975685597
038626780540072008974502527051939796981252968831191645904520975630
528337309486023832962721322569007376753391116829471981277057426243
752213758250320087363753204645000573891793465923557708362204145285
013907946406724667360182753798544781407692125608569448105416619567
526475074523902545170531094066263668247457573460704065275753577743
201023913341138135775033225611439009760994695213981770284146108841
360856591839329939313580819527070692709276077217177790987638546344
602405169049949774757748287300933978940641473694571985048299051348
428670709915093304457966391953558914780109443450982701736772409790
494805928838465752690821406840936752248884246612560526950978010126
057728228735993798499770457317611758694198467474290486401231996744
622268636332600764110702934889723601262149845968416031874245315843

5205489185904535694196446063337988493153116954758361115749766774070315448057897817050457319225881549431143902579345049989550037270423618264568041589970013697709364618431829666069073135476364512034680880448544639479881054680984967013179549428668138827658444650585179771236814267458547557138229072663460316438137501465429194535993436082062827907253188657517973424574661225027443019092242962776936653158716809444242786249840749466556352680450276843578211362734069435616425153792322466645823710793214590444611109221070397604565101012869760593556579799723039393868396179918986917991593869470863242416010161030988737854395677314829723489659476714272134128400437621066020055056620233395195755864512830241771428237157769328767978452275710423728172468445461622447270366618640546724925014467120456547835726921447053879805427443650665491900369785230070372006141837257113091116810217228672125895948574600435329503311469579656490062446226953912511252868037826375208346201091939205299406735316501758378263276410048994464890719508214784102083666996441555489973118544459531232788198843519364669075619174436387489862636276503027206860925188097236088479380162529503922552102831859119520952160308797092230631824304905136125178526678309896484076261871121193856452332588015635845663256815365974140063516653852783302799332761818731642928434366351615663255280877405476696700018814831299264949756061744994556048405651692066062944190747116474057556195518345387406404646634465233320351037784476758856666609017287520982244711564504556724311091957346662677919503511119124849140645554352577254965663926785221917623854753819710831983228483946922294953737493172577554258096479498589102686359453576135514660375139149684512296745547842471779306074999924871503917371133105984182400457742575917866712195051742896119673898889045793126077836316129782569411368450788843444978664044958957817797753763317503868656921432845659076387703508545492288177459213464479036409671937884800156599085262761750977394016437406423215378834130050262017131975912486458792300685002533813548915131998471093397988436544604827289154971076037317445126097171706215491523093558078456283921799509366499044096091569942149387112429146631205469132238606335268740464186976497513460031842898257475120258445983103982014060948468707691618383086238789106146824197283200526150385110681990583517695632365696941423626101521553817250369391988202927136854440106294367264512033344244808295285077865022358866847987292336334526758265461364764488099277633165502130074494529895433961752661174901691213005810955424491226738528512234383695983978048397524645101205882674283063999608907655734436344801490488298357189816409645101192898539876088229692264354208244568412368752332589778385243845422759205676092607958467279386639764013337529817410380083971366987501792518889005096162725302906385122448156294734866718079216757439502335418797146370341359507068879603101501646447422392328672923717256538429014706590688672940694842542715905205340933901432108131385458259704348580931485506339418705437548201917022688231751090132941361718770058091133457961642203012598022043107382966864907037504453868442844087909458071383896209544920759961553665571306844046952712994878309713450788275724844899897349703962246511049877700417937126319866550424826450427132291612309324616413533039167689451483585692702166031906568999303527296694254093298585047142854083867108892734431087363457002691119243249637729822940094402075202466206644738391720442575483401453940803546273409990964069072075622907374684131198586578798855914252147080351784967358936933535007544672324613125258268704637563439646390594790703928961259764866705690718158460299360428566416523782711376077456210903179808657173199934312817969129429620455695201243315446083595765650783244672112585007760996890714299062146372250183703199851692200508139102053789839156229925006468735679795406627829502247459266561768688629321162565605008454294559032917372009820858817353746878318206447022686127649760906343394156649 02

642621944959997262787988742068653774840012402712025274733443616681
302272047545870270464098643467573641494455604018046902564908532516
727167095127900523934217027430328861413233096169647556020183862159
978723609621227570421099687370007122579942951869630041295418877962
872409327846179804864790769989057773388605583824911422831637486928
785381481431462242839849623378557735086051101050926129323099492474
189267513161881862075325740386848069649046982799912216113866566382
032601913596840251564924790644398333003180789523696165184056141033
843479937617818210047435190907065480640320569117166432209921547124
046169424710431522220510488536638270472083522207228179230772437862
146298606683003944318403189711959387588071981150483977508624928452
053766099357035113846959784295954406485751505062084971228123360639
541480452318303759039230419312935804702532239639115127937593601514
087053514606298995194074575535488686198226932469553821021947202124
884904426365539530539435330040506133599683201666987947720795258669
143318990921186522605849608814962683654672349840481438109431985740
368377466370936580637339294587946644516826114833345980894813230142
344973630008177003029015416740179574436162018422076053577654231628
456427644093755689715537872869598722457407255862889162754227400139
392489093720555456160784241539561883999055824797402970741478814357
270791492210435577454609349005737681596828196801977159064579660575
494254181445329924798199665711964551885655656812151334909804658037
684761826601373717568372741306170464438082924391653713296382616530
723106068233388999951025530732744120942699413792011010466320874971
541058744582611599590687724094286978759462694298805477860776458005
229407570308406385160436059312555658553312311655463865541030072699
344773118169078662801195532248099561712788155639351901256077112884
694732263635778302596564232697384744696747938171918349844120102842
351921959479411888645207796023134306321717435406924886237588135079
501301954212568538960669312542793294445046041439975110593068307589
866631208970917867381443106267328572913524733573733413996498162256
056419741787984415602133012302960042148911478485752643862518142961
913689838222749415586395787408237809038341408792976445118888023372
009886401223617417643050637038107692783411890172940132946238563930
853153224422276881857172889388516865007590484415709736636539394113
814143300708417983117234397432128982693088281790845460835227616883
923670670181937790638751868898267898592612248770725537077468090917
381219556815424678175824986359084577528221087337094710053447043162
645326509875418704826040850494328944967115115564045037599221831531
506218941768079740040267805916373594923058021891056162459013019130
734230922011877489054176347523478720509575083012458009760894490201
422832151708178638297151787541023277937785407268363951803722727399
072461328116672620238536295804476874489455893556129416678771151444
595215072801124528978389889243980579261133951171633727247632203561
341376655493609107607754288639415375091128355095389101756992734810
580205244749886065694140688059815714553496102116404129920711915738
223964968790061577179595751167559084819296904355934449028936964861
900866118483640844547092298808201869643501024165892806728934618921
288399805886754723382266287467489827600721396917908199418072364514
382989430173553032251147891184679935694376925654535114088246264417
878175405852046275209119455171507153223229003178378639299726457950
413622430738874742958842038653796300887828497491015367140448727060
522398327465443452935652807696047722150302406032996082014428740664
630902436955822017514819021276959194854806500251596627667211562658
270387072145811474469794369850676576882350350632790855260275245784
521393118971219595602227780105217056312396344461127002125867235737
090090246740694925766696530479737142762657053595744879087619929979
754915470956745686626669331781602694992456378613345040128648268256
454678144257343138486006682679767270827808689640327625941678840571
459411480462916488128520010261056198452785431676734301941800287392

809461519481854686631099079515044881336501254612214135427912283913
036947262589780027331680030312219807922272339302333969902493238136
301781213601131368310388677339001225252410376288392001146874739783
019681516234484584417084711540563067122150252400600956684502099654
423577855478800658445306335458651974851727110468692370821037423834
451621446359164268326469767485119161178393419514216263434572806939
369671644034523111798133136747255810302330033564709193131184154932
715418721453955008962151995577648095322472817056846283525646275430
576200001721499028964513843833117116585841776451061858250821047245
469890855260571543347364077660598021844622302303576492869835354772
286691167255092926423495359112977808670676400914176047251101842295
428946972427193139578251117713736466128861099385961544636685556640
632424096551152712448740813863395840329068301663750515937889447003
244679444205006232380567807586140516179491567587848547537980361332
045886720131374684222777393383010159278738266403520793857372733187
872211600697886849105688767373546820717934420516918691207339060230
403595314402484827552498849668639056151812913549133306891980509583
195474524347688558773831041434453993397826437905600793257790326877
238933597040892906379862359132688276912048235322685331113094927661
454578911147071816782987954873977966493933404999580445111442637878
055006181201942856580115116049659751470936084824478407151016568819
151547630853708991777495003154677919940554302384555684329587122807
033930365508052035902690222574326941773378330207785088164599774998
435514703041899310927886362855595498666452151460832243270293986535
471171461120978644646443256180023520004864169280901251955587967777
071201415854032429272796513998214262542785238361824897440083764657
199183395660336509497078523288974588149334773099486397383182019324
468791919227598192870591900590754067357185234811868346434778505415
782822449079858408700586120528447163358777233043808270913739688950
568455535232618221110237312713688142058398385474704900053609386576
177773048783078559721753881861727200525683687300867217691544126287
754950323922211648722178615226209112425923774670550161255823546154
420874458421496477602559572740291847164531588852588278842868558894
965084270394298993544274755784884092534243675964612654381092025562
998205154148019374700480357966774587410088413181187258238578544848
881668277133032050914804990270633866946909935124879227100509277461
414952914626105176485990692992381759902441618794970235657180951442
585499576517929621056744600221413367375480798603596959468569833797
726728528759250604441846435778240362377667029872832370604527442555
068151809555888683589147533045701169217308190413682196197924446042
649934384845273237461911371108244643350169480155025328418462873349
226613456894413900247066335547078814160548567966865643266981303178
362164646588208300503644548129228849644616410125023757682821894551
184580595732090939462064867750938024379128960180082794047481742206
332791471284209513701056194327176292868579090949321805556897906628
628915473754867319869373846641958561889977082799001692464942519034
737770398863014920111835283723279199650777155816340617619698407222
318678270123540349943842916855650515174383773539203225611599297568
796557485637139984984188981872386344774773551501353507919108180826
989536012524782547043214097784693232943801472551258437608609981460
219969863154847357629208099670223123077999976689261493709481313117
612672502902025112501769538583175793324823747587160195989309689954
294571523802778922356850487641824139102326914916557444484512460830
514578741750738717674417355110130764553789788752222185205861330107
591272012841581609901291829118566671573929980929179914916100046603
332922577608675656663596534181854225605988431844272181094231810906
310605967733278403950596066977210277736141182720643429853844246507
728471851788363375281932542583005499614614837350411191861619862910
670638791195176205055641054814853078220437201653999652095042389041
167497643602902434195676024468514208945656803232777781828040235317

1727161613847452643425617030040388071688888421475795728132416306933
9771904869321017748493439522088977977460641321606591235428730663
8564951384299151193754156826880464034407400319164875242281289908
6049108875248189766295443946375362198306085302662976776229728237
8410640306798395704550798642556241329569706903126069372722704973
8490635481194665353366026431535545612762002245436501409287070103
5024942299682469894819311063805848963834966842315468958573941781
4780274310243436170639373226671414047645055320685254527772713379
9897191293351095335218376237814482821238983318392269540362944194
7793933862947820856539160276865474221602197454162503479486573308
8696362146050796657211558568264712564019832368722180162737027408
6123315314874653193936261343872784984098267899861969122026697545
1203347487171527203423784853201997739410893991832399353436083831
4835040717016050019719407955692916944124826846029055460248055663
9256769023585654963056305499094738338682002253272751014765382015
8968917643861760384669147127050209010166793143538898179926138949
2056843152542717333984584967784219554228496937753821419875398362
4151385327095150706778317618492686749245187887825652388078755933
7418992394106466084284159517680029189967446045623476841746284361
0524099614609132990782507767172994873799300497060952190291591878
5655029486924994826388639682384956086850057999208125916980957625
6325227429775722353244646312991916029527828387808637437948487816
7986691844944952033890911819968400143601937093305472219047178616
9521109291127917001976672020216396691842224134953526405415034347
9373009481075000992303709153882015508200330120076040367400475028
8121723533105469837101009657554881166142817419714224111146539649
8810687135316799674897427937226351358103899882545160553672510213
1692900321073122343007239955691422524643012627356668178228590169
3995255886470851754284397934232749253399892584039232079835993252
7435842523037436661389938632000800645747508807093799846274709665
8094369299361070027345381568480143981800226497961654983924247214
3855166490613388699479448764070625660160551717891131051578981248
6744154043863432180804960357763693369650750249675465965351715008
9750764000455954263701196268335042396940932473254073217465365771
8978633545568241703910378182426567244157818438494538256203497811
9471046589508232140820478205399922170830963792471914357052689273
8296301720459841639676597939924684512021673155759406108501108401
1493958481324314326483170638352293389835732862962500645396532323
9016634553497614539777543545510180022729878166610572423124306235
9912669272559398387044682244056902175272089059731403171949939375
0651704430817843584689023226409067025582563156527103991987874499
0566965311694201789033319307912876404500245292607775735544830851
9121604626040796635700429294141521078517939512489293113108723403
7549333211997169415582242253234526991651484270807496498243209108
9130271922073605282398890333776482440248216436744892838932717872
3012952137775840656766503422548447952734389296263521706924829572
3723726052121486755901243751068863616862068481075325255190808700
3937566799300052564004105686873213457742011004302127479640462677
7960288680754533284461163963670296167636106120956409159039226759
2561277082336910179793240276009477905049390594990355097623285524
9201492338038955511453694537989642439077531543866107961725493579
6448034461266623538041455573676426251445905719258022229306403304
3177399110774599480518484341690301247105284001145301170159264176
1004668798434006763661357541593810739490233845959978566490063310
9258076179659274890217308818654512491561008456492191733984184936
0789242534005288512740978260728184499362334439677783416430328617
4655574470958871066122859798438328988827786089949825934445706255
8466693362073645613299517534649909660709934312563597490296567184
0351887876443719273432284967575348743806058683938732087107123411
0330893060235219350237964753015141593728621182295259067018575855

486981033613106195370441077208602330006694355982298997200389420507
124130963301247398988986501613446041636976412991855139856413348024
401090382042098050981881637076560253542288520642504748958680899179
466861171932503324823024105980558476638045521378932305723502009715
574760259377207677608746814821345225316302087888239853556684084620
188776333889382394005969382347555811966044053660170851554314092863
357092159448116017532965834133347177302711059709051781158901708660
299016051247945070243012323067026217970114151068200226813999750725
832130356166794912610054201286453229800672689000948209707585410219
884885295459601974730636132842969855385226523816130889665914509124
886813125953536296057660319750429504118843939724705360578947986283
171400396848076421190941427568120273245423319593111952395056290622
611009964398948381646448745866830754857785328740819937572748521974
137180942967777411722239364135603321190933440755678783811304519984
514862898000608483869420621852719280187780424866808029951289703473
294463170946003859512545338683557968905846517230067044888968406108
630406121351552038742139284496202225754658582086698640604986554258
859081455309948434938427338421786450513985427397429095857008561462
561834952700228141732536765397946912752974701317006383541596544634
244968352635059485344744721078056107810829649426478810025979318775
639239043291785327634203752297565752743408295084547947015245260899
313885783123911751269225566757288513340439769625403931174933713994
495293568010603796944595685975249877267348079073267618245233552121
621496802344929254288655145733756557659455570923953342814246290317
278154039983415564198377180189821124760855955518999506207300714034
520815503329814975070244267726436033873753973148431374070926654492
295204231990073459463931199653505680733298148658411091994439462723
284536771128484736224606331360285910596352371938716345986963644390
685405322319315241354693248757673046338170302944798352260205181494
445850496120326909233752716235513352623432072194300935881503393598
974493352695787457278314039670396910017073414932531022063263016925
237018012024422688492909819555117195612083815501448583657166510269
086648717323819014860992469913154608200199270504730568876141893298
108310235264828108102485450220875722128344134379484999727920258354
341720442598469327409141782143949280179974565987369828742826826748
442121371546823275112853416523703165307043258283372112371376096959
399375495362232222197465961933252907404248760251381952426973910175
637197534300447961782504311533150675825627353434762525391425152757
047878437678852418719663462419927008025761083927497622636549001865
320645499515580290839851327262732196728478302538522190479278689389
538780368699318846603104363352437327154699898811186443670114028426
202615047388235899747281493343257065474637022451887289061255030273
791902640396577417606898976983456646470520471635921448307099584306
471727507633718020714597445652514188505037163773818902969685284409
258193174410055576089850292327101600898257223817394543698529654769
490187384046465643730713195901140761317428220388331360297085261451
234907307147624534050245423763666685575740120604059886955630114415
443141696986074032207886003132790553917869674163555240250767653085
632242737847149746037784064609346812991871902892759763070159840887
781745192690147691030030234979458511000180886606216286801110915116
104098327308808995433755118718317378655877648735885449036687907416
918253831330636233820582015488544982788382174243758054923815972964
061963105821516709190326318730933813850113091332770930342511221097
215505610491387050426219805260247611607505971037943664771529353491
718612506611636738330499564878779365697911293195878277774060107533
372432790009732407256070388800871137309659634457096041175089444791
191621745516970964844762046174128154536128422601551301589525862806
957063924443547802390516861338549861926656762276035823498556919224
890690116459866096156795541549215758128354092025393170807378146507
883203526651345707065536856992811242656708448017786461497404549211

8431227621845224410884715075701908834950224375698850494542410572 66
2460945832095962572872030994776540107398558069966198019534500506 51
4501054924018861089134173060759238439461246569861605609094541772 90
7364009391321956768364333299619997965424348026569406836986706175 87
4131676505060271358825744337072164588195226133970545205234412809 23
1730650519899545028585383522873787286982917275807824209826106060 90
1509252110908989964389297862943014111400676287749920781723794746 20
9168998389618948630773060274910267038839433524742434212367121770 24
6101160240611185716870508244049162389434350470250813649155155104 32
7250747941024737478192265205933551362553018121964249924882129926 01
7740801037198842125474472160296950027742685077521758669179938013 62
5842241739856076699165432757061230452867280707631894705895440618 84
2131571380033984874086809414461845854230344951448521053991248932 45
5486659305335584578277144237743385339208241277632165967538326650 64
3063880695569156202622259469414290079987698344209146999897956832 66
7090414139806863332515652569687878992257432796139643702654314463 93
3379900081985753079788176133743609483928302233803279732038653646 24
2498055114022469226478931592944918040382983649034888638697564414 85
5608560537177228737148228236864278113657203947496906937239915610 03
6828075141178473782562212775995916775814038532986888513655232313 93
8431742258535628070191544007763016347647781261324380248421865669 85
5274007641051190109545289838256348407045580809052214769722042873 82
2020644511165580202158137220466347663335175617990500897780885600 93
2081454176443903235241939731547218920920202474270405857913543792 60
0976807636298756614782644338926121213456594456801042227616524183 76
4018673453391488079001363603528432174780401683146726188067936493 04
6865873646311483282698049202278762554540178509177497728294675692 93
5451666098641948145836444789096038304582853698956080665666190360 31
0045304720024226393881572068674690061929873082248490016816348921 25
5433754447580388736158658859248597558742783859992954170991722511 53
4025422229692234366177781929653313496747757220978430193818445059 85
0750805649483189679220583434147890510257617490997582001234724410 28
5079412318437601471421378295110218735899391708168680559881335469 91
3794537831377114135491971243465810931127833266217592227589369934 77
0498435251921073517573702005457345130587313221438462087602775184 05
3489371323766290711205526949053003888228042048082108519287610767 72
8145489279440322723628412479431926441924307968137038294820058697 42
0150132353198720519920353877314215882211485974318238790989199325 39
3415037876899596958043272517776898661258893954420139171306418862 95
1066526896062414520044803403474113314880043138647317158446815754 83
6531670512601746640760728095967213272942245361042667928094697735 83
6383498228114766916959695573277028279120997926086381701765421015 11
1581109268328748595064626236299259249694378182229169234325485361 60
4152514206369252147745980941988926814776443905376111917463026074 17
0414492241949800170623866816946607989247516971850009428744446624 10
0586380355863065063609572709797349307096488907606301907923346170 19
7456656248712884986738267854626894512094622905482754233025173213 28
2785316517586934054111845715104834632832008101152525413119367954 56
1261216103197427832103879548253917431409877065257006037671968383 04
7869291003267483442066840667351508858609166297657227799692600386 82
7334964187583321180809168618517134591156850893149404481996107250 23
3789677989918872582686705377574351246508137986281348350664313246 62
7092452365469835174070426513698824143308835526319454754253248458 84
0939937846318673381336610310058114645515187730501413081566601806 11
3226835296397114624010498314846460439520061637354258469826052125 45
3859150536462014165930615241377433037246441039759850015689210279 09
3786786031851767240469599157234052900381676072424770169781521486 15
1947462705461422112569127225381590502039583051468585003602420054 90
9455026826185095875426210973991322095029548958289174232981343154 06
9257570588015736545351789274152712894131431826947690258885478659 91

9689883599904388542274846947311875197488771215019159190888581326377
6998121590808969182335059079714874613336803970635003695553942259077
3453693326389696162384254104794629483793746381324612408253069026911
4650215171965524256788471272297526679202803841296615750218468110888
6939399252687943950326728700875818861049300859750196928095204823755
7138945438844241621756626373518033643277401734125942745582026754400
2788121409286880412030002270631808259318676648149044725799446704599
4238281114878611771247129940234353193476389778948446256041745478022
0529553081502542980157090392382147214574805502696844438096038016444
3726195300440399081842658748795326360174773439634741333029275581822
0008464886098183291707862124370345940428150160414770581856441322233
1887793921639889612736992400225160535128293723655737319319389834177
5384397083090358533308571836931136503700819056545043298422099381499
0045445400448618221405506052871683134142627896441695333980296879511
7536667847550967256739077347181693399759001189891113962465206160711
8856491192664269401606959061610443780149866699828433246525760882577
1010899195911118083503036507974281230709395198402548016944626205922
3636351071990148156774400012313072541025605601593168405328169973399
0707153720880901326541540840848694648513376227482849916127474705322
2255057918337197829980217375914243447148663438084599101392554944655
9667423730119121569104847330698050817129727313806629229678493165700
7003108305567889791232981303751031746783401120813530914660733675111
8762187223247896837038279501239544495396758853738446641347202470011
5885201761312154814372133479265672244691795625863300306994583628911
0381264895233888076384381880921180739792768314123086880946917176555
2671971341129027158146752944276252132950154301153369038922138410133
3788327539359202090519420939389794128938076595308702735507730422199
1143004325668462407228903402171151273168905339467851873822784851588
2247048412773926828056517260376445844006828466737354482592496916211
4239033889318117011389131501922285410738181452292592185148575252477
6183848077583829866667556762888310086015263589358635712742177728955
1544583129347098008471782896727341290370760715970897838993427926255
5738188956319405072752087325999456545608586855358263133708493406411
3934913749179077218228531160094982703667927892358788431608491838955
3362361576576833422289592702393915386811958152996066452081886184388
9697200189356785489494221651236101718473760460603829616442733117300
4025869985215372164775363206607206123292932396240780047428067808122
4542992795093505143976021192911303780217039508295099069944393911955
5003407215741480177592299719328271630397133938003492679133416508911
1394642479661320947250898195723750491133129166984273711489586628644
9336133970303624716301283210070841520262768996306818969526666944055
1675113293786905003412004284173942954144584447541246771850871030199
4976373064645661863494065661595559022203881357136176823477846310988
8547480314160751831305440342811270350719599014203058814923214884122
9356944529643170313190357793773919016569125771780698512180115203633
7847182328949534446551462678468202630396663019906922610623240862577
4936674402658139719248013316060412804309403011781839533845697347777
8755496505226719892039806465088098765959904026835458290840488743599
0121024857071905695585182299648163245701570374833507162561778784022
6024807954364314277409752046296007705952321593783926560584763183166
4539460869129139029707529324575283112206316530779455997093588019100
1795478468222029813794967339008709934835236592521531747809149296355
9576803641645315741984082949704240390235340265922135259853080332433
1785857740605690039517496624783114615470747101524109270990190694600
5559239683056148077265373998499618880204526136957223089073682258366
9725346732930434907962315838626126344424086314103499740365508692166
0500462809793942595737077522421277559627928584177313693090364594366
3844939823392918548955367647356087898997197780703866209274631851988
5085192685262453825870249573805010993816323870820228564474021890355
0370205158682457112552023153087809016194370538717681644829394491188

658976812285822828630588986102960528325443860452415988790437047737
737136850213539382265394902342171088978371005174981759702068682570
272597123999047773133208906742112120082183986777870565629424693820
042378134913066630287587520925647732731674636966474625706120034671
564090347896314818682134598061272968256545576749859197286737975381
067421738580194869393292329785455610079000547253305167081854955082
957331645303896672805738782805825883386743956721320161223642719023
999031850697809484729803770517200091305626967205284316649649046311
031340090378152174924340671446624526247884447970326708092047966021
525362297779841303529182491667754733386109757717520892570062709539
841927672468102127146446516361829038678557363550700118367241542895
404774834328434837475643045274450680844294328800326353481326604760
172142269400349628563970257256283718828008954760238666306549747045
349843766403859894645814480531950919925945149823361365390441231674
071296632618704241988407865603468894409807356511171908841621313370
383284752715801402333740874605509019733708360472009020165095766376
037863721883200386390086318700252115943278393284792647056206906139
403648830945520239437276001155644876784475408356160399848851377292
303432353009793967833698300912777997949717046285314100435349333822
674849658177523531271960159061728284621371401030533439202703451301
949107034461745657717921913241437364969396904896573282575669132764
531083445687159449900509202240475799421485141392454572532607827164
713056995813723489622724101513581463393598573917624057344627157841
431895806876744880080349010473159581907241464172911598289697025937
777675006732038336759992089814111989857577054569008806673510534703
721329348905545549720535301055732469661053806609950070275475226267
638316527252791548331453619391671955103025151941717812391244827611
145322188667771767341740645237899301503710421102322388477693731425
534798388888374132460169484945229905107108955879321620563220851565
300740795055924944597435103491904411337915663666177246177234250577
135160442663034312685087965410397347392745290514055124103029836258
933623583426786553204778075390909094601404380676438291147830296465
182153861892014007114945518626929913247375729922061152524782916654
575695663832511478672525609757827406443804607071542461773873376807
193067971913031072597471709514887374746950349152024257187438661942
079828728831057102815793640271463453279847349413902420822973866014
373548560908029571346922653311826406796525443498999697808629347038
553615700103796998646180680289328572972529014282901970405011170939
604017994007727907300595740645359239166638811445976418742692009378
297052256405569829948514511625396658674223630839350814877821146971
451562642183972324519725639392618648161829774385324106434925254168
626435227043137238046625985568603693929750779400699210927268702532
645880616669225572963522442048586718120450934271666318905192624501
490846006880522350944434658274022582905129503049799614016607725564
487461462709786889732567210192923009824547654380086437400109757236
660924137231868007744762686294526391724897026767456792734869542632
962933077993830606951742589565375330331982513746697462587161719676
711578595912938946419005195942311625542655890360404261172499890930
640509531999646107199705169382815884249161492363960011138453259171
654027649547661729565903127916495173602942136281872645926776782768
960296649722476337423458853255432357319176321653972435014685762391
656504338768002101569443582360863484573501025317463807091205815681
879683858394510423679587670566860802659482952325594202921026887529
115436922289471789836330628408977303931369921911471481628943832342
429101443255465123776429921208276392973771594064139740520923053096
407841631655435542402370608217818229921582821565401767669766120899
144806005952990654376236361202630598895100772357556516592197145167
836743551290845111362955595308758670837780019199618165568310045570
228278919161302403618351641223162709045429397967412823508433094522
021606266842689197180814965483076922146809272437721832739709295506

7524792981311566988231593310969899391225434479357745606611269046422
9656407405419288226478547979797445592299821353002931553127176172212
8631970898223531161069406848815755289481620820918166724813128908100
4623769907013229353284450081408941518931109879654072146182757480555
8580243538161513918772004445850657984792025456944114779663992297900
5320277130234997864403442182496163201891811804326478311151594681111
4816472645477617634978713086688756952976260303166684121463430262444
0794686978285987418395031713942900135590877225577053738582054889533
1696018068632325879151070588932716859422071560763890785976077655088
4303731907717669314552391351862236311427116085445804084750002479988
7582300587088265491462207872672680636374537598067416479448481497388
9238754728459343875279286766443272564795561569831372462510454288855
0073348951302504367500924192903435436010856692082942618503883972922
1380359209785263348133849959272530132582108608715627994119122426533
3013518546830147588361727164882181498350287788557539659788906106833
2228618619529827640257722566057247446559340325286581601438651853733
6161141630755729703799944665114114054079427147537781111425513397288
3496115287533038864432816081165190097196055850403199345652798222233
4280729918171305432277487592302825294802655057174086199252370629688
1498124204263776859881953959968475068012031703913507600700194920844
8368879638514240583538606896803775442070642716519419088448177490955
3805258104482473913499622829643783561309374571147615093589594579266
5351844458244073484489100939557560229105606244845612560043821227900
0342790703931871075238085638921136403935835401058207371156598072566
3030772823585173136193707794908570998474013366850020841298191122355
9596968222596454588321433935711948347789268345889740076030693945400
2135727476634284866657596679093779764676816301584881677064603897066
5832759236308140929955039458378138514377201135323628926420377834844
1213595082140727120895337331687881000034208405761803890377556602677
9235794264582504634285826405824664704136419947470546611833543879100
7633145242000537808999550347417398247970896323065778806615087882099
3271595756544842616883205894028796721171980537283624065611890799911
3802883209434331124691268141432182067023539066525496563617615132400
1567956891035488079558258253280000374072431650591530590694165524400
2644222655346570827097143842841856265032262749319629589024754165344
5761282409353540627014400709114820954833364938657662856625027302155
4425979845382948191301499938168390326408029823488774147168249587844
8181800555206691015613702532736823984640258918801203376500920647722
9115868497705912814253936463325614938138098819347295892191223730299
5843415750510217738760027425700671307213271558502718326316567322977
4165569938789693238288866660475346398736332850561625487738543568833
0057262497407546851550544779206649515963229258022932661722962213900
7725474952264621797546086820993904542065712223201937656293829780888
6180306195284931320849673872332603947486973079385678500759409394788
6742549882024204154706671982406807377080366075125464173710459356955
0619561033855527322098109391227546654430715285653966082482186099200
1307482570769885348946915431971656972247661616176670651988734448966
6245862862515222538429015608740899543421769517541033533634037347500
3819645696162086050486414145849222445318556939210460917094993512300
9706812433674499298196274387393132097040166953757317336392406620677
3366066435460951047803390531981705875771238273780252473499031335000
4611778877727476072034257314815970711634540909184231751982744277633
7794025829492137246161424412299249358946143400880938914467003203466
5218983727289742397437971531983072961242850269656158846639448405566
7776686058195053148337097686851718630667649597890678887068315052511
0880215627001700423292565257755357147488071703303840646594213132222
5602881837518818002778199301674099864410627199825274556959680616422
3014905837129420328352608681346582068661120881999425608719239598655
7559906884794479895728471897115760112663523321187199746658400358022
1813404365355789510224096323064467036239649691027401415384026186044

002521040701078265991504497189394637653897423395944478094125964467
938810595401770617103493179060102858481794286927768025160634698186
487615862337015251602363718178799903437959551150865145402587972642
320057250444419433171201374682541907085310721520851269398466280177
111026424456380791588249566743492875534221533673980070184145968906
406936381641534693733580413486216823628124855196282073725171164471
004843392677129047095449821771245997353794989592501819266700991923
198151396872039240781317332882274061834899368915962588277943418125
978223746823356556966161707037739424555386021304334936400753195339
849108699633356133084982004622052379421261127386469773435298406141
202933574769854283798507314230296086006458390203266832971066474859
280280706222894119846852371184628817825233780181757362738656338576
525114589769142517386579768133455331259610892167967599216200477777
366017396981570051893055632093476805752082392470930750564865354014
709692586332447535240023579514208088609935236904979271649529733073
121762702277582805843309927781993804392172681117659365167746348586
811523913603817239938043619137087041783245836870732687927591512421
327930692493680672567164093795811543741008447431807984798184562295
337831592094370585987930674314958421280917714693715998839338365967
633328550845214487173498729828022872245972111003370678851957086364
693267471590612320181128619220703781668982540615318307653843983956
690719804851395299403331186528088123217077735132700970934377286450
690552483201886405445912131117904412799490178046065119346213835182
007919417118694779020864787750881187224477634397287600533491197235
765406868201936808677188641543680800990685123604632696099408509903
969483621715707186981568085994319275507836176310635228624435829757
772397161712443900078527257874425455388265166580154504944151640169
244989042683457345626173402057140117938253155396691786508532861602
277977618284482128672946293714911091163510449320107800723707449634
925691218904931357361767273707579489881987081480329456080270142457
402799289156950749771877632590121855832116833245638324635426413663
047442069533906874618048742695730825289285497755704465530725372653
544909165505854490500908073608133007772880591762113407812702207157
721799184691999647647655001009776601727964696655224452669933769931
290031683521179052832728749544751298134025062913810954966857283877
952905044288966151554228237601744913735138627397538983742878364570
857778791777228294183786250926281394514140283818107124993708570349
600679768563369686476720810794013433268992292032107971528543223093
687838982497846997755897775841621288966611830971893956180558988873
478822385862983600148281970638853766387023699719056887914200150058
932781576679554126561532407775118370166626802333634507878413669795
089586402858492504048493379617118032804557079693217083088711762591
995943564413971495282622098711793930564122549381874381430808472755
308389172693462948996786375493611546243336309926769946870192230881
483903481460666095445247038837612083165142010076318337589349399962
008248009986046283062432490492757335719180582605324935512741107358
603022530576982049946002145986397578505832139101615820893810253664
043283856221560504818745659654507487713704550258145886878709415841
423636958253905004410260672794345106150247722806223509663315736125
142667943414074665206353454658392226114632355783939937097026201916
221347388562453983020165547146208476297265257464268723386362315313
553556816636051903571895244664237586619804114480252199013025958934
999070183464431270680599004325613871121045068905575067907676256305
038426262251372906522565494265482732134998484160539500471824985656
018473144907426919645745265811357026510716238773346883372589977864
367259174115570165529248420631521873791595246448319525159806339460
374218673502419803903429172882058569352678665815820119587606982523
964929234891467944308478657497450836696232960790189307962445874843
725174922985957167812557484233167303580613732387207900933633692574
245789195386758667611341258247160307089431687496491257167276344430

3055435879439672798391605502135148333240544829591240121878313403044
5929441621292750499845016709464849534409152471837782557600293979422
5014893421463386758834589638702611272977948184530344423147131244077
8498214846735862732653628625501039736030179463212553543423298346500
4287829926979525076211766041627496983635949960324349579121030004622
1920146211722288584413301742909151997456174122142548151012748826300
0946974835123007217022380251636265424573166829154744421810027776122
7607297892368258611620666702210658425698166382179841203878410264488
7735566199629191877992434897623591813120793421262858085245471431800
9776763721364584043359927672555158766872926818986466457737181567133
7271273270691744607683702302787924243821403830439878125470062137966
5560074412906471083531304202892912152146345225675356683968136278188
9995449676285459172951332462312686271207307031686740866015957099166
6315864652238874562344964515990749792099459034313921494067984830277
2254572430514353045490785504685756559850314186308483486501057512444
9287567182899127645724607259255296433846454729452076411844381790288
3425846409298456812175616938935965975740429295571529150768297078022
0239789169692521995691674357951072811013584487803476120458651798666
6327827480150636490227523192057452153557288024819586565693666305466
9970629511442206125550456869148032744860281726828102742488640261600
1893418136540881702751903632798220382703820898351245577903536165344
4698442851334548386435254810831284998328941817291612083907139068488
6878921381010367965044352512042221465614364722014989420021438344200
1240970146623634385827269296108625255251189212907148360456679559511
6865330531054510197832165741762682855934691871492472425479123271522
9093087674353283875056316259536391996859258022570941304541646785722
3973762668711162282093474137383953097453856228395401248478081748766
6221827151570135695466014514527686148821945134110598019590863768977
8510290474547665743821518113451025024651282130788257311518251357322
0827342206955041620563142444929775785418104799619444293639466973988
1359366911184515777799264350643544477890786688566763655567510133022
0392064109944674869723800189018577123739333851891151761529179033577
0357835979595544489785949895424664715432770670827265189437837948066
4033422143377240478678694063066207205650277370025852374393455794944
3717575948222394848213090905392311698664096483735068307724944504688
7929063370538796371011704409037520385264029625703004417508984780077
7854740069098315941092887358718953394735828847351202477751441528644
1433301523760202571654663931351516958028866473153834042344370579633
7648669804291749897294330983715121568619296541976790875435900658855
1911949101426075596946536884456188099014507149283559365332865878077
3446563488103298867967164678135738438860393567548126731638346326088
1522267743361034256279904458071024372908605563941984409751355348199
3689894438585629536549986258860485713492088747953260910977030346500
1294040228602836133422350547868311753104804378870682882815000408277
0466690072446076608132834861647163816967844605155176165371188763511
5235927858975553158127353916830280196887220255186609054347841455911
6346645871317346752404232051378466514548485210827433728001348672455
0682567941253261976165988765239668887392524079984935281412709665422
0506976947910909196918431017573132250706433908790786086732900306399
8353516515980007405308268960241703702326706976447029760260469815766
1395292209643118412199081244329745349697140355250428613898420598733
5576265543534721231099641807557394304984758358977867534082777525599
4534690720294929013861369117193813173601646476625497435511923723199
0337566403995542447783944298351828774246412327916622487261166153111
9556515318379303744830710564919086376924643039253332818232102651622
9843824798894081615315260981783582054204757574239190790661089061722
6333635275358836728525323566999568627018308121674052801800025536899
9293369386788116744077729916542788044678413562009362975545691518077
6713312963755314816579909072931041379628475994177907248909988399466
5812988705098836726884172624560065468114480637174295084587982931255

338228957064263555895195747921004748780099067471349081771165970278
740048485584618443621880455975536139781877110016001209738065852060
227467398432198019506909533162304589829176162586011360218289353059
467362871285557042048740358073801752241601053644920727003135873627
446547077793526648446408067183202372794201434472347416804982143532
190661854299254690278390239469367565855047152011417500088637443752
809863355356663053144742780108559946161239902956286531638308517479
794311770261662110750667259113679565731261079068742527132102089342
043068644265621908898010268788167758633391987936068177968001520738
645811186433222300276066097923728491881652219262768209018854780389
443560320424330725687346061737023245268043661758961997444611691103
048605905531997056360086339357467682549327302610292972652219997013
784745668336927819603268412053872503967733874100943023310659498597
575628944088749450232447104514115759283854319043656099794417786945
650590867372794050181035891330078022518367047129478583932589452033
737115409652517261432458213651094928649637279067566775702907881082
452198737279403819995024928527363407436172234914601313374188261577
753944998175824449373817062049505167229424285374716677617880644347
567422409659208038034162784725694268290229252125238485853373479136
715924694997360835010090841599916137804841580776617930919159471885
690996102325600636796509775882954357381862985180328592847704137243
664895146145050192069446910055451753162806533052264007677708933108
986747592363114249211964737983859542557785447923057506806386126902
090132506307939519222133860918595065125949662111567524770317261323
632703634237172046692361752729643717179484510462385604258222738205
746694163997921781159413559646469298483067092014257797423800935295
307642131187963032500338498464286036340724983128555939809627486824
431957818590388875500902591367550437589147202605836213776664200909
010705930533871909593483383302999128166144933023488324286278094503
744594199622771925912129739618715920208473155346980822917945574110
692956227707464682922506407698844047590191734774146649892635236134
717021650665605904732803649682439836851481673729696986157231072880
503086554205465345998321799681376938521879386471374152993484829918
808957757606697549607425734899720499944592474776550655881309885779
153221253482542661842900833581533004255332405321421248360436128192
217295783844480015460029895050118238964630978560709107880102649379
376565094718793225833884460889554615294626640019608389113091285689
074952441099295591850870862987749246293509843054163189206518901022
108368738507686044955836700884497199414711807644132023195029043987
298197405881795755592494324694154799405009578634649107893595827727
866007415601127758927156974669185672088046158595689739292346460865
182597348098762780327357831228242397149180793499521896489149874891
195446601846485979393343279816952173481047300746483125306807551970
638079106679558987664530004506852433458445014194380760573215972428
933294095357769028928132730950373344137444842404965267264912307457
602800339029746726007190696517893056846085704862419219218955295012
064993829790452218907115449969937914434089777511702614082584014441
535739125752687821120477956764332887539697262447318790329525014752
686425937456143548799640235550255624128656418887114956390547794276
858725041127991197852527863555532605490775416372818787942166756748
578561416230433638240765037880156019880957723804879880877686818853
155071552135675458248621074536528904229917221564124329654859604047
603401089607930001970188160340187066876734930116806762537583410194
493959959751799294529013819672487642943530349403840454890206908114
517035801938191590053992538549904281164432095981042972560098939829
781428018158679033616012883408918242656076965727547631996722453307
756635651498892403328017852909671591215592207966059200516647151130
840157471985733155950814931327443860967772896845628669479813650313
566094452938685876216472384194726675264827978036461664616546009384
320096386651058793835840874963614197063437324407440617596395040543

023084204531168926186905477455123081429286713145478724936722627140
194805807208956072954026603573000165918462286944297073535927977913
514154572363668056135103373594160579869350944593076459253643501294
918340746568221068024329544721198860420889704487725978522293551441
435958666171084057619129648024968957296336190810647342929158012492
334159507279086087473472977792831022117036007855457695093136478690
591301928975081368206937476624409797390608581957036947956217339092
242356878719544888707655404175386489494700125053265954906591158579
312704816593456876477106138345165728635656730814481072241362520297
715123011521636643617555415377731353126073673845116106084151358374
964999144671831238478172661278322910119023056934267889747688453059
278879053490310507761425542996293875484175196399791206714877105669
967322253891393223401564458501503835897166317796965033760872633416
256651521685707737530402247944039875456930997611847595036302112888
839234495926700379042225710280651298054546955321149537582766497186
706631970791692260507908921887407617766347269293430000285444517296
016471890156412069943099861693668518983340105486629594899465690353
605541570293708695036832258132391740011335789122838643818662142763
911201676285091701580132394079716586787519933592260677409731015117
422689023963220013016501117008964085660915964199602020603998595167
599336164608725161053738306083013854701146917863353802341074177249
771296949823893347460978146663308890623941931970797684886220394489
665218553085537196766750963598805177974726179303269128318267486205
780926525652903428019088270590140546637470013833025889361601715015
488868935910569440449721720211392456484749888583660011930309334050
424819094808467898760038276692181719086769660182978203559920718977
804292361836630667945726051889605382347287593282301195158655518017
828313356583098613731652593503080582396255908286572921386547219577
931224335914732375240378690825360216462948132048845739870513672463
824650599873114603762253497782210301014542987511382244821367352673
721070466677797424225083858464887294909600521861477477151996602465
522606962127062085416878723951599782686120792232886495599471294392
000996760846261445296688181911180944889919558814713799314815293295
825160760107116624951556593720289303451396577612021582500179271658
211474939898252164131398331629215911678786311490350370804672911346
756645736776031670447118722869777749372049841155253422836893646994
865992816389029333329596705023331063186454715946198921174696044074
793011211416649749227696638793413605543628013565218859169191601265
017034734921985779121559965545078845902800241979283614688616696872
940673265794485514121029331647678050432030238929162094969940946268
112688477619419298887283020453254835559564561049750752610524425580
938627342063589277682844228129581464734736707362255972829437263774
877683992863763234539366344505846403222027497341502487576599102151
954483914148945282238326814839805199707655926889831544715769511831
555106187300676856804057123078324335686278130316986843408552081541
485255677208828951940358785837202454478168634608411970360599469204
205022389505099905474622524732812866755075605926657023819679854436
973843036347551353010142231318596659835501729091226635606839627244
308404652362865284232381423499086766091580811529985673188270001310
938215761913296593145799781199823426305914119833894125626021521474
556185978394081691455551300017513102083825563173616215459035129106
180015379921299481140928264215227003187999595833637241432647124378
051975244525862986609139765363120503485519687014261642737394425538
704104093401178690284831732444669643839274132175880980004949886150
245568393213699722603951315999095278370145480127595279256570668760
339430121291197850593657439413065417846820219003381050360714952969
682719340824995408242161639655390093100714463887620313491340775627
556205877748079843945811949518820071320525940334421340012436887461
101510266689010672516105842324526485513982392400435721956683073657
863463628471394771876051423987077753537119885446765729346358469884

781033914667847854708731515042908742459239461326108929195037101182
549231842072104379420062672244936264350959550337583817195105443116
873279605675329829161312575435682524564650081228052263681461159753
211991706603643597448082885621932267393686560625429382249006199560
775333065246484430727348720887976729269681479748532637460821151712
272174344612137262433632401184329188986371123475830738974105916818
188166895595371823995831091589558651551079391105153715928239197272
385189345950241777905515151572649757087242876794409731453020409590
769173875009613264837074559534153513313449000387528031013378564419
114742350224523620088655342053548595620977763485917378780621225544
022592527384830776517999637382300909619759380174752578307961563233
626646373083895738467111670927506441574763282421096818667021420776
326837552607761110898894496467327753439014910896163618414435140276
458122289605060381554653157323103591573592275891134925690093560714
797768870073195410228342717487574907091871630476238872340969630253
407824746509725002722414526033508279170509524408937573333123198203
021541635078677826550932171378171231371611421231812440806330981536
074376395026542557472387777479516037076025486348948281530335202194
134646696375143271528080291002816293441826410827591952495181736937
113651514537697574630355039688155770393898348715498840132387691533
308860839615203879265983426272431774927686269635413106846562448434
931165089668748446934710340534822954844042494454802901500871209116
791765860652787248125797753474788031668900351087458568174549707049
735995711339834554368894821610053715261453005639912424453996258031
328022857815556753370517961433593548312607199002585111086675429079
991703537006064368388657603432842134674936328479813459950952445941
366688588636535801656439672455889752138057636159021484215833508687
176912138457600443756081874548473053787916068543093840810194972061
059938135377308743093608025437461836043691487411272220989011476728
779478953951733778941126562046748007712938053458407655616163671403
281364506738962178520907892224643916798604380401984876059535757297
848080536465417964743416320801881522629972791753618419010572539102
352610066612857938612848287211511443312174816440400561836018672863
279325396928232426014000725989950970512646811985138070288116929747
036513882781618018114314687279332331454315102504802737697359069296
971888893454531535369515189875968892467578877943475069709594838918
709199985678213907843263703165798784080761347005954231533063135629
197234763111237012637437169883645699391802040236017065484741044827
168499151119737619157080068754318896722949153519195619312478770104
836490034307122021693271644873789074869716889055669789349557482685
994538815934237990106692455380866035693093474851627199700083726662
594609163691191866834087603981605345718730448837878445994564106619
464928279029871448513829662277069771018679726274836234505524986843
346217582535199489358389264000821604257858150101486886919441391356
686968831445986211992334972258493374105532462372231784115404225791
978377626057249768611808885686579798004500743655996168491050849723
073534559981156167551316684195733447513292296442913651579966325538
347945076610328968486987628172465341810383001694345217588085496074
784900756730397047497994124351261842137150277561668273690261688150
889213493507321826932280660518231576305416072303671389874837793340
501584198071058315310913451714395671880125030598869506311654406196
180647080736123767536839502282439875286051051135181419197379569469
363868127453165281063503834682835738440551422934800799366821080449
360686216460067663448303192249589315595404581694972413680574963656
793307919636715256980718618747311974596214344478745387556767923021
361485972863033894182374504989176974007142884239766806283172901190
857403250338545222354033759894400897932960374120546035438418200763
258809362869789359558085094975650679953503345837068005723967268132
946214075401312828636882307453773754966448767066237058674528560526
287684371031208597830707742988942333196659933706724709689525249854

458209814394921207939343655680256945592260893704379680883059217354
990280818723942350083166725862989891886521707048580918439451741645
600902259738411457762210305768869092600196199756364983572315537116
480078041903407349958308441455122942817760215210493581318239662767
871573714998284140803688197142273883020874501573985852397251066895
699623496283549272734508268912027147525704270506111845946471828532
054542723345159408698624119906327074618266795601170127525835086473
884920460278571285023478467533903131878629664955207064550768958438
391867679066785694775621300377608024518082734525214320551606331504
036994154860613067595336597168002359216089478140468185331471060954
683369162184806558707134105519361745103710159921613619950970865013
778053389759398836693787395482278968333613816287002510939802307692
164016669599177393122483908264479128099857806405324340913718621885
323049102890113716108308680874867238115859742181565370929674465518
492928750040651580719202828052992244416273543223825649525174246715
774826896121618525639989365694450558351032818566413199762669743911
116778094871793696573690376143192238347665546373088851777088449683
238058186610490890214787876907311571261412345364963900842699447080
255146246808750232039897736546071330432841705373441390389323484250
318168830269138738845884794203557989165117728792068933863168270043
214700842467578529416604696403753841191237643274386841834063376908
656334246919941284466004865121778043276898551840227751809879011069
676458190953231321128789090149768694698126335988541954556717571267
667883715576312670276152597776992561643721030108499313035437189899
247009395752824298729692241071111800967264157307261862392713715782
806114143002017111426482584889272072257212203277130099829499920651
648922455188366142159595891282375248360621720444959024857568099691
558623443816516714631633100487392293226221943195365465767781209844
862542039608301127767452831340676229436884135422093949607182598326
001355753099690969163734966559745037380554178792938203007569843076
695439031187270674422084002598679309241436629052273054873320374993
181703899256416167449649356926652153481507710571777303188284522175
363855090902876005207644455852172346692659704934706045532756296067
906066323102672442059559496173835522058814667667226152539099092237
347001406561397500633569448750968771520848323518979421232259292010
069507200894275409808572680945059064154821843092352059880849315619
983713486308631608177530993431356826119391131319755311787891831559
922775024846159670664664052848809211928532569954957327013366289102
018529597151020987318184639442800526951909043300223556760197787053
090664264844723116541768542221191674862350821405552416336285619372
915602656303748519633798312493712512584668544944179398939503613056
358538146534974294520242828047303931963919665686795097812119450371
518494839553461857076075329697620604212644505057272373623975657440
000518850643825547281839696475595398026300097329759096766811250192
035086291396430856380268780542422691206708466695667793808428879759
066333385191831658073331288641077969980277388121632164618197229799
382327922503439232071557065563693152921882935546190236507169076916
658534114162027868814520633343518244458692779598046627970127434881
999983671416159300403854909347712321623085392496688136772265723665
048007428664506672319728135654420431444220544279556928924816510679
063605431422762298205106039468390735987427441902527429805800573784
246772140507586893275782389649330295393167543655826368293342278667
996908620188089559616889819483366568308504888361764603121668763086
594919836752609718937985086429615427801315738842262690972075493012
383476933259946850644885035844843865983493006017943549795468471188
058153183483885467009000362390165675090985197438260891762970517516
264463210468224004535486063995436349987617932954392450932753221167
185125536171072025658333543526968008511489632677184139489710157968
223712323777998170453134977953440975537822404146878310311873204302
877139841266742843083009963756515199425640823532499590528093660801

770815480297746804698730184428172248913336690764257349831495301549
179718603868488641641366820315278415073016038287609047855070467970
510297237624004973267965404437574346149263092329939531021385733403
946546431380393284754601668289457039852028989705619905005856633168
102542479612249799416192380808171869561768335559308203432917111861
194066142459302341685892832540228112237514487838380437533386005245
983771521980857484740911596560510126102135739087758744852230707278
675102693405952584004438769166088899837692971157675464446866868225
821631593841533402184543020044556787861653538779006847964816115461
477425676643466678616571432139560580510685249293020348631118769790
675737306130865804980539962498308851629744832342091870932486556631
685998882180763426336180380330937080685655211630835704265987849396
277425742722126865260875537703432427972131624718656218150212721001
533814352764044674384081792139852471765606453271666305344360658788
502002162008322243397547438846569080848229761095989093615129181432
469419017754297201682602926069362867759394413039980700485624722707
461638170802726093244910407161694311272169324596134669925072649358
332736922363720775270567953185986989393297451923406580320289778734
716023174722746080557162944886163769004988028768178344620062203271
019135123357703649008084555442557682671091481559673655385825943822
195135801563771197167936702062224568634854690598778034658974565844
785240881926883092277705460494635561584140974535542394776734275305
008393605426533858342924088679140936814423285879009223052915279991
590500906519247441417091004770849988903033856339419441048643921902
022566287739846266971296286873757221618817127821235633490471549947
075886804059463249806132450533895452386272552456440081303686346872
684137921937957850774989027824315838273235033109670899330157066419
524016404802598619582946661146570878969931266619486819119516889978
571382608897201650221151500004591675918314137952842924016263075906
928102591504769068722721155458369984724422211012783008421494898542
759892875796268140828424620273448115637761588585666606287075979845
389858885397359150678466677440735588962117649026388773046312288150
082414864035251260700750590426855154587308199448361425175009691988
121471776942905584636475578159388806623954201893749084032275102063
489232830934102823789408898953172570727814669839254676150509011338
562734748228265353590100895281786892385130548337080121637570618687
637859548021488100672071140270517244681807607601299422257578378515
262372980443754897446037591002939914877675347724241123099838146911
879572544474496042009487586321049675622617109806570375457977845287
555067068133301194037028368463183005066807530624706475224361857438
2697783983354212993579342251352034923550310322632422244961884867197
753558031652147106199584104062211908359669078979633808121363989284
373107431582309352969442335189333013437082432643853278990826149765
002466223360134797174646420807983695465133294537755766227252446205
078516996720198999934010133350720758077104038265583648170001882520
487386269472797768681984124497130143674446177383603784505886773104
155213802955114829413819681116530162355989101477594807594117715701
165086921854114710049853076615445032636243434205052785612868371178
869862422845371122780475373192140489569910861835758095498384445660
130847465276512015225164046008638825408921010246158353618988556156
795455594341539377450291006612155870640166529816814549150487091045
363602336962679007420452451078747671110858160388335049073019845459
657543115162722501328826413273272004586475040035975388411508587123
667673305367165176672359234741082205566207389714589673612442860131
844809900996619418551265914031244826821505050968211722386212311526
523007131658654273609247852137350152630873645042097086869752775065
195387346837523167170317938647078333812547030567421606759571812448
172415490067795539503394974344065110140266883233981384072995257794
268605098038571003884722484823787587024923392172716067232378375966
828065587790533662110909733434199797844334852653243507225336039871

946098706430167889540908433831832738009554905680850927913218961619
966362620096226963711045923058598579332139457181218497046923974684
711940903162865482672781602334664124586755315372206986570758884561
592003927637676159553914381141064107128036641827384857021316647667
552407500949113768318919687594594576779755050543591395884768627920
441607389943866059704875573603207618939929078473257012189386351243
450402561115311061598160410629347212590338103396221076910135920641
844272757256362449921884192969284504886557168081476678966093634642
719375556300958026571667406069670450700559764523975309356692672134
756563223105217097972678820117567338442025858585630995827722376701
242619501402141241517017062574823919937573153980565184474781497885
071568714142353624433273021226810854708277975682257009325701405883
696366404360280186573558394491847903362635015543240087944455288584
149451156409427092240658840581570274699062826291235403802457997574
932701823914476262867197280067415106461578426087089210088433757773
968560088108136928575650801843593099633922487482273469794807840647
767757743508106481311385412026681801462169606348638693518228333021
346613369327916859503079924691147833251308207669101517857971695866
018579272996719400552366904988057652288340540382957232949566661061
816310978922639940730115700245762837477357630818379816163811907973
603158721219831381962034497698162064239850752283277337325833243728
821605978861098735519137785588140372986508381751163266745475940834
529696709262816998084488901044363992941713355049172185304441361275
537274043801966167062333829738024049062982586095139350274958987505
280720673183786473024891305790548156273669342031533659348035452212
375932319892888437480373241078620860562246217556691406649656032562
701524693947009851471160099408912835194756827483296722721766829934
944453406790736552541717488658390103931928741333687055929138002772
731477548697755411984013889604528855416461552959673062532883041185
550118882984158691157708185373637750607133505432687135382591328509
795856142302743603957649606785980108937955654308759455387321323500
760300773010791789640837991887086196320867905115889137412620483854
115784882203959235943327045245914114735078054550403358190338470648
101424868919725638116863193321649762981484953964608387484954396945
851525795180911626654523673351745016360833352973965589221092115691
197831672918442579257575500403074904666422709066432242851324544080
760503099725830217902579218216908237794388348086565451658032249266
413962473396051152475958393563660744382993667731189712438143450714
426349066833674626796514487576042164900465780456681089762373524663
044865139464823196604072671263927405371480600202881411947914174210
964506313055942410056398778030768315454955071573005820147925159590
460246611517839367856016125324062752420437119250613796485089198190
958777058099249084208560010388602394315570640926229658546194059909
869647650740890903710204107377322833000194344131318989829114607687
934794756379260766087148325864793093194260650376503122078960597372
119426458074333932294645621715299286987757237442174524351059370152
244869761304829777561255990175145475954309572978672740072177410442
876241952705751308188966699039025134180461879139639175199961068803
957945781408699435579293988614007114172498946051202315286273269232
409802703440393572135190345840288779882338142266098933184966747889
266988742745147726958495465807735894966320431968422729390540234206
993659346551759464401935696808875736513565527378275584560031781257
854725797390168904462967021262486121787662647754837065335028591870
593939017780464717594243236240820479795837934985204559679902540515
940494547744176083957797368673769058556479182794887136785629764703
619719277273687581742206193421215839221471693970525072478316583686
909212066060297781442291451540611950586526514128818711064918796979
431604799651288474036540839996708323631467927213244936269857074070
471305843482632931884544051058661940375587325025731566527539290215
236220741530144657593072275088832670637058214884319615653104189017

912554845787463405381875056140442314611978451309705654536912682557
944487804258829500769682321898626238111107236874499214246915040404
003133218668230591543595496718901355903146969137362240776144310312
264860376479193926771749354075341625710255887112283009804553940333
704873282358839765090952167265647472580205480906398927909594975654
229061846067947625812914780970375574292480898165417448550967270889
203351426936069221576656346844171425141884130073463421177091338849
728156826975564830840913326336717247725008190383325739818737436603
642934168154160852874645872556535076211507308850688034569682329153
540606927242413612638349624302522273482207667432824462519534381686
632983333512318926415375390268980209230690246918808661653425971370
319964656365517841852252077400377550133609358614163704490921998912
980817235962029538477316594515932545751276218265882696502308327487
795212641617601548390384586984583193711720936819908328893259160168
315237898417509554214565735424477030798689073885423655119403552999
768615121850369118581180619655257629645824743954946388495230522939
043192083470040859590624775869267390038385675195963571883814773408
191367110130507853555897601972413186887351769388896092097081199608
639323761143676107035675675195450985667726092830783033338494789630
261029049827785167734965663017924045814188890168611037149218707553
685442128423002943618462997844709902389209087028258677599793290024
068740412895878180015512623850669835207610152581029222069185058987
978076103175274405860231492711148538125250221206590865901782025878
010422474264403050814934008893553699421554124279402428833016355600
845480611425197360007946836767439289136803754522585250356433749230
406118813478986495017912039521392725893518850322747972830455537783
064856392215254818172332080667252766596431620541805944807093733762
738519177931869947302459081165317084647784897935244335720380614698
700923270065387351237811893555880738276143138710477321330658524292
176952009865221558322707624047867472018538357834377022350425081424
571284375657147968931036341808937329972201918567752838733601339441
772638156220284901596044742284106914681577796601935784853607566769
164334614029548215017627807940265327540169883435434195316982597257
270323767232710438850214575511607810784903672734137568505475128333
182816818068792348394235790283046532570909969893392931956859422151
042753161377858913302623839957249246256520923809821631002200993851
783878629128475464749973808460988491571783874044619813744839068734
059128423831399226835506173095377600773344155197113447780113636712
930495399900198370576056147210774583344123575225879819732015437084
932129176882040450744949109305178697056711770114196561695487469569
955457946649024598805818205226782805544006305517162010917064549665
772809123128273037117934488881927575250994256805720457156003088351
254835453182167003120209888175665602481564333985612103352180312220
387245461764927719760756163989992555884482471253975444199575287553
381607523828907495794340847840981905049954722349176780899897355542
816911986602910505481900466341371555736993081687879278573666964628
266282678449837678112704991616800588086998350764297274029251889063
949221831873692325603991587304511774483342679125168538532935334055
740695466163939922312566237332891308244660515960756818641377290495
515788532889906154123437813616994804639083110947354161918944252795
610239155036306202464858209675195205668630960889827424160266486843
101853579201093414899591329401297008097920933872852450683677063522
719375612107055299577005685216547395630934014599507090684943999526
109950370114911485835658403569443924401813758729506682050712955420
991850876507111812723830525509427097018083673324604796439163711962
481671287816880866722863275435721997602795855021249960429342072378
556610335213428835403247208840753622747707672265703221614598530848
070143271133232795589627033533113301913893098742633572074810144260
604122194998739520982043140940011739601500116374649373933374250093
596798354959808168174942641161758900297445379024645100115732568115

366055049218229071820849066730683734741354087686468803628105346366
063639637050840060322594442368068407010904147914080743724325375420
452945492320548854094472777330867728957284483519930624062333601489
465701029537276931923980079137424612898806209404251071821687003541
827178246935885289693683871233950818071126520323160694213943504416
422118045865972847019874705877049174523614062166471826842276504309
872213025329208062441013565190192429768319418422479532304887222761
999981305934343540963408734149400983611379929010404902165198001696
534510509320118652889500134985548157976486919975355400199623921830
371557049566111407490698906146880316274565043092929685649204939142
663256004909546724624506038670277906597782558864298724579515518278
895492937913618643354949560747960629939433289895607101850074129740
279027598329853445366547373825443050649218755849054725366313745370
776589299887545318170758033901446976126120801219236484960131914537
587384208870327736310454441031752042168170202492424685433938481832
397201173367271437591403573249742190766283951872620948773642289035
555070995680644813853912139494407699817657122176758776977413747693
008038530924147025926730972434251473897943330822070919844429634936
827345559992756543084921450058959498583889721949080480021103101077
469457503027986720456029668290243300490195865656152338506601086085
247051259251072368903914426044804191068856917115605546765577541313
378467343572819135579215212524416342672879351457987262360684768794
244924543295937593225680382412430804044151703233035468059302554598
084018141938839130991313780395165866885640534425045976863068464703
852930422812537128881240638371919682513155064045865821220270334452
515002455569718520449427126617557097790765220163140992434562496582
346327419996696591909630315077216229597379413304490691235466289997
678706396442754397053072010156786676514625620966498520697707102833
199253552221017907154255491066890989015714352252320882493548326405
825443322899338818143324607762021192763535560554018124664011806449
074865679249304575303054063589985810364305066917883604463376007252
105930721019229224189532238291589093412822875051098014631623957367
143457654118054222740156504411131105058633768086937833038419596945
386133732892471602532229369731322493799729280059926755672479757909
534963414170020386634196145344182859054952805340999776308793433997
597891056860413390126065078612560823204380454544863133251066372391
013324302318546652650929391180543257416902759540719084176288677352
999864254605851448070324558508800237492198538899825763569046940203
693882744668184013998417739780380225429149259195749277317837957450
107291618969993288313754198076726491800130643899054963744840691458
284642612420496167874919002870799697918853412624810879505542074352
644179471940403447965109102724481791903205559775877384272738131058
143603281196234824968770668087190298872341728952793641870640694846
398010895643153523342290031479810166843136947919614720609730858013
615070551665133391443324485869469012049247732557182305818857471699
146360318779330138475975986112096170716267577315729761334685704814
097969154860012512420602987885535337647846511231292899852004061054
006583425034516346856303094050978983625277393412354469101293626170
198997139567103939774531009630549010544836570216719918722034635756
363824411161709378889385493935561250090479363717154224080610343811
886033057556124867332684560694175279344094970259977435014670199502
710791447832109784571556218883274107109765306341681297933459346742
756707244134694314516216704733767358268531719605428171285887083015
931604884149219032436305805033072196601828090094043271791799057699
323544388105032406749186069157840628987344737670923422578224494543
482808126567717321258040238692893611255653082045065306634056149010
369686585620638108841621125072437468721892420926302653347648510064
882401875311077523879905191475130170115551259365095027766386560475
993267772695534780632704930394893489795980911778925653744326543937
422785062716532617100491301276476585887813004808407118441426902906

254200678976496169966203724074999018383924962308016797133423606997
570874906266593733463493311747238915673444128676776285007328674289
347429843541691406948981446418541344524728510222660007961380960752
701040772759689266151674443660665791711951892709120693115700607846
131048600959027972951465467723383197530039299820230677508614793783
103409232516679305885809444971780201240607532058426904533209973279
358065620778914455124440482552693035330351335901481444516470171740
967805413422095299180906029126071568339276616892674456115532092800
093355234193476248116875078333750521448641230046935912724551684094
934356435920208400866397288745264476416812224319790057403767520411
314593569082948636502886651386671870984019126520871938214610496291
771605611241326229847291819735019232646934760673591792047346019502
146850204222725499060500390527173983088239346961329546058235596168
859614438551773255682572004086406671572614287421586562936534666765
030539943726433777117552486333465468661747102947425707471145240840
693574593305810664791058725770870394121595834972080143473202166732
002959217783114654794156763235809015934498393436031139470196023680
643647101552654833033229032494848874017487162555417843234598358313
173685674119482164882832198303929378208900666864165635632999002589
124253674659874275784244531350568116333665037981361610334287691399
779093956537587469917820529512660654358748024953105462079082869238
253173487093488509220298997492167707593046651158113338304783246584
537799959642245110552052822598551357995433140780468738288309181716
886504746473420060161594458175927648783175100615405715334080277700
173393486915972544835849957031169089050234790041826961127743891011
136824983651124352217329412770603813026341816523575148350077986826
106893578108357868111581663802542863945488244743152171446531882122
656033716864388552794908372296727150585998390200737043520451962130
066826186389711245753979831674835802866090243753365970379553017428
601709822852543466282260502978228192296797495070684694701411147182
712377179454395424754558231763707200209395248030550248615291942583
807464456124756630329362111940643853512617336383757851990930337789
563507099848726475632881577185877829735370548456218406166516380521
163355359561571365548830402308390484990534640227536350532213126285
798474887120879742391971298065157156225145357376229649699578516189
472586019304801887884140770642778982111550389340417299078428877913
960319090947564277462823464504961855895718672708930505099175082590
601623035608541002615065995829409418822317117668561034310940901519
556035941976295271519144654657011462735647603416640733553010784066
121706880487767658296034459262386475855747734122855909945512619726
150335698046742946544652410747998946799784648927454814462927046102
427724945172854272025170751372587973508902883565123730751402162131
170264048251331975042822098951384552813626884177326700882525431724
357988989275269871603988463330764027410207254286075391463205633419
005178016954816417949317348878122444725186119410088351313755549049
418167286424417218802638816562753985733360041105959943360044510938
252578802766481442579095548425763256667686186591270514838980441597
550202022308442316481714578201023087613689400621715918636966475668
011505893950691794861793881106913573911192911947645716384243985067
676092701560138762547387755513082161491786331107567699693263983636
019984305639886793035036311014621259261823243292023050487397355510
388061839630338392022445021877806341801390292508001654765599060390
880691771852440750963515195819308548534943637526931428347260128632
155695589347590375217333956986053558181334040468345871203940744923
635469708013539670296892056415327057617850743694104216200281385974
099445803948437171223780859161062547291289418501433733201139419237
769927284987921679570485720848262117895374509959016057319145103301
592195047799861639973513634301812707663619625642182961355714741419
682519778451292399518094802761577905150529962456467685941080031965
524777784431018487536837769304812085949347514957536351908366451038

3481178383040200872495432943598018399096116144252080810246154834377
7215900747465469707895682559178102153564440601396893159844515933321
2019827378778074605279848063188533935925532640568047587139273617122
7439049444206400176046596009726741995011180194421994703076386808200
1891521069608033731147927545046918070866330683047177127699388843499
7520361508386403092367707966596240746653032058855795435358985947777
5420846585446621311741732136381937611174526719845377107365956594988
1659688759535272565530522586777874361969955452700888850431275909411
4330236429519830928170463636710577004082355626345787874785234482399
9846943780739800388210355197146779367439484397950422615555306393722

739518020633239202228935130743426597860593702510692638789504893955
632192116661135515559813269057575409440166368942600926755204065333
655395145959443033647298697252246130287398349730483019618694555657
529791067787277547211347230810666512202661837023659008353118127529
782410474176812005473285408824483885466837414233650591259942286879
229483507726271457547046200616509400348912926039955431957832683200
403542687182806825496525383158353257730798874142984638739305884324
111675854532875489997195502300338352132642356527110701750793748806
830785603325414601943320967706374935741539533003747883990990070253
146296598041526455897799394876475410724850931927603294897917174136
213784198103506849616403938713561098187853350649482250675345626451
525297740329892753756169181748537555073371637048051131082092768493
599453069558121008228531454181705533962376276768523646265893677373
342803558785781280821115743061979155371243564354768881163180868339
377582789315224641995493001697844790900079766476198783361464566192
197575452830238998411280198621038498830157743708738410828080144737
287666819032370967428941970934024336445816131807477228213377537599
246894948856887259048714181460237646959950801386604347059435174986
009052318312201394591848890753040173686996125439466721399672314030
349362286270110183021106675111156974413093694485088430863920946963
800556700634047876561037082409804867884265850559964776275293345172
179481954550738493811330423859464446390168372344019907188086077474
584650233245520572489711651503735461248395335503707166335469558335
922089003314811093105035625241575155460739324444620243895162945071
839767616987097469732773185008363285906286338132577347176797086008
286365784771014243655708737137294057536068519961990142326153519121
878183240382660104099322768038702518282689905013928749433754762826
805592644380644635852915698379751024085994057155596201690611806063
853047946278101163688371115018556420832409881625698054524196110805
010759134257423116274388612649920868926439355212150847906167359649
534179203357299319229870094573119991169784226885366510539372307341
483362776594610820275072013548479905377197752110208021488139107284
434838958337452396079131264461657388531821170465993665343126495903
472419700891057207310514031003142001607836834277549263847812555726
811479079790178690706587063474951441625253213465913541611593773542
711274878442640103209138695354514175104568359401016226775468370908
677917638329951341468046889569352868045362009755798588010754417592
852429641027544394174983197584543691671545375831879858306467153427
646260166170736520150241250941328917174724357727936423052842049153
843136710688623786700688669902695498242234826535568866776437975758
217353681724178526139621292352814651019033040202959808631994332812
220298985891741331294125482553096868723311629218467821310026202656
856968633389860311490682515184065358262028492036911080130045106582
899768893986223020029873020266682395983433721483435941141868009441
024239480597129516215285958031825836245884073891924717130756271362
697428833359520054337402297168977565143850023979631220832296886854
415180768757504850991986416003851929064901878184328260738036579415
375088922473330912890232978391570165470989902590963377562583277115
219769901272065427673634314435963386698378990691427314298771210280
981354038990518196590257528717110177255359810918897180596906653462
252559961087106029038506826103736595190365980945903875680234895812
098378184566328475101226255811761539113972787869656636476038783309
584586952129741360212303926230727583162017153270980917602947021388
975447440476453541813844023239519271050083654112614498747762957664
613152927304082624646701708792176731621559023521033971585954705802
422838270279714940186022288724774495150192048406390897784706393683
763842470276918437140113263995349055391609284364993786270814923084
851585691045365720342141118382724192599609844030715132883908461395
367071412105272205061025340510194029407497595745271749295390793858
606386322716975883091315775480834273084500345820943756785117623829

181332285007239565267328818090238219283414941449565542842602213790
588610200418833919731786325472260696786349814689795481129245649195
627574858991085116766023520108670357206241041911139896508056310177
625446789940282116489206299309939504162691936328525056590712236826
429134597500011438126624463961940292261249313966460082178386024222
634029098826070714131013402251822925181145074532496117982780980909
040598668887394654345337415292835273206845203742286706180187577441
930845756845900830486689521818505462058364007276520648231602447922
945765035027161024023604827609189292591418654431079730615857216897
581301459977941667168583567014562797481377628779120199707733760091
54885054854373491910724448782685079767274247498877503716950996456
850662105235981331559735770965590640499957013762197929214384231902
193401513373371463885699756025752609691992041679698230878351338934
097212741361796713331802161065533514784012271805000560589962544108
742917710596386148887121653420274202194001089823491632143341096645
523645641574425476162806149948622628197947120995332656928835757076
874231482565476213966576158701886088308735206342138180550809538710
626433109792183401239101558732344978992864043400856643324403552063
429457083508674597822201907204349182098165274154755619205328716377
066988391265389325883009078593309732527980300713903254611166790612
622091484958642463137460474292851212258409058847153194384311331074
768044632952910144117885336084147241830788228795538892654286664484
346740126017527830053237795047173946198949841265861788389973276677
309259772363725112409369357153099344533436315957211000477806131956
256649419026610029205275667024981564837479664097209386142874282180
671772944466864229698980601045005527182047419353303659476484286197
418817359912109181105178317173557233620487679773497979516425829722
861089343501579983963113356714420777512245221594458881235393183178
984277679077619574751252027257634592410599926915418595094605377094
715366442336816034537749447820380314799452485419024158225473078010
510922138304388873009741595897624392851682724173540249533525649788
361744765198146214873797373350201389963174984048031417473311253576
810877282054402753015794992122482281883158599032176421808576117958
983050763104579394151675401359916459608896611203563607240992607138
768703535308360231371618275879494370788026235451349994710057516165
840831401814160964148485556955730484032393220524854208409177214991
579667050539409497091309426035844241073566596751505941297650572681
495317756547067231503130463608454835845721446246720883776265194604
923072910857551718087040119262985996743739966703984299785629244915
783679456050193823228919978420229143846192877103398117953279196400
870648499992736416101929828283644198702283182353696013372952696400
314320550427157165630034780171924642065185460756811038794804264588
691923654859303362606440276948220974068354234243978019485317192026
063360302189849987739570514319242794157428371466917177565362215383
803955612588336253255619898881383941315190594078361441569787973390
2202666436676056612603417723852733817170074654328762226735779917344
206401459575985605811985204360990748786201063309505039894971353174
758183494361183335852575639212464655851461773314300998747082934936
630501465316745749214912742258220888494609209423211433462825171607
831824274822368063119758762681072277963874119144812076079613539844
998783245877808558470791403580403227933215701389593658177353967847
577538591986059077025714985199792918862071755406650441436740619597
569024610752451363496607249358249381528623686592641392363275844595
423516530266033702306645558408623065624456971108791978300610297648
846110574242652954741764866252078704004909017904671035984964700603
486476171102949367265149700987270328479905999347892818513060236900
749309573793718138695168213954681295914649862341491832620755026387
682489509567486763202646934551755102928182498391196467909182393524
187155525228632683189420876997759678736117498348588993008982463118
544784224101131019114582133065280581124123005358964903636926524369

193640694048651607563283689485719246133771989589253365265257048202
672064769802209837141510874808272712145526565400494632261371175565
225578557854386204843972745128112469893039538513275572087385861363
328451549809991216221760819422983295375288430849748152659895095960
317076754986645374137630467832607288385165158982819059836624424098
412397675433819956413887733902556191040434070925405873312271951500
439073325700740229108927106398570264233945072301662562178032650525
080887920390398302390563040930830181301726145707308395001842861952
901257381244218064366115969970222769336793770489676516002294892551
841716903012990721201296501333506270071422766354974111199921981966
469870956664006653242100394714517812910000178032454064536894501473
949749005669062242571460680569254946226479467048866362893504625320
978470128681090305962783791319601090907816037257598889091566804943
193195890596973623783181042943725339610072872574632977674802262448
251157855302750058601415419087537221131528876724434954889393712681
182357650797573755918622609547587939006855053792263520713017519988
485814137391208239095529104948088632077345265344956069737731565388
547835754306823098580903306345184634352421193590099177251932732912
298929823998480331430713420889867686491831766482764551648509783183
127571966685940965467399168666738031142877256054767215666764458975
682178499580369793880035091827535854837351023803509660322552556599
141555444173691944962156924331126508124794987752339716009896404320
451632415661243250145503431660567536064435401981471072977478011550
232305077658642923557297979550551397602321950701458779264414739212
118715575931178810856734946743677579086970048686007610485539674009
396682669252994853769134670998340658310623221364207499710367664880
906366581828908867836544765605239961168746643503885454965793933667
829994221239057546757896113200214638887514277042848516141037908536
267285432992826190091240042693001842308974194723371882770765364599
634437675073059724489094684373350253686017508317203951523600178790
732272888524363703330044440927812905934536866314147010465934188347
468928262998823630130601376692698821779885172124541457337848823038
246719166595110517463243127903156087414886070815548311021325401335
686854055883431018870889387613937325023408807965938201480483031644
811231762015402434502589721776700525987685752911079948876170334681
232019932311321928743418466125998701817465611791461186892683702520
165299119898887494882924206169649654308944234634175306462620663204
127052479046522225947485262988218016651037739152095692571767605139
151290790833063089131384670767807136082989918994490539984327494024
388971060176275164865432435041746821740477205357907297881903006476
217956560515937853174699754367850429962280685938360583506521637181
437581203594638980135385789008753863779994425275139716428576455853
881509599865425996111121263525218353737540893838299407147671947955
656533381033560920916513587960431756452149002108737452194070166079
074211714638920928718476016090249231911042267151029060178956746423
834095198359114240864264571107074853007624980220673638377984459884
147751507162293219203102605005515090769789431943783482112231317197
696873083287468383293986801931916537026638200348246498888280099530
802191763804197594627304342370504981686266314633138199244995135040
933685213264862216626143045638015541670299756701810799145983714301
340032034976529521643857783420248049746048135655627876700141167645
327657091594698785747109517077561758971954701469140528987623863446
660752169184051529203706434167143445810148812459041088366769369630
161221404303079623341879278070741455430961219509880330732327122514
307467437929490847000111815787217604725628436874440299990349072352
336477956148260727543047507338357941695208541185814142116336633188
436139304608640443812030500873747407430351981258795565121015437961
854018176835163955314297889210979335064421892206382792601708085966
151340923101445509598050049709333418260346282226613652457862436893
382874818080831166321408860189627933379691796702389260039510884923

222262487914699524694482213222071622818763375411744071764408256359
777491004984411315866456552169347946993853458952764802986158402264
099994210004334206449394164465158608227497279056804659105802319981
404181666468971070381589917825990524437941647676653136370381649556
880784171970666908881871118929635540970894493508380867208740873858
916782805784646387301335632900560817556570518689835182885385581894
187618464318855418835322055865514919608401350510913042964386737267
017692094625684048216955942243816283631760549072993983829018770713
786482195962795827372843849302107651701114120971271895136778113363
452251194325640609290920398920303114286931102996162897157416513531
226509765663872541502188189457696063382654025201746274843313786593
668353589272889441372227122323730318997627121875635903055240593344
068040671658854991089223395103185228040031630777931393887881242637
399457661735057804548647097133656122691054526803233517094657822351
326347119775415664800121647618915383944543827074135711098802738252
435819294527063872430289838878623739726994810190995647633987267797
438188240786469637206134575020404386514048145408486372294808918749
533368453833291856926116001360905269807485077880809719922079054938
464491299811604451051248201576813423036975845979313525076499172671
897835920462441355835396802043901129880820848792705993984520815145
552771604555450916639108614659810109436485529958341589405011322175
918918227407885854505737075417198079357657134764225664007855202712
359649841814780918524754051782985983587194509009264562032214567936
003200980365891403659248029705970423893401417849408983405889420828
137541084532719476594015784918087988412786712883469730444534633001
134078424469746761005216325231469607461797235227518889113661084728
250447333876988089978824961745714326538959319891938094537356200697
795660073292073759878773953340122426282463811760466552954932776015
165444339879779657596421303648495380297336297340540953656602715666
209562420401897254100269030887306885967583236348486080031367493378
804698810817924348705558586126044335111341550683472102803886307988
424864795993442691070980705308289506513928987245609474089911504991
593266076126398135041864212683987924382810639019024427167350764624
024576817524129773437704721153408616804178294996765068580625127475
299506559532498818661118722169921472095560654755219761455049109990
697568423675215339297355971225275715087665659664502719171782052938
851093694472103279129972997894959537217965414822046848471079713315
292422565810659649076885751212831515757008915688390775159233949705
557155439612034287580617518867039830867833408101348168394370339219
341974243163346877167554010287905951855469702441074836909988531592
235768360501858756785573637458577148410634013348975908777490583345
539770579535213590168266477382725085565578135488763598832002785770
631642240468395161657169656331177116454122497180862165255308450802
635618913260435962920096403238435463721295159475370293413557820560
910346503148279361410656603454420828537160023113668131909196410287
304920850041743703833744628104646209427769637855809342757875987841
833340399660193542026714882612819488625539504381515336088819835281
749473542529613052058898947452978981927653623021464927164086320292
356592994191752454776144084306022379318567606483039434162187536270
414749761396384298639152870831145938517668485369224524791339701856
796618981007020472212331804541923079943922150899183397221294664854
266918247805798787826538813387791747999298627164543339304246091128
474141007611054200897125853667283631486089863434645693410241748675
676488649993201676076913951174561630327374498044609078090640304676
349444315588698973721502306022408768962808996777200829540097286219
693697999085628637818920687343124342519125716658608488533132234261
843260558367351735755946247449424091891352020742489171844022318266
702073646768610186247364849275801473588812961571164530777730991879
061029888628714930204679227525167103708071639439123743167928668219
344462247657260407054599859682878959481812296099664498418954355051

2697462222284055821601781563848932415629429410235472447440652982 75
9565085230803988104176753109539450829566866700980596803972387830 71
0888730991670839909866670302161465717224784085226233338425720816 81
0073396534603214984320697266393091865149254801370103838705478495 80
5692390809071470146803194411882916774100108676071463670346097016 58
7747938619865572514916032126199719973803490164842267544912596739 31
2397990074831055385068661830482906443355681392530449017556754977 22
4586553701311488545214557527650034001289474274223755834032167742 65
8602941502854059595734178734907098015908582653022046578069213686 34
4182383358550580440690789048769469523016824226895303019503849045 74
0947723785841308094244812638676254526179071856678494915944757525 89
0432985971556253916870664050033869114702527528774632307639477366 22
0502124317111976697554070733311267595581143076643508377661383937 41
8821198728140243019592577233992497745653599173737048234552569017 46
8386181605906850252368717229255820454717814319918580749491682119 10
1061410175466753076202891546321342918722601569145323392446783536 09
2923925956317992477364265588541429930289457142976436732322262923 60
2401555030564320283705186440270320700941330893074078971459341135 46
6306263658728571889770055691796392094089540494967577669166831282 61
5198053868579516388745693396126973669872220449857426520785733934 50
0552182495973648387278103946120544515637979612030291659476574699 34
1543271014074745772892654422996600802191430751632012114712233628 86
8911003141982697620811610237200462099132116432607069198868028640 97
2266780902380740359354214499157461979683557148136771420102843682 70
0410344318799421436138119770538705702515776750087453539287747201 96
5450490621594472377056510619675999908569487775939149115942015050 99
1367741964053191223539274975510275226212593290315929202063227431 56
3163988355989476949127802825984508358367998620353352020685460559 21
6786552835764981566953231585885723872988882219155944803787090891 64
8567299072137386053604371214396169103856951761602847570707412208 85
5744548038615549299960111090089529305615092834665028803983155291 88
9086590281766493385503602113010042614046121856202729086358517057 05
2077500603308295180906193350336573369268872311459864004662237348 47
3629802877988102147101924585493748777453115962897925405501780747 49
1964778406746552790393195565813896692543928611681270286078016492 47
1757947690040713838418710229217335189894076408089714318830892216 39
3659687537987014204003784913012750100361893552864648042380140726 68
7789499470242525139568329366720126727746887603228486942873013499 73
5546344984108290399024614311248528848255524681487627399427149890 89
8964065884653827774882015498940055948650851084658197861933024860 83
3800725503537057526726162627120895748385707810716790396321406114 79
8575892731652066513874141839901415240806942716415312484146575073 67
1621014372856615067280484820945901214115397057048462215390455053 20
5451408649083481693367506628520708504476168704764247062925198421 82
3405671193175977385071213843566161200541291487091099968133185503 45
6755250273948056094553333242616500497427369923689595571203234581 64
4450618398094463681201084189262133146656721599470819817686659148 83
2682318546016554172883453416704493091663748465689767634231201898 32
6438391034187584136241967457994649202221979834593056563692756849 35
9777671093103041411307312539564248638501455500757943604266544947 47
0225968985102663374383018153260704636104120350698291007740247523 36
5758424349259806781961067661254989366947457932038348011891804623 99
3440204860547400539729198870648908353273846254259781523770165393 40
9066396161418136993626227242206373381984306775264803874177190613 45
6070869512882942134188943261411559837419843096506180799248248599 55
7473975865979178350016251247911768205661124568789795467228944116 12
0724622182150361118719603867594046340815340520931954899452801363 92
3920455820705023281591771107908638599432662526833708351622186279 06
9635134610001892728789722396733421122488552537949623348050174564 57
1416968863601005387174928821497469289625347403249065911079477469 95

5016629027142984650883917957439011915442316633387279050548931573337
1400843033387711793984550288105152253878558588527678672465468225266
0139414212638002515110525362020285088336811671179131453518274582699
0793621433828736367147855025406183150742638171351310767393576500655
1872257966213558484525199814004650496644293694462643253534227048100
8735843865153165747836934943817561843938910192099339207935917302355
1336134333617409378894332436367662102057520640498600339476261177300
6597900717338435086119046672830919191405487618249035409603611171755
8738428295310712978874130067815729007187202852534737368305268388200
8851900652888992067114141756148218048590301612699363022004245730366
5450630834445212718140481106462655021833491808728134317000593894544
6477780717800755411594479566368752313028096856384976646741642397944
0380978024006822393043975148776185510146807492444313049368424027977
9663806970107218594446946675695263158838285262613400278056513954166
4726797847201873928734317431956342714686128687031868026805130778333
1133364970514243458619433993760383134891953616522198571734006026266
8164233315262753256152699866044674282100016307871335675641760570611
0365397244034349964075523914459700042488278070090182478520476973066
0681827286895011123040202596546463916882653440624513894380086858266
3099263707383047836303898086010994899412575125614015344638442370877
4909562441301959987563891046520966754587766008659039521526930724944
7593463765524999573981368704682383578222135022751562771743922399555
4134549014307806588887145132813370761485025768523236382933147428055
9668809646209984224762074394269002794291723758974789327985624247299
6590853215947205332369490434027966266307402731316432230471242896577
8160810904602256804488197247067993494893743915075505173557882736744
6630113365128062806763873894435107340477854284494581032402153026888
9267092892734321622288665308079172552536648253192224860467190401188
8149796691897238390489921449906378342247258297448757138716393766033
8353195822125838995005317567009552936485078884042900036232460798511
0809447041187766965698527002242365421484082307424965912899096508888
5363087254327321514159891816287567811307051625685105581512671359344
4832178026783508960472580054261710332895188363891032447371674832055
9178733650962829745596943462409255652816656642813369025930758740444
0023467313737677792486726102625840368808169386094183043542160512322
8994311377533910651173174257919038774427555774666030406620099040633
0426051492029870431846013273895090998152703064336944690410044571200
2235451171011328756403959370242331710298393490082072739036495979677
3246070117441657434325499611780691764675964746879791515572781516244
7306058334526364851289816778469808818991132100393955511186968360233
2676578194608392777588773560940755982917754280861145433013950045522
4655124291004911372885966068671895355711890373330064908975683351655
0049482437502013368515728499636967464259149536037394115496098234433
1435109320221809709359780329549759598895081104350136062164200304055
4253525182009155876233217544217588085941929940166160003634391015344
0094039861381614185296591895827468622176004007540224052349144874111
5414450603504256362329696036597208236492559421476520771374574795122
2002325330757727354406667254606385566002002468570446003727540392322
9608743253281392448927596263699974608198030761215869443681254346477
6005823451709865886875789643460227054800708379004133051417219265944
1576156879115019134029748585051714860817315609739898187117889639977
5438593851481271228565920278693528607609610014500468628214330810022
8800342379908031603885040608297629418230827838086035227249810236777
0590604646347730952402490251187179864243391902530458957320390858500
7871952255017770376521626642185281981740507340026663725152809340522
0811671011269698677937225985693349519432693201259024230765182777133
5271884472532778020551144835864447823011547118441835229325114932577
2698861749122603284020727778843300201824351288952626434850401801177
6692189400301384623039255957312898153724381695307731589478556460255
4890123359844526030584211078366417704984380422727756181463614970822

2052978940468419642105195952976344279449380087623752745873654043 68
6032392568120396815397806203184411751734063549646449468864312900 56
5992397103980260552719134441217649315767012502328215868291339917 09
4347218601990614994727041937223244811365777364784334202259996962 79
8552988234835813451982181425675924349886313315764355498522016187 47
0094484862457290141545591894888707730437495867207924838385743401 09
8250062896166079971094418369987478443956767929238886241602443690 27
1546527600224939349036905471674482965770830739242100152832723379 60
9356923990338824465601298007919176430314202194237399396437444250 88
1398720311047330446839944062988196979371975773532541936499970332 98
0309505730194490517681341165244535932990515291198614709570353745 26
5578742451856888960135130446546702707588099460903301835695366013 27
9171879444954101560343692286480222247044767586960903220968422563 61
3405634836829717434394913450350154562712113070691281968263867332 21
3184044441497703738450944461754830545368993606820580388987724741 19
5238929242163746784562498542798503144932995331585543002766715402 62
9626516695809146078810174714306991744199865847329040165535665857 62
6308050241495588477533489852364672238934163656532479436451005902 52
2586321364641258499846796161843552340352324721110521226636091573 60
2713021329448208976614103780709193655802622181784957122075851190 42
2878000874592867736276332300969043780313708952520766671757271829 98
6143936555118371669223725419466798082166668111039566043933750372 80
7554514848068166043674678943264045371156658637505315120812713275 49
2053068222000525692985014308858791838338588827226166775683455460 04
2038732166503756308540835999973834420318792535151098838338539003 29
0965874054873988529729683799722936601292312307160205509733930936 05
0345903955144350530779986167924716144327074762450851301978973869 92
7099332578952464554750676366826464527152552254333880535483627391 62
6239252966766458754894673447577273356013838273729005393896656592 23
0598571048482774398049720583821115538200989209661369468931771991 11
4747170373374826981059627061291313996060882187721485255788982496 05
7151197409955071399286692015456583834310142603080858688493271922 98
4158950926435718314092471047051845128758699884109287359028743120 39
3437627985164110324412262926311001109691495544503094533576921409 80
3315676548064212577277675625253662101808506368182957928716083982 34
0214720353625982063645520085231280580032671686683448151104637370 48
4997348399072102721190358008843242221164334445080022597795281797 17
2269973237438645179469844576480639489491833438525180428786932632 75
2902447890475937940428598452749922277972100023891121548938382391 38
2872989931731194761739061150447827928769110237647550252257173219 48
1814737063013088417889819598162999541083390244410692706737595956 99
7119535930938496110286574076506367694490893018558649870372897272 34
3345722492789153260922324770228772629642491769808030278236217239 37
9885400503625715548875361008901145686498282437678150512482820550 49
2067614725271465218966300496885795997677522593974060305110289858 03
9626218819712821705192632230895174681586477249400663476252399854 17
3196026161036924195715977601971694902399328727439746588043656593 64
9688016852863977515522475999764941859502680405006409698435113073 79
7110441197918005746465493078021521252981008731406046947356590646 89
2418148391263600007362471055648198258938088745764536277429937681 35
8765419179735722961270008929684713696493683678963525182303891310 39
9263375859652579616496449908909552435508658902553027859907755325 90
1273060023553112413722883395464048657778331615768298615178650924 13
7474237208870130880543952259278853023943092165956490984077060959 42
6129628247967788111335332629528747975409878835566787900429195451 57
6744148678404482363922335095660072754793914016971072318582441279 89
2338820023779406397575365725162501335163672644359159774750611925 71
3016230090937345100474527618016380709677370094376805966714229413 58
9600824755383245974803932060796044905017692070585123672619845895 68
3093796806254340250957462165951887975505779654919550494928671233 25

133755673871605735638002894299024885121880124056867923618924755604
824874955328263873146464164205988538514774334331725912973171197400
042649872224381061421103274992413637133754743240629667251815657913
864370256202430396479048900504429852624465756623621882085409494236
850573272737762283655293864213194617852606260499906254796884745853
044130593739472779307753507819355762734410692155894072757362859694
496638890921585132706101710614979762053857085281209575276329498576
677719475935215242167687786817343705567423740243650963517997153302
057143111464013586402829024515173261076716920225250063376243107416
178747624311018029013318097223112382400446652702557913433386482338
478240836415091426303214665547366175962561696659433120665985127670
461450435565056763231927238034514025354212809618536406586065956865
009005429840500460935485306206267704765845643230355579621397040128
414507155132958915455166928658278389403391529922388233290253888572
605849243307420504807749658189661060918105854541979324802037965568
280399926145969205463805877136490314877440480911274281654824191745
721110244974231615616924754790847307516632660981952379567646387678
825343150882208179566747714706801635105964756831889832497120460920
855699713375741446504693478302243271003842147687932214248571356564
628340103242412826327654208160894480701691549541907889908583899738
707067015416665338419583507169714519341920374457438205104077772973
273608393241637456285892241337653863674955049543056637708434508365
177004646646381532867444822629049601846860503688344077608448239700
256776213235721377269139239309592523794220566769837043926078903482
673734754528332857659917761012569555350192620551799398021571031241
431145302306985898701030358942128852315150644414206528495349362202
442156032850944544546287414074018450857333734350776305942612250192
525532512991863421476582140383079795273873761052730263924182242641
542150906460098831844152564307260014686146011619491302403669382475
017141894225920208067077454915759538454237813886087021786642478602
868245538257060700785282733222651056334456649087436158229522645069
096083169561726052652534915020704138021903400570178831183123741998
178687238825101059747512023490654168401573350143178373352481938619
828717997108611704819560792586428195619770249670042110009538004738
803920047245467873090629279686005426820228388866840290831335207688
650527791865629012892131240315114784046500075712617797115876960036
259178899584553203528776418478397863166507073750966908836131673914
766831068048300176113605941255839026184975476669621728534035859219
034523767151164313372600671055941435933213580593431965154632317833
809081857823319571680232256364543546573965389158512696172683566529
545299336653616507398029873401838864612441636517466666989389248273
782645426314272038650117553097076155873345431026760891681516242126
487058077506359278820073571778056908881607984334565970610092424036
098417826254172021527883071915797667428851450587738133761448400083
912643956891713569322761335281604797325611648002436478133941949391
998144463450338977304830790172218978761141526758491378276713640481
452224170097638024592754166726985901420341115880451518379364707694
489921651958233263828168333632551302342635169444008445773426489193
207412771550956432261038689103857009585219216284841848988273268655
470423667527507529843122908730541983950440894202141667808219680982
797670774928984971242388093354144951082942562973278266923004101161
806478685421633930127455892232424786749160761576954116883021345421
715965846090848019719649487228542292491332269577189910652192682352
097342852936279886092116791707629485847496149978359834308720070047
710218568974412617231091035586226249946839024978024823106107738908
043031729059847704522430321003304957569659557590980897187735513274
829633988645718778469106403556448961252735144868231053002778188431
067681436348836868815197935919480586451837858659731027120780587817
682834764220458041748546527255792593212754220935506709152174607418
634501047954448472804322875904278532798925864532242985233863325720

785494344100713049181600750957198178380956000287475827557145959121
423798241034420119904298000834846679847791736676339167559812330736
044998178330002714620794715396260742401905177826968287930733427372
635545596820513214757796885165521578563821506100375744210687869817
590879723105471878597945093416353173097134275573684804654936846085
893279519387805483535183845795512788897107538526481259181979522714
467314889783066814412948090438764754172032883679315394873192784282
061408378211112385518592573720264234464661698520633845340600855266
871699988254685318368450116433542242467663197456134600849630856057
453735903033205858460474211719831580072893001356115756207174231489
330479644746806496381293164292352358113902966994946800145068838572
950498800317429475562367674376499424361295901887816363422319493407
258497317389718473874274935509850647269696844126520678050219420428
761073628889385885038732456855643881657884628098866182032035782303
338009930591300723334132345096025973746052004357099860029814550957
846283200151357359254602735159675644163653011226471278640324482400
773799691764665060238733966563567934039835656807221965404885119322
488205427980912971100770045002277546120661716691559139809765659822
716963173713238023308189464381281348664524959954457359960273403749
531981034137354585996149549836091761262853953078738457075946329303
714882251930381717511543835002670899582654526381103725254887743926
013540602522145491981699579873716453513255099052087967799440782253
080775816995602711127758544868440276052939451428880029095380284854
110122615778414915814077499984149629224019889130831785966691538822
900994694745024784490257136735697263979283040328606345468198590148
086774140892108904010576575031104192216149418743145878476136714773
918305353143832266954538329922394045613360601782141188650929220792
949664091216003590511538805649216270544641912365189082065327758919
973892229390120026823222236977367233003938217236746530526507439140
683094747321260320884009899014802678019948268585535148065705391400
576934547136732038757724513069759606056795390037265846113845113230
645833725058053167934472599430552175008531778636339819472177438498
394166462144855051887706616890278874741977750727859461678481964887
923839242970123021952643848769171169294191367645398975302213189442
746898644511952336113580869952565738499513227234485893231138679783
119517843877135064823078704829980344715507014188205310414266822948
160081609502468235978893323946769501559475750223592602042472263849
410031136704409745365861030801205930892752761072852639425752928436
218637764253542781899306480066569636727516169718199072260193757116
892594797447612487628882179865013674750750063832347988396497740048
841235756668657161421583110847360913934500027320051307981281570222
561690655268330308366563814134700708194221664848221041593434919082
040564085952240388003780734926165030023171799931482592911800377474
465950156593998138623869286906265238206123362367459640720983507701
108299079028069034109175096357314561823190444770495486618716069228
030350137359522412331696418348799080748080408689982217275513161958
780967752165398983096203489409368385653942119612308102110347105174
241643465517192077927713852950602675186424396926553672334478410068
145595114903678283881757053538003894600276907056312702323014141306
631680174679733509725414626095995788159410727806596654228530160830
980948279808777995415133063418519778723030126639225399955941394962
110041954607825206744250803288180503393892187565244451699554137647
784167163730755847972338659392635224018226080316927670846826907128
840619197491176562869996908497073082337564779768748466753052691929
850792803668182143767960730508738080830144642975982541700786439730
496108341861969661959632201840359163563411843581859820514136319153
091251744066240493909245135885190762706889366270990559464689376680
069204682836304625016402102743791785448024851286182161251211457000
357346740692536790368909502592398915481716225418252452080600390600
406155405892907732068730958006174997192036471209788419244666709204

449749874824088659052669358894877525751640135436742379201453072202
353576834544681206865951393272635592769965995737774411037909107156
835865846562208586210713954935453912256732806295275190075494090489
639438880642545570726221159363124394916459725649101842575408220047
228888466345128030448319017840074011676477395615436471395235581999
769359010841775219733620308326257616596841193661458533114207532119
529276697170420670518598424997628346041231639081227908900560239147
276254723044656137389193482911984549306094462945096159115367552528
626105912712122041446841774978186305011129740039411193508189083573
332905511440743044446758533039081986774585870646675310587332044486
643819547370848098401901457110801511114446629507460652330517345945
257725758930786370071957679284954220239137265682599318384963573717
455405038735780540832235428668250983407424619172124106592840528111
662009232829603017213638492851047735852983920870989263169843588574
220637445799561054144370524882233580267567460992544022776840093593
181777507857673345320731185308379736957382024604745009604524055600
641568355404686418106415591598692574489030347146086368684207141529
519539968886399441629850126219826547899506312921479605647184999313
392444952972883378335522530665608113911155759997907138289241837357
409051932411808327532105758344340786287664294881133595300781151425
957827964092837812763167468852532329802856792473204532093854210158
071474018094794611604862776786734377575114375923330492549945720627
684233643946932701733610844401875653569316078803127015677432921109
546037466986463058964329961957990839163885107358365539735868580394
756294040228635209634721703945047038525710853133624475454200105259
671217835787463335941659232356257039331280188197993487698085088538
737901567888592495993380410450709566819780689097913047531270144691
199081713805793823536727157978743995647891549064076938192367836672
321819058213639903497314398119674217404866069196506586883151348340
187681346790426439557385900654837580715281812895107414409604501704
396548535905382780434813583077244516003786097373743147217940264953
077294295524732164285858641931339046225557314287679022533447878688
563797709322070475438244713707210817280726216192203451676638569854
214600293710661317844674349494603427459097077940257119887375313991
238132600095632063682362858307898741532274462127591793546312149215
856310068890958077806059372828374066045173381475694066896879074464
372890324045717468931622799152607670087495794636552981080060563205
359323461491322115081869171155006556665547745497875592906074227619
249013128677758013421084016288308729212261577650952210150804466374
403297822650479584839492908809137834911052701891586665978153952243
363020381943077972210074929529190141757752516992977147935001371899
644889115206473629667612182183930848992602460041899154669973852196
756729309643421698898063419295331116601520268906755263925108101725
929474115970572467020836237914457657307631055046947966134150629498
747616641845707823855574370474740572018709533927231232500033657654
418215016266023517184726721533121075096401585101898137749142654529
986669208708890369491023049304630341750898351467990256972876511504
451026758356083496277333454143953879619686112286271837770262649999
543789756618638452242447394924921505485101221670755524051021038733
002845936131845844278673382314261769735636427084212028318843673819
283471319508717312219101203167211411093958999228846748017416567609
937878196877076344759701878701153635070426806203432221962481896791
090562799268720631573443595078978529230696719511043330556678384953
840961252779583891054879684848620867971749300845214435942534620011
241084266566758689780827762768401346982941929580203305740047491397
897105912264221040732557891314047746709521633731095467107147882434
746973225362089718434140168951520932937289579617990097453132280763
181828994331896956895304723703995389058396574835501508194701003364
946075415680939094827544998118100311514311243716206028508211677160
529015030383998177874986196350048908052208969068279491550381572239

746651144204071213280056065362446019685738573258138094507943474066
036054359116810385474554139010052108568269641743645926975730111231
427615691640643829304144191258097001501476260450843029947397770443
406025584831551837098621043718244490932449990941239696807273557499
097475439290255798479709348219032808505910233185056595885693410369
752178796616771042304942352351086300728128713214793278040206646142
623007856140840325983489255712085118985382238513620972879195187746
506418610105011000152392140198811550103331906715391496612736381353
490620189880118606264888141694352927513020120744485069394971565696
370052810443645796540085580441624842571854483720866433386657525228
581094828921725783915819147691364603268447620225583378843070662682
013656256706042916609673993739633372559817540236901883535300799015
939672492877457231001781338885062942677684523610642620854720708060
536737626847668768462104365662552545771558209684895512560427094838
699004537060236388671367910424911491996301475646726002794069393629
208526804159391655694283101370172150024613412555388032120174802466
199405716025981142053849733099095858647713112190057785168213546567
692543695868395539592269791198151056786242787386355969635159652578
010088777516139485947653028933659176240229706578369853607110049534
756757228407933874696396982052754885413863809128046556795786738024
779624558074935723887491817201030089198899323795339275624929514306
391754175652362056553753374784035475143499180169624212773057517531
727140899284179971054379976646930483998576569703889161802688948286
649839647382240305236838578791765498736162847160152275110555356422
709303412906341214050374706538761104405763127767768795582839693606
879749299247305575701450712864877603721671366639964795168121815089
563593221450808534862645244138042319376365335527483533321558341288
886647780139622494602435843022305917574155275447784716651515806015
968314346993860224116703396103314344414215237812127052900415296832
835814274572054807634173997685403211427870270994658214566961420493
586005178320307495998499945367759639015443329837295987702158798404
530424172368853956543113249128001668861432133590181459881534511564
969308722687998154401637903625847449402767622314058383024632327835
558970491228763755160993522863875948264709234548966040439552829693
496327329619453926341254044358306491272796994144257715378660212159
628384800807764860068442119512842811118606563381627587966850467909
393030243819414713450444610996238141708045889385979634382447612009
431475013914511029035345846423398665337750340328875117844562170190
700826875371234894254845267952905967289911416216871720725278954130
366253131216168718400290849140108824741929033100395853328090305689
816195958414640350088183835447766161764083433565762829160365278550
533429201734442399991298215606563923309683123260611349847459047534
817572479352289989350094349507539637348289115471101729844079071163
848822988417921854283174985756016443562226461225946402830864776638
735945988424504709908678771675009139300382117519811184256499449961
925019393804725337399459333773125252463064043429925100636277264404
252212933536398388871255865028214839351953782912192325132955047942
707747981757306909813981758364267491567563803402416350300899745884
664455951052637730388753348734402177258548165703260033562049041773
557909734759843947599584542976546367412107535150701385121261710170
943881638681800325344560780113893154572325876316875914141839336568
222962466009146205514597833791156464792666354362782330254858219782
070997473109160351106470097487400073152228766473962912778621844683
555002020430719142007284627901831863978702570277226878239103697244
548641105888916691110592202944493294362703541330988052688008793461
709563048460288276601190708940730028200664359866943099128838669523
702986662817889842726970488860447376760942026153771779179096775127
871974710440800155990679190772341720808085990428600454545675142277
138473782341100531182443063230871528440862687566050697234784773621
962023765844110337215904381189469829313069206115985645313989313994

899983340440092422837912517555217462189128760513946898847267718746
650478527066436257483191690849153712588054145403632674786953964910
372400574613022029319950310198775060288023797500255215749964464245
334988591590936954395808452804500493663983056378225410562624168321
730113237466365081832155139049801939199625148203485233603520297989
224377311115009165857010326003536444475177424698915893573470565875
149762563268039695816969490397599461063976343230542272130876246685
734670460622349378419919838013099392802365227419198605426424971179
228205037053758742713666727148553094608077962908093583854654683498
403635552168457034303500634102350285348776635304712506884408723266
759056557933478459113321260789019286980993596367757831289572697042
883799355130392695124058919984490604631927762990564603947687565277
618898780750820211548536425379197075472907112634428136059928119173
570992152555519802760560371809051890207185773505552327139139625015
942725393023718644501766178359500536742452835334629660040084680727
285331808352724863433160206496873873921616095592777074720918638361
912857557193948445722793390984130659405999651263847999733328982724
471352363001173194587972985469557496641486067831936412121572645340
765807066896025318540147824874797280631201916673807223776392087232
475421013217402193170524688311956613036567070305219123786177939256
907627223847705052392706222283749423814306103440377982382108877414
396313901510708203127545660795464337135345992806287196946972555924
876234056085997602542338053560291986990956076137368277070442866704
641224740569967492098598383612829365067744980245221678095700993792
811010739323086789354647755651487750747946650087569269504913255612
642806005988394995155162576408277981605727557443961201814749780045
132178212978637437510997476733763131344406693221698979064814152245
960579603637492938539058045809826035568195289395221669574156422043
036643722991469676043864419421301367590016932422693491304924670270
778248184552311346110345348927331506000123028538334230363824715502
555136874563216693665604441464245556981823192741194508279688704694
176702966019507450249851652980618680546381347525143843327899199609
271085812200893576622256979935986992214992546471768210127651995959
782470050142217475458619429603923945909288284181468774841913614189
873828126483553432410169649346552629534556346170833510950168069402
286750567763445714741321777516730620778218770649224444752082800098
342557045778491919168841767717868863033212689549197645739407537009
883714004870254292603296387792875437706956043733999010029485263815
003262899728551130103698581932674488505222842191805455408227747527
607465389890506437479816983471777490761037600628289061945763967812
992880200275967294498615477065204732195418902967085837806056950268
859915202286168317793181381113370084664828231642940194035016674892
993924087057564794251319995861278330973526538433593841675247530968
424697781918624343771115599252828273132951369787821407425451631268
645232757808217439154214688943590977318156580220579640441942122537
014799189278853790337774328734095511741378352019197915279650013938
688485569374748216129271672957278563847386324693858405292467490402
241343895188323801079314601834291621633196573700159794273900450006
384165131451765590859700264700322130221985224974139157795298792909
634972898511760181137446922094253103131383449613559931817883544164
714503878554716659769824672479744031166060619891225041569090447646
624571283638206166742756470277596897462784181051476701358042590385
753062036572937840164916694827135928569273543067691788670004922027
323162640407025502795620934962162273386194868110608449358956017870
858831338441728876389093153740724000728025325627642840264865650196
869797443042592258495804741792279253400552524744950234083926561723
909309423006093663032348020210867886808965918168479273683301432711
695684457049365421273852364197627489417603760297520161335938944876
2202357391354683427259462829509057651101942095955516072612741353598
331918412357841964213420072566873897084383114104658560037688220324

630865651541079929646904657770652379505345960246149402061560544843
064378729945258226263609197006342345695812108101880429485136828673
985213253451985198680652792016175389656184118252242529689346349832
387862657383224882146718221239216145216332527567001704289399052465
482587785124125185612578868945553166549754643047535031903559023214
381285817927533984012460823890717054605835960586771990218346528305
718682775107625066537094529888302119627302931858892708475701485689
985296650573384710386205996389432094133595779644769922141537865511
246485379439254073621927524684823828499731257186457655515086958241
513497981570174378273366379934306509060649809298386303335394250218
225663812732097435466224458876434994073553886358770672063368111132
294229836540526882156127024596288572354826421831454614331912545833
118125597914736484012914686221986737581897719518823278520809332782
805285034388138019528455465051393246902691156026768435854439350762
856672612665083945358983093208037001078932436582915508013223812988
714648091356440292471252441002452525445080232461578220635868716711
055693285438016246834619674923755227751310510012677605764387991571
994859706517602138914640631735022338464345839483543502798190272879
730320285084688401987594987037814617966864628754667039989630424833
422549049244670132939247258323623153119971239894462176588427193382
546662161038214006990230277426443857141757458794397897959481580497
290597777262187482791915421390156710404249879603838398730807155042
530393201138172623366914341884766267550325863449267294163554406164
160581260068978504890246540953673844850804419948123152264377783589
280107705287235798131917642254407902629775223299431624405682282404
897958586204209590301675307700984125504143951737057720575555081755
126017901812007351334177237247622081200086044079512395142659896434
037642450608295996661560889038571068464029141271737657151348879446
426891076941089531011909992999563093090503522277723326291470140178
644514635311873837849554388250085692730878394745287492017688644731
178310411019916006314988189299906101527781687084216213818395570791
840511980675977695998753137757726887891088645916544689831334742354
792980519109215146830716323855351038727187544676708295297490534595
376525931925165945147933685063816797347866368832707895439596677298
327096680062790539599982945777316823832607388018065410251461721628
867883587066190936772979664222559336908245867103212145301576140656
384883204620465511573100331062717763663272535510511401137294797424
234179965953734894214214002365844081133883197617525505890092454531
377560588422476286523876062724699030212670470780945124147162949557
027040189986666320179842300550700844075332796256999177187654265257
033125495139708649447191452729448830509460184152955625147404095257
980099014633837977690212939408531024885615673506063386349236844895
075282334010075202582830620711371905942678155214109218605705420961
030713293725553682257947355874625677765164533109298228760283792259
302513185165813377060520921086575617430123342890846992234973515116
314217452542671397892480500251722320908212457411077611635359168604
652376411852083104556005139095894987309707087231114254702312167332
038108548092017873914879344888372685456892148778303900165477417622
812605807283554153313690079313963000637697020076253505072612334415
101114280709368194022369899913082474246540127019401132229999320483
328746713553834945796358368992886232904397225844938171077259058039
497162595066369160424288128254838697159665305547425435455973433201
650174716942614086413803804665953223880609959689304939813989144177
810804401776804126311873070380328407813651523786595055100874035838
497378172321001662305272199478799074360574231409928334586615303026
591088028489438826271928605926885462526118115065543143918604738638
320149520141992401651017397674092260432548429456592585817768997716
520267498641989074933642588243030082299140884230370334920003210947
642357493708251538835961285540285715119996841213095132976010606223
844678533043036052833245947715175211091321846929689013599203990675

1746663771754089316263526915922316675852838151330957335182944234 01
9485759992887571589611373525007335299446864517727781072935550662 00
1116627864068458347421220153546184274562778139563100350380090185 22
2039972627590546827269914375360065865512634531653422399403325698 76
1990327001829322904538021646980531553098829533761896730953445713 03
7712859925458180227261374655690582259578692098980461167400939173 23
3575445142418155942790416484050121752751116222484137648793952894 87
6891106208346787576323688199506508172349368185004920139539693115 04
5084063183316979565001151633008378271107497728604641519331149777 18
6200581721183571765889164635570184488733065674121671104599185285 06
1221968011073225482951877407666997960230384720072533276005946786 95
2679051431952573547714111157306283794871723879901011073719703379 51
1138790244228576611951347093824055168672986987094588552809896555 09
0500583947977681636213599589645466936774116795236559330196254317 14
5982816376377348304158535288710628200928673451317867057905586242 28
7769770380335867189664400760452105077801090263740143632780046286 28
9324312169848956969268126996557009611629781048808333226401158444 98
6578869198915511649877595008201165471079495476162725359744314069 89
5014347915521487018052440688805318244505486151055750824583348306 01
5305152714103401346158717620493273768228117936382237726367695089 96
0600576457607434908380867249533034011936473642216403187735017426 28
3830918160337130530819470054814566633422929439437912961361179742 99
7959789822201838204339375151390081879567578084988196711699577981 48
0046861111020299855976962841938868761232745152462773308044657336 95
4636549384040081977760970663913237654253918686820356685427661932 68
4390288591996788147248350231950588774756415910641899124069125309 41
6312561954109543530881464234340833160970495044930981167353983129 37
3553934118732008867086710676292802662313136660983836430756156824 33
7100324761286608742139189356752130595062633620498264655008206650 18
7746333184048109653726939935499250846093222363891818790058724923 86
1078321577979026003556222664391725444460628932945945429583100156 73
0055075437247426211846516371207702459968277475890212707746082328 10
8777465643762205089221176286259492333732230679917615024643599135 63
8162060740858439742513315938986338310272411438507532080538973380 11
5912508795623407291394530386270706817801468194772402893961722164 41
7584863020451648879583761092985067605371677640104122787817955001 82
3319726057461761188377946845473203989183811701977866220808018101 64
8347143140329254503142495220082111433074466401362422531925987509 15
7512173913243296534940120953928653470846315882150495516801442870 64
9484831563843727263048169479579203556684457786382972288953534411 85
2061006954504177044547449259708669886360993447006199388647273449 92
7912722231658528362329253648259342107355249952854844231273220467 47
1078064243669958423852863743227324420182834397340003224185901923 80
3059005872229289610551499388306141350064936910473902129154397749 45
3605108064872080131190490223110707230770624283391952893722091148 77
8390879044959631522298968270822053048965601639594558607553522222 15
9573834959609286492041366112049876816520941632691258940484528222 90
3607027727550910423476071510260847037204995330735661652016080315 88
3563879622431208900709419217345047787877409407146870679225942590 52
2751818094928229533182148904042084393337728589025366508426327725 81
4394860195937648754924471152085966166588308595533616071705852042 47
9775057905952120494899134627373339351797353749095540180502086242 52
9471556100879915414706965354572999224070932580384255389746776351 48
0895187698836463589425494284220731203645100502716078039833613170 00
2276335732205805047209990128777689353375985741664585200763921687 80
4857367539294950338409822939797065831425555392829591922969806877 72
2796639729390777908217851732476108735564189670849418232302926913 24
9449134037576977880000852120689948851950118704243081970477677656 47
7051666007382064988485717104832272345711925918065271167048969229 09
8580751536275170955052842903922436500482488074481318574364656698 44

5218053666467548379873567916422013296190351708641479733715775410 61
5161742404449579958031556111579103087313472099035301894999465821 92
9921964771056882282986141014201946390542328584438171240836332265 62
4325123838594776356730120676441085014753981446342859310494968693 63
8264004641625964695149031961110485447759191706584392706760240031 14
5212717647083332009417568873875947770632409980920684630534774332 41
9452200217630004662282023808277804197794933893918898522440855068 66
6909872615099934327559421951361489460327548540028247463818557430 38
6722484814571204128940220014152688477096246122211499922887643919 19
1089940007645004267363603359564464427081897852741770774513395840 95
7604462114327655989257121246407049760606889475217788884675365773 13
0888483170413084708302811779259466701208771841286594199018778750 96
3200281102375514363561230486554615329882829990461745177485814776 01
2313343417313877109055770936706573655020317579004306722930314450 24
1991977428096762212425199286327402583704007529728174354804106393 45
0637326750684346881838874833235411216634188042412330340349096757 79
4165377908412586879828861032352788573321553381519883058804585315 34
6904313089809636940664181370415485931496667115981308994408254571 53
5523006525082284961728723967465082519004532455823574868772006674 79
4971216360282085235430278386536117112453214864879424132133170085 23
1543372774607680663766996188951228804910891117659551573649847388 60
6952471668475237514464152133654892467276122585393614841651438581 86
9173841675434827813176631429116937855646181716609663402912720536 53
0254447638306533550451146415224708651212131290099900196815169592 15
2430391022949696439063552199065139432163036534539747151573501445 91
5609700314795373825072228643267911802228545445051006686838264972 90
7481325848087102088749505142696429373925813677184169065452156108 76
1573780205352795800446849136136917468253717280353678435036189012 45
7777583386467700487187551541811503714129454911427269687720886195 29
0311000652148060479389430426121125047463622256753934768192222192 00
6351687668258215068279880160735706110805557861686704947486404202 70
0061440097794418761478549764582395624980544495512570910640270832 39
0814460092511777876520638039371357117644763292216214126564837394 71
0745132290507372055423326208635230121119230099328216475364369237 90
6325033568253135543303478962915330449231153809199575553294498705 28
0190335116740752763665598147220612180438573003072978792173568500 01
2562331806742598872401099689698138523973061919559283369486119032 39
4925359441583659581613839121854119515199265507043722245110633671 26
6896256727586677388238790791336450938651172201396285944786544296 21
8326678451700202781884192400936490366272357443728744856331087287 89
5845848235250820156274220792392203392045082819462261529184460706 19
7582285213387796963236786401331304109955645374774064577757684903 51
3791673253218265004401500646241636404631178277966053575667603716 13
7442026691617218914299163923048497382542894221998545478689482567 05
4577120830606966401517547011398438289931933635228885729811548286 91
3596032428511636219222076679819006388404842715260865907155370497 18
5933522605711810415045793473539632763998872325606368960841031544 13
6421487826119285418384995743044276868385145914918918742400661902 83
1447985922644596334799531028630278018311500893000765762808870776 88
8556671136106186168996249963879937029113619500621550959100266394 29
8058423177896496506627565297834415149733882552363364465203622013 21
6280321350049361959750702691727832370138371576432302888101329633 28
7393824573874624509689508223833084417619240847605102724686019144 74
3039151080377748192387105291127959055174988229390755127440803641 69
3282921255378008849192870285467542546669735739705365362454007222 39
8956201306760481133915634972776056714496409064045114809482486851 17
9621640442806897195762975356223618168885002728569433652880013184 41
2121411238983851952785119481467901665284068838218695868306612959 03
9774599056148703612289809841138200615859142471286229860041718906 45
3010082032794088580385760890512269876008642460648269485048618629 65

1722184875183556528814663127523768706746675269172441672973545695 67
3316677184928439431385995773850485061097313805782920944994446323 94
3060687595811900386026190492109839871969933647463311406629451114 71
5205569480402798735824309185973826397713404114160166237752693577 22
3614775634790555275216648241460998148628132876631187524107417432 98
7436275385045777742542057576627393156984043856772914383783590182 35
1736877088048034374286323665907452288539522835778681347219537660 50
0846861989626330050330936040997822291481514752577183795281384891 56
8049192181238360412271358296116497247108026125459205952486511422 78
3391156497546662744867185218756181629471196471380668777153608541 78
6941838614660748536539552580901696623778000065583681884719769824 44
5873229844530886990299337887795265719728089915979394193436752271 86
6343782907936824440320624639601866990497231903150243625040813055 35
3383065316109237895273339143697925936907286974042623404247587033 79
1700221492583435241015718645398347845451758922412361367352913626 01
7121554410849303321644230075969711058854695869571172632037985137 19
2940144871195015371587916332125383079389694412746892273986101183 72
0851428693197150286469098732848172073873815201591163794512301010 19
6666203644541295629190355481051912534387131600152412478550452245 48
0417085800974416436084037596380188386074895352662695035328164809 68
1679448801761593992935630643145711148351667475654627759421672537 82
2961337952004829042288165999567050760734870429085908499684909529 49
1046326851763652246317013487998937688779842092948512962785230159 88
3015336126834299177661463925494770519302050031055605493677633916 32
8395389557886997769714313544610132496189019170570120182066702116 57
7665414605136853434511733028437410975267518355759247185151889091 68
9894865760416453321241702808114846759077301327254794609415509728 67
8967187961801220443350296879621964404832788637996040983882536293 82
3039583969837394961017123582184217743974270364691125810751594526 63
5546467514367886879782290229559947715764306712652597185561511035 74
7661042096417841247683015840339793601121187811200823174503714075 70
0409271083743540108919934594983756706127409717699213954110952101 25
0839813654956204515024366843113398973858736113065124745242321542 57
1509170983114140086026489053937071277441244066907683167085424057 30
0361178690524323205442682356865003270303065015077480473870024026 72
9241448002051530677327019111454898739634929248920628971290478304 49
2685380028314875358105997056148380692737300968661098886378902955 73
2473773218392968237265964099999476679557605307182161869394599277 81
6445253696965812245009356458994432191727916867639855789253996966 09
8824872270586902492001784902712148635395532805946828846993357856 68
9685299143803410528336938389808106541631250749494609447408886469 08
3652165710685290293790114001017104187582043926198243372615611135 68
5841730762865206310031274971446997819103881992609016646179754069 10
2972565847469045071925244946583352764174639951788616905673265931 63
3412458545178258082449007188501785142887176672083115995559292672 62
1178256119044595069348961757228325071147520441276776575050868936 70
9803366686786798668095854516356450456700098282130467124423758025 53
3584949678345502763107561618567611024200622908622178680112434591 56
4775661362731079617325234681409070011050097945863457244190266200 57
7367179046123274420853797609726268687700946422725868500716364595 72
3606381633847494349975206543190488268758253505156910742713458684 17
9456955827177098027528168620203131954435974916468654922876308046 66
2143131853417398650352264519025805451724237931971335479894431301 84
3024011898085682842876356115113592545051759006609029317534197237 03
7316626763104552677057284108266195395396768023500467639232238198 89
5390409926916785915668921976462053713869576979999088841317689151 13
7434627023755761356023595321292951339330688041066225809559753015 22
7590711430726120998040611204959544702529022458298103260460366610 79
0784614562477180721220945378224379608920847836988153399857843835 84
7623311114552944993163589565451707434941008645637568236524522552 89

0279717199986729963816213783471325388298076612871462553478352971146
3013937978843229852958454395196768038647708119996215817080944398955
8038250707113582707983347809856610300809248363340106643785171705000
8672856057256658249006303816659250276035940142072432533503290715344
0643720991049554417219296172851893187876675409135877109975306839422
2832961708480658343497111814009227825302615934813947551736035584088
9426644749330958461998620681292484299900690495309560199167359270033
4227705807777257942989192483507500026253575382687483236342276724800
8711441393032576445162636301415773729913585526476183106154750550544
3500397887915345327702159604456635703067706610019201793214017147966
9716738469733339707056058598922830925312952649427953618367607928799
9401770860176084753039347911247886123969453298233627503274176462433
2178205058631210032808102535309052281121335769067348278937719290833
6686403502827994706248624768867044020859538534724137046928259372277
5289596415597499167757872687009614379339091219386991136301973189711
0945603730161110976662442440018178065055572462339859256865538611688
2612704334070095180088689713989492131948076545616095446512264314966
6934969743616983961687411240926925087916495101225186752483635616055
7123486384689279645666764984846476716504656126699086548540370528100
5028232541582319648245828614979004180345759695865716578935991202699
2404754468625626567071441627711432070572623204570586425486485386422
8718325923588272100501781925910321862102525429061064196493219738488
2292467214508802767736310025106146589875281845672592050079006099266
3317935029302633914975478998055915983874072282012111603184744607311
3092642236057201406831874074143684735669302813859684496367816355466
6904575253185482659911617918864750699221326838807888021781507987522
6270959165282807676731436874076260554027715833284666790562252441500
3160456864894181125999979503530707283995418800406218376904052860466
3782206835537443655485694778361506263598993634787027909030997462777
2184241100176482159012705671182087668782275764676994285411305424288
4697967712936556371908112434752499188941044238998876558149098163133
3828344398678830561422069948656437056345681695102097143423812653700
5290231148917416269759846890675493815136882312553178553493746115055
0458035667819443184768513482917267953046515495980756411689982379366
8626545225447682319382165559881689756544989847223360804023621521266
3789857002732047970983507338475588088526560046011136366410695357977
3449006862143285777692977138838668754917368355359148530578245719100
9983029831395137570525256209580954017897695413946151720261764966077
9521063305486458118903323277535560804209288079548131044308314254111
7564693796449370088051788439064650598699529934562288497813679005688
4246906689823480376722839141414639383441970505255527456615243070311
1689399586409521846800689011361913009089342682782883757056395195333
0125180182350049293106972725805703196643197756434141864919570951944
4115202257960157942174332998712495398481643215884016823180156768222
0588903344340576906238372620605419470830269886808831940015177925066
7757175174593722384717722050820930704159311736220200038813060788844
0091117739664188836733320446529646445934419768596428126244512562577
7886323153831909565428679230834512402761688835965251028829254701744
5885087785467432335413143581398900523422703880060771431783425266800
2996652515958052673968256629757854112732459999634827193710570217722
7679088300584907363364013164799368378780942754761608277906353980266
3547708948992177734451897291008461649056912644584004920708308526066
4556605541887941017689160277283372571529263391248090560002823379200
1775264068935118044977919973237802038054845153464214411215740926111
7175317752534252312656527895654799495249996613418668561137172657533
5761612467563936363465852902198835935831392192491393418642454135933
4428166038405794303405858305951612584120866417970404500557090151033
1427979014579958567197456136453537244757325971762416221665609815477
7651079243328459730350221418019104377848724061746812837199614628399
1664253480309667240241178483790511869883383917902679307649564913277

9665781977169564574759333133134262607748971367197005879051641105 75
6086803903926865826348706345405515763139861676381077414451225941 28
5507544942159529485739898630568471553514877119332279431038600662 87
6069707269223883921101042205418231418783870028474888838905667506 33
1222092051480787061361084283744060089044614667973715826272029111 68
4229324748247891789685877780597760941818644316340028850264536445 51
3550671213401188690785557499410205012020584369359438338431421187 98
4966957966712318296941911718158049435257952406018375850997934371 13
0880264021542881644344306720286303061244985371567180909678367412 75
2020111345413499839171117253538517021424306732100031441372887105 54
4078958247023764904752320309705960620761202742331730176569032003 67
7492694227330322757762751700794150691302352338229522938042374299 19
5531100137570087357404896049301491001310514828563869984292941736 47
5578552941533379493920244023171942716029023127159436936461304778 01
5704697510260615433560235322727132552378164940552536518894649839 03
4517885744396354358013434976027147384385511984781089286682294577 25
7535978429545434990952690776186980501260973242575667396516641860 94
3350384149618387370350938070380101695366304616092407294362211337 35
5372256317992452086818271670641961004506900017835172681539217865 84
7481240698829943944692847539212047696704008917516980044735013401 13
7800552105630498825434932067996417341838113208226066190871983360 21
7148256562393710727708004426030257864375469141406467379988133306 27
4980434048844433937285851420929071406931327851505346968127345232 04
6363566630091702633597632388614244380188240491008510158252293256 55
6727930099661715167571103702279090057724322645193485395815336762 01
8043079066346938595228276348528073739266954153406812865943469956 91
1804724376608938315621924386564103131340589115080721932867391688 32
3814944776071992081035475388423453896732654849684408063510671575 23
7120307503288768536916612388601773535404009108803958927512100254 97
1669370797871866429220140145588245623424144670313230350128103244 20
1632163057653771387099052725968494087829811861525888492527218603 28
9522182402628298323270081763455612997145774658378547242967461824 66
4384902978653007763159379196442547839488282680655017633162340101 46
3270947259720188233353881335302545653904634831051730084970426153 73
6764062033013790647873873712146452555336583558282531298690853960 02
6366890725505682714100041735228984821717599940268074649141888703 06
3814711532964678955931808651223026636997204711317478634905277669 41
4273422723279580870002598280525801378538783200311808721509846232 27
0743162776152941280404273173876699769554819153808427735709328137 37
6056176693707288061211955806890081599398264876451200332178564869 84
3209063760256299992888973076124774122838326961611075164891522825 06
4454626830641722718033834317376581971246395144787832000935133331 86
5522233895566025164708101900224467477939875010877461626988940950 28
1310748569751286370900657719141437702967548562314383251595038525 17
3136644265502859810576418370704824060732078711770552954530969818 35
1972929411541825195835308336347495599789876319942510417438087738 56
4230771733254051976361123906352198949174390525500247755923939446 10
7776141318676550924068922230286443171562375620553253594758883418 84
1103183260566160857078012412132972749166000048992747414021583437 01
2481574191298877094711693311104113046464573198787106957011354876 60
1684723955558088729089717469122036925118972468059171125745739439 11
4565180610608056378653089578477353911887809522439697800184582364 43
9544824465655627892290237229846083255470549406822187880347317899 18
3416054026859967487218008132077885533824305278895252897097708026 08
5078817526844197474750300894424270027730324729381969579912766676 26
9025359762295246233268788313894840039368170446872185101395713247 67
5408223230437822817504981212218492381106072004410173724029200225 71
9476280314994515478334470303346453163731315274916269277287196580 75
7976562490296241213427394749494996058045828871922218243736016280 86
1644682942178448664330819416549098050350619393537344184449884818 55

950496502632226450862252087098394179516137292615631666411637908625
996619584832695382064061026825170404948988385791924216865098291704
758395293260119443105729997009488200064628250641429808857846119843
850931743499331587540568461844308724816903828496944549149121128389
917442698035544256672059237594015085287584120562381867054311890166
818097178919022122935188742790921955155180888689031344770845777714
549283578452961724874657333204316660641302224078094099240861486196
616461791573178124113520858151699182455410544125676216433441070173
512032368369224702394752231986468094665767008441477627112781820370
673947730272527129920311438451352019946347089810581466817328707877
561024420480747530842041044301634872633267883450445024484231091775
516736707605284105175214522934932480284264838848469002099445286264
641842034722165709568643477981110366220426052840320341215341862403
961367926539763057239176780823941973879373969931185790454468787315
002799164768258851740784400056127034280313124159400625600806031689
679607752678055851584447737573204098686615089568326179598719347191
082425622188268900233410539718917603630564713421885935991661004043
119568998668547095296307607868634751808876682139900467692737094847
486632625785263229965264902904755726556426281710673612277932681885
116213824241463851419800618482560202162079647746012249996696722868
524506028513800617648263418596708376361601771787875847872113524257
127483452764923176264625743670922662113077335552056833860543070541
587402449290035756111655557169985793131000681933285380018287774723
250914115819850576954509512870720057652266342717714995753519942375
852010832755725591013419830661178092084032701596302419735914966068
109019295387886496291209154791318409276234623131144410252780158536
443513026311959243846145507833436871321090511487271230958757797122
207183607136023614162793363027620066151301431755842436447252712844
828608334767494112067999001847319319046961301417860432255267100830
950296615161233914007232481274069433748481319458570184419485195460
907139625406959265565362319238294985722128612645094639194954110726
922190617568177212932823950981632942369731247240843462067641516583
724295223693017432684138741020941322315904311230900855917808980986
398114724234312597727307258749654507988460850364940355636064213602
463672502975825882142397090696389475158521960100567087576174342220
068818401867828964079713421198798942420054262322639109160808328221
720623832181566009563766131150703525394313704384764067125707365986
370470574729955770563329249287066767157842639748416481898746442062
732629180918634569514082111262111830778423188055048390230182385596
198689725066375383685485188089002756723914879675747587144770449639
059666476388405551398320851105180869467334421469643889365198742929
450079635793367763065835479134409437498487491781105259529349460886
960396179237563635270568286632335693875478284960491495594355811233
762962794911089627284563066959031292373894987390646454823452653011
245970936916636819842940197570396110501809396370767769574613416736
594918684071597994097749212951447536435570510404907182268047753468
921921922396655988926401383385425649428775082404565581803397987528
075009321325165955626489684326472095084572694267619620324652425361
138081285541080986138899323175276100059368274818919305726879270527
066816509473844112413522522462164058966977377662669472230604792593
765890405451089087271966929602615646056922347083077659724942225173
449004958810325871173498512933407482889628228684514065870595822088
546356622237969268457727080062428624708391000127132274669329107759
578411605552325394275509600607608370533448080696135747986610034569
429050487428865415852057182474934302926645020129015228508576137455
210972739110882540490195467902253732559437010933022233435336792479
155486508905610315092010532977003311490993319144158254039376710385
615125897084131515152832179811625094407838446359926982485147799826
238367154228185069666716266201761609705670948611250935942092576725
027370408358338931609750567830354428400003970020286423333532380030

836727576947167063207271563288145135402665452805370561633756575655
615604568397358211272334930266571373761578088814841695460695189245
089776145827730564471156036723401373751239113342221350995201035617
764307709080447304826899917797646876003448036444148641346346899950
784555102030298886333848328181072699200088982857193684138915398111
676352370135996047767943273521946249418339830341772752871973216535
239747836661598830001870135480072549967794815641222507319820777374
949369340515926151214725240913312432853522660950991788624206214707
618144436516820590669370269728484430350602521914049775512614504465
725697123159579764295821796831320720497667628657047131171465971689
941414194155855279213291655341080358645394236043976346169533528984
633901443709771031718852633529786009866930866984352639341843697031
885743906286547106851908002382479226597066957969129228277977600811
198961917051876577047154804076234201469014747012300723672006374794
146524884880021869725445463705686004723267422019698082214227784721
393055099639306665883512057342095362327068335190537432350964241692
802434924637529131968240070383892099468207970820508553026506084172
906467894329248904226662371493914871852045333605092819272200266783
545090067219293448357187400486452584361950094552025533853015019360
827545508148367762943173466687018398966327368706671738897838170585
143556166265753058934928379956883715661905117469340198535875250672
746157717542792976654112430661688579214663048265376236291786363447
873206048116856445133196337759745210891420642621077337168716290579
109047378376399934031761013295865660178686150841320259943918468802
660091941207015673670527521044602542464766222553796856221129982222
136619496927805123461358938800937870064458889553009309678080220567
122291173244962194666336085015095949168091194431883188755727288072
604920484225726950234777273625668174264307924072732430554923883140
548639459295216734612059347331081226707443585443063905135486124584
692352772955595950816339124034488084615574831651102805659691260473
822009624298786189595228730193832928596279934984472850958341618215
438661086913654406425908911589698129897442714708606373440889508112
079256324343912160486709803726929822324855824995708943110863765484
037375213836977540372535093086840240831865921894754342546568199331
920286973641687638078055942726490940543186086883587062399303809324
893776063958808816927882172328401008007787446855284930095356168133
698782188131987960915707800606587512041368105515013899140721605454
073209842445711240786902752955637176499692273209734533903274938422
469717756042912196379400439291393993696383431238105727123160165462
381860803416937792323608064841668516700884580070799053990191389869
288678868501254679168252957297950907781400775837291959525923077898
529009537496931446488560420183072483668164534888900616418487213140
176197920673842538852829602398428554013089339238141175701208083015
541888719101171220354396041258813688804892939409662947667940562265
648193922536371686301060079822869890537184707195524863614424529839
860549722667381399271232326979135267819475081542475158259570718215
174779333083805385422525935868790011201769715069484687232397756960
219053027729134417989533284571722569595139398450080818550502846173
120934633238976743966867841162982536644122223505420632363899786130
116046064276425247211995387977652547098991387573337095875444606881
810333079159233516940026805099690092016813695028758939377149493311
215724159021236225154972698785804236244127487899865593145938269756
931430554981795065314418668327328819513027519956721753823705715225
229178899738983906301739917299478596473288245148057315766239727468
127206928354685997204915820065493214263737853653777657763105425649
156377280018981099444126794727692115095607280236282848806019820301
770557360355034313476907412760284240702785624501867604936809217966
663050628579192569032160921550382981573843650495683338819914203756
320762894376846024766103943520229448101014041168409635222224465266
984042964025300170064070372331719352207617831350035742568452310201

5448618474112946240496328898364055154538023000657624314766841533339
8052677981987237595528463455943508759753081225407831152856459138826
6985406198907598592026853727923008414753034616218457484881555487751
8028075008701148602056630051107952626218165099970462460938200305662
4610355311040342287433668786969896589571460526360133947402955027774
2886004823589976160326074985704712218455866713227141006978846958817
1262714993858982858592146253686919607865356133568450075766467433331
0863247115800710250863570422004275510279692222982886795051603903327
8422738873811183032977329682416042683236925334343948056151302774475
6556422435386312834139392655972966202638496945337587293946902596628
7388740148807094633806597996983165111929088025119256028581730499910
8412164179968432523640204120266603390613564414013138932212028730662
9445326131983133356541252058211952929321494053648823003371378130669
9337526267525734272054718259851934397122847549742322825404076626617
3085591797748712629887002266741047470611468698028702735148198879933
0690780405185216982872231913175583775553832930641934332767058711185
7276687145649647500467923706677199070691387000871163039442974822298
9518150941074191583828498300089051563374997092344581268411890557720
3901380937449267263259914733455221666514058384741593179377470138883
1092920729725748072689274863625450102261803654579949694183630518852
0334858306138860891537475768145068904830504743231041756725444567786
7754056535324624426384501125401588113376287922791445769993245499020
7100571938902433231581806774444726672317664560768234838627921399092
3872430415110888337404826020756447675776852313457857843464984582293
3624074648014159794645214350928554441465662367260070571074429471148
0899305462524615053954667294574547752230988593834922732118140122181
9937289727478363913024222954228322658127299397886975817429336440005
4623339798479236619185224022625456201012629622742562381753005177763
2863755395427686041957675848786829356580164847516468108506725307738
6935018654431860678211748070671023860613289732571244782397944323392
6851468558707175932678693358768547160344896167761171634129966733364
5058979211075460183012363336069114496418838793412184219493537874499
6652379751539176305915964610347152121465642747239185396502131632259
1123081652835029486819565713588747677239629019169319916776864587730
5875528874759709015918885841340231494453516371582046119392953865500
6309019687811487252002463250058595509732656697594088092488527662267
4442466726398494549409633358854494438550708277866043263766955889990
9423392133453243745869236955358408441578541048678823088765914992258
5877613493789393381723956612673264586058860998331302388177066929933
4834048048944814411828434656375200816656029472988769848951911289972
7995059763032773051776937678299759925957344752814862839444189362299
2099002413580600242332685520325343646493589775270690343598809038887
7648352811417289852206157665771897459969312690499427459585774890007
1501771028005051021850874633374802818267238663761105936721215117789
1006644603828092457244431417385808314417365876863724975750172418805
0556481564588826944241362569737929225594590205061321039231722794468
6286895619967419234007390131687938180418212831728509935919804705599
8908531525506061112902960745527654160555432346261016708812851520031
8516352330546845016309787686886251609553921820193843043220857880084
7407848236511516852457920537636285830047248894990623220277150103389
3542479206727218039032318085454935230021570322404830357516834614419
5045183770461312945022064049232543372082330956689578982080018613335
0050687537855173898229608645792613460122933642789412934723737724411
8347105671994749881325566302417485511254461353073138250801775959900
2057552568829353541033294058247633459548911914800263059411228562290
2099198297089226752024511822200112557157924073365057461275883823381
2394802411040449071889793901792134917798575028751711212449707103366
2889052674505062509392601996539954670766856145659300467217310496675
6990455624866338937724735088968724553086783819397974149839080870007
1248444061484882489613102697330738591249879037418706260010514215583

904088761237036537135202929487876505488851828534282484100383985536
623133764576709237044770544344802824908862322096586644985919433631
192058316205453101445784822337399509556817273414508503565028059306
482927185297472128532388175324000776256548899011148468346232180460
707175823781636211573793933365635143612655788243001838705978682745
348622410331270982486944422546320518242977330631937828805247362772
790102365751583877704457363802324310105913302522397460325442284253
047639249936874122594125253442745719143579042619855980323554107555
171796022257310079403792963224177855361778050880494963158738321286
755542970688659515555216828508491818467151197608790723569786036462
041091972064930041231501888377704583113976291870092380526818209787
516650895211993782704945513992044479894337884842312224876272598929
978954825746643485755792646037586224230854016062202312395837939679
061860820207384862333850063860371679539464128279817191131196147821
670008308089507854458132669548181663862569509252316482191782213462
414175913354379790283414237783538889205956684619798105231928257665
293832880911966876104818588964544244022054274896911206933353455235
173072013952795452161236905634557270256085826606485383918088179160
707606613864195339075346310423163143461455149546839215254571765230
176279071346702989641193481046862487310912905882869305615485501098
657169943179483204002046150289224283253987204035091938364542056806
579819349237779739923616433923284412229124161310236812384123094008
595559439212389026101480024118436732572185669286852117117438957735
567136944036553418826630321967371220477846139672424239343820655757
101465210839041105802549905743092709365971812132537294532761292557
160338115993272951200795600781120533146361127222089311501471925179
535242820970463835362813237330503957992142571430996020339068800578
351873981889314118130306073718915536987311697604985511407637751095
130499113983932418267750678612930933434194460047109297871418984838
011031102741884378329204828390622011459245419765221268914531787212
145133126779878455604456159595249754529857535222154681714898414511
138425081410550130854896234243628497910419440009535419847829409880
436504183375719505308169336254654866850676594860210844032088836979
178574562358881459948339271283258175664781489307630183188450317518
770254338151217217473808647418369178051185427139283059255152036961
544265579274334095174087902928468948476751281828993693696380052096
625809630952244784114162334706388675154201504131753538500081328771
628081047001883468965555544325765680376567350202672652996826688446
781066574956350999859617889432443075158310549771763453238063905820
477318116208907400124014920080192386954492021367930242580246465176
983105671485019785695873997555678750296617328670794908275661321638
302579365272711723576493719772988183876501600469601980762607172973
387195864987099099687247174947611141014782590188011824536102152204
220498197618163530033988599978726056037579759868030733147522475640
075715187922016448589055409022006921571006776359249857239955276320
144412168491543577800552659548499985124797809019990908814255453142
011174116939154833148205738280414543627180464686626291373582349664
828752208969958362900365962129406854850887900797060971536150493030
709714479356640149031120553080824095024438419875824164708605864899
073940687544131101744503519464872331767462602490066115788861097162
688503239042564216657930197142330777144535538786284325143360212501
899094526144540052685213771778766749432239192593559065144012279953
236573878596336671886798210051122484817540292475013669500504759670
844180126373458801066225304001850669818109719049088130229187287636
601125981634073025813256626207879429393773088340581698229404803439
324680675520008530432140538370368119674497364266432990337815352550
225246825427764482726049064908269772138869837559244207237728578067
019484075482502459031366717778767945828097120074709141033453979230
407021247047895972416306316793904262463653315382468027846299984929
558297067770367361780912744865109613194783755421473472609778522142

206977441733393023758891545174462184146588817406332192510663998626
369368800156129053977489178692275227186600000648688606943843341695
689761910479315504073790699480541423931403427721205641761019184651
983162275524847093788750088883031786357307282918767303563271353874
927186278478368802704578485708707347281843655076523511706256755940
456147510817462888651388948901961691873586644017891139650331248286
282127732341495662570381436670394964964220174269652541250313866715
492577924258247183930406221193155293952472956596108834910773118465
066108537822372276507233007298643368167640663482712659661133551940
546215024279598826033934377785136896658920777477038091230619879767
544853888493488615179022989513355151317816944793898448055101604475
387293460208105642399995653132943818118179491682066434229861417488
886246889109104015783835789046470338506242254509152617858172096015
495904190198081724986333236532399620352998335812881844400312316684
412820921571036500317793276716554859267887642911944388521823389650
944951082992926077565435181399883335003165944187490157382515153491
173025292109119075949224257483071597071033946394772901771111795483
875324543082191957109711631365585111336167799267450022545674617270
261926582280969301676526353679785621815044068552425020632774312078
924592807308316095449322819905787604227141254698992203722558094193
132907397952984690749668849730282861276834244509402541973342783863
713321629827188680287704885903981654266513122174665068839034388054
066287613241514736498011322568352453964459177880877465457020953889
057559869620433725788582887664304014860288134785667775223167700852
815670313517086993687228395979776142704304433875367404610340962659
814007959537338037660820668071019298809834646112535217262647461480
906245084356091832662332861476571788736707043264496423755831118108
613532063045273135501338932584698039650758945995278709868677366166
565272940966270953618992380834352325064535406536366700812380843142
129160848939260647575042436077337007697801048622686697327206131308
771242883807951368232596049354626987547850697608709062139444670987
050435399717068285577732455618338596725841529584388095410036379769
074832639223226967631086303998106796892341608259466054119657825083
379100517643071960066914226778080310863589495491266601968216898487
279809973651882678777310532850591912303608390383406391113657529384
738732739647586951190390961292144657800965627823085485257649831923
721384198581880491491408122029836664762563895359153095424421023811
400942201054358733602176560751537841989836183058408095095792328872
313144825688115900293087041948841952225155771425360196960007116347
447439350056845634437690033574176028255491088852153239250608784485
978816727896690263172001067206472074045942489005080762823397203513
834604101168558951501894545922832586999099358318483888333349590571
254321971399928556698368262705426927598788149893889555327752195716
198846758409266923712272429452524398252383641763866889502393648767
029318151507672585976784849233745844943089231935310651250470844594
598229323390449455206919519475305035974627883356984613202221299389
749069342840233552962635602769933229272508943020206397278510558905
844300789720504880441292348947467288678389150262288852912874295275
043556502096294224736793464035255126954479331493143201237484386524
665786633810460290770251674067522547035447178168614852922458798618
961723244658952819715140614101219273275694847104783728576946092451
816916879953558040498412411049197574392925110095931428097659219158
870146386551402977596012953584700768611682922644374888309035896186
112660684982818072956009457321865073950634395701253548259150353689
577146691650957644504336265125119916820408853488218399214903746883
206389219583967718072126073278856195131355765752434134536657084865
934159844354645376945359090314079655081066049468224721451838346650
131789067411039280361890014419260045177269902946519122625302754503
806032488518836047936463224990548258049577601974085448238309028870
415973120470316393483654892654723025152908040772707730361851825196

120166242493551339087586691042329502521962227426242566715929828930
404311900679570412010084094782659788365032760310302848431325642110
534772075835031460386175329382737617103295213812756699397374441853
371632506355839050047644050431846555050730408990389269936288620469
402695844315063108897864338252987917006595528198783375541777917628
876197775025249067296380621847945014014371102715759436540408833825
817964419430833308599847759889176852252902745784216896900368437138
924036903256321745803965288188275818677750903504077856772821528037
441782855392463930301793557599469619528141809981603585622724554127
597453696375361955709805352345132665746446826235548397593427568458
345430580915983825089473892876921029768874299871189541517320435806
519158561327173516811149098354192211828347036572886744881559980262
163347287343430001461760387865900136880255812776602634600144920817
095907337266610360736242308598843852524693473596609937969756917834
925603693389615646024653120908008670272784774156103600087897533676
639449245622950923406638335836132514639323912202114104758373638153
882739120159065947488481804948983636563622348542146894400775250800
230777863764248086281910281820347118317437303493344261779754369537
719481282156429854650561096435593803114776643035513388882948516981
378638751307499107404631767287595323655332912659476404873562844117
507971390474005513323938961955512856978598020477697600525206068054
835205471581242947362801219088311512081693681709227961780504089455
783599130934763228080151499698891356968813611105140234198784170595
077656404824631188859014808337761115523768193830635714319409642574
226714354981847395407794813508778895488544130013317461251000430733
254010753142425362432677798010605783400730462256735948868856191266
923560123298435577265000064743197514702226705282803889500570021520
539080570268516881790966535977581263688859147694197974829700113258
576587857266967996800320896771899522050292034907180214016910200562
865477296008692638027291114694014711955067728439687724873271581274
804285978103024505132899744107575415357075206103691029094313706923
000275848953212511978468846423010680449037328919226058377388613091
210711770587752870318746530455255581540388785652417324957369774887
607670119504928941832459182180707700622495028789984059966097284353
140332007498193707480320834245563618631659974150015818925437235841
475658435711934943348597563546491917525117456083081918043863357646
830719241410750040948868501060599618501420458616536896955114758739
606606076195171626252502367814350592999274323654217871595338031759
236278898782949132690189601796158873699583536315303050304832586192
093522214594208207413039779873837909064062124779703439511416304880
082178681941363928392496378920442456710399995289756704861790288062
734238454739784472819355128116073381263279174219928320972189396961
112814976972284264370275407503476407901345333133132456496302881157
135538112815499523882630906800982570403252224821418954573119471050
493392745559351320420656215368929493664686409056310958536598612765
502965285049085025477459821566929512737113321745590753157180290994
325883405386994816409967232531224608321089931752489923443811948206
643167694320572801425335205262187828721489083506561087419272164437
457408832701675994309456501459953883255648240406611283333229346944
738229814758202131797535505554577624296325512225636139644685499789
403443974936816101659194123565017327701212257496652664631173071157
348366699751314182591158461432810857875813421737613298382076751955
597554195717239664222676454746520021198627822878202403645259902635
461770596464704118323000965795490248713711791563189956210816754283
526888091179891832700151008943093350226550988041726814890881229128
708295210976641544476183309811369127897747712298020213321274658985
263467192662455538831927714499914083410105952487256903065476732185
557814100283844205889041468210966905433755520653291342320411149444
100772459855641528901216225842635255114707859555321360988093289506
964483761877632525942710870131467907675027632598732576679119043428

262705147524536494231169042157035922697585321023117194458974786817
232156114440928449874481225597231616794441503445868448206178121426
891723482568747787662783616836774324940877324494898869106311260038
047886581813424621072084554473642151847287687459371382984280350920
827521176899384594910962462437545367749182746541846734745927049744
842547339625754198994080811398880961788701145201432449909586952926
214021933973003160651735918939332358754137954654082138809127473065
435451735664490932758490061726388976458421845913459045197700840345
225999096188791933984028895432356279060824936894154632361167752940
382683462355519428633099565126369680011564888048929462661936465231
843409883458602730585413338744627054535383502039757154252212852521
282183013029933266179041222692387061468284264574806844585557582486
688721350254173093712604179691242764813199746114026534138005020247
181395569397702665136484009479262014589759138181669048177231659380
550527069076839774618455309912602312300839997984107604782938514159
887872479842239091437645430731876545189095326502310947742636863639
679565102799543304550196299510289841429099115580018885576177703373
467445467848761475525096699445065903373930150031316083832059972984
457035801649539935756873406560221992121815670455920865803054460810
365368880519721305776033697791282130976053685806300795151760564762
996410624739834969589994916851870974989444093459835935232634681288
025988542531965131635958944314542006815724356053980185968094371494
286556694414900349111556979734615304236866068945047000453891921643
594562912220420454155483397818361155128983312621025076967436929855
168320378541867742237633716951455530847260914293919256400680948773
987875363904313284521095778702457216803676542536975566933769168937
215968264275753744949741800541699442708567746862794334574127819345
975089292370144992534455143533966206168461628694631883411638168732
635660966844266181685087835830220172682727951594919629889465471415
030066994178790856944502732408037778427150341385373556050507742961
538376582005594222095940727751019318804644245589129485936453837844
050159592091691809920932208512267292474920514401517221610979212210
269157230236569349855124309230660305936577985029687173529133449972
416296473482567376407878330294277507365219596517539511732842538480
999346666970118541311640518949526554950081439314826648814446464020
940783235393423612349538986248150164626287251406844154032324103038
129212028434275834077158714583810420168862545619529592250289375037
943829260402097400297659130668606595275532751069879445414339965551
619498692094065915238201172767866616283443831248166625203883657625
412669984546456630562695630052414535081644907959147990964778200244
813028767072494468710070397159911375934701497108624407665152147198
933063018602130504808607034518380062795641871228536242328066541232
425929709109770029297212199474442622854330868412733791162698475208
548230041569057210122026554698035671548157735251904691404309378893
340797835766389240794583105380933986171461332131500267957972581896
229057661511991624099919326321505998246815961203508619616218514095
538350773709738165512965135202631895293924356239514539031754422363
313065739019184123145894299056068429253759897791824573698694733042
393692337352111541335847620381814269245862206816051705773722333299
611929888870521300396966800044633671809692370885305036087584320402
755756772967005007093445629219875590098517416117101049895879708446
952195784811694719989150710844962635254670316057917742116938220772
209323526005718234236239343941116792458409152606168641300255914305
681111177970827773615183230788938566750909280970836933132742700410
401902946144372591081348354917074104732302975622169328016927704919
328931914111490886972438904204922187582597997067564392655969402138
114267128981672957428040764685833698703542339906412061908925873490
116640570308240076491226128501018729351002460461822256831532382619
806998211838401071948228998960737201090757034014732667850030562583
899804980719849773423190191747246598372272074210855769543250590340

7033405048224226143087628088834201672994184495616288695892134723417033405048224226143087628088834201672994184495616288695892134723412341
8576797210819805461815839733317831479781392885064825825088189657610
6971791871415017060915450039966398970448413092125469123200475844240
5375100418446477104934773844112579849619665499434168902643712951260
8056230282085270878043999881177877526438418231405761652466193118860
0690405132423239531733139514493709568694609307469314164276161660930
1859705889566352596023775307483043131652545728120657912367284982180
5753474555387547682602700226624748154671053178253911427371720745820
7165096276400991584750433634318265463544026404059732843711650722540
0326513665539498189050993479379819858069782186550218132703931536000
4981536976329865055365877436341521795877561245185803483099483370880
6025489091525828237798366834873955709870662763298057251921879145360
0285571773767137829961577960518685217746247279774458945612549743740
2831904815350809536033451762018622246012604624880226814489030208690
9540534068141543851849396599038459111745869040957358146683360303230
4564462806343052444122209949711134702414560239693118152077552892870
4878936396189283729487007933111713325796976022839831774557754586120
9931105181072396948765794282037558844620777071732341338904151955540
0464755763270276533801079265904501991399911148631955713222124599320
7298591184973501322417377527672498332161573711800569092997008018120
4471868966578772680054555115368197971988268480789452275424334870360
7231884210352035048530872411544593847549658620092222075697993203380
0369371970118620686785419495255563324660911586550421706176765066640
8772023067335212871229572864628593292686770613076925551413724934000
1927652248539432700595619641090703916208440328327989866193987592460
4676893911495031828083479399860466583725069502132569217564902388760
5615240185217012211621274685894817898502864744778728805223523568220
8520359372244127993663796742824483964378068084949230172094688777740
2518660795932453717290802613994109697676546634094312714343688065890
2069923889663399237781474789350280943736602759003646241613009187340
9859596342804784736956735049651242784358854222294503380011326200390
7158461145519604154209120235447053382014780387410007225248623183880
8193780192165821037441670975857353741134083939552285787470682184290
4374504489182475143887812334555863450776262702177165763086242091740
7050040170866401275592307039259902570961549547425743327576518018960
8833828549557132288485916402907228197474390843291625499233603130930
7725911624471648741422681576199443246160572956060077755727121477550
5028219570885987610308616526997434567736849345330753107855095203680
3421538202686763679904808755129976825548332690005219503130028482560
9368881011500900708334010090541605439705010448801241231425172792660
9780942466246160895311361541680530976880079062255312749586495569870
9991888536255300611324583354828575063694882255737304037192527978000
9324019657545394260194974997779469639167367418736987987825059437110
7506136845125583580071465597991832278671542835371934195490622248930
5956224872350015965515958203602782874174520513574548409743275382570
5552195680734777891272429525285475377416310543712273922030540663160
5394607929542801194972285986886262095970577136576745769464229858560
7404085499316146892335485678633144181922122136886299706540317111520
7979213893436282996378841327782939509892054955684786747301183738450
5056131478157054163011814605181258318152660993266856564474948642720
3611100639902015319341288259832107369494952916086270297793904223630
6251591408247034324703681924639827518952691022795031493373089983770
9927924543941160471591197331541232099717813372288860153630328005320
1283493922821942798595545541667925851085320640320984885062781566160
2148812846676727041620168984368806948599100745257530198237645384200
5604722679798456326015055493416189255332635667717529430341119018780
7056822355471201598295028936095633683611856083769270231506933402650
9423041956204596724407701136473169496910613049728321764084695335390
2064815005835018255851030854903488038337481831944218813095847742200
3769522647144417245993959341190705441636307972141768559382864112090

471656201941013076569395469755996400829760053541886617882311102017
271557302255059529033501374025869285427719746698446360302981411834
518321932934662119104972061197368362956703341942779167623834154639
216655897206710021103908596866839052817371965278139213450154756878
629131833284334547580722012475467487682898189234688032497121578622
185846523818179160338762205445026105352773016917736647808824173908
844525891385240418917053930136056205025322890909131465997522304654
649626487270505042798563552499956894354846562905335283890524074768
282346944251242205243214604969115159950274511921156829136198777574
429975081994571497877404754366466712183671863998593864775848049737
957431031355610692264889332379418862103430300996712957562506033035
903221766749415535633723911688903236692739237960555947822231835025
757695690484995783553419927080045371029096730804871931921873490509
578327909293340979011230509535517787879742573025912661514733097195
021283664439457963959427214348479182656385965253201950438972415926
946839252424218603807287126616642373835217683934465689422500055758
131518403085059725619469623569650725848509348137829283722170682289
794264165425784454200928474864542851382837277838133513581940827953
579228398897399113773593148731564341268557738938282797440373940385
808905475853764692026568181661000376224592307825369028319760597426
613455826289520007471751986613934845228586067098922913986007376721
642745021841899068751282105164071420660638958780283243197758108844
372613835546296124606128103381311012814748306492500156551239064926
376056315572415059444644757897193493099102668095708148423810488418
579255005136768429135114112517579390222625874008845364163387127757
530258196237227159074255547573401193630835292546627694571481133866
548463902123036916905804954067841731055946591859830350306583139906
831697648387610119951936625361388897622661650846673375947846630420
393844658903846488347282284523795317069941161364108194469699672444
074692839236413056793392301529191083607535780895440722657842315084
058834195478235687997366218421868049687643075313951636703662637544
391351854293973863930350473224166952865438439549227104700120921738
010383576095311569449746487595685772393959461254950830179421864512
497606909585532848141303982833219574415699412308393266379517589770
912549177973118459399261534522139961410983491061840577367414824444
133572465291503100508044625750253745275459855153929486042330214582
807131173753191394089351712155180430170462205544797376696674789317
309627148178043205241537398501695409051168830681253148680904395232
324376023162252504388366898685706616530661819045685274746655871617
726585165073415506594517561366784259071595185264923266119894199276
978330288377794111175014474104229080890236608339194065211139323726
761359788538923428288900897730547336312680332517109129839261484970
005426861602994296096384886444060049102945503966529170234236346606
504222296021098785880069442156985770536698448410868673105069630296
090619342316066387489900188289495125615591102404462820531593770968
426564803460337817314814053845044990759203550906445909909091445259
725671495302827264521527396612218260413461475010286492244572657657
545290324054714370601234431217752065777645527190011539533425054180
753912191505983798526157337051622954411970307888743173998914579482
534998715896943787734373767516156639546476243520818653159751036668
970777583283865057523580501714023236204182085387774679830295084423
383311037458065364190794474970628477065476794829621886692590682176
006731391606658160785832842513862468330626033667954679124922303238
892956877289476121515363960309406276531197669010911380487405493778
751586082757323635456685806749062716597215990299218670861389689513
737068317315680091955482779204650557777506688852118669297652110390
778631844336959067235202839999643239638768673203613791646686795031
121791267912049422686319695226494152603183846016537045092592578800
424405944349467622855508545255660206942268773218946333902767153582
022254703312234798566827028252459880123468395377635517468912253678

812381891995463784412703324187373763325613042233271184445074974242
237826619704610401112265327588955723849850576364804940924804011116
277087155527988407903612572788359124144608103336856769783495825697
333839956169239890008502935353429996574069637795021408519030064495
477747354841168405510287761108641985672662267872287859393358397028
788359545126358807626541463405148082978002699115811418605476295128
819943083866532048426740555551025332274613422199310361947772049524
338821178503225046229221424569555500331377584285710265052016884487
127931856374126072774114178698939715422672763228658486169677581873
952946709294345253733506500569601346073180257767909915513450348415
839846752650573742397471474812540093578195354597345847076500744709
732549393103595244087802427666984630842644463867363801628651193925
985133419563039265595711671123044979923211736068489759175582631622
390226224898462286579357279624910376403823104080481974942859270246
321273900690507498877317321885468936424389420964928566442461752642
327072727933081557155886648416319531614117369090813201902738952842
515499672243034890237632805437291613982272529908369088924973885229
959237754501267808873261195461636209004901045657272381218607340291
854477995352899592119455188052138295626177408041273303794209036780
753112567600804260495074061905648780805023437355891615538992746563
307620080099691290761006320537323126937279620073905433437462210258
995721397889190970317550197355937869240463611160272063383384090322
398941891672249406584603868835991272521420089279274309866163507957
283790514385513872952711298366789616191813948640736857942261667117
859905140382347291400900979224913024997870400380541456406429066379
039225230449217160958905202817816159901170435828913409135889439304
950965996051133242944825098365107498514890151282305847215258025185
011999672909230195341591046634975148097657585419544419386603010239
328940819094792784807830452404529657217508603472258594175772471071
244270779869072099558068222519789986479329847328307793432374088524
818024125993607628074995522310463219910682998081182041577020240378
672352363041586909642813303646625339494940242686862576591833522241
354102004887850569974716852406728657519434257062573473667547365031
255720837472170777317324261128030775906546923950229067582820612767
349847106351976446644271672093846156072556820379137520949039538816
862720308421927493301196890650218554242991742579222620450885193664
289287722877551300947736463000642410992990004593246677353137444054
866848758777157886475428825132571024995835523050990406816463413145
731448493938698331347774273521501166697679503234920870266706333426
771215264880879536592993735189924206722511948073132659233435772079
645297777548674384247689261606817339169281246359135494609645011156
588572925382446911719755728510786552984542787165830234121111553000
746635255504824523454104857318779100347623305884072578334984425498
805845876271348453269204022568383164232223709764547140509123641344
063619592205000038714900195783359807810085988860559728484791165320
708745934356308021871621114895896268008973308214206067063769193099
058122371610501633813599391835931871303044926180189710892820426100
316149965985859667959009433747212333443895178821392131689613734560
088472118340553704173908865502215538977424805978954172343536586149
015842836947490060430889525606111387554385849627269150910862397554
805901362380403582626005307357451248710774142634775125097739773093
907252823363210026480288229727064109520105288380786769462037156395
760476611450058080477176427287800131312774132443027234088512989685
603831524657474367982370460127907578060892422712832226440307990061
532314102079712380053382053051219117387093019838536790817347001559
734751328332160254612250272486712583495315739005620693532954023597
171539469246442743880275961486494129247527733741349507148780335377
866363118562306153486757767063254901868295800382587884851764556308
708777219208318388986225367791551404036491281933272346464104208
811093126098396184018558463702354359467248574915309080485941831260

967299406674844194400842598321754803345986174002004313785082861832
997568177657103119631581865995049067237979178736721907515640653437
764476306217057669856708749227075028087672462042253538944741424134
363110166436639699880878573350453467245406692181042688115669543845
133919605697691307452133941219295087691112175255550250227078914717
380068542365030323737486778702558389059893630502100871664697857118
051661731567029479585884426271984103550946215100054672653266686174
429351162104756739024197730966147242208704524111707433388517866626
228389759505203128872018952354482173947821942443997589998350060780
412387921930656793257248728701976858924652325066961147397300880047
710443386543722688439568250088571648130946844612709565431395575475
805079351426756313819362170242297318784812277683189574070484623353
836216595868433085796285376160313676474784725658660926676629257608
745273124622235504415865970636998927681704349941168127979282129692
269276650708667244800880233097892820355930828885978535341197850211
821400468425054674025497714173333668952304916831444376297734827205
059961842796013824382640900540500505438995622032576940311410729669
385541238618453416513571633768620415488226311960375395351579651156
157916875200816745362241270843860822715495044441606876735071527867
361649906840791020504384460123082621949618692440030831429304478409
256311863207775126430594199594917717064130890686777463854391779381
975761644681110663893235836184091595321163597880906332951732610281
710148666948643961131017175536540332278904447010019763121234107646
363624583097732689325932774191957149924498559646976173046729152699
247405557698159349663077375470407104034797497551771084931213539242
932997367572202934597575880257640391775690512155280231452102931304
996533393730232009205054096856615040586803416379342521973861293658
971856933125374145784827827008605989216540395608173187429758719191
069327571217995208732082698186359846006727643387648206815611367912
284097379440355613871405973903686799304742369235031065342146664191
636140197023934232575269429902746933964408159301579187951544290533
462614104915531568845012558555000913322061112701018443500695217461
730659598641688109381630424976087706154578395449379187191797782140
502257904967221220778160238014923812940085463237140405297277693352
142122684618597821174435852420591097028941984624689995232422398165
559046677132287636196018384874319465372981229633527406286439610417
591624718206354197435685713007167543681062853835858736114148832792
331046006134451413086470002471956472167985528236769001963621404356
498533319768880648886200204617790255802270949683423461083492572475
354452133926887369393128985048595882232814751038118880946045143978
036923529233651090034139345846785041229174135049437061960586661948
266564318216656629645606373347509328955343251749727379136224270823
935645582443273066007731554713017808401693196075223441839922700118
976889848446350552660726916423783790080479416176843343832284585376
841381182511677563838892583940201206135674469196707575278047069344
581827691577956860232495884116028959837840511525597978388184102901
478476234508967028966728888964765797782306997988192708835134933044
589817086468179711128381820020441974991177215410342051654270270319
998466349146952076159865068488522031632873225903815064835501000845
177843754507436145059221942402418726282490356341265264311926550304
063202575366053150918626942304009333102482986091924700441157769350
573870042859048669736423070558612735640205404826776438809032580278
850876909948092573290173311716530546783923878398599208449494428235
455111107556714179415670619711986419956408981974696503835985600015
377631978659426847065320729130183465878244925078198783011235042612
991308041293778671171441743649417041309599842774961523852311952163
541571620418554261725773289754274896425245583690080520697198978340
532795249628326415693415613998572867309874226214028851812860019084
603231750133307807483123616417826138051177933714470414812118995919
098022374678777281289045303579959340056720430564404493547802696346

463971915660009263686421734741176193906414540231793906317382851890
3652398629007099830986252224892343712260609858103040957638851092438
950976336494774858416747664414121044269967768519849816506753795395
453287080549905298268091627341027240261084195694627375916305703069
360493049551760291677145256732350336713095707817696108902556901313
383745115817342608720809197689623761582472327996967626594917696890
350001810871147385743498364099092793369454718156290345287008933177
864626001848458350275093946565743519796624693962789671332753001033
621670580280602032717455317735493275712812897223016943175659529582
131377364076503258241209583942276617489875728184847630287518607461
981595309145177675376142287815383246915820396855647131870682486414
694355434186424089865340226529793504253105307455647445859877651882
708589209421996518670330660554024323585305741249889718839646582694
981414032729680400985674094472202944414410268192913411094218741513
282873310798232925145066107827921012180103111970427769076943035449
752830570950893363533333185109690238906980629357163430388150748514
989827901710659364412707476112985186817773137047234454037456002862
191679132213657827070240795099679141803348219625586266951974361124
884659465827287656449897715944442118234927551749896827448384642155
445225433577710157111531264690883868010392137927188857961098424544
017603589273600925798619743410246093628989695597260191902173807009
755802375380835506211199233147409088468143519903350329776225541026
224766502446985717135357265288218568611239302212235302190516277356
974128634983540839032773548105080711638965572944766845792174112094
484019965561435530689830861208494869864517106673707691815725446046
682028205264852335869924999080595519278288145869413682298976929469
666575230382603431048858076055117083009197101198492536480728361569
767818774221507110373995369276615245244965350910034528895977702974
277885415339785881066071568949262130827794926549436210734569678785
506873855611333520651100095167223844443533158667179835359535764511
966809574527400042434015440049062666137962957470652740757837146094
002332655677207837079450102526980479349759953631214724888120659995
044732454052956949161135437651275923571260142803889143997132062841
954681968858841752929226688644262143406338432354490358718369905053
470947584495815394054529883914651863181509397362332140545096908945
353116235023162645424287888032188619172536257980921796925106976631
553486672128902553534276632117995418894408023111712410789106391179
138011169084156147104326412032435201946687819777327163070488510951
900436345084713867267715378928165562125093199330846173552270091856
241962610481528464045526818176983236033294487179905087448562440525
846670570782029673843869936935465436456444723004453622737526653145
299219622309881176456806767139785437916584732095046944304384883707
718650184325692701151713494961736980782426940804064500922506823933
795683717612153905708238585482910045715628540523094477092336799211
584887188615244229459047803961052354775294518432918217764704012674
190255625784771039687550336529962214488179352640586781333262159209
134904418941231255215399597795265706825746240764954866113924814670
065722771960249573450805840870221307879945435072556036021889510992
483703313007661853085253912740769203896980996769175607014847575779
142527138022094159387748849404964683120257215335558064888819994902
449124874438702696481904561785671518215321421458688965726342557795
756265270062929784596450617489642530002109224798180888946251675732
735002967714705032799875798996291279287466075781964794847523920352
226455940631262832484175397548174570106570926022593172320874093274
914009797818697026014374214786317938531308155711671801618419885007
706082881144649675351462171955213852392511041984108164140482204424
941782795380173574309636944364950635187482039605091070892098443141
678406446191093677136150577214300475164292784627606125879326495558
644718659029848182201602100499771983618037782118959565168922539341
826350103713632115778121460237093669106321911883916952705363199942

535844908602398083142987243632625841069153661791501171003458273988
450230019002557747743121433421560910214256300472929521680512822156
479879131483612303346110277520338297969847648751075308620962846476
786353120230686050987180875128226550528198916999445054582528742745
970634022960335685388694979938282801471099860087059568484121519647
334347663376274351356005241363537190114791202992225315331886602515
377068331015488909995369901717369429844706667704827932244823418206
567425879146781115189747749072558489155466470043329222039895064945
277075532932299426267433298828142825568965733266786575619337195939
080664291914750311132844675148739635772879342989756413360426581430
509213481367985288829257251595246368667052647189839619635984921134
156953198638045581484790717809078695292727918404522943010294283671
108395063484250638208555865392327654528622726648834185074874139385
493074176302795550310290813677069430289701202531770184941820914979
238296316560222983619803482040579523193813266546097213588393044852
166287214352575113723684505929298249561147422682921830579426533469
225932522637203170191999844767571541048969160820055609293880438561
539393886108000388931415514251988072813467570939331543005256903783
714451599730234429145056998641467595030318127152727894250238346672
633173337455880994354439500367756703109190940716114115405573408848
342833535993192144371060068593660264699346572009360316234442638215
142442839171596146581317424731705156325348237931474944920069795480
164682189884332759152807095398821268398936423181065489044804892768
489218547106769788613503335244981138616373957310268025164231339411
549810626704975020136128532716794506413100084685100521121363995839
031402261910807289909816307020635413111542266607869548717738202141
054740140240326319645639300962185517129143265244274594414418275602
144551534404540028743249577705844940809840330272581809631796524917
350701494846684157254659289949476236370059804890396576313824027694
236662622690151478947116904980254949025258782220685372604573303597
309077583539317030888708542349531223031802292879599064050177373344
213062743143128615220905180899239090902879120512231186846024133278
609750024675079171260577404575292564364823259159993166445098901914
614802860025482343871969033739870536003763110023850308855156273942
623157390714593247386985029721347782260711680996006044074990934185
340057217199340913082088234123050761235269621245455084222401498616
621573160299790401496699491727462378267301789409424959606884377389
474315405894732714701696198582509128215714053085784661918613228061
036503420039013081403792861284302253788112844894688305371033031235
70043462316590768763089808395415916852054588094762371192788907467
857536699281423524704411716652528910036053775597355884354254237465
176941851447073145254768769289970059546134968039738232936238998019
862056505624606681310225203680548324843349695689653100385237546675
878567994009464253726661505467570912987623619267008359876267855503
028630668799392265099377398846083906682082066230124612997303780115
748296449826052470590020138856244146334105814533631328256053205200
592926480830313212035078776629584645441891695373424281390351629291
422504839036261444255735810748683489251853965653149819630557124199
950351323821951186967238151458339349082859755991966972170453430432
731619357189676268639789788684438861190418094418582586957960263456
303755247758311154311476203593869850737767074276510824819289768101
338596997861434244300067684394207595549574076093250167823992960045
740357758333106586041155550814690850848399595861676625129053153032
243940117244488740345224071805352218797147385313216889626028531253
487585855672513707818686352116963311057203172237060467811950861142
666656026580629084848817231556597264624249137466762446143719528456
935221561844002089813015954860029902518858507357307152932312318131
849917893637341453991341102203556541051010772435986055631748277847
240137983474630972453826070078510252638166027436710934976867796097
426453923241963379897682484422098019133054859645286814246290873537

053411643476969647296675258300786930930798498427116879044083381863
267759733803252682422433296807395064180671565602714268211230312342
948551653653215269457610646824700707679329111011960165468779920874
150621869243525586056608143500705463657282512899089865298827626568
230074377036105806222664547996570037627144257157725812686825466294
687239956406509728324077614389187704249767623422145130917936877460
629168518390246803136439897416961358829185973655389064577513081193
455198291814912845765152299640726298338964187393802463224707363927
685951291328962522675690312898982088924713495701429446868226555957
527745822828429972809777383212732530514169924655225066614655913575
986554748942601571238087794284727911437223671115303827477533414242
407179488602028340577593858604743995094332651136487754324221472663
136485905777194353727858104371833790095179817963113508959960557056
842175321440798955923184808524878083675500683459483934247832856563
524764189493364922492977088581624231502049139804359044981004314932
330105944902474718476398931631684443474047505681172374643921613431
838126854709402109279571879936931386000038468514368458211668002182
820129991748092639890989566539405829588860028274480269991698010642
404924265810759212724690630992456074216611694183897204028455317073
315231511142056785094965756120390076831567476272107045735661718784
029626248721159176926327063591387678465536199985983182304514554009
697426850377501200832133206958860197305121870854184388061088381433
471343256668979262770244341992180768631001648573384040824075853991
365579081178390854206293306812294729335597163936794620335391527090
637206946734233815138342694714102439822438830866768989624415715064
474790566932331808524642956292310160051118640956880068052259396549
137978135636662786584825404606873151675168565871305305211587055927
383753478689080814844722468403352770000119125467123303888615629669
601587218133024728247879162197849116433286067222446352883105320858
360458051478498520944223549847131411318817352440769169838170078031
706833636151053133551533095846623655392600802125833620966795554446
296223486922443190847463919351749601595928620445379912792443954761
912799230415844328912730521691240813192340886616809185433824240294
544610170882751608810427472192492094539469702686028526307940310706
909913092204311596450429819108579944260900152451424283341581548822
767582003641525105027903580048053428092302369982089414594633169359
389907001555983506446908224449861971704430762869320144595156484877
701259485011514053979796339301004384053190679074364712995847183321
388711090998235667221263805486838741894010107540013788101839315914
880874786587879500151553964407616257750818635821793101172614404666
888481821945604405137924883197154571243841934389672475514442366589
364718518226071883638750704592945198112364117809723074340955219414
052446422009022216668654835608101851443171555087452030706681358203
884352154987944960394947296065470806398245627394706397440640513789
295335728586689990085990869067039434348708008176071405043256903200
881536947167076099967808378752608107329924794981733321395318387783
282359167370125831242890647354742150887825514984141423501301672675
082179111002557972517427600739373192142103926032970810769819058988
038916181382579914443432210529156905787884745821110382660549894669
376430572820094574075292533611636575093600636734985028438872658171
072599410784930308130117586486115832906605732742706030699969482400
586086403325051074570771362035206886494623441190563168069892406954
125655639819424718889220352243226097231754888531728266773910375723
710106739337663808981515842676046852036203672407891490187927355618
076617558781815383071457220388177297187593895662961497505678534508
134597659282837182367192431400974105437297844510162575439587624579
038208902934931501481048364513538889280304386036901642658923162207
218966651935591627497955048009255515951904618606791880818722697029
796220208880024877871779125810211789425072761319795431096246640197
720972322610026863745530018619088598256565626527936608540782281152

515511826170482175695615416278513963778247995239435931246975243690

592186779426383330733739209231890347396557573966490982052618777270

846169558736145592952198126893316443382397314238472615945308852540

887188657764022385105108797310172252284529976947617375824995263247

141181730160201833111918112228135088569821004818161146167604851873

699956114717104896951452849696758125834536129780347732313296535965

223906335742142020499047977949714036872153280706435798771212837235

867186123284810142893866885703762072348447967592914421953864220121

082077988765511025031152937169329199651538878042516256025746324085

042288449977623894692696315286572937413430169360076035329369706417

827787737793065010569739456116219240336676403090783541455138316434

889449979237557815875014455206486934713086498330073898088056894346

065207348759524887381452856331188696637177260653929012996245121362

161821249758551092460860670329278198602652523263228264835722732391

838349258202127593894057153041127362818836102715025364815499370099

624982612448826291798672824976494874375237721882327023286078786741

446467607560018209489067346574075767645525563642243021209167963726

132117855243254451672661784549610873790374606632941769264634585023

927554463003063866779511564310976617009500805367466292149031922893

154613447952205175673050782240665412164309774725130449522884992542

381654379640699109303726768644369877159674558387881782369993907291

362951135658592126247060512379920709844530680675102192359762580382

091795994036229322416000214494830694988847984025711575886642601488

261724776092275527824931800612454680443270369494280519969324740567

656213986896794541045778067938189867874389603154930808754485087084

139693776973877043177428658169640187113187555513983743414948043673

850691099689283408455486588315078298044442921781351968165206545962

885924899472173332920607370072548385216598658988907709883546595044

585146811251957872729831356143487873935778901650631075864406944483

973846508885441240799357171892723876043392675414211824046241390905

429387061282390467449182904617638581776736597386933106850735700688

392261440049675224410943938679474310473017573522143068707911389927

519833743170803283017996889374427312521582135631706351219458024320

861852112521563609484108627492827688256250168628994059815893041995

881642867887107620110956075974128723052213171260507160053682802813

777234299991773005009432736417487408931931722894048033459985522641

089298221544911814713634885180832952437115609605107576510978703876

312812439595878309461734903983475833694660579154522058959144056918

656096427650852458957058774828812041326123928589487352356033810431

400035728912378562743250250463650074389009557274063694944618836528

666054372615245417220582983085096593648284195869616911572593241982

735832458538314401670681614873475086126487519897807761879174968270

011712481891846613898797807611495726137823984153462245734739133766

906177880605463474924802150100016241121217139454356212000027292737

880906863891198335160811628709104432373070159783768052842819095215

390089954681456048093477272389992107712708831199940831181902204147

888292396454286509798811164285982169556628812903107065000093202373

656256754844374179931102181762310080201404616668489913449894241224

497019175557649285423992397248206504152537039228810588634119197203

443941487016575998455338478687656777347709176671468038236731340163

982840788020534954683295900144178046155394012922359304469985445894

149744390975240122334235496542515475897214184893791435027789414016

885281649814395529829554011283072905955477612250008820025122725613

693737437692659490087374604434475687479171702479007356271678183376

663649010405890049089190374645620178677383153699102840008228759819

748535247250201437242104792848796759970557786331111404474698078827

521309539908080311709187392213784736322633200766495163505108258978

872205344514715051636392345586235874774466224273621281109257958287

611916625415368465731854067726266281807464561236527057026139992916

165305519804652650305545484991794037554110839891390539496691499562

413086576574402038396516635578730617890614207972461756714788535806
936170019844579843509116551020022736519845348479824964461874462583
047674648261736123338632176788831250491277920092668848423818185480
897273944618069227465490467321094749474591173096314265599310511814
464984916465734889299095623605691807453782343016627431623595003450
763718679986930718629506983311087556768767520957403143485900228811
237823624226101946741693084249295818822909711597530124904150583934
405280223506510308621844597274035293927698964695385469623728428517
188700622734337169764549988286823553023276435037635204423303121918
594735894560426683544961268990924013089983378701351245239487953845
969039342470609246933983359445142833816687683906014541970792247310
862821685927654723364212180787384299729325758725227419692110088899
483495642276964023114275391244744324195895104686825138415711722663
081780340834694446916054767932938894204339662086472722713405850346
947698378481116592561577153522840427648249729162557314786408820040
147197345096547770301284755681410163286181373244098590685626637160
588907071996765696936955777186970008347826798465723983128062485664
119583559466864633682410147066349690545555892651629622100768416618
973454423248558753157654115752350824419774405089409900945155868296
661067096709024218856726351302207694616474196101248350048832439909
968585541868766773096136362855749905316728342790555208749417006678
209583055699624947773343363507138316650091609944586030701991206362
094726162816281543050557973001978755133788352283359301917015024377
492382939563793589629549538010617350700506211537941161369245401779
331106731368079062915857711534352906341740273374652512188369391593
552057152548039141014116076073493255128653224200668287083493294702
711238230448191080636701705555168166051617085257753897094270729668
693022600648965741466207261504708613737237246453254378255759009256
753842261930842019301417055445797375197530047041686118589733242245
538937939958889725739655857866212042113770585010041536324733806348
493087817055660615334112886073767434320714040687517684530102491894
478822892467092476454535781147272683411981251579374793859013653631
922285377259074594948916500890635310373293460482081275476655448033
468975099417337722730080088351386612163960876950803327744632752021
123833663890757017365868834071432495737637613189023179572011933183
468407571300355600358910191442671794848640975070348915715578801216
721948131742438746984840193683550642575388859536354064578459525802
634894053684852456612071352028218360912107282448603570984859862149
911072056038245919485982982354366474772443187443625938524431934988
597695084769983030114427791664023536244069488936433666519120633002
270696431428914178156515762413660679408644277393150876453278200005
143114416938450213602453859527358241280822840514800724995059504215
819802203211911703806022726228531527782250798281601848480446388454
238187782171045347616593762607297088842176998044060036095071630593
792353372760325679084296637714903184469807592422930615928875788093
754556644160988810322733243261160955215205586557288084122820000875
492308382839802493037018529206223877098770427810125622682864582582
074893745065734680589573571270244699330407523545448638482611794977
490652298806639691549161945675734171741466566677615589130228517249
374989142315440420360083760231932689109975546265851442441306916999
881628089074859690483068772415009109248226072211953662783562688880
666917145514720406546986724461341839275466663949242227578726053861
942662037939092649269513080814316765928250487647210486358393805609
309137306920848388137756273064149155109110844125268842822447799765
828045167088789610015596232545784169460313922987805452872155596749
804085046227082625986099215606656776059196478661965350118610338730
120681862698898317555385634933349620362545889058353970499641814143
440022080602998861413468584239139340153564232472142530142859120565
763856935627762470877172637820785953181433146684288614405778794843
941854414553901189633756637537059024278787829869814914979048998218

102052906879742490994284322732392927379229358949375634604471174134
618118763775567553171353328694467886633685252997791338884062520535
576727452268759094250269880262302902959198007187271543905075709204
894742788081121617537057081777860657232739443689675971961324093497
733807177485067680661100024970948317758504896131681710471576013281
159979796697117964893749365801828293146885326670686356473845919381
630061412473853884559004582927311830453194923750739495359713935327
341573558516210856392947218980959393414820835849569334691831189479
801443321814633528391077662888449608686963782651073755036361644921
669180879049103339948482442207474508737919354745696156441020723233
200904265039496704594794672172322314104619778179232279689115160333
870859699947512842805010007507936666864488336267250377590252110262
588133484892873136664049593470280206296700557077340622029755773349
891842778084850329492415000656210226872992169408430237869071121487
459408905047676091555973770140654311513641993910153221693197750605
362646324562937860104085102597225325173092650965923479694992248331
176811659480608800082618923704059498077040017396745821892429548950
716877133100103978515335345314710685957094450605373359195365861719
6314970060182160151116781644587779937232745484370216719698324035215
895168535513924782055912827961534916630151458051788841148097186706
984272264732539627856885621860135755148025841191257861698154027609
127050741951140396563792898288285227408601450395352112653895388386
779399517295862927094784127391152433112925946400072613464924997268
181094515144033606300528712881176345574744004968524233433988590299
130642366501730923117254932235693646270826473653961470193614656488
082366385687127431181462802429670841610218758998609649692350312982
446820228624101581183380869587321577601822378961801576779989263352
748408957310408461068537718696398441318584611504148287305023118066
959863417933895317469817706686635251177878445758531114952252892091
504281574922455591384711330427158913553411142349566732404385307357
246228684692228408379373448470602916936013993040950654596190030818
380252728256308220937269752752989520766338895811003934670501955027
215254070784222031586900159951308263848419748777684991692392219653
723166544757440764101009965061712627959017809881925888477927081016
545937332535284128020075751048259116525137578340100895184768524910
186221173555348636969841574019955602865124223618740583409084476878
971542125953035591327072076061508973819799481185638356745062572946
951343691678918263066507952431155826364371997603774446201879101613
542447700627364765654919626761644468077219092292908086622811295988
492478114867153425715536760311952454756156523696770385370476886604
698021385248030561176382068757506758136412862878013776514061907267
002330978458776691822833391651290787076086693751711689174162769080
955175727969805201682102716262136069706041609156178870530540720979
768493026637638968662736050113988988367335913513960315474288974713
854169693929318308680021232896329599381271653722118529514501671084
320746942049020976670074228274667222156833863413023286091104602401
561230498455914095239210460975654364834446150855037499705955336660
221346260483996012273273641910694943992246524570005239136227333383
284972755739335649594315523090123323056343415235105696282286778821
093084612156866114443870760958284067151875349808971433102743967023
207286830105305585474061120710903593522245318973774892872122393887
443165480209039008108108852669227724619314382529097258631124615779
550275982207061668708048769500542419875562046699274663988639348486
840142233528728214440395478422891745476582719454397372171674600060
853686206659734305152428332728939125107799228171714059172236020738
527892642080373792927864355780211583575735835906020737813547108144
950490459183211755301545019836835859869923267993632243604356246020
284705006583453866926334314789829914678538149164332937337706472856
119777547178021057206562416780620492496050681014505544400083691585
386399196405583027286332121027159254780491989067089066871512194349

441699015818121629691645296566728882261734646998743806066636501254
919352995156342670614836862978791948285828518127841377026940221675
580682835676215271251002722532175501175391676185708244100056978635
520154571775096098390350012825128730291388517597460971546374785158
162912190028421493728409410165155706168620646222073668955493931454
351822662501773714797996892061206532527541841391447611392215213461
406928641935582165447967025369448854441712394333499860298027098502
714181595416780254324505451516922268832227680705841685710882489400
810805982436388069304940140036054058825147274558825823285297655543
660060976141881745439506835189943064407677097341582749754334607411
032688819736325102959868912713918327323940654677652057012685602158
373854658756251286737197305200835452057115115637967152422854375612
319367176856700900637354250309455101918511962299514032597437920935
437420911843155116834985132549158654381928399557383125945367248250
671147389629672990878885848882599701074227252504035481804962852257
052082363485122693831562806728367147435055983927973260668429507263
513827510419746889767672591369017306512365731719532431012869561072
580528336315890095826698417353963848720165200490649064035498544923
722942741837841103308077738694039345046633322001742224053633940752
750598293574910869881854105227312991022233397661253324690730080270
049025891197866095461412213341213891962638826661786556146344210813
263307717607866380636342431909183254194322747324115237704877561380
927960483576499695368748511308807062476127325750376659107831658785
768550661988397945830269086027019641122022573660586407392914387722
598907407359876447331552706846619167081990942108608514033280601787
851430149967994736342366222291820690324453015250155785760152288473
671518234944926548288571797699263163527538455765576440677544890668
248996613455952180097814220867268863056429154013829653468573489967
197242017176041456299913025141444752488487885952192226843723645329
643388078851106993397696127782691625463097323535451462264137652139
297506809924776597347261269093978722139280745585647099981589429668
515562704033660587623053403109834593229001269832269205022015814343
028080002236580154632882552904706825073630063078118956871980940767
158512610334401938296271880860086116970723967039431812613097424711
171790198574301239907540354716506288051264920095605513453336202926
306649809154087581763402129960016194911103493751576558875248272142
376797264256426977368198890882172269926555304987247904798100065046
843426551930595486463515965834193256019953942725424637317151517635
243951403807424423857724765659615245674669931628602826485504068591
224634076966397694270136693882918560767582008669438337563145932941
714551996669772822181470620906203497631712086466030605675614933109
167359686926299803365159852130088802404618168331860877929665002779
221347601161748135200060259895150218963264153851311775210714641070
725779349718225272679005993370186596157932780066176911183167614715
796464874106952245376114568879231150886303623840717691959989003565
807547270107199166447759227730658896111939427586024665729164647782
959517792521728407860744329511315658116636186290447363155515655823
373410205410970553981055118587774847255317701694561977327400076274
662916015578149893849915480067001588028727139647788555334050152578
884671964802052467242449395518643725584409996006306300289818578112
735319400344482753400429606559508922535186015542228917642946353097
283905715525192200671822520448345695728302485815877783543719512685
965426708169607982346616792592607356189398955902895422982006901135
011999278337057617540712583480582780681238942856193111114132504933
164260528023303981416900679889803737603209951643848905869936960683
071012317961526692453046492374632284627990824233479833037403445017
864480398812755922590204653660846910213794842368881452629696866213
566476702014267253205644350313117144413771351467367169726545226546
510614403820274351610225460111162195775537690901298148136883286248
160366899277390833940514714338487476920116426194819239644946320044

638474688479111517044843919386765303110082423870498152452040557396
205818316248694503295350919858056458989087442568312292543450747373
415195274236476418028199548731737721290125242144675404294585540242
390647170225700446424875936387663670677479620244276809437785482576
651284377690093142098666071018702933859331043773285303437168895184
802547799127333139633667250697624004443999842871548273540021362280
036387835780861930328130999490596589188937507538344269255703320890
375832462846794994772016161849244806707260664239432321923207176003
725231360026007938117888524025045773149253502497399425440513990997
242778918511892389555672490883322532107988627081564000322527803151
097668662283346777383494174612258945420980000290932969074377260138
690910279140625985152505977668184401078167066934000751493482854055
561430475539110533143757464229486209744679084475876468363178927730
859885111355095794744954218629866774966961594744440927311320066978
611380859054531762649459016781969714986139949226972233845270514380
938951350464437551225486111708913966808936677797309943848808619331
909104357860720849673073825937923963599328475100407272793862627167
044754075719202503934191972545189483117279024614049668955179079986
910253764890964845981670901713935120678283957996122631197331491337
781834338419318523675386629019004633433285328343418249210719160927
673080132353694726484892764429798706811256546280611726046073321917
630474121506403020178932057956876051027752505304361222709604675845
312738661652142419408683408375891400951141339295457700947317481168
853640941835286109971034167235581786028234982020314998679401740417
191402839362105194806048190182451800817013710421974592127984040242
689630053355368549416400863921774567695344586508832862982165846016
450780000359898521290123959007042026607449887850627176077622255060
639074531947718892509905810093672989195409957663353865837809804479
353779918771214297746197640947272121402353265517772361634196607437
639153866019450177691400624068412731629586080635067629377512529343
675960734271996751352015800873739548389734399012382565682907859114
425882852136616920140299004131462136806323526508654112180847499875
844111836290979089198341187537664960480936264893291043905977256329
558138877674469546181579787041915975583350003772867246073518535088
549546420293097158563694978576404837415055580991884020934333351281
955145551857333488816491676944277824055543369773119201437225415419
274505976013798414437359942028760525557189378041148926125798303618
380107711005004239239264415692277900570279474013649422918479336925
354324840487802317774451841779583558257547618425495753958785494583
430848044173708798492674195209323031489589916006854228795789294815
900068735373333333863813908420994872551172617108729440888684478508
116345585269214154029967209886937158862322203314855817426826359506
893623448134224737869394609232566007547212567414103421849013118963
967654732916742471899342433028029092698507522949079709443009238672
877439362551113136287615919738324134916722682612282631277938117508
074089589439719002542641266494798017644201645415881317601897265962
461441391319206785035246383065776401652297320470892011469171337228
786303703845313419426441424966498447440486177385135293731080998594
728151117365071913988126930748269061403928642276627849432955882859
383721484750707783551198962249119558823704506458200561017020532484
449021502294561765561859214574399009554822941375154413613291504304
691417994122460933816513626279028278842138122077589424038840622943
317279892594183668293679259604224184594177065301954864394817033552
410287470447311715070347750834323733311632587672763683468584448656
253918723946082732471350044895708680315032503867640173531507940034
557285503700184560276996150615682914161170610461617408248462670335
189152551882482127260072595765678899125678702014978667908471066310
748764673098909147197987925985906257336497349823503126098309873468
616273935805790735490824683049728409773238116708249151637346808705
105219191762054169882625476054458177111799377677869654216992578557

7204263442443042074495489703390434507206119007697363517401952656 32
2139282583120528240037466954590928045259687984608140870719534254 76
1388363353511911214414314850552012358138062649231353833876758091 88
9237975855157320365883176242411691675238145885920751640352366843 72
6791759063705392197981126597708113947351671962999970520901709075 89
8569163890664270423570074450277512010490394814832945744380974626 03
5105789819540763987060787581774072491184506978842994138342060812 42
8390148814872599854181480292949227878324356105549156410917488770 67
0678201198591095890983868839511718380134914825499274914269855259 51
7765361262421572662448896096148297970308420210516027967147856159 40
6461363824775890201102519923421532100601752302574212237542107495 91
8728675189552155329945322689425188409422826757744222275528207615 60
7277103947182566802471066067738312063031466284744338620474325956 85
0568928716265329083278784399650716724220613829453291660046380872 56
3059524153288120937009922989600698139627968627956763519874182401 85
6293198492262333643189930901704881995258827338807953265885144939 38
1241154327320589164578642294526841175188081840509569046913813443 07
7848902114879712116283977344305484614980793562435496714129473332 66
6422483050043644545470274917232078399565086801876173270331906565 79
5475395206929252015307064350471306881289032053854556398799210109 56
6729828730479466100543163584623448744155540713381432344131178842 41
9601903702868696242276246502400420813713504640159934720532755679 50
3533906712721617790603021623997804185763348100544838870317307162 55
2564799599998693531968130101562970978711673069649402749166572674 94
3432081323146138869255334949294118316387788990325940109341115727 42
9801331814578281687913514243955787342059156145877368988080791707 11
4551154762661682081777574724842787971298154823852036895916524054 37
3052466728731303019258295249876393209857312091610561357220176392 71
6995986861088676061338436496169518654848604616848482407438381180 74
1734222448394789399827801473422230578654102177292648209140948503 50
1322415155999901630714781485270516144322582547801434401095336602 39
3626424931385229405475364168364670415743005583729847040181455710 02
9696234698505997788557369980218223035492383187976298941569772123 63
8440889178927527752847144776218920574254531510374799777068623624 21
8990630309628221177321970823034774545506023858591140389896916662 20
7787683260123961741999762365506363266016990661168908868774133378 09
1951614977054921417118191101495434786938206209808278789573132789 90
6002086339112784715368430438149815097030477088688163597419253413 41
2219139628745781099342483271410917827631765420963125071366926365 88
2135751199875401157902802850780669833384183382667394553683196565 71
7031946293364109272667274244992747322913800983574450913407993085 68
3604846778665354210586680052115426486749723953793642156653587208 18
5541259819454742751611841693662556324193591585695088905353141218 33
6623998780221150424566001502364691081599741920254437873610226712 94
1228298888053367943950329404804961677110728788103161467730371502 18
3528902414648175430954905944887541042501680406999981967193798208 27
7334648558158591077617882849750546856791399040113845624360403574 40
2461912376944022007604214335733872603925372466408966491471465473 00
7219529273741767961356523306780426820002423074121866748669462805 87
8878738299523278050107066101385402880119138557309113805727558936 81
9403093807188637937582154443516265599120308784820523937493518955 97
1581551828048148078313105350968235671612355096316152866585785901 95
2871775464250641298494510573035332433489097997209457291700958784 08
3221404405014741143817095657712526715779817097676384786420648761 36
7939457844238586035649664463140131048667056134627690174928322900 43
2711208192295641589481528265584221926189025305138159118034231088 51
4912266539179448174339043227005068742888199670619606885006733283 53
6146804985960814028791196311274825466404370384782884007981579134 45
2321016686737411212944968134510122379842940219479469166481503124 31
8739691196021567121142279430682010408767568093738982054684214785 60

142776882018807171741412749367467817513227710904673001530946777306
922329095349569449160116904681818272347781619751257278515355698616
292202918847453026983015663874917702194760509417486684119727660444
085483297504989078258061539020030103521802717920995081783912123397
007002783290619371336821833696154082652039271615180227915286407683
150329974060928048310506255157226287131327681824780116915493786248
322401723837072716088641929421181718564674811856940087052996113141
059458293870330528629791882649324742017955124423294762903488349527
229283080401222637227611027520380012093752088562406453112503726401
539964371233707903743951203202853502547482779809303020219663250932
909448819057451029852172830699622421954710165193932976937065457633
343243325643313639122108352913555770081265053979316468149451341207
512188350547396859555387809194737465662790318681617136416152155407
745354380414798454584063447474508568028086232412696939931122964056
032731092793849169187933359614853517001814969826164800344027822813
985879014862852128674617538485034806838652016807476744021147665569
643873967579664429588640957755915419261507196653734108170649748222
041913503522393203692779239073695588057799755260190308143550849247
598185779798029812641251926980831075657465946935112856279759057800
341932347600136961144729013113729326518877314672141074127522101051
515586571349391276885573006456556663593525354509457378968835800277
072108075468519790215677663559608589952449272204977529981545862535
929556885865521908620348857429443548834017661683055326602458359944
543309529736205642829474539664101759387807875790401431956726445025
653896405200714870685370656271174667615719181064228046438268678064
178170171014557998785949298102867487747167901743550399316968352859
211648148786128628911637599276847108874366161776239309829498234064
137828071121741237834222414406998486328823924065637743898084631704
339814190170417704585646785993494113767101851048288345847591129859
911326180631166520977109326025457776640478113979812027396279052178
079656593348303196386372636054817261754402626843572645147411143619
747488532813525432313210406553747535609140513357644845126503159949
939847591233867625899886282674242141065631702826842027427753547852
784980625547796730956213501075135701081437671209736106569338981128
770064395086822635241957989987524453151326843577125269551165684260
624979530056413423679403268694320221277155284522945590601316630023
329786184272936970542564089572247314796084227996064312115572289888
413406901570607916985539706270694986922613155059545816240665427626
536098988246922842402217051092088452264193800405064723514106544629
397362950062687069185743503468907870252668899031059030733202099770
701955626708007842141750040248776436938270496675406914489563400092
985235499129699604654028321299512881718293173380258934336088863956
188145305493633210224670237123490797406812568724883352801820879686
837674893286595156350015843734542714861534249712522615178086471835
019904993217819915535387378562345508714313905038432869651387690329
053401523842824396391325686729272248708477969680927365604215169040
230075017366194993585447144041522141064749724216152303724661255301
796533454354088980086901630718915880845552219843115742231294519670
375862605877626333668485075275284790344250165376491633179283207357
204363149629332621719841204149693900215789875840550688363131897828
032706818206201147097078246477602762963513245135225192242786044766
017845546358689564183440825955325433408871016151070367468245292204
678084853185295603026039336998791252960230732785846937162703749144
838891633750052621697332332152400708758098485646289779180984825342
721202481272565551505030570041811989518609216787809270937241480471
120320927521638219693005366775084683589386544528152235347557559076
380237852151946018272456823639549056812593274728954569893447114180
981315364959748515410685460978633032486429877701863553136745081107
676386047334640295768821152889813566449309493104358903645141317552
414780992535059148130953147122623413540646090598039300729540969213

694564498578781314849834710618588580258335380086634822074587547577
692067410067571778702148024906809935403404978086974752318213687886
719206942034418621529900468668535749778710147528458215215350982709
863527703575629384931393160423887168990739823956189887221884206119
027709429903227573668718607977070772155923264181360169717277740702
884134571773206253029881617264064980178019269641550387293286248745
115669440090146910371466589528076907506309916580190402824912396345
679839269565571594761366943873933300683738308181230942044159295951
718719249267979297129502949158118526944654488816064489091085747384
972252662561359833739178319495991506543998379398350900517433878817
182955161844732570694229375365255153471178576184977477973316771607
149942145263817047522727295570500173374401356029781216871886130729
572008682704728150994493655761353006838203007248723891860455582340
567631876262362589043407960239552914408186887350391637299347162815
765862853465444767189779664009434202490164341084863053640849409128
877119965069804578807137977951591204253802570919860455967388601901
634414829009972971392282778638712630801766921370493497690438081956
561880129790914650754406845318051694049624845495251863363242222261
458699500929790456268865970393098396956023564388968632992332376590
811424860358035451697820676948892486638330687917659426382009263778
903165827050291137857297509740049386753580516323216984736338584197
352048763394553946427392885249745167489904651459473884977874365758
947077177943562707432572285536101492929675650265851006003218146153
612928591069343214878686374342977020598254510958054174455625081164
881956344323355550915407022873450617663489800492811148486033667358
805224298027624506580641661646093309658322774120168700461864708735
460759460023553734363668584630008298911593217465432173511755315755
510186309658856027447328817436176453655926246176438777403799768860
801841457644764303571298399555691565594231174530659483625020603643
822173544096553539509045743693865104312934271665810521464773628560
410427152372939781248710605985932017807577384367065631135068593058
886083620234778064987975853178401672905978765702813875802603233337
988320303896853999145202912912522642348966197633971826810602370959
759662980918534819012504031589962520471707676639986835315319660868
752912542311537503475500515367406868469956767733057751079235049034
577877826339647387642905640164433316822456509039570066856800982518
273305819042432261128948518491882214253968613100337137224301868395
596441734670841783204007571512416808375541314824792400452430812536
772968970444067964317974268159359203135821514639678923853314691684
801923785613665706360942213296256718222140853765807068346168583496
375655648152132788002082516961807984840474867542864812471892324572
784880995178492002381321495055976860978043922721365667914325583872
939628855575318985133904712378084559407184483283611533615780257058
364385933712923478051058091607157923717358832712616456065679450348
099079972050842273054741907781106494021601666662950945932469680827
885873826896084877445611837984486573045432053689268403491423450881
535101678575706668749563760666307293636497984091052840084546233261
781814979761412181872861268653460711665095513547783230627411811482
071716466526542709914847880777689282345795486110671504947364739973
648066529953736779993402353274964801034460008563976973633732229471
469730277640940775396288390125824662939693898770158620893799185516
933084638159965395913392629245005644067609742316903078027155970074
441832783863920059150419266647287527897954927703415082639154789692
688330816604795642091123793125124523826289132391142592592488723531
353414037167337993061711996480374076644403610827781509371989266789
958837505255476092942001843074443896493496814253542442287548263467
259939978795979725472244117287600771260884093950481192159674887395
558626710654903021324022477079265249776944955205108056410482206802
172927635615223773851063602097203137894838908760877304444339107037
138713316374909282154921296609435599576542505065970239239800133971

925439883533581932604235533464070907285804865214153390352229706047
122013049412345535778954712486300047055628894550446086222664852384
731073317223038564186531180217935120788367893163243192580644850051
145282276974702881297556723041938969669115168403425219126668605613
003845205389336911210081205025241087952203462366013906294095868063
810486156703491895288995944342180753633129570224126076566283785776
310584133249700802109639513491608642051940551379803738265147259899
902124751359728276487048030240957692462436925511139223531786948292
842185557243747361826577956003518901587687598144266576265825837773
537988011685811161188545871990328237725765974792555501517035225204
329594566895045977985931335460305804628712105099200265391999022032
802985513499055895296203508118519116239331768415451061065516247882
198069414695314021638542948465099305759018425477258768576414740917
080050765864163376935814660781872244505837942437576287085454033501
105370926710216016889742519017266477109118773401965876131923824401
677866944731603643323591053046392692548647340576221166484269938330
305048174397311935005367616450508447630473256376421666139818172167
153111289102455851620731970070031125405052082382908931287575642187
541678615691797009700938050142984666852120015915113272059232133736
245100927185727349413528948123231159923461589690978967445413062762
687256330468233531371596513000406153320056264213843223148270354735
863509198844653383568400484168465383514752987266852104759009105167
315924626485357070819430352359875504929773330753172203557347023651
707931593278744454981644593247393837794365278003109277535437349297
011203088850811385110362985620594883469615636232082831084250287376
136412846726450367957498216344694599244023203866360957965273125048
912012359996284808751700271355908821282445921236597263623626193171
749930602780067270385204438694420239626594307173387544843964935739
401654469425438918315939596750099329847553183201970958681114740341
146430774907873234732383184316977580069510475962534780392905312278
972028317103077044152040962027536066168775095387491356486548993528
510813754662302301044164406078743379938865943431973972762809887255
359642183688625252868429209407669353101746760614361504022410610065
751838578184594309738166652742282235952326563156004363460606617992
954342681278246980231107831922175488282484434894215590509624968095
516816141784081058068173009002631527217960747234579744753439008266
238408070488767662012566975422632476841443602996127063203642476725
566239584136334669634201833963782542254474306328053514644920802840
1169350717192513434491759163444648154738160058964567608405798016590
255748976711877225395270001783834618076833574250619637793972907186
641657756554922398951160504436181020594168505418765847159029625940
307677186938605462437938952917738297414846392692211185354790599095
097299760747387296264727605210459511282743563127096059502375573180
619545259876531988819158370780609460730104615314079672252575778609
273091902469192988451739871631507685766351864937976297380660316503
198618172065118786733591976523956744318887953365229088652008014049
981149565766450135714869973922194603166589011920226137063954921500
008096808049365156179044413993654732119422707627168066232679931722
181257457609152455167050976549279875792849661673761936853435468604
260079278210505029351060269911077292583322331389423980871654050463
146586178672199499749697290597915791846480370351873886438202706098
049340045567860930765382619265263181120218638592516569258659483274
483164346145940369617235805971795888290583815236978853316823013314
522929991540592302274058550374062853590459765785964573806521600263
159177428881248018307666463770771998546947143246041543087106778821
876907079694131367846057701838283928309479160915776228351293308159
945269760684026594233928858711054408683063663858102047363209449653
498877627578626990535391553279118811926335106919312733976667409148
613974561452545275688380518228526608713496328388418368484801362645
828954007306507915607410288908345465962538086962552626371159235948

263845456087258368603761981706726337448128763726829988777229445404
077067899401643812500275542016983023069545116299831343107188990986
254101600293552441548625913761597478709185153402568888130198921884
456611164910632688832423448309628880496579742710340822373667382825
577250767715305186061648306335598019340710989716309884087467259104
459888759596053032924889936385211939490968283710864571352345601580
438642971035384668305968987968083587349785762678556588838364951627
235452070877953346765867204916172087981314914169891375664645456974
216663388028870931159655290890968583246620942368725955209587658676
396452581062760953955291491765181737672918987667798425119216807552
581600469267289283769650286492087987822244210714046467307485197437
139760530743223451552532121235870851616285214538008368612462951548
039453329683773642486296457024358189231686226499499218634983246812
149467375119948195045074496597043271760401338355222360815340004795
981936852230925881457545979566969475623894957247325248486607065428
825628767359288397614196190591329083994691638410053218891869432565
720667765232382473164380797696044457296944650283430616652216987080
261757570512416411109207357726203970411688859403761058433130293144
482906595568429648729637716132195073219971641441702565468946101270
308245972384182836040311660348915371607623286396661656185600094671
554915197467308423255867674109733402984616967564210763223153678979
988580683198922830859763375092946490387910743707740084634936236240
083008495007355816496691675977786580811182304770742469643604732793
518203847198896117035900830045568512528050955106676996023738782353
766372782267740520510615320189983806114919859528750026629455422735
260581489488099794079523817886224433013323645543257410388370423239
809214161496327553956636176867524381765566251013374304648082075528
515649116718283454130472387959848889991562759190821521959453589439
873919878854478785588393019531703471240250072072868196663188915409
237562982477373635896293037302748649251369197889067635824615369075
723811889000386834089303979375199306538172287366775385114171618214
640630053993407936721095094123328350571426528319496746948502122505
862740454811093958740537288809665227994913135041148573758189949152
273413520402201771742697561032405390025938558957849154940687591085
109004456698779029635899957858043995947222843355440391384551575459
051012236770949004290725163272506438911414940314392933816049214114
829869615126075681193004885160428925653343730686239962181200837591
143173089441989980293377230506522502709849720595963536060693015540
542358093562221999017615513369475682897390100935189886891023056203
345606747815955637373724315051310463884368461660222105807660550163
384439513392753905047198111267789378425274293071714287376055437904
153578146194855984706040401016336531189306836965939759500845851332
728473088004848774039317183964923212125759155986396831005033440560
527898876611472430892073906771713344899959049955652866870431389745
563864195065256263382007256053250254497912589372866069366527475695
458554937936549466905956264822166011090722271664336271478599464599
992674904954961512642308529764040436950307838875676652232278535937
556772170054417615227578900688492224647258100685483167616870537047
140293293794295759712945613452455275456568249439714331385804950973
720607539412574156291011023260518521610876296113466237967436112342
517799340059601494432947964164600310883776688705920048862018019633
769761450582921768913766854755419381160747064364618355095042783676
384472746207161381971191770444487975137788922899588473820082965070
462231272806210512699103944589360789044290661289121648867329327712
450595576499953164568888853937404965765716880913039242348569376445
019991202878400273546363108028048839039864462866315940784010291779
687774189828622227028532919145503554952435667446119533668970392803
076336134227848130080590245232298645365347593792470097712372514855
978962233505503714082373885598999635725768152824985732302910209663
365529809751869164292807619274983229652194481696043715488475908552

723586440480201758142575400529343879461964319673490293470269618697
328305602126628583594142914176432704388399714037984862965074407226
526416346342898291915406945822384005322871978130120342846511500021
415969387560598958467433788321510445817334910293140849261962544301
069475586326736133960131549360027028822653755016913194817216772727
748879790713086459125176896227023434826717374447625403604436123834
266368529097934730262217743440936100473438325947055617962424701479
577599383961282821867040465947367134674003802886890673435056065419
629154398232331916634157727577726255667127287567764740358782518632
401429351230992652418610536526239068980576795900937826721251220551
113158347823925141718932666848696741049338628805893314125836487308
559685236487095735227355156417316000570435683375128586486798777626
878911970174198926297503739016966811455310563963891334919478491126
002887272022436295541133021032888312521790386091534116785776233880
138563643471230253133127583492149626816843461805655064376864844321
691600993297935886971326345948047658016730287623626375404641773711
712333755529076168457609841203148149067126544788130874966926524950
728376339582483127955424169984449141560908212342014466356115143987
869283676440381999960736130356587640683341102908782368523045177162
181480494326246784203403756912181002048571334683860316409189049331
870282565113342259651395183628517923265340031625303117768583043905
855303143470009499540428993106200690938429859849462576424364274755
020092959821997053713856754024239958224936146881835783905292562766
257814762825490521531188451672679258510629964112189047429032689829
030019539195564907348181246684338993876522912442311981457466200937
808079651108208092025003722176564662265462851678069756165122984690
402876381965360231356361364976638902219792361723388549181980957352
297014232045491394760020309831182651347083195790827421779732291100
149811042092919972707939131054168843056476680682881432639312292484
752803515563282795273265608341088161697961023963066523100437026823
091533999011018517840853479666457696399564386232590725663075603947
055135897585127025937635325234545460711578765677751713231407198493
087072741725990383479908377522266238501618900013696653310225295738
651936909936258963337910411775860518781920708777656099941098051551
760524338381498578844158021483003773807294222057611422187341912017
380974191603908969457081286919618687718234413339778059759399170408
525740245952795358955168367104612241414848823507042098949464053346
102981481814983849628748546950040743248430100423702377026935949778
090939009555164281254168379512226340810340240060173185622836711787
912863505765122105234648754708922865475797991986634913433674573178
080001015922803245804156062040588149733690546883830568311188564269
274466682562826056931827114971107908022216742737252056085239809705
192876172818294917079681084956342092215680052226576590502708101059
646896004191594139713443207974875200619703621436531076819492314665
746833301942561772580296562871057463566793619642933509041759154760
564372284823152054488326426763087111474606360347328343230094190420
867481232196335598089298139013743217231902944033802138350378466582
478492823716028457090185093998630876897463612139222874464372822230
689814427108087673984745198685973565683247585023790229043874338656
501635430920494975139465171204239963804851524043827140049987366092
215951679436655209716246719028784972343068794146220933065403515146
533353438176212140974995290813343668874219608546300562941871857198
979654903892260994006458134576989890293752526031594793520517287383
716670072154796195637574070128559260756333580436117856957032715108
609733266002110088271231991637593409971230320261381098899642220973
175527414255363413061597294843720485673053633453566183219602569723
677437664041985539084586654773133442430617212600862976052967207859
322562292355846262846333189292831983610002592187113703997150557749
320487597831976713628632018442823365393471636379457127715884098417
687777055114469465240422088538202824989296395084670465701934759746

010821090022379813893938891736619958702353222196294149913960484299
279341165867048778571113372653492856653689288750896260840586049730
811807796500601006810979623045595480118976856619676242389312756524
165598319456614716758220572051507331874386499592077292171541152707
025157374293274060303889970181763924928444961449892119960087414559
201197110619178135600831179394370021856788080126118115799464147173
035479067670391626448036915230016380975095498647857715301933207587
076728073824162729979856572198166844451931151214721539462606241547
478844925314745222342898144439356689652081728352018491044685012363
534665944391017712860590789232036981778144140657657953141693427566
274427564792495722561771122441508205905726084814714045923953079597
060427172459275216550600513715396777242631825934316495999408488134
896294439801928050446990307433295869642023477994406085552980260168
762745948165247001320475095699315825105659565545112468121674104418
920149712917059113204648692995218936078725719895433268702764211207
971112580634371790702853656868188130649315290358649123136625719028
116080449925331730933188619738913721183963488792038092148177397515
121555060714212378478249514649493285850008995173231334179449195719
549373810225162043355850964044299950654948218174918298209802850161
357646979930679132224784985129587419897623402048264287062020511304
845432074564363054682985899790358840556461006745899723002864895895
241453303792218607675721960300019984053461042369673948465981989033
226447136417782885831861564108998106333256695880149087548911855294
447548777707033254281654048701145290259162535198012387414010436036
309205281399608185782175059199204440716799015338445864015420542276
603949509852531714647656658866814588422462768154717748977060201619
396947738552977951792063934259381963552380388424839581039275670564
005177458415453647792017073426820789537842419318718112513400191354
907522301885366424561518864030265041520622587526974644830596060008
664808467397587469403100443050711008032857561852600337068332178341
006973073703640321298250395459156645162518016358548892501886490417
671308623474164512000978052671659140945866695297194326626136275546
662763974798831324207660024708256555168634654157322730379846334974
354176053391180554958485171003065047146570917400082202203334208427
162102550699829516696232279205206790124999105979017238642175853690
642136187723710913388149956001852273629653609206373168397847371498
411623140479545716310285083096492946561428907773603095689141375737
242200843195367673720751672340211743272646707775707205664465381708
610430491301993304747985963516488796461944929528905825730979040950
627720666835694427988054961983751273274650760182121520533492208085
191762661708361357233342510069683104178207971860650279732577611571
650724027365119908613767038988665032755774389422758156617307697218
364368019421958476811417575765780225941229369376285483761501137120
944477726788390726376506189327449474109264058693198959058559969600
972046356710955864259422250713422810831610787854562083865526862249
687755895674284009651707897439983645219402878969929676885522509924
548113167981196095844999451283017439565864554253492467331927699292
211498644288427428218962343777071491438577608058084856427303717135
376424530679378694579057523350764388152181065660792707515725288399
185157105260056188339108536221275688426153686799818073601708756736
421701333242635306193463545436017260388552556774580621314638205488
997794379948659252807324771277015335667243051287455111305227076922
621510652614798139613012054825955398498290382216585400027871828179
452759345759816062682566935359109197025317587895850786425123816902
286844088555046233861768093743871255003062767791144604271750236904
826053496822003468062797939752823723519731070856662324732554815669
120184661565393448604754035740573532649735659449189907361608117631
335249185747240294914221910553466942302866373906308379579526522916
582302609976507409187334001330523431010303777850787520635165834627
784483536836655902705583494796129835056123943390247573969305052295

1308110467091324988204831537894226132235566343098114183098684768 1
0282571550286827483833975719258734740115366467168262937015526822 44
2127711052390917969319239127737977176880154224688349620140099732 27
5759329391772408646348928364644435387618113834143988823534353062 37
1783603772709222067901491315749461235248649803680609448488571989 38
4119196847152483689960814722241875431733533374236949008176264368 93
1636788534545428571396360327509922895712580324146305634287293186 99
7117594565836310361683515735192411529174585686548397470920699815 88
9999713360367051251783221658704694156520627129418830367286169732 77
5954748983270093376170910380551593860779751831647911315109183280 12
7525159365150488607939884858609930811934938012778967091084784084 70
9431548945577055045503618218115460265023335986626211907545728433 33
4065465592365267796790097240225590376662770157178745301067836845 97
4624241194146092702551816535744964080370763592182048070317078004 95
0305152791980468414802926237591441093882117584542230025871050989 74
3405380196080967060017294461315943539319021552498639177030603251 09
3959660382062356444137941788427652406438997872152898548739082541 94
8112684974003413805877029331600234975233143783250683468323902948 62
9612891771070449877062308584555830072538581936999562749473165520 89
5617944627647768827751115761470499019482284323868027347074673862 81
4752675333720121010716466861961600633771352137821138857212155477 39
7216933044019471665348302682850980553100367604179853359108399121 35
6009460421182548283826080594511633337459993309854009095675531282 25
0406764600734126635440624826166056357691252799813016159259426864 86
9950047247753327706499938464441139295589691465220429908122439062 86
0004650357381269521702256392168217733673202091586750450047889816 87
0364609615184600485574143988172609738447212746441954501983355932 31
7688295578306458020898295276315490735500546541111137194763043626 17
3297859028465131916146665516766350641193345758667137818109841564 65
9296236576908362716072233814788508550638863177490787234919198767 98
9674636254547126044095416819779922071042764025154843319647739055 81
0496100016470598951578529439919179851978060893956786471973638900 98
5242234000544223763116403151864279380217952656842997814288383213 89
5982439395887701557990783944892067091706552034967699860541559021 05
7651477157873786751371254730446603349942396378779627117683623689 62
4459677644019969786930278957043516744315098022898650128774540393 40
7397242671605002558785498888940993842091001681738748983584562893 52
7517079117054900054362196217064294043278062798737866767302228520 18
3704159213524224275962837503729973495914312511292396853190129753 56
1162967230848617432317638929881754024703915228062546847910309796 28
2934304213394022884129310475940434608356683432324956136475425798 62
5445544988963516713644459379357350070277317673488451748870996682 50
8104389915567709984887401788299074948442331678830180605973715188 99
6429503241991398806477821402001041117774789688395551080742111648 04
2275079877931031511511084338317728872525585366801323192752339690 78
6930159258085241915908837680453626089750834211044419117285563214 64
6123720291167406146603573964319013326735113831808685442753061156 82
2006420507762762431630907633957468027315291777990810125354943612 591
4719887523866639937485253979788879307769281320874570272961219939 08
1254625546254109008343052040387108383857226421767563029049301769 29
5115288579085478954134272967908455152662497710743422153765699549 21
6931190035675588797196959360894440560279853228297459230057292902 25
0191869049960515196346658738457662861655837092622954905255871509 88
7801915359854417167213573070063569746236645069994385958653045816 95
5766814151886375167295828551947025681486752161213458539326242521 74
4695255070076927008328053505369516383702482620563452119086436094 55
0878637455568841651474777446606868027320905274568175395157132037 54
6217069826261484759071069250556887184036300053051386810957538874 80
6334632999487695537434810824541310981083736907075104526381461571 37
3620350563741206115436983956431136731850971749634340583229072358 34

016182906087165871016013042159191713902364589705902734815681072289
867195302579683764563989718769225175933155867973340773733043216755
653910755754238916160702122717375920700563071368437478212135288989
798668217762832572533345183230392747618654039192087965652589286081
930704035739642080989321089432200851994167611717527353978882026618
744562282022053152831427848303386860279965175179755819883331025625
438230416018942339170386337835792103203778668218061890863264867419
662008345377267213803004835349669601066224138642725292530005372917
737061162348654387360333573151227139300475257703092179902691056833
698681470070046680713190090063876906894203541867651074973393824758
598638628919011849851605676272063568183641257922449828028996536186
177766867781410290398847347627179023486383536719884181537764284357
906836358790567005858121342784860173429927311498525829426381306584
979321719602718883988881367210302529373730687284284252676818495032
793295747070453752303208640889188204692025781143747067742104393146
452786589638070408530744824078053943147968235436205409865242544613
096095689729925320004693722765192645252347104386806162844150263272
906125719272577676314022420185623514890590306131224408194389634712
598106722230807362487403882344642804839175997118906930494868693118
815733589463337313783064630758220603607272216512039408317360771272
291089455309972771304131061415677302487550303033119745936782356969
206929008684065517843550699097961301208591342082523653831972164002
578438653155268518045595065276218297807292700162623807539845317874
932145717674428422404980630487336345595571419216555990693160116854
568047578569445825814652541056909421304151860787424364050507570011
697845159928514363633141919856220392836363769807369642480231750529
550137335897960359874442590363690717246275208403121238030892613188
023207103014046119559039673478322147276210394285191545150346992392
868606087894827204013155178548892421185875032601207662275879486610
780619943166946023124667003664069456988033789419169279093056380077
125569611138551110682307186263508781301659159665719956166392695240
132819371226867383997102313023718606144240281675000278523701329742
800573141233771076730526300291885432184952037726251725196654898586
302752019858055528655670174124247813984411479456140361337235929100
240288001695428252763700172605581740844534308051145690107092006853
751074980056229956793937036094216558524012682608620139896639979818
266838146426887629454986869869560183587213324687051751956171604085
036070219265934907270251099475725221910842445595207830851434274897
958314090611381368732186562478051997330989401100475707181898522937
844381414345412750827098497919645792920802355036436353509601251717
716805655499827883668720305795332335489227358143909560512229294254
511059615665989980158806400542294318769492707622211102847618082615
964466027043097290549291809577577590269624782434271968425210667370
895391287926957103913170155241989566593796288840942869051952349190
754939683374338510867886831129748407742561428880242025456470750857
403395398767464470647241224405084157459877316927428065793845108082
933471369745731717078012150465560773087987578705024420182513066251
328457937966934267465917675447321287297992553229395654158286835862
563929622701616958143610479646337016816903837002557364944013958190
229025904302917933014131985196006053939593015118034855063021486381
739005927865937796283974600501660024561924250559351652393899385785
832922591711647601833158673958922691798677199264267707228044516574
554501282171307485007367793445470248714883718847668824378185985568
323003918292507222124723395438145081249592057273858216386717412145
544407200077462566779999303388581438395224684186060994650551174949
312624747545411490089929888024475117143941471715620484316616148349
019046001190929625568516287760436851209221765372520306632610279260
457121123463843089769100576076038205062694894518313368129757008494
650362783044503424298855803363561984544505418523948398908251480866
797159530872371873295246175261964989059205469690840452251974665477

634065536705083961295269437798297198225507400872467579607375592988
511922700401408992230997692507290824372529302536554584962933437019
516944831600998169538217539750893931830881834902561945268977264011
060413490804531314501071393769710546347665429387332788496507788911
570443389987596862067766941170235325721969700633559801276796321735
405701737387345600278846155575539188888190157937805544173152124711
048525279597666087261897929914561575520979704048086756054469428312
274540256332191157104455429631522523043608263630844221033568337100
347482864619734312032202472443932293380297883927316609665734196648
139711732905763186077594191418982874783291136684330253529252496479
211019646490652178242802165844480119414837560870626468221705278855
586660939730849211724889880705529500413886690763683994300818877934
803775541180454695193374369307401500438691562902746936145881457045
663729762794944061609311993111741804520449283545614699712876823501
751445373892838376800720416806963953649250578693080932586432379583
979185083667852687093943396098783481513142366452625415249275587799
065325616332081271863536440504910181314864879728064836084966650248
920735697536217190475720554079269663844354262130994352432518830971
353082340787314154948096657487919620704298132176243781081796600003
627805961686458583311024834331251029352663857765397147351005221181
616567263513538413677555892138833561375461669015061175377649637297
641275729796185460065305881543374664637502467661873682860135938997
966104887037321299898807718930345582842479863258650832971647881368
783693404315869944158405607310517008074090624232298342148364593754
066689887990245296775038063088642462354000679205016940257668422673
337762347007385086104194711069943580453445570489168572684254649000
937125624761059366963889973127846586244379914413995156946681083926
325223181911728640074558763410456288575125505680815252293927925978
148617475452694776380447699595505060703040572307480234705742344672
410312296534950506517011654313242852197592232503963491802465431634
661291802225697714089021233932878860417394101352631152036911145392
003875410900121740080037076406806582462780508755720410542581570457
315479309584722082919046179453753955470558955349046238100816637319
455023584810199222719291201617752024446686059009664014265572476843
653318670352206558014589136521421488427956558662705933887491878639
391231094985612126299412921957055098215904145913861125266562187945
691785864140841846629181231277170185607642984140347592485979536413
929570029539960004476524174118063609089107032993576012356745028948
966724368311323482735638137007848180922045444878697136394407140683
810853750237906792549199074354539111875441697079774458807061279467
910261059726785068754968619102664289872660415540003559370620961468
777480211955901297443475619036901503229876507442116594074948464211
635836077421426796439831027568155546121057167915310722177793025457
322874537292989194954644443021474349443399152619976461756050044687
614144519713784817621178977241435546735467024250734783642218978843
024064895284631438816343507529653333478207439874478442439483437862
158000529594120169584499759566219531459463851706574494064454137708
838532274753954622674721781641078597150626394829117437331691230877
947558401624524346731607652792303833610840339322785923043706961423
361851512020163003710647339236015940934876141393157801473755209993
057143969093614178086869200812729995012689406338154594261804252487
070552936951201209338500618267008961125574026292842893977981995365
853346768901352513316544784862113897579395337638477043789600054374
631526792261265540350013294479593320389950440369123410089565126418
333271896351165130651176712022579372906101484235246743785474046961
258221106399832604515812547546779293221601003968918351668673368303
931362985329988728773133651400992007718115949585299647818660678895
687304129796819333868640365429982502489760838987278799683224799486
129062153811952781175065350076812703463806998532134523960704085038
220311383731246735440854003549805598897628482182550298417519242138

199529518355344031257843107666981982362890498595699397614720195040
741534182884971636795557299811576928990294536517544152653286097253
112470609774310064281021572319914392872471828409399674138326975913
701920603934524244628182094162053668835891745861519946102892975861
163326253936348579165089549747556108870430826578335339548720604361
931381687421184175298180045024624013213889215413540631633023821615
654645339912191886658802828303673099471289780816548788972062587681
901474865764326474554358647966050544193140078330581576657539339176
601496901725110135193032764125437908172466899998107870743298828606
321054287292306846189654216257857556016125523403005801973294312555
344214886520699809700430142983450790538092344582436794387491628148
340152942878299190846211322390876235024637891877012267547630879194
532414911410912534877347045290222856769737570216702723515203683228
144986530301933624735824640022653017817862306131826734757455627191
831385937038694232240607834158561737501481032037951001913262226859
162075839999284142583607550237036751437347250061084565212317820690
269323271707170180717500766710702438300882134956211420966662792576
294753536561223119630348729799239612956100144117684309914435980655
668473318377111148982516686052882431582966815773674293017505309619
663515876755386412883686464016803290102098364145390136182012310600
000775796607677144532374490366645381903303565964053774848637705689
195214360679643287026511419820587140996218849541275905528966271743
716378701546311823499580805167263878986901169705743325252330668811
410230906371609653933829175424740572281318248528656220140842948358
903054331768669388627252990137430129882853320414925964724870842887
086812156215565905552011876699209953492885869512934925620588529975
945981473505525503315145734981302496356660057156212941288201622999
848145291580272745294336713461339895499251972614295467134110655087
486873567899050526184186494670036261545565178590074743468302203353
062126331982820548103883294377278480154352985423406909915122071140
819165328421628682826366356108343235666218458349658424351140825271
341844670438854605640891533111831123911860539878116762767613703658
428481807313920056249047162328232991080660606647062640354285919007
969734730188705856542992129141065083105024921181152561006374229243
293904732428585904369109978087368701612715657608625272563041379461
868532715908948468280276438781968830346901398630993534890439939614
131385964628843854485451786146989483635930250233388861386605788253
493820429754205348196605394372643477979135529870904409751671425654
917341865740283310563786899303765618156623518204755499419434971521
548912142520647079290437621284540363565400426443885879915446526504
588441502208348189980825237626378349391929908774186331195023335535
079509550198504429464600379207703264723165383716779763225510461508
344705727864984310406919552119029089819095506643754003665989157129
669037382605868862209431585676214169462770034461465588370961454183
836781653264671798870475162420027698410568104993479741747427555662
383448218723949255987248081790288697917808211307826673882271756995
368158100683494417701411035314110709827967960457421557346773729313
183574290098817251070700102705681610590925619773872526295496706438
269748763152709963323153897802141958462837023585522802977580214061
912503939000954972068969229351548709957962168186517294143002365100
714102755589431262349994526217425183407314951822665413670711205435
950477052984055164144082316040094148593227671833561041031952334848
460795236466106998696317658850281933170909277543809750296912928290
287182718686765605656010388362597476899331918150868463510202044431
914159077236468302553916808891377426723321399471288497759795397734
792296789362193099251120066301156617390657573683767636593718921142
236849912021475571972230557410057254525724538555650568646053711226
822679501929631039458441745580652122388934673777811748771108535856
365104804007023513841408394344914958733631703374524744207690310465
894028070652040490102610180630714409508901183652829100104263112612

172301607303914278299826054825937487197078945590863342170565376911
559913371696415252912586550719274834593711307562682233144193075059
940067353636503729355007679804215121435197253256056226439454141131
674729877836871409967589656307019969560824628014504911991240712185
748053706939640389212346469787122550669606965161506813006062941074
008047075701309161735077334755648772547369122521509813503319299338
334382107885543833236187356907160805455809843670057435085075319940
976596533687210434933222806188349920048278738112527503049208888174
846428319016539600630466502915620890532294731999667891042999177453
412876891030909976718814803093271626981236572060433159649649342053
593097499554635341599843823862049425069393201426663783689481202199
761417986083058983829390067395145517573549997170753892480315294109
011851492614087594473721159393289263705069583299181008620840410286
489923463260345642370424824257063909129380801704659653630724144928
183755330479486233506336636375886561058906603353162911176597900236
530121728575366201890101649815977724729054022670786268338777301117
009431851403577621945481676206437531968784148518425893448140529583
996384970253959762126359785945669110637060133227953341910530379540
425978304137667516749768787465299649178342336427000745475481949471
359866806915666645853291490308232059890281205878126815767430930721
017613582263189992887973230932010149232126373267151796495548968924
776611843154567161757493938401616522907844089423150876687054665275
793238805549126661693777598953925561080406938118224800051350809372
046686020039055009141165394481995941732187190340971882559072629584
283719770085817941850701023924759988289613573778756435885496342561
146780783340518710951312575999931805190921902266561569503928261947
901601702312243305754431260654464625008686622748043866744194420153
942603811557827540000404020712181901315746401093427335748336101469
403685451256443203470752844838931754561764631572209287810279912029
021892238282470350546338309419447797469130882924572050292206249855
523551056541643045762988641768062017411348089234227288347454320119
807266068956925882293270245447753472176552839080617430025428281598
287674713598313924867754531846844608380481508156635419462565813296
359550594829076330106815644966517880328377723442649573476209397575
955793063867100477743934006498340550723621811989484482127172777851
389956849044762700861312697815775722954647603359273556343018515256
595829201382091502262008800317497285389982150390653559331282828353
022910424849910104096008081292227371345158145829596251438171754663 4
167630658001246761930273939749682827160964943723113557562907810196
124240298111767982618671404039546685238558072759405609329731240555
537304479929325649327981148318332021373111562324040925444193621712
935732155195558269307036208693910309562625792884944657181752916336
105084401385563679207115718885798851349629804275613855008281669530
390869896208029030355380062556321403668177908180211648438779482785
129378171151953129206025349939787617546408001885491126509477377940
338081385165821773654742122319328208269808040149053483955039643892
782029247237348271696437467813541562307929349307240336751699252188
922405669614699681473878851860314289763537976243242698191015966561
818629392204880958915352336772256873643846681697674177357449240277
324427185217245824903794440288306738445640018536560746541756053710
825468179256936469644180207220767950152974675083841352311356162549
952917635141688384581887938427692077003633081667441340571715043076
445505570862019621875090213884932155884931463611851668192193333106
871041572192225845136232219900267083802223487321575797119113968268
038488404028145926959232839596418866267961493051598203711862831094
501976913355793881589511415327250422495358886450529525188569766476
775406419896461256327822597017023337558520886222182600285359281446
308610907067417161261230022530622943269439780326835730088162486844
963806183381290631720666982539273397400494758569587351393454769511
348187322641752631190577688592198023732093522988172495982321802051

4164654233174602677104795738569517467260280709681525043733589820551

0474008030133017558152271695309675197201612009205662308775428710691

6458634713742806675167831937351325652214838331736723081198165342231

9802624743765589476756921634368776691564947998944908953335482608631

7982325394916672689941674998347704699021464089968375824950582908141

5331422006226370265889085675892630506217725045902749909993279197621

3786666529191863955876879356638777647427669516078960839316235252921

7832503641558467802461815988051429269144069896524719481933963231361

8546341865090928413827172521695383620063230092109962062494250608111

1814867512981608654863784916838914202440746125373499118074444680041

5657807234762101130684460779794221320441751848161601019084311857781

3736923028533939927561111606255009383801593115111359078521625604851

3869143238122459042997729469643222737151895258029733660453560070751

3438041266967058679143693280921830411392517937860772590433010536931

8605645312282575394317372233585221168154304436358497427720836342271

8796178301536250280185857848442597198671328342485127694810821482891

8998745431722097792403608326198732536158595601419384136517625882321

3166497136618714988209130428155101622439116045249633842565407862051

4039684759841372950931581487773712401871797783804789899494365429771

6732570157053812637852227469724678742413007936423284978184783841871

0950009202723276546498176971856311594683012099715472735317355702521

6409742948625381481400785942093756263839468673716324465006694756701

5315994726878112561704600640744455807429019997012621053694428071401

9221661518213079348698972837001195293081073666728548798578714822351

3168796747873575266193854236240007139113056755503388529014237718541

1648922941556716384588614111063333831204110852764582840261025555841

5472259375961872346364309939638012344489255652989827202990036784391

1510418687495824429546262126155525198674509444652902219649632955401

0007038521056321967658248422650733125362054626026868452266096888041

3838047437262323316166601591279368819959405025719999329176733931021

7100125953609469437966385968083266431931649658496339772919441451831

7316675736885364518202302381482637706530113911289136913462491327911

2603253534591991632345277581424766602795479540704330509573058571051

1219829120944316533594324084681380748875387297085375441682806609881

4935066699637289794431656792687636706605922664955035210430835714

0335183877561742096308666225048152511378485882570025040515838618361

1645076359197566456471215061989852062746107207788534090089741333781

8845290560643246783723784423811624539607897311433337060960525973011

9965093743954562466866281243275277881785764509786865491389233961451

3938720160995472773168875997332167711844199589484861426103891518751

7536353139008447216715931361056590552306882270163900604646542371931

4043098508250773501548519931747183573730449150694975724800790842691

3598291438309313898554875494232274494916279219117441681762258515321

9230906270288626273271727137367472885363862123221521565981401434611

7442086412238248701842176211379848001289184611502913407235104009961

8281635515588496259347022842452965644631458122087796414813974052131

1898287854284269657822434892186212453402142291873824879831283655201

8388110223504587132896511975297239395600114252964021960676967957581

1479359799931418498120411115428221651323925590709874816323371019161

1139791981311334362875608519136823562637758111952015928301098024561

1701102225736721118075378393997056197834785899801039586427329468431

1331010946879646342978777226821944480569992455368546016753353994081

6181176225929427764715341240000276901027411761923992248717212932191

8828213214581558330810327676656821576223286102357888866495575706551

1976714230950420576201061600927036420023404509720835648577181668241

1511926944850681518629351905611712803659267821369850750877498220731

1933486197900725897758266414280631975955986314537097065477664768001

7258785006309940108789455470972063803894836930369700269745829254181

8935682769767592328677671016980350973276936027288312103987040472951

0733573175722327139128868230896977588125791454937934298535944730061

165593150559024506929018029493965319372764130759794350301861951828
494006827945565927733810621490164498834284750153040835721432245892
652000275214846886135202683202012356504519019118723235591670372329
790345978755069469277215711471823799668074639072294512299085346532
617467973382168394091646111762121075682647338261461487802212088546
109416072495014616471801755745231575725649165520169646279706183473
704619611947071931661127537770751989446486891611246406779934062221
965068659137053103623391875928196574161078398298795138647707406451
422449302925240762368664335949866113933096820043150156117174402845
705892934250488997230280359024388557971513154588328461904663148881
300544616501061916339253963249956689188558120768329613750231954026
330963046940512479868495658727645287697099156573617747339190531248
684494625872269120955020707217071621879679187760705580481015192295
074326337820027918311553682643767887579911981167968873963177814529
954425665773092756714329124847023022786475224533540251407909491825
462535291014393522896664824298455993425575591777585758242352338973
747484463340047259313572926244839848777017654813188066970615022889
309610656882030057928247768456505759164018129455869688032645811705
112881260506082220110294813788676234788832482528250394668865604791
472434959362408575339314941285595065802576280008906356881492320951
921640031880972999198025467032863218567448770476679740080524449412
301925770616860793333772616679523723102256030456073494572063560313
170703759627214649019425087954259668365673496784779640178627750094
170839259651792113718885026960580859287154656418538911511244828095
751369332743829787840259129242527015238018394282776423077865998007
149900112718626725697797493558585882762078441921011501227555741779
763862705852706545988937833296495187701152644142164487520863294241
085419318611140968276285129014378480234391248047246668281527727431
154896462556708029122941047036654412796194587245160059110000895993
476482685734682460496951136801911314321302307246634163734250901921
361990587934861030116849136703125159321122314328916323155148639038
920490730467537906033384814622379047633637202231768335411432973333
114189394247379319875513336595192369206055641815362927457172495382
044574747097433811199825206939055925739070777436069154483495464543
945550651751304659388351630848247463410990519949623679710358992713
562010978505616249952318905021558146844677246361554697831683248275
696313571755831470789709172877833718048519895459843828596699776869
250594382809953116380964438179977603501130870739448519285162549058
903110872332963148825592074274014344023881471254559590700119366547
096738912587270273568527307775193968862038706430537341996367859408
521578977244356095538320973712223499363623409298990125319603399472
142957874751476855432173216712746227680332330005638232707227545294
942172575194125105391672186433585944534926876922082387331430039261
354663005729636733155649097959804899247266938645643746202249683380
000505578982685667696711428018767262177865576649157700352461100932
794682563677161539624379277129483813797234472909685220531233182015
789584479574840496654262502039567468235473353258966746482118862207
730244164139640057439589934451240708100231076667283429860057554936
374749864908555630488045734980897457849263197751447359585777356307
725467852982333254687020095719748961900232497446877253504533172730
924230889057883062072728554985674679048486118049266536573811130031
825472998778742263224505235417218301325634179543964983867938294564
119675227721807970795055644450838043578920044101599100871056208654
575358619881337544255212730289424165307580303308079636039796066642
428157932448605287249560748740903618136406243020176522623955868368
289209627492460911889429190221269876819746106434478899463354904936
758430485143499806460954496732887730015221544029568123453448946932
592349798557860792193479042487386442067922841925132730049639053883
815793747911629959337347104425865737219183591342311892468121510056
417553783567312752772033942084577330932293933774147462912041433642

3758453227800104181991754841646907988966638034903140420857975127670234369730901782041202312016332370681609809619376238353166428146780856607220894937814058508265825612064156690803913301450378737470086191634207868965841313273363314363382372598692478567010819887206149431011600932643020534519436686730988893658736185274628304684865086589316628441742815813439912058343184793314382513612576865309377574773719660808241387978909568631924278782136534145351715120124156321455772612571711542375752304356111855891966314442308693667051199138153403226210621594397427120765465231765198966424475262047151909698917445511843743312560411206000481062834177449518999061022134126445340065348576158006336404668827392202261921447571115941454757056524353886708217499556288908901677082397310205194838871835498343288088860711036176903323107813796305572738981129127703868279932165904053146896325986391942915207644121837405335668958199426520915206072234787011150784945992637942582738100456093734037384700526043240047651510339744262915897859421619027654612437100731415331339560670120992357055893555586437332466239368273381376660988561386081756085525751881822982365620593039848026846892564831572720381963427502449053813871227283653813817411890381862937066879655274018351601106777215442748763186693851665268919096693241241457652517547713861679070746876905028630836414931896559562354278624551587599337404868888059363509476404640422669023739434693813198094553983059637952785004028188017151896873158310682541473547504832093766879887868201624977207965462296599869709286344427118784043263484658241672441603790048629063352273962632643689695218637458554773792770810832099800656037854978617928168238018443737773965967582913220601255392869706131183075749736498210147313999513780119583630465784586218819441497849370098402756006854980263357350276903501334915999410634061547078733290603707231161240341870550788379000898176947025974081263663402332052347594946286477202796252113686448377842127754708906075102553014546480725459627611374316793083227144449518251553202530688993058531948318061909762818016677230361216606781369517176487597906417672078274900447456671143903026184811709882218889166496393868513193469112598949862477341922210392931856537346282447189895787586796112815110996593701003783460366990836605499539314209994234926019517200560034985940409635399105472773946979904135787022632069202545498416572677427946396129743913685217948503406180772850987428122769011413681640284675288754276648347172854512389859157160621106210386115041453249787913012138068893780887857411356940236010861172747490768634586796259736100199117029869639675360563303585985059024044857052314430822798558580421066760697846685856139920532524870355545853701010773500886495196354119145399547557065526277584357657458461258415631074749536770190450884604517896103563009644983256798030526371100903483368327380092585578396397697887574550409776166609902795429188589308917950986812311563053892116814233795813108294191301853876649838432666048909688018607869899694639519523554122354444951091490427932659316891653845246476121029773238049491026972063197314457687223018886454723103520336088032734518925146042837827235737381379904451396461458772415780099182945276911489256449554457820811258549746299122723264649039750796423060026194526098123860389417285256976447427429289378164410225978278080809381188489828665645075046990355036823640457028786192640078460831062566896721051510787599806260533102100122358089908786452552773927454483894942460977309768103288181048377558490535754369854782487209796239602856463370367224447256026531392813243226027749446017801180064353804656177241828844153793279733031656426254964457524785225151403332921802994363668920045028087930145836265592745303693208581992368582405824492867970470048929341036743249680787167805287155715269795387317616139356132593003098518745852607460428071453029533444248363527863091514581116770338434981090347138086879895128909270471036033367710778140834844624686061472549883654767143507897165017

445276993860022792288731246161188868651454875712458758319486681960
713512978097342890093482996091613721718408056889128483203073780439
902980119776744595260872450178788482758220314160796646845338401373
003633935223913261746422839714692012729341080322401486297890741356
362043551958301512406087823579905459937055983399639642725428884443
219350837396044412680349885498678014241201398479946947426725134575
043284161152831893433625782555576248604469892081082951581213080747
248488317379714406575523709296204687229229750573904325529358481198
026632909340398949735809290273565026520968628278766926541661877936
514649996335189185919828112371770580851290889147989502296980227753
697818326436580306594608092400801768907232584144129719282424720380
048659076248329843266612530268510334990265765785799633057285781580
448150653414729103401186510752757591462138595755579846533174652421
247970356296576484971699687784598414328136415062658803237353726720
510020391872086548894049163339238448057175638872509301231379069730
344640283694891453218747968903689080091910769648752267931968839730
831363285516442848545438955119235162670552416610116191939562321215
404474588449317760332645864833269999532761311560819867303179877709
688547320697361110696873523008666132573282355451328892707358403815
808959340954004776686337388220989994775888725251392894710257611581
130581373079256950891110603633747143004818074544707123585696701876
163044024859281029412448165330430019767812518488732429146546537476
530840785629909045373784763916341069713494831641494317725925735989
877414104258525650646992257533386670229379992990248338449796361658
260177037602404285435251468929382667737884010050407781498010651565
529747650230253048184829022351663490708944987681119612151065080708
845289402983031913436947886071972309108790654545592904426962102412
650896208002377548637921900582213754179945136773755029344213947834
384540882496830055969807227427147523461863844963300372011058488444
262822847183566951057836418070908711811976341346792304827999192942
334443433745265711851958275817242955697536554765355857153715878867
315582373179120358194336859024611689549358454843810218209805645667
115227811115286631487979122410467150345412263591740231050726757815
651690794975354569546610234350635178926282007387671578418448532331
264748169641045009329526393910725514026380972345074214526634679124
879921950424950639835057563167002422209788884501423549332644770854
207329564200647999045672828827308973634240163559815127165585708760
263193476035747971136732284425449546141241031441121365329590731844
662678111062740199008005740851336021711329191019148172385811035976
323362159445906860688581745827210663607832472110553988228531116230
830772249320718760314283554972399990954386747911904120640950163503
069215365395255939829108364440577894768655906426959078555889278014
811531296052829739637830522396568797932913415829562315501056197500
574788258435068389480272013168005449241765541341553672296781867226
297521935729676215974572929982784576999581857012470410652755234709
316760210887462018949830999056268035473239191743880352852394519685
590226299123405562366816842026140659460166142689816364896322670567
145452761552084031997755218112222830694640282754583090788009525538
267001174808944008582442234484090144393099507604587499296092919448
678728424465529426035504015366304857278457506789033420637548565180
260586465453504923154636606721495597923199612838925660686245382196
621379095614180948196268023483737048644539098579604117131070124331
472277069438162426160779174735893060403221611731902362901081241463
468239091014747845348126473693937803450866902011785409226918907211
390842736264008402256095279536622268780363107499295189633493724780
784246207738545646297469856781877946413327755959495919858741916684
478301866887582598506335809530473059262795878826628135669574185663
518366296779633536616256900065883452847893261230794253332120934313
098617001394022451593986301533002758857448261555201163216558305401
109024799131744318609478889442471917656585739383361529389164631578

777520692609899223778427210762267547136296772652833826045803154881
842918345790562055852313846748688098747574182995143608952757114896
969846591330551571824901726406346947383162248457029568821347832186
005021975794932795753714019469198710339192150346011748954935005764
831184800383210704551000319729946062669081703284652326380242248581
740354229851081369311162482037815682402670540265060927629574130039
459067445279197996647299332750032387853445521820309695277254118331
319492983745429967434508349456920794558330895721941669742554468253
386465610665141619474027323306891805548871442397014824881413024333
221160282289288031591327546040639314475650451024707847827003100830
623983379035059208538782367438487469071591071661383527097558515843
491321035012225586592857429605107691468925290223593827912711007177
987873789790206010405379271265542602785723538506654446667038666314
508709916557153712069207844262872580323455856531437854325903901816
838600532754965792572606903799575988813473068888074744754711193224
014850571325800645281485106494506217879717366536758124185561781818
650925659150896785883853734600693514976694020085414241195861577381
990261801995755581062254836164041062076309017585607457388473264507
133385756546041732533711302801378940793857936433995336278092312108
397002330283646942338620299103313769745072519281930448106053614889
812723727553453645151798438699737572972344796175412263854325015231
780839725572687850225687121681353425390283478101919154203432425934
609133113642510731939943370384323886137588056827156164854936538023
785090393483362248227318207409968453296642006626803726878202648670
578298511928450302215815053035641756893775421063138794300816908619
258742869875467550923494473961567075925019168369112930377480495519
909703982336382636489135058430399648195723621157407725768233699070
237446393542927020534604480383102314448114591379538474923915729431
278074120440608030975872966973107181984410669334082604969841515771
659295519486558164867577942339368988277590035789421276160470473421
167218792048876942331963840544994751115932547961762393849853824019
647708185209486485592422877324966873003010246261044667690852545609
760525276754260972217580423153215767353290753481536411137564033449
376447731570107441776235823186517003547205375940431782459913359833
918178190963298981513912575431913898337254405281508154570310228968
029957722750833121165977042219982689658324694122451128329498987297
002528869278200885612715994977513562152414462120118572601525246972
290915140464075319219928173428032761859964570258021156017462090635
890751861757530000424919672009214856764015969761597040573694259035
682705762172698082612584580596167061886633284026338564828642610385
930749007326146476834590415787979304998205059043213002388639330297
873873619627553321859580126622163258466407754647657936338085449649
570965549194681612051155694391080796813539384605975006717950631025
612247952719960465708625384312721919452003105093191236947954585612
237929584674483220803838519266315323828450706222355416355752016048
458595787727964356640792897731517789254324601637419516533248548662
125998117972463576280561784916758392325772236684392313904636250636
402302831723001378553839784405960356833268427992665461606721109596
063883424295043002336365108733945914246608246878679142241097259955
121353439193233952088570015903804469826631106954585363846429954740
680406796096334008965964761233501181547182215652025938005625906215
027290122242604041472615840342781626054598733857245637147779216047
482744334411129673123767611986297866986308024179500473099054868078
683929009975257836056842325273451249388464642611743784590176544695
409651594708729976507112762666117578696019032897428626383480646025
835183651959147287102541609034171076266775815046516946254495799382
899617866660985727357260685506695869037572305499557209062621713947
039685039523631294487087415247642250606521669707955283041281086860
497392295365924315417259939327074860795667414593870684123275004166
908602576148758879876235936734754629304596834705781824339237473999

249931821377630383752990385151049213862685594862282898029098604098
401166507322289995322405622348477842690882777333002520957071638 78
913757283611131615082824058677480612837809976588122450097507098479
143992524014162240532859851784060267753381922826784952788667245689
333759451607319568621685606351203502463099283741850780760420477384
305325483876359241255753163645229316351178652228232896444831910269
247416363399928053530936659261798644249549488461748132899568137313
948309594995811247355548837387112521903370051546804023677832615442
406566906224043635791995891916187319853048280061974222320988366936
470840181232141747627673223947330600405172628593548541188246139912
254599360462896971413416520309350257355936126114513964764664902106
275445737497714471550805888268603135966157597888808251340841751240
842314218875957026396166667684217885015116650295955978618415960547
920178554811646541858311314120912782845969044480818199806314389038
052207497099964459268042684734454155781033449320595015632019630539
762141807399086270848064303217800247609014397715642312007226354349
327379915731551859110065247277485199710198477976655689449196716486
168670790375717066483562808032596486767340458420568650181937024269
525364816955814590909365907807686812438639934256553533046505678506
554865557128211838173965998363357678030887104057297206384819470482
333079352209060843986280183867089529794945590339803975056823449353
678374441469885388804528100813606255832951931121193475177628452066
519222252738669692630025665605713798746774722632191103954463938461
218455857756926921127446965654071571414181979492296144640390215239
365217131970168237910162539056307962867690370366999872010105519727
588390490266619397164834811497423911738704227142950498039184409203
535350564648264709088316271727043914121423842292160092712912360067
010295249048268895285813608494320353804135696451593092433827730106
982907400363781910721422010919069241872160277555804593264901521505
941423353135286277882691268505700877094417670821111780339161323107
788454769589235628606267690636811548086194488650598563498242078522
482102735571711682860437427930019053242147326980760359336634855924
681912023947148092123328418605006258537910855539500693514325721418
217342416965828916871047738311059705099813494096939955335172453464
547253019452500219704236725633941992595913903004372603897653397233
310189273199803667869665461398075380015007499405896396569604444634
104888910187725401758136482992701898931874351475719511901643262456
514200623107476545219553062209409076226563967703182232859593609028
162523062797685291067138807712746419025705602446123783078902648548
600649008785877722458281102434493070661477445356793732071453340808
324961036860031648711604557638529640009288990565903880787201538168
686057845360262395376158436587641315689542018451668042531125090612
805758605185126126126372701960423621901669912907552891484255000203
166394336803204057114116042375798035856595631247499469569849513586
761717161486134211876492199857402360452581553140087609299196474462
881338290732168822691315735551490184217278167785213038366037635612
900768544531563881090587180694081778190789574514335959383903513995
923221581547874786726203342273037795254810134334887011269882527069
457297044292547385863958940316252418176801033883738925978285637951
334907225664398213604080607695122990547942207745586977993303444390
441999735760797502802035252928636562271663753010434815414543327065
339165099594673587113493338216698948567055738078220021731209391530
078265261286845142429072659990570958254860430354523299996515557814
617689528577805366548948592631729117062620382979801608412159318818
869629028287157978717936884904025766919694789119701664230794471163
004796916602963366541165671412926658386416765584258346626506690416
995107981990415638970961657836067803458038588754904398366811079462
592280948439890034735745765722127802050766361242474530272832779197
536870946026921102641285052046477151131959097597847520095406773721
741184399590135072729305996362535527518365125842604722808130501701

636458298879529638747352394422898404127423076692657538919129379270
227358715890678007404859216483963090839234039884009512873222983061
853071494441245528974454318958561187400018095275209628513711725684
572621954387878592562737224001189285921097359177445309099137601857
105133655268996097982796691301664713645669707323708148465349387888
981009948329822204546100201720436127512031538116582991015118694304
911447593744151199214827769884667239091980921508515824456105200887
185460698730137255363463299564455463872644523269557824381689553110
896531340698420412186385006905379902901129655602973049646054821960
184977149958716016018632187928577655514826098688914664178674355486
398857672164079809930784644700415892529812120080775469404448690228
534770939508682132340733873815211764044476048345552930529995893020
716502131845576085163782416290715979408661795263226509087062500009
785294598803412110825577607201418877274907101283893632437344755327
661099462982029247845727959599586690604600010182553848674565658275
750715858729686771675111487265212206589305147029816991145935759706
240523820427201676090897193644031047142701890112291972783281602113
559756325548699992243388504519858282629103818226122655992591597082
919786233193166881062975254106841171086259870307144086083889081617
340183945217867616910217840007057215115331818346398109048550598419
080653798403931967652618254901449628263813136868301905372776290221
408228253205031575814491105214969340080059171842886747423281889208
221098707510096094222717960611868752310865130548794073032475585515
857271295685166711502658575372152497020735665542874804818838168943
809294719392497078342691198162104713083095702791440448875294465222
880916426932212089143735326343470189414186549875808544389783754276
111604821944985733991946416345105882759641507497086868706533308767
468551708636722004133550690898227033638087248324773623842767127299
827900047237503365691359648505894871179717735895375235172704532988
089768706037171689381311492611799076386817572277825030379948105309
971413321067911176939082497857595017347343274863356684315499742555
434287981387288858840828665550630311692303426240065192461820851294
051384109438338309943373235611840834156109525474454266787441539452
743808547815748171805542923017257708254215514552311689815984157630
331041024867859344513956337205688588906905711908399969799521334483
952287592283977865693169705450275524986037593813800658952570565487
153992594249997173171679762518307807180065173051529563382632793212
718062695948063416496910211160236464323589047724347766517250437018
826211584376442266662047512782523518870217898027267280277118227731
521030358726420824528988433168315791666499256821611449903424669515
324639135704780768526898998489320525337210124674485594511686982516
508631506559023350608946133259647585740474307164510219889646668576
509308330045681872757241680767059216043554681009292559395648953329
502797156721892027325708150627709071738710313238424960099196766657
262124887134992056972358693324073811177055732346090215798472234521
382771579580347220540258966441539053412137447005089033871538349390
783651145807920272101479062979899235730340324996976240607889732184
310882449308266190802622049990112859749295562772174646114689939294
010594942097338175943828780250444099687534019038860177170124591227
676884675715236965521220057724245036539737696902851785827201084335
983398454456817840625749043191708774382410403186714142041720368114
298950367725654607105012860183188433059026704135914468999688471783
347040829146812415474309300998153842585056327604739087689049279322
492409534991903416211544608213898364543627345255421371578915213206
037656434612877334642326527949078838192386444755770595009119444142
257604748727334642460795924629817046415346065133084095714764871552
128608657847073529551768127582320953381637314429047417984026893595
113836233619036522193686948953929298610560654350579702715511242608
643085927282057320382452863375360040537159776632209913491222622982
155246441341529456551577015191898692407298625805270698483128954807

962543531974171285842576611402820095349691802167787509064096388938
910484504664086575037294052210411280009547319660046500439442168485
942209014452429272225584905936638244027733283626450303053353993096
987770343090712332576249414960161079242873166852638845275126706030
057076410952614298966488181203960638734084985550094173219877966753
274996201186977256904144690206247765655350656642375914691733307274
891543405830080707221480983167748193021736845370021228649151994480
864391860713650673852662802901568680073865848269567625421052986411
659338692482538337878752134922296988954977033420478617409807162101
844151617722148191100437333711693674308773266973085990103719739779
496102842916186841275756991398649211424787814353108830701287103774
766452424063043283708377315256119447305575523791098461773531290644
241044708945166904880695091460731826894492787888493093950009950702
290353435392133255894765250328071052854241242946878306631082799514
039926485381943346180295601431124328564846965317170173912538789746
660971453942277274101144239387958959878910545664104268147891162685
728035996783039870978666344440474495023780537494089169791738537209
747073452739794605724927590824927825833506825690837808354569363668
173955915005489117122945893425019397020896398720423360813109299527
818850402771287385744354705819714490571304159192507557151185687124
513861708461376219948138815550829388483756914525902356397006311126
012211800437038477707067215788291447250470385711950858809347550637
483829353177753808855894117419263293749543000850722248392228754394
422626269598191118969563052527909934629461536093616354944787917503 7
771374159070623175967245583685325998421558810316256244427655499025
327501763136294312779601191643050971695953211299204527177449654633
602651536565828841936387933775355221000752330624993891708860305513
498245420332860149882251892444978971365438878760732583968694123983
880820433462661172204379981330742351367849908458648166662862011101
678772854932272589731796290083893809378368862243092816036269180732
135646537153505048869164778779185842773790818861314754357370438396
416108668454477860518569883643545539414674488362256907582297656680
517777748487429731521740717222408996252027134463802893843314525169
836380731179921467836533342174788805977284261602035843082892445143
907954874192059946703109376776927346001157263547865330378705088255
862616916954752736042627652426280382477111290356531092061375501041
535163500294773602803042651560687044503456586532737488831388713636
012808339131268504056973058262367506066185397615704174217427594094
047776629585609930464445369693571312353313901844731016702853668941
803502361632619326787257731214972498245087303034204762585225658713
844171927986481349699003368236635925882060107514213059935405118239
822139359584242128868015569496013163426588392290351702963854931431
202685751720924341677167595367385459589156304151543408885004160670
533466540828130700832897761488249696289240160421141615103617977793
210297134762657997940215469978038778479401598816085214213535304149
794348531891952830115750065558526423618771644236083078973458250523
293243640264375924591800563290872305076297036484355086967621331082
877017716349377640015740770619290997731183271570537209205365402970
776786726653277933085996580010922173623890413584279519335088822145
436519113434014342809428932147888483073872577049742533246466094835
351665781767074465378364802847096926101318645029312296165994373555
820292882023445072827713813735310873868156668468058416553952406315
115736792154911263247750126529807086865320787180461286792428807755
570652927825941943007588427801209591016637750414014314456516093920
421399550727498787244571094135555045015722897094705928715478578423
754955553068827716278606818246476471999729800367332877207475226535
910397549640886425476524143137886190662271392033748303555382843444
764459824363406532781363195780834389918402072956331227424040632911
369762268565400010623898604781668629777784031279489991707396723067
522162950965287896315037828467679161096745584887359347549108669196

172246037943326536717532667964275759439960499766806612040016533028
504949972860704275425093720773858637004154410260595244937075850036
378413818607795676066806461723429500752397765145943294896719001839
450853507115250826284545345273757796912248333719234276158203080146
280176756282502407146025097160563093176724593076048688248790053847
158052075074482030526496689819994025157949423211590278410432542583
533717778889923951746366574326137285181100529275734664184818518156
994434040881803768753519740663630478337284405581819299431249282069
957456142382665305098134466430096988357988999333648249647226676786
609483821820069176447799515410064831495092340231329855502076012976
597654825143221427726580666575578245211435118357337237730492437142
595702958551587115638880779956709924041678394507854184745979089815
804130829675468152034660396987843938308183923747716278977138284443
405134095116842773409217690725247631089224446647891168794325132220
073651534562311855013874215233544503089388539861014611069074891095
663596629481504685467562292894151089237294319319561491823182561129
060258364287817219492917534538823527993628588963636795180669943553
947379606788386394329921827855684125586779954979546133028786214646
515713991659140284587348702705261069817062568063586601281644979724
666816416196987988677368474709635196349675767724117193889891161841
016757249065281230163968169315003082520148974579738890015268240237
779830972400463108506499741059120950157077584141489180528324673061
835140951749137078851259753482476926500423685462358436015970729618
280443091680263700578592151137220121658572233654137444476594139549
643955313251616096580180992087790835257903757726750622322518588306
075693231895633747331807153668699884986386914370393791379690217509
625869284257169129054200208155469777726908846915524811744999365707
260485043950809189432853044749398963006031851877274582105246557741
081225485874613984102455231546972860561599004919730133874530431602
324644992651250170425989598182556523887587795429109096721908835535
777249868613661528049587621544173261930411792496997142364803945636
309930720835169224953962020083881511918372444522752636688920992957
667709566738351889661959616053753500860232336482872126727945718259
271787177324843095828273573981941079466564284153735209789228890021
037317202758664290118383502401038262269418554517462360055390533684
447990378023149350091043351555983611865012604956960259134576936587
622265577063207518025910297097449295178885420211929716912663104142
091401078642523861320813476345472977531744085673221032254607393016
774189560202729920316247975376862780784597105213268572645373624225
531925095186171876013451124337629905355546195917525480430389044173
761791316962743448785311550195253699780779344712638424889934358191
719567296122165205346223085534104546175351602853035317060140881213
637333458637474490071286834136213074664314991962645876623832479456
855495264936646501737302526991190873488938380822049031399905056275
443988904463472232565858598791188668874080697010320268203991645965
393982763139767575867563066119124852892485699495545274758259583805
926698056690931527911877302059789706313787089338832207095089767335
300855561529457849364066391245229601266959600962624923623543500671
735657509324621100978763878594000378111225548186286591913026546612
160749803532560234435636763124118158964697385615082951931800657154
126306228994298631809447088299969778236008373193275931245373029308
031970839167921123822037759386912820570401257724448615797828970323
720982431419952191356933990701376486572379409018973102677314647704
915431246335314923116498284611912232044329798798865455048855028172
241271964129621425524408143383318483554853164891565559472845494159
518329931788517978572333349821971674522093982279470389483093870068
880950095001760186510756826190182122598791106735765741023718866272
469935107575855314875850606889265301101838718983521117215435351275
938264329690222339493804597637855809073171634956875032708986570450
916388205248079423522275356870825602603182812925772700379918530126

352379901061942595703521979786946037934090907681690393742403294222
448564906242924069041355557978176280993978467808750873788927217350
541572168610625243531297175287017002171389265268626196686871238222
001808199810556711287217886692866514086857307314203026029417580061
475433969961445419578017347130745325184665024873918663122659126015
660236378626652016174160913156721283704302383185801183603595637611
440219634198851777358715380279808392396230695928944502881270771132
659792205383647524900638650538467352654712796013927057425335723992
843925668211900759207612282727238608562138276534993392172288313289
294444554185591185233251318300351279137925207603882293290768317757
284347671056843279974476200796878545960902303706015474437242611467
397637614102508918193427878230418831155679580454124311921034413514
902690955017999960420723226099427493619621259445847015799426738408
269168070342003733428173588242204803457761918055384418670610927864
754468711090427656490961336789669320618650990481167965986055034049
205961741584031837366244498788910350470616500092549942339456621656
246048636275236757195846212709710103586783737628594551903569480784
184420461164274326860787480844054251871227322220026214347989542952
826749324038150098184804657007841619183863492574776926460569176755
318367548227892033180272665310931271164367933819622800959541330478
706842758615783981596678635312212649107416283403637584898673238782
661376903593013623242961560311663457950334806960414680959998514167
331564166366106381359333702910558095186100259659693358538133702667
209303857425742167864290636425462777371245161425008963865385952758
013222891865379060793284411531239571944333059711167462664902389432
667179611307945823104411919007978388171522300067009440024006387592
269436228510839890825228755833967504535432742412656453948010664801
879337026477967864356301541959285025624393698024440700414898101285
038476125576653219679989499751165166552568035436426047314998069415
767114957179087061914479972522714795293279630735358761120758290680
564592707528771761173126629456760366335713353483622574923160908849
973395000823908022708340184421860239715622689469759011211164176352
819617880020135508986069980355503955076960175235571734913676580503
663480989176623747277794438892098679516938936159532508157610426498
077187885831916660258754558558020712496020356901436024116067650944
175116399552511760463554583545586837333273783538558665765175565323
846658898639838629579349798658078391202883732216541805510150451839
104689209505644292618713072718897597198522462131429519367378454725
128419139172808431950208148721440681809122621419507962485836787251
200849590524925366352557539713012825226663193126747271170874016874
019818205300956901210799493693240463863410052260628335978477750993
619741102160991533412417456322272914289845315460446793246316585082
059900844430445292356835613059585727698497651003576373809488904378
981497133894411215534047828538341025158627345220929813789580151252
679590501688381107977937378523140754536423832677537259113972316858
792687904119567525558325589432624746316959593237932807739721523413
165102332695551004256713478165687894432590102030761299318706117131
114724468473809876166132982158952373367323567167154561417555162388
079712000152345311199454178338724608675919653156964945975434352624
147173770273516235218690845881694332649543609630690327863678272173
433787234212201277914530736152844291764593757545276655117361662493
776258341232669470386618010995264161414469436866655412146535572510
882313260444302059478295706469642084050663972063931736507351317300
388044526225960365484863659694269514837219194053748866482246955138
001416617534413109439766963048925949723208317530996261430784529933
180165084520803236358264421016274310136612985587054229184691858535
800025965709361068886707408368708490761257994716413099638885977280
605725438367777504594948790395926558763192110322765058387304399870
435415407721708153371228169725347084804606784815303398274253546067
361331062553648078235171937319763829231976008793186399739397093292

358465259252548784756066958736726025074964686593205347603330267022

427327474947465735270631400846002270606955967696876993581612208087
614289082438282250827162654510150765071122548776783127104898581258
903148080115323482235485756250163613432445755489708401852562487855
841161559062915706400186193826787191671454229784270131855635300759
233917437150422523687143080286973897230659408747261558320028856056
430543675473012697599239121409307820516347305683944357660805054953
912914586456418951984212667557032614040165264647181916825561780500
043662639868126326051567703737576322825572372240337326563439926101
072777491347627176169780024202417454219633542368342108998205098399
693090096683351729155605180032912375027974138336346557054527834853
747615770729786028264231698956616215364150611916911869585076300887
739841331443323522161086480753762756279535732619276807505917919753
822080505536085921437064255882040794994568053209984521619529034874
717291587880433789802719917575528412495164553897366903667977458510
604923731647493348513891310767047816893150928005652508074003360262
558797465873389588650455491059441871151078989476427723914132008590
273134823051471147108625684424430556126457313179759466908304134034
969841895264128081303923795354233955145164368583297176727033879966
070502753808844666613249520847059562360351328876356928310404235142
307368983022576189398221045147116497508649579313310230516400702740
418722925525312555050751962630901419042881583786080187226885330334
260324188741994743094870980900779689622152127820403638718498691155
689285267885143692081119896699199175939442227659858529607316110272
771930392287503735276746031364987286014859087801089027696481017841
925051376836394432779858978349967075106459160807997814986746212959
429929495103455612395285189966483893151341663425625387229042078570
031005057667238782499422930433187629331075992163341034881853078945
786213043844699022597151095378424839640451956139526499409105419348
027833381410505497503863252134416652532578346241054313724205134365
610070975026474975060187932989700495263510803848800122170811344231
159233018250655232900080532960950529674761782776499033804649275642
460784400622477510229840904464576088284008438396537572516330908693
659501131668059031760653994130467831860450062980954641179322276064
394545097464031190004046101363637566525147633922056408539488115656
651564144995469997989615517085192389641735048616440196028228370231
053195494455715777919567588597530366609882202496886496240237376974
149089622782626717164709054545896434251358107215509931278700181094
793378001942881169713845597813034375911744983050397272005088385100
204864527669175972913171516690414586990948299639788578847124158215
181915131193646592655022469952252065061237108617077752972480096285
573811172643504397723991591353337279437121493974863979262479245746
309268806016126833281080137307606789638853035247624795772962330363
206079753131170032156315773961141417267096845791988967823317498025
009040927698398894869465840619708837118717162678950598037992818687
908359676744386739411089537196986182976738458954392441121744326072
814344156833377839658009332416265311975886386314575969916282260607
790333739537806861549954334396662534041372393360583761357136631484
960228465675347318833395976940602425850333822826967160251488264837
670313936615030465569440359099795880865306477527207618121415394106
818553151735880056317978950810699820712326357146714531162758252500
806200983530299859876534561587726559057767770523506800734721160449
806488391234431496994566296883810992317937596151519832650120598781
441617932890058633209563904496732740967756156579216951256957573430
650111772794467699754846396367647409519787469857405002566630430496
930378286467308890740676217208162910009270841088021980366469032006
604898295265441973616508087089991399726806525622796418049464541564
487670128005839444300387771355707804656432991321870606322081514275
062240463573963323033417129205307955186159422189134174393464269860
039630400508002042870415729593735309957716677615251624524092900687
648409445244870829637234794663408346767889242904515984050860716953

41689272768570261007189617528775251605114575792348758289688272500 5
8296434832572501948870491673293274144146938616110082120730148945 09
4220915611353196601506009515300421518796800500925670277461697526 91
7366335884789531048751627925415229157364741848801293707600826420 06
5741850241704070543171728758494534967559692560581068000917355323 39
2465539765805611506266857145888623136877825027075077938929852212 89
8376757339444061238960194625480149686695371667569202794500414657 28
4567068530994311959103987237024927090104353255259805011571212263 28
4707450745903405964385528208729191184983955166804404872154753233 91
2561994593028105975250334168546567651849453998885243277578350372 08
3477741274638187405458639292544711505554322799818208681879698647 01
0465613411868005396513134672323812494414047414596471311007233355 20
2812338522140507238615369316608946059307567586266790750537016110 40
7034090926282674887750285975237510238545267796205530602752777436 78
1940577953384076593719123390416122993896587754050420933165780695 96
5341258929276900210583534723405610651455542932009170745043947019 95
6698366277022470228830426650690455121943837056846708382357301181 63
2285434001843049497985826217684156199179199351241530949158010079 37
4774040392763688826938414993758057175171344755815931032745774187 57
6371187757132246892272242493377771139575584843469314320561935228 17
5997645633844635236679326941663652938292994731554160262278104340 45
9712825822426701976096925423356800253834894656311249517014689940 04
6400911880740870773299643030944043581834084141758018478995026247 38
9569075478192665221993496740541728819110503325279002158545943175 73
4588732769586397741338302654225157488127285818892732849776969110 85
2593856521723918404258258231447031064760464814502022210286533308 65
6374402259588047132186945014436681753853073158920051906575480158 23
4491548443177708176712520461196493945018862567637414537686456006 01
4215126129242464596730642846488510497611191884672049866454759999 26
8017756643379003400568470375447562878249348984087140077023629650 41
7075010454030069683112353172934030263172213170861762029604344548 20
9543486763695249394153847667538095773551214637499080503829564670 90
2052304673985564355823807120013405179535817759266117929746014869 21
3202630600393179956484944444731611937253694206234756374504782675 93
9732127033728057813431266211173872224928063336398345193036803892 59
3096889952092520352785719809923805762361228496065232769709707647 90
3913942314021333686903948086876847433080122688699462034708237163 09
7247047250281060331416470144741205421382403081283471910093086202 69
7490915360722527512865977495195070144683595703426614602530281533 84
8272776449790077688980744583010805807625802826525398467121849904 43
9425891880218806297599563142816384851120947134995242272909662562 13
1057200278602521302716524357302013219950531711204193338562432181 15
9685353143642809886601095854368526010852934463784118853718262721 65
0745414154290924125763428168346424803581833399866073577309409498 60
6570661584407016735064684551083448304103407143306886135064816123 13
3500844233624141744252203847162068581577800344074422408997737952 50
7722722425221632527079828648342393603199360077015781454854997327 91
4957152420477718325986255747117217600047591868613465766800747913 88
2388825260595036961456375550948364552494331849375795834470825651 12
0297713054890598588936049041984366155680280639101693150794123984 42
6141463145272074906342167466656220820733874054410275552773264257 26
6626032543414164518064646201359107463690481409139488173491501909 05
8878658865756080546331911539579519922691510175261135535365480449 15
3805235243092095683913392366418602184865740565313865858918038882 90
1004954410539504281908521709568970985222660491497703442563415201 13
3543595601620804833457056785828475182886943264572847094155070663 90
0420218474284148150729321142555253848768239840596403694675585587 06
5077805288811843705437076685394020436679087947275769976742717439 08
2411422515170231955326014929205324852331644303361410581348081211 87
8445401680049841863719537750791225098168839594398437434905009276 90

743049721973216682690786818942988655432603934799602791528666316742
452049935768321975982961409060960027750075411611823413659519543647
682659743538725034335575607603094264593717684435256584561894133043
626585493339644881366781418994035378125186361809861431093804686084
238941765717091983753027352946053182177484980676410072780689353948
778562080766076462886434975781384916754969480133361645855359234218
744439048728220232748279000438097437222409055665798279254079201827
191764073156868788990869823443332429846171348077941579260789437869
378793218192762383208856219825626205370615705336509986660437335278
004302978538582577725820814349306895099746902842123214805436252144
109926584513208698356950379341219278770154837668462588485148035328
210057622595312384395499845597718366177469694877133736029490243201
400893695435246428467039062829612925333175609054580152415336269704
633415609477147038783311408045532720266985169165505458088526234722
700918568381152913251607557514732983104817451169011854473890500270
796628135737332891521947351317150714211819622395064036066250793766
101141090975719875195062790767199208415618383126232787053677949587
209348085310337003707967698144333986531947300553955036137371690354
044122744184825089725543411329141409921010502794060781343452745457
489103978703959255767719730326629205850021841243056110147117266588
588758581109801362242719178360150563008450612609580351146221868970
392656006767752271278115086918240931263983238895143307309208061818
367053327222199671221382439249413384503085537429139510060612140640
152772992047216247469060199687536161293095944353196702138702622427
471342529519834641150215258521719073343528760508969489859661873724
647148445754004263211169130661080007590199276852772312294338453753
734455619270731842077003525188819851000091058869702463614133946373
640362916764850243139592226108914312458431080249185337663654737954
281019800639467549165673882209372067955022453974952793604321876041
673712529418689041678756050715819184628397499517761898470120141728
492253165997642491396155346304559673700366982713924474617224053775
638845250605738311722063309952246138275154384262484183054546161423
976795807575792892955358231583791059988100013635583580253819304960
874848406232442130196731285727975696380891589114151062682936713253
390443220443935122562713425835719375807555547099528058650927489148
560615014905867221863018145395527154337744115748430146045421047237
106590937458945560185074706555125049620797634952629628585741910611
986843374359599027675135124284216278738270407361790182264211619056
545235598213465009844346847498934255194190612568539471215509383577
839973398535979920804409140140130196920588481624165779207430506165
929884295428759267653257646127865813653869302306432495148722915683
419489339773257723831101860728599213827439955316707179778694631024
120965629925156369070709797657462230224811183699337954003728904003
552813838791669645146305017446678302677339156584851313373322134555
912016942819944635586911990104670257248863039143131892690272342788
076559567143550810085233287367618883314330625840285446138179091649
151138986886102042441096949303994618815643469225923822715423732556
186576373191113839350829844737578763090888190669748750346261607736
201056147649195858889526175730298660002844920883309869356389666935
736583154321980511463029180303532823912512265145796045112913620481
416074263483689048725347741460497928968665471804311096370206936618
003815649264601763228235467525772510063481083324604963974581894856
250715927985140068823456587664328616964994470287617278607401627879
376003134030536537200163361067311973540216574274552661377246414679
701634232210948392735205399216184668443165780514857874873899561173
561574229271079978937830411746342331723123687062988799395637969323
438140930773031667385587583365894879219229299170292532195313106313
751699564895556279207732633443995606991340123455661866002723864409
129577681745674556204269696639791492485463176155558347884911203132
980810938202001667082142619538393913519494332455874157725836948116

349214048473354670485252762669909591444857090831604238663433552347
995241933217431270826427571501537381144704648961477923432391883659
760417327606918396476067866322674929193323161131877673919132713156
449130569370585515339505822922629793669280098890127374401107299130
758483919483725163875251526812093561550689661281565278504377438567
370659686571290407450402139678640980501628716324266422673376138215
295623652204021188430916924496201670398377240229007751911990173388
725654945167024884231446673301697956493138953858612398111668308257
202233372469857377872517673016746885270115642775820059393570981225
869012588927727534775124596954525038982611668021287757380563685631
564442199458187402810656801753185564565295582288616955286274200281
964030614391059003215379795396930218519423268807946852791407258771
948469041176416915227472110682439096583493681740724391256726014139
205537504438778509718690612830895421445090454534852381522612136091
363279625618713641431649422139355442206005338273451530798672306688
013562930131650176555377047163009150624792123739193705754138726037
784409421730259112504923861549381900703973226982708445933093837163
148061128341179486313084619959430789684964111687084337933440570079
526478025532429988270212239589071572621544918831198911796492255687
257951873764372652104196188623597080763708251916019748223448209944
333236500401510330803345098734208212792141200420480180501079798561
723216473504401369811485541058811972608739539425490862873783903746
809883208172214796830743130269381543636845378457615575201994791177
412336708593571769209592840288800006291720871627379774153512958050
297099442419138076287230850635785570220029013432709277729873751576
166247484047392851550863164215302820835265015575631195908368230734
030439271518105002752650033708689498428813235684965007249398847401
056947343380563733840238243607253887330911137388407645000377344784
709100186480455411711002561405408783699288695274139261937908513852
292978958106283980590449924138727376398571948291284483476597401404
143259818850245391067059176832462269483973611571814898528770650237
921321789269536116379304464677102539916568443144432020298116859366
166592552065597956848269167629977734031737378030874820811784876725
458683733424633452419941410780153692124159877833997466997395429518
681820090649697610367821528098952987606995710356909602837100859978
989894633487209570802179233665748707146777367360972463992215753219
402369880425601500007584041175731957498416740333035260394809737885
653902886659099013584031964803732938986045942039868966162227548943
655076000234581410708961509394692645277394235114694011127719149136
925437858539483527264857552160208720481249169101852717995183756073
284426677184767954071116218015353987918247749816185835646452280308
632399771384992835920927055530786651556452768959162186920347015645
557340287669263841325770360160596459690403225512310202955997098916
418090712914574898624430297707113894146283648484871576785677948781
431251243293550247687268468946933878930968619372172452421687392718
595032641171831981357089270756010792991851456275028662192436979841
781141404540319609164247843921439027833868372641711554943963041940
588806752381877429108551788002078811767914778773113638802772856696
940118272755475020009359274049483769196417417474376430993588281149
024158567172118654518195403274463085084900186721365271788742362751
336854382584357260976576339859353648790620203688881027015850058083
028005290525005920409954009559933828156055157808056927750376405932
422853821694589247308372693348034515544089081803000097135903138760
369506462952558119323319104201739769685110785451020588411747429566
742640862762260667721607633383260924431171632661044281459586062506
998686074775429041244464632860784627920804163161718877365407205146
931212143251692342945354332472824172960433247902906354057442643551
016576188688757552892490583073226688579406361072634713145128039096
794093684979336814875713298697813211924730599496014027781864831950
609839994902924848226451969076694936680918529246540254800772199089

17729196093156605486780271484478376604390600314714645229672337382 1
0187250391731552458699554238861364979298934057309118689822968756 92
2198783526788848165620121799323557181193394789972941131625038237 71
6074760122507890913913600736981616449615507711562475184867186427 41
8752220983699262511079458767442710260549101837714149395384601730 89
9334493604769733019287791380270313507073210981882099042177479582 44
6759902008357116817844883047873914753449351938140117520881370598 43
9846549557055010189474633178513544780605002453222898695956109812 74
4537200340506843316195198363031817037478986266327072440653794392 77
7506117384377391003701560450854244171829462232309874159926137923 10
3063979751962906214954936751493482955342557326734057366254563878 20
8772478017012519108061380763294191048376862061550399017105775493 79
4371981498602274574327687358665472119372473648368884738636955047 23
0458616875778992624179919242888086846632765621548945377584642693 66
0170549041069679139658565047231426979266889208569296287842331651 54
0087970794840446062660205914207157264149118427257725445185179225 22
9922899892552417931329556162933387610416084919966631744230877940 58
8735083947873072830991697739834979436847746344801579069104208387 49
5354926175917185412293597518990089222621721914459306788619760356 22
1881278063881322456355560680694152552978974969052102555871166688 03
9462531658155902647017179900039902483340191847418611177914250879 57
8322003743133899943887879017493217832857091362259345239879921194 13
5829648604238718240674170986228121901857333681568570323594309199 08
4131003274241630856070401839676454219756598215258342288679649061 75
3328803833759251880213557889351191633363591256530761963446885955 55
6790319313426753383306631643406076972503374612045657857542749445 60
5773180947349044636421152998533043536983846609846137669343084617 00
0549083610123916548740215520180743832046374678390499993518567810 79
2289725874690367749579133853503513360755073213256002919103155131 07
2831771162507725515312573049623272208602252146484022028427985932 92
8366887990771408192398837850356220529453361568028203753139540331 76
4315894056325311235868239472892104281477709045295704912875935241 20
5135868760328451425827346944885456431933445606103927719582129219 41
3108746666766592457491385391579446355239886906767996953556594034 00
8392663094891563705155183329394000503226417088488994601744966590 76
6868472286681018342347335807481678608256992636145794143415773796 97
2761953625148160475046445713935285259217578395278564412027696318 59
5151992537064738543750734841980458523109952456640263945256711483 05
3596867831113800408161923406923403260989704104568037934836010544 92
9206927313239109289489416122528772541725880715769000290232769299 26
5396722223125954237897818796172973692312698629041329406930477926 90
3407960859369695530828706334988535898063170379065510234555035981 10
4722630784324378875026808665286661970123584310754871934469961351 10
2465382307632638598946857435306560582753001735912983069515639541 94
3378121211180440701536153143845798731666720361840466592291400072 86
1570470923183888837125901137751101546728156831261731358454449555 69
3404016062515912214452026304007316786242123473984156636061570022 95
7579512596067890949180714872199201151338603342012490334326901903 15
2471111177053767490379250704771080007807243797219997486780512705 43
8658097738366084557141592231311250769943850574957208447061617646 42
8970167342485313072653113141132969224499732589869379336205382310 43
0468811672702967817935315147925262277150873178413472011750829199 18
1400243851651872933219223671393302183937180182843192346206861224 87
7124816144643726238466722738716927043432266762821335957208657592 52
9933570469301671377062937231618402812814665403393929976479945083 55
6352931340448149974608215731436782770602090362000236561479481796 16
6953389820330364315197605893882403131045864624539039457563768870 59
2794191446351316565638530341380551160738301152349650160262898331 17
5266540895142764548739436429000310464975634186467063383937026404 32
7199934445017653621194183980914054354312046611071022949147957282 23

004888150989288005202982221956031371555319180723675808735157394941
586386346592426492982712468742873788710721177960934285282218507517
612031632878650509567859784696943970668574363944173341905638350440
729438621752610060673994465714452565082185110811234734977092353306
073156034383366681280289728355294978346861207930653666229848868445
897302368695057318071709271048802093698860052594234685582421466323
714836033470887905083467514163185997873182137711360933796792267130
480840063571274044761901699021280503624955146493756285725553472201
552916273600484207174507880795076184591360695778824861874794960279
482146832553636964805579475195804226596181757545537257578006385007
882894288015404514728664507693636429261656146409237609919442302530
717760664764609748901300712832067009583444148679596428844265653348
062698500890014358597934320495470073979019762402183186450225187355
768195384669571307006288829263756160327876421596559312529249242216
132957450406538220167262398618661648581434298883151920315905796007
336630592644780176824280579377519254991161387408165551961800806191
448772948511662569977245150821371463281903651808773347375322139017
956945546985589460995099448197662316058273897392430853104944407870
847269906403178359352904613848224060814013067392119403592658922911
969016830434362279715304844598073159037135399085230555413585030330
599426307530084474973121329228139004149372925731581039036715734392
981372366096770703723997564711313836503606104054887160986190396184
993610539032305603590895271652168824412076000293777205420054934505
995932847657914451389480417920358508525299387445006490770503204262
460392913479186052964181514073543083458770362016261363564753671667
605974780085903142936133379293319175008485509604389718110409887752
004921222370695585812496257133144760665069336788276888731032445424
398289077351072677332667843932332201926219365644663220548552196362
859886982124590594841453898355243171934249129900618146395923563828
594061690297564763112622914667465366265823575832972216617099689212
152632249540972530092760909689092981539854778104754603970480564097
019438611243783216133017217352016953866778938051847299996113301753
095363920200797294384334427132419629801071959511894080207607854224
753470765972679570860437380133715614849302325710198132874943896149
485487837329709427816336254436333082693990557968810494892037587507
854537640505365757571955571940241392108268760908876905226368654030
187082270188354758472399922894034079079513679637963507263442245541
912809577059031587725558922077896911118686536928072383024038923627
104980728883128755350717511334248096928769720158667518914217143425
576390489594698580750060927981004390924945240817662509527417274156
016145431594518522171855749552684752772716738913902901472023505989
549615741731698904285539944028302783837762365010859093691920154027
694868144088268392159342531859686296886770735568178360341970518419
116791939661833729700019382298015027248308350801097177309111058708
948946723054289271511824641544091066453295323935450519305278990931
728114996492725306034702159871961345650020631071336136517861654416
497035736820976258374943863039224877343571755966711011669312791920
462088982875388710715363136881554667959015531454623653372771094192
927484041691314541970017754019166194192795232601888253730337752336
012196171161255538897835617670837738785260756313420586568197019298
042050503450950135837302702058324470696463969223690638593311081122
013967710006747724553614517398246578733436414551852124685804072880
187810597648717763079789332546458009321561354841948421779175593309
357859671946991950561912931679934411945972942434600010285797589940
496943656661909757932956680542467013837449990948865697217529786249
994440386325648873316760040767769071769110217133246166713693357767
751796687482379811974164138932966510983219131889123061288321306175
347306459432631236902194248765044265680064037237356520012431948237
319111641586119940162345610705558803666260316221668784713489649977
257144363570318750075329860063330828997051279145819777920607806942

0505494926820444046342562971575340949274355797251601572079797266O7
0199691870098612224188969224783312230698835193026800133351582348O9
746911378369744867632078154664881263924082841865160249149549798644
272098660518203571764568949935602043071048929581586506395191730563
855938221751430131434807598669332650487479903805646835095656163984
160231551047965988593168474522978453271156302256796382458057087383
359848615942699923530317472056202203726152708976066846026088744711
951867528525005617829728887196752466048954131079105130025731039262
690888474237156518309916354673745723994383500092516539191810184237
064182784463199649055288856993932528265626282428690760469591229338
888263678905258896297992600436583512928591660168162711585038595099
200450238288052578716079991485779511741071458789278928594455422975
748926639149060612255901846742420489830696032609924160537319803993
095803184587418756119655169410302588427461326771528604167562599716
689009197446205707887606193824714430682007869995158218691523480946
205994733672841618743801837624468431146227199718354041990857212670
067522055708177908020764223877008302314596324376972484302281374748
014994596782976524511116475628449488239112658022320723393967248735
348379683470903721727807182199304579617087484668322607548311946463
631629550461428918187034402551606610996043968227976008510510903936
291091994211938826655136431104593773982337547022348970989382383349
606222414458818157174486985800768017680983135448890807309801045982
988406710128613818555977913112658579462797634402093254046425652321
448785499837045212678648629596772359938670287589062826992794921488
808890259752971774789067202993671236787634519865957080118747717986
484510898251955339140452640402757528622015609839097436788392343368
690293794902388062976992556920231250427705108943509783202370260907
877221028883869173065202970742687059235430376889847491331150845727
240892727685293202568303822902698549830926642798169621548264378964
612836838042073209244634810624823762867848195810854733788917216503
370931716230082783544609535500015708732585371829606975508170435834
992204347823973727085823269636237017609767484500304109060401168774
813123641572249254136735065969999743514683113000479043763389468381
150750447983622497756891870633121598257365693430609810105810751283
202846444444669225835877645410765424544616023777827884230143241483
760775272286664586317686875728436203463872646470337810455803840869
900184700132949067201629106732086656015272003570377008772363933708
461915283204882311403505825354128671849769189874018370111971124740
816615401897014577602302374503811231109971026466141404185726108956
369605831244662510334421769869553123069103533005618851848711467565
374712842537837536027002540478152676963868002814906708268471436627
044938342088682979560559153091431959230537938970909123501683175231
569389220817236677947717971362719241455588880860190380407494601510
951815732199263163081536727786395339826503769350931962174930710360
546827463851923840108589380482153796057037554136341945317910214402
772440022859505105250788530056362548796203963051416750538902815483
989382605618460596925430923050118448202444057353339948646232469861
642715255204141839454588339064507002112028162690376437236786327092
384808357049285566542256570041716643467942705669316946590355900250
098110204615997069222696043039313415011238520208433078349276852128
023229115251973791375174328405671719578654820096834839493549870633
410451091155802399789655537286716719980635621882290898597135945659
956583900719908411352900703212798486817378763769197501596503476210
492679280029798828161442624704549931873587379611446122075041773768
038423308899512489273821719117059951771345342994572972521521403834
304607340293212929718359902336716755190204836798893485785428130740
917112127491351889665038805950364886600193051774797377200603859479
443146650104107719235172244725816987613573155394736063610226081719
549477487334657530769762382929970665938113035566698283830832766954
761096688653181122041132550888898206279798064803011217227923341819

6079841299972072008841839387221139034724731085153277483669837824867
7965448539605467332451782821837371290684884322609750319063553017944
1264823895351147387863995054860224600033576913603183825695223930433
9416276778650226367159054260821794162606278653413781787284203815655
9300744636406739896675492687649395718490313212113656202390261522988
4062873095648128169303501869685037131095472329376747222478572964177
0819858940521696598105253378892335031987258494889372864076832966455
3384003413973368465664299812962074532556516610754825373816739692277
7169563653668258137853929592804863934624068004561289736777656499266
4445275561622239943174891109978681413003408786160964068909193446600
1068578173996496691929407151979770619673556327808303748676242818955
3299379935017437703304126784639410742390004075198605918156465947755
8609699994125596896228698815789024265778977792045289457268597880155
1203918786449716049993622264612495868772143477181778272154033157900
8743833318094502935381915728145418326821124819723259721432234940266
2895469574762101080787425847657147801608833404962554650632414744422
3711596789923705898277665685897719457925992692904083389327233247933
0254203274120827944369363547913979579720396366395782104958416314400
3965424093860475283325924343500781306594917949907703881670567144855
6475901470819362884606343870830873013999253725298366891041033135944
3943477132545251112552111092798727785951382708916366590952074170922
7525129902620455410308034810322700046208199313497741033969935705200
0813490694208037872203790464382890249902401221380463397980242182100
6839346850884930167918289662130425493338799654874386109320851491055
3327587732269026724129296625673645906875591489631205017424394526388
9397902442323703264903596852578213780965150454498931866068559097566
6323944226182229519656421572541809032099804496613813953120985347966
7114699342694938245149667475159852900475180527661226007197757224966
7081515058039143461824012521809293563442697690775936654520908202500
6027804671493363267787205816815970250481840076454284365495003371944
2335655317061100284423030042053052952933086763760286456546110382755
3741547484910093128725956442056976109993020881040353186694892623966
0995356572233574757431587861845904831966429563222726105271648198399
8546337943708365729640939488820397486960694333315145791639720748077
2343344270697628656850889473094981597190683110612001028675230952011
1106399785970418819427843873191795483746036719035569303839940154833
7381862624892618158175467230946628362055651216917470327887284570311
5345444858522369606979868892249345328209693435676167926010847238266
2589759905263792325916415032763625594607746274170433254493457444888
9477216876271827727072947967992940703725682106129508999370246217199
9889894467876686273457941352264033498177530833993906702966521338033
4698372728905324760066193925458206592897014152612950727426292279322
4657917043837162693207536501119601557525946940619181818487377713422
6834444240529306600573344588869058880393177484511774102397358775288
2284385958672028239874374352959211556243224389289630027291056872888
7268161611773035695272316977436959291424844621189894575011690312955
7425148284517441987133717486576746353974745761595416087815219493800
3821906317197854636480687724886181039189448975073053855804909207966
3214830893523184803790906668134527178233532246612521949926765291422
7590890922621175108174670500059568093135195284008043900757261786655
7751257452884330535531748414291753374248775094899335437358359554577
8827060373973912922693703012439656897123773945167318596704193173933
0742310205394492793725566951434978805545703305908340113045524208833
7745301823471483685405703839803008349014666157562782972454384494733
6538947399853428754328227478538137311632469929383670295832152967622
9316901577016376459707311545568276634901948250420327162355437616066
2896101031778920813007133134968338654865407252699942438188746548277
2867272278105469899924363853838917100915927170823049066727659616233
7816864044108587574547936667543859698670955474999659120236471863022
5134234286603123083288725426148465049133391408455713489742121332622

795637514158859383437023288367636142721091091632643811993071180581
370532052181871689034040842283314956139714100091017150993735501625
049869802128077552418620045870896844438306344598949555144009876519
220044348268870127019830394069224285391443443769252569060378563316
363591695975636285511685563162452502775453761962942890436619458968
023918515806791438606554576306665385508979167196722773975207635829
190576647967180388564538818866035064543168335512453205238283278277
210925962979474365082733419069484117477135866941623551515418976650
273652437782927375010905109308258678984624186849472218794509286730
565647293726572105569324973753017203003429846293990357604055326948
019752126003066980384350399536224586496757173536448662296086766502
211476197190668367000787861952572772496077495301582704019156303489
627631553591293521702092981509995711897771246908544676144850835054
133339784826134395314953719150241321492525701145762701032683591978
855164103614737647596250976223028811188954047134804246179115385416
323284005437108464269095036218683372877564455558445132126070936508
889689962610406609727149015825926516847763506236573352767195383297
892000906729856532354522274816541019480074074983918823027932639144
942369573528899527704109953394755282701081943357336971843195081657
518177313617892037222004623202250257101959975795240224447773214620
837600834855387730627390209188683525101963976707841850327839303456
164014187654569380004166672187859830183324978043066841370878997780
609708751312245373317921047765321963226929206244411860240382393958
269384876943864799215827507678016075065363560192478163288489506739
317047508196646271951189687925950485598142253735349188202252232254
527064031100450586493401962683243996750270941977257999962112631549
818066293540715583610274971906518427406565937254512574742135652740
612551420873683195358915340183005643761475560005901887559432489987
342354418536298897724641429112985184953106090530703685290951747470
466217592782127028442720276324221886500362829327344812778190824737
197178733122826245293390331056612313694376721597019056278625102314
965083850517849547462579286335484676475056193895604871272476315354
271306025732461970730588914499576286610805194016087738399359475968
793420630616497610162893847437876270839809365286890936241353974223
097404401233773452835062258300768194953505737271247291463024293420
118205594285875409672998247743329952532893889102882623850029186860
662230600769541453440141543780274354652779811248059501088156886539
095810551792517892616859476198901851288548533001971913658050934308
651373391567144253106933455853593690680573111213522090148984322616
396432630776114024959572757551801795894194013197745734220922330997
391962454237815316373992053247664553480610143673068325795760516674
364736620234621205488325796206777946589615346666284962251255998837
366356154573809942398223413977857318118526694509219333400278395660
522190434390795218769528629536258345114288337418801389766833483451
992354372759509972488475499853482128754160212142000716742527322818
658471302437403801247212757715517354380686932178170984693047721386
934362393518517720943809190247679191235016341974983001943492514392
273283998952752845430980061397557007914170816782579339825803450530
350435599716301845528168292642279637951739982625697213931034888695
236503388767235345917921388311578797662440444585686266118761866077
854423457825562175139151512175069970282671214823537616753390299724
794386940098439803372392608257591497122524969990916251682241883027
706483153811223687127561226085840232521772823899197546169668710046
806668395139405468301470663243728097173085261750040540584635799643
871306025046653245098513711350478406669674081206228084952470827367
784896750668680665695204615935906403278260228102365520837977749099
988133930572493066866543878693836289431253517516138530476569608483
426892163795317644541891627305175221678972080411022372283886209656
630432693750538126058074357155644252030153606598273724463194200272
636840007290391352321609780682089800250397115413563807418433383843

775594568899343275732876358995393433301321522590012083860051252010
931866882673567260499879953512265864607687845448841833834136625422
196971463251892117282500974121983889437996477424611182875649274008
010958068107163190905554406637684199248303038244538612047639180787
774784095532936773126665062304634915420945503013186992838587040497
769498762308681601198225060378407782933137148693195576904124809600
289428590147156300359952118751134960928464643882776366816444290872
354236562624184913110970711588110759956848824186276594293115532643
553365781078624936606809735256728328243880471495336516304463220419
935623776365923546949824861222404369330506445470866983819456132717
316706287211292233088278228768566112936704043109736681582156652530
953192735760657553663381308114126150418274259197915846860975661711
155359265047245289013979730748365684566763766075030008038868274480
925601952501822877867751168351851390092399073510597032706696191540
732872891168466075052090920060714564638393565915655426687110625860
799966340457758882769823034744991771278741658923779796117044330665
499088194970371992812185309204245501010187280970744329043394827028
863200729296823007160613009672672956269791838625419239274660390007
121099734961053233558472567594158335365038969578883612227716102099
081807849942356230921096520200749681909702336820464796210938523210
558762150886567676848354321163469821573876550837832037338143199007
420263497842810116848957540102189754507098326654276214693339080399
046753111520241502483200566561580635979236181932300762882729466887
837907885397404896953393147003113132449309322770532613002885054342
907789006340319100228559937419959054534198294838865764191083821664
299146114191054104072171837577155061513515392771400877552001228409
781872581662708931273964546477259808894904638744412033834039847054
748264843421660150604097870387197604533296815945603974179277038661
169175403060560427594749273731758060875311296607988071723021883091
816310355469967899967681411322384058487215045110977754130927334808
561399431389195645917913746129612274326490289450582869601839766326
676818486367297844296108245753273532378558101279916957607536616328
445715479677570022259203947901245647188595273323538013204986707161
550915878288956727461343961549590248105267578991639561562922800247
341472909294565424144238427975134894573060583395554662066270210014
102767079458435211648908816862436979656823419770822333130158028218
768411671028519113734962555044156500322013218780720836321567275832
894119429300942017627734310749322216301696903711021196817814596112
985080356782471755722595233764640402399244994117133227064814092208
903934067741659079335822479617612719575790623216075333480442592524
721663765328124917378791355454531828388653870756476397340816244449
879336143123185696534013864422093057439128727633815813871255067371
224288300998581863210156353494022783105631170331076712499040051320
012934897027213099521549239150785904214026893130046098656152361405
253039272543131409786703723671598135087041444155684740934242858068
266918870587013314646320508191505624847600443520708075408782114949
462115092792335641676736833501642284278652933928327928453321515289
204094301200081708618584107504415762168102606083356828369738431971
365108293621246800257976799115539990764840380499281718037565345951
838459509934009339260311050879753764133549052939570876599134289972
977018161429476080132837284371590590628796866400470614917846595143
380897979017472288822130531415145267504796951734362334726153303000
930497426565394579474740788563667819470875812034604862122119732683
985031983988067512355607212314224839768206933579702545411426785688
286857621814616682467550295237752661408949262179410234215163541177
570269072944307695709089606441496588167174212166831811496370914477
913934086779172036360471833759073820099690945012308440297824319898
307429912474750965950540243211346298334415639386846663845113041716
880468008283501799096954455742858132774403014003363683787123611627
532239185200931510869547854040603851429675337051449228581682317546

7578599332489704331947481163136568762244209211961639847807493990 63
2550658610472649946278570911848293076400523023957169404530229774 84
3375344969347910427880464975509168928481102733559380944046934895 78
4831966191619156876786647442091767696146015961430071187637115981 84
3570948763419739913808562861781819516833566051319780945322585426 55
2516534052564189836041918098775647547009333545646386374588183707 19
3089927774747776519400712100160212924290428843775188556969379841 37
4619594878664049528851797029944034170922571269836434779234200044 50
8972401956427768435740004691806885788296382555685769552433481059 23
5369632377665412136136594165896489360126908303912189079669346387 82
6994625689894323842694790019544917649079925967283332015020405505 63
9582288322986542152012739038571255115833894601478826796130705936 84
4627140731766358507487735153608785471059945081573750376872175758 66
8974763714204508585934755203715928941449038455518882477822488860 56
7681794844885054248271176560204127562510816987302947899169290417 78
0732082029453912387288505780471150279434067819720679870667734689 91
7596857017096422149884386213172333014036484090622963366139731205 12
6785480197514010687614978678223829515530144775438800942091958111 90
8455931728419128447542459302404344156046849603652232207039181979 54
7390237479288943062875587989550434633272922942658198189938496433 90
3901748591900745498519432437746889715163506178404476581726383698 08
9797509331606867090273629067967365282770315463201164237555377992 98
4746403323273985355161097777810752126229689498605135171656024102 87
1037724129408278075558919925350758497154770214909146833655432231 08
6547487771386228875760810079271785897902598759188635196306045666 63
3363192174079445303345927730124049043232891698863107254908590395 01
3066665927301170260376629810683291888015400774006822293021385957 64
5423568417243649753033910342475954667977697080027375943580064715 24
8683506681994620785001781035428128258352865340395212327966035363 24
0822318089825447710520475037042522647972286991591452243000708332 00
0742959773227257950376529937676872026591893146678879839618766508 40
8972120716214708050532965530683823375864780997017362177525182662 25
9448897555479107900294328073777695412037888193857533624535557555 38
6215137215790485645195524782723839043922555586085459837832420422 48
9960586622158423688887828188750328772057840977870899101239796223 59
2813041542814620670946907294304427637357079519463824063853539753 89
3251455320403986581318766650671801285529209290281388464944991314 89
6215110965735382736711051946125607048321120628812596874969053325 46
5166098551532847050207218448979151303859961827075525350830941788 15
3307371333348324728777479051810609940065062184695791416090258633 37
6537026950336325159012400610772655185040857437205040286964190345 06
0154341482587482135948966805169716220412921890901365194266163349 10
1517770935418782341159443425730184584604796749773411239673674607 69
3758490635429993974545300717430914967401452185883758079084100939 52
8251239939418878000980008529832501179715524696629805239359426053 34
2566834841710659646899602406759318187300760771656964600274918478 45
3928375977395610105436229722833079671242759581913381790783409621 40
8277302609459830241168133924254021024790829584271922720912310498 77
7743600822820404793982383576317324431719483156971330010828525340 17
8091758465229417473591973493722187334865037756637694545173480584 12
7419296480623788474696003236329645607187500856199400629019636181 43
2769610791010248477449948177473036975189922813557693575014468454 70
3817964356041927482029664114842647553884616092843173667326095117 14
1455146642087759372116066400571318718319403782493035660264211455 54
6550963815617175988326306606354150291012138175740705460347589437 77
6573433474433136145706954995855206815968719207955264670235032289 32
5886926552115837404571767926978698309365844160521753983979691416 46
9213052887124734821526840486335441603666716454520572878920653903 96
8965700988330392782283124639883225936818488973007620295019139221 74
6963919008129822447578103017840712413711813334742069153806373196 34

203722700135312823156128209273078733360657318822433035267753616851
440128481421604692792800626149042372647529552898067238689801124635
261708922360941951429831850549387764220559839784235496068384308044
463091873898281103232617494249024592968705429095989327718867278818
149022051859424964978643722019150845872524151377330865901634373899
036909618394184660480476412857748573396024328884856159481653913099
507843261527612427437304198132191310971382332353652196256565684132
100997793465867125309809163123694545655240867099025795737378690735
707957623330415204577601513883455847419623747926673163943170811046
161492806358838918930129277650436642892222952486596196474250156393
651304555422184136981155056022645692242688442709219082491387974604
688426215352222321596952972046003562844801805143092351464906483155
814707337390990940330635162847636452430703990228906910322690633577
603648605519409027826803159378088265928386788589283339814431210743
242105744407797255304875807543827180897381605829460510483029383863
211204406323798531018120096800478401312104193172311588019894128999
509449051823520285501747845472762059863697070096215053673678007104
018661808141385962780769153033085973597922274297796806443236893084
382221616134450290924444241342868204598923914410058649485559820602
849227162477870269955897422814270143672583620201910469241114324811
365678238853166167823059101302957723739494218220628532292532966281
056278942937466150517532071023254039560695420249982143153977132554
329758685525272480132525920496236391864282402295056529171734982073
877274864534744992666383346808047284310211378092719503669398370888
980792873532815339847426064500740808443294502104866023527925853133
129653132245368773308954167066148363110682779419010528654438552547
588213894308783875546974389267645496621380722884257239345052083454
215664457739359032723197581717659160914992230053647772838127334166
622533841472242629942411924622400978544729798291278440392639981696
982498319988102820240201894960606712636566100746939708920646894033
570492380927010705105350938561179427302169798825354162801527272038
979683516042369023818835988721040292019071056087510016790371111051
793917137546623683832541447178593865302970564626260948159605973111
282072557182811133246076104217747759645483911179713618873474878682
539845866897492106177035032173667065708216985559866053152727023642
929621060332762951293492175214297488361749897305387297952317713765
169565607600941025720965264136722804718901948453657730523247184576
856434531334180912602575401390394116388610927763073561477104298203
714855880998828077011820768860435818055569742895134939208502703609
985291365667242000409340681562664800047750369267010067187565498302
678403949779028498408041128649042737318787323574923351577792665464
058755270197331741525534369343335878177439476676986534109034241828
856004682442717355891956299625079790827374560677653849024226242434
139444105147668328626098116986962995732918948031309383657877203054
406356888087392173364316856301974958824077856564691100584485063221
748560278698708254492343500946242878114247925570928758816037133370
498944479355413578617677742593003501994878818935464570699898023884
285943402352939573590363877995548580184443559823169084248835355006
567840024862288539779059190210100832664391404237858347141539211252
119664412719679850014037773781611395469455626393439637229169839703
443161802263801853507727479038358387760381375783864701213631520655
028504382092685471604804944672487705111529563991984619660704801990
922543875919360489941776424323787824512750976245752855490091949663
430056325042158247850394386565734703026506980027224965381622755412
581238300224668505592701928095276632080553239136074885985495257698
995079276140766434576464290971818152704084341168648751952915242506
986869720912197272764166399894803529381557206103652854299804227933
990984630926287867918884474582281838491541379025757617305573721909
891733580870609521181391392283701733047688180850991710905044401302
490736272237452998124794221658811858963808812967892860271735024790

613642266669709655633060101790505226554257504425919798843096292810
306578173471637056821333169546753852570412755704075586258683249666
663999607717507142454243476380734993509255726525019287640864927618
497173045897625148716488591598951255375228222955357809275515771773
494254494064636532864388734334217530702797210788843935784080519477
756982541739321292803528190432830422660811527761503372809322221614
627280225517275940258914049567804027668536835600648375121195655603
792908901749705688289249537680005511704451470904027647709526612617
891164352708494766333633037504762668181349383168469838603671786180
757090384099944166818885088571567337508594523816058288505949719141
157735194691638266329100093631969376262656339971438859083062405002
210685624839375451664538977952645501454384899174219683121931401372
995118410097509794199237468840954250132123647670753289568716490593
510289684443170331513881484844754291156551495493239860473470143099
453095929657329964069617905657189155713959225222377996616334929240
926900212172351354308093758013216123137754512348729033561460914816
427581049952002360871359854964801275969333726114878220482714165428
610972873853149810697327536968559132688931246588639737786052796473
145774438703755129143836310148088010255497501850563438374232649428
840380798143255578001639249929690852845898363913292517937062540150
226681735964657598594163322441515757367266219230425695566601862213
826190880192581203723881546007760038590449038861766421200157127662
440876305292839786002937708353109004391865881200087431950741028998
065659379888701230973100697017955799260447386963611607865159837648
650167943285933431962812865551608452919059142677920493990411896788
778786674303929975761676465546813424735632581831341226626900374833
698503187200117460321357251155487510227692201433444170414759365038
920954549976990021428049303569545892006008908812289808480549761464
239812417065357454304376304063168249955435897677978729067940476948
112679095135574378201752416467534613297580009812957790997270711903
936380944971395629625872682383589471854165638473292427586950984276
737772192332175276539686606177282371596570821130355810363815182791
325694461193091588133531942734066542884074159970819492402918388497
625748315339375254667365082843965540113896630167639046301783547536
947865239365547983209434681476337898406578472456142075994498977412
875174494581453465738378997960255958626928073950269927756990776084
920221558974346739263779175303666438705307148525194702209570892828
636950493585584893209095586866702334575543192545144251812880078499
151418500330138018283582919167951015135063258915735687948767419183
823306159137685922349833225083199955278486255059004067455046951602
420521525235667638266643206244011346246184835538231919030789790489
156492881675694951297606022618515957509091442772246331356835722350
994112552809162282424069411322325689953200039030202196968217386130
987969800721311638620390327297191995557705918946517770931086733435
970190867546375077749418164213662458712283625713096904252214240927
414444286294676411115733390260689928399591420734459182101298789382
713047503738331667957872739006283488172123432793167900780179277820
576279424741963951177750945739527443895863353347367966070550527012
142544299479080491346447357381092368930786035662366461150744159419
230799122635805375263596249358838854994535786088823490647901666245
572094788231038700999172108651627001741277647893143063607031726839
611668179673599740524372180120623481940467735151101150135753039355
361350398387654046363031729240400443934542228866504375595216796385
599047414810736635762226932664330642246622513619647559947939447516
742830393884953878608666313656608760867401686825424385950930983900
950824741461151827971514792538782363231160391015979083705326761335
653050108925597369478256693522289815420801446620485501976532321021
816166219530346571841288016502644831777530378575721075721672703735
192224031414870533281255602523790965285517106044744791180673197071
002068603349095233692899435173460169991071845070490952869577741317

9412053056639315825980800945415945684740167337619934446441859524845
585780679184671826721457933027162864842332549702086814740691585705
248301426251349130131793189738382452549317175403435106305944151858
517993322891846398568766128678082982141129066850039256207747696005
665324348516251485428270485614233397106339613269314052482118402280
208764932824600707929518671187707464164573645634222261847181242843
835488266056541755904987953693629595664972541183719335697984699399
826697082328312099109341255994808198732203868645749761500731501308
035940504067340560123257097874696291882994649670095532299328883162
376227702344608416178629584181003305951772290600660895813030583131
395588588048276225962517551839426498063120045127181001922219497057
669748844596592692997691620797266423414339698096085014545299116867
845278772258015085742859764318050407162254946512152689507976140983
569243094174676545181719566747204449842860326968037184108259382733
558497438685580513595228455287596361386027589819453100170760894427
332474687242958911647821885362098458294683030407511008305466766121
316949446563866233697314905363048789078832874042072673383396925834
828135333246261196639727672957698744403654713600165916747714238618
199164530627228981557735662292266108971779771500834627946440936058
431573206378347619517000016581060210092878404435682065201945270285
682643221760713581601752221973467223327780274398943597115597803812
762780652604670385750855602556081051666778183826369162112027595476
357509273561033756517976994657794959611449116213116791600460723425
681348221091747041610254084248399240423509621969126368120916434903
792669349222546351017403410154654375283162070610539082122669353971
414467016387133919572456201351392040509186147323218293619518912364
549208823904972248828791425729913397782224781865210133914143716010
778081000716129662093680467263377030194059184785859655730889364507
857936000878628686633807976368902807806198570100232244772514039330
322119572056967186423880232186334776112599435486499244747516611783
603166952637541604360063566323871059279357921756871199982281111089
142464610154655356596212704209994403197587351534398333195609894173
093865474546514099938939769355392245864303588762315761562586158746
287281878133711235134587883785580421697764398525992789049962429065
388962158212221897887811625838296590736324849697798761200713068188
337251900370377403487225042973496099347660728486400016319929606695
437071427118319214099244239469582566542054191451204553614236488414
816026053774866149864110283759516290999622091232981921678339239642
561390727753657077363937251198229736967869246891513716526486975965
134435767122826858375314401262804184046228693588973582463737878484
474816412107338167587759228223079154982210804795904348319338763433
073399499251942433721363211915365810872552754939034970117953105652
743688889440854746664727270780909808046997309405202816129582446065
629165507696802356145139785999535614491856857949608990228154099318
962273521074758244856724526195100482672561527017230093439430290688
053019264553530429770999782891887127297756731225080121569089892104
620610303265419535588308434633118423243266793502469894057473910493
235573872862497868075144049873814343511838525582585965084861976534
830516557746535484925184706235846361128961231063475613487829196208
080290215418895671695470578412636065128050970044865339456921267610
746489021826015136002176404207593430425154960471216560638269072668
810603281420474122008886673494151799724644431487852302819566773009
243452527803547237133249811211144752719605172852639093240007410085
041013534953404377507086826929095896450567776975505181699765477424
907498713768970805422231030736998621442134449704808333886290361924
620994170065952755234994560840888352771199512564117887487755426906
953789016658371705059760688177908491161857021874607039200411210127
386634258458451236459384881049049889171246857392696221806481134103
477999102853345043363529355994699910797483860730938322241856554365
049764945838570957547589241810795493776431689626073436458913015274

465652114578614155770992104933437132765485502078197577561301902631
627312439722426741466016940435362112664762066895571814714997912220
390593604531712953095554012285510811212102657296975654697231782827
535893252633833111069657658155611735948679547594241902955820124457
509075373370460353622615497103954431129334077832390857018090461357
962884855271634026996506312919099426969596622558949797562872128775
719854241967347530158746347073305073784579614535454252064423087824
084140807846279673687388788958520447092790810107121198779872783592
423393355755619371324997959387609841477989821381826503432240130638
574544885493589707048625142787242965210065664978707015683883864539
959036508017111436410426627869672414199832654733411128487933093439
580866789075434070202679378477434553526566512929013433723462897801
078201155221887239373120160937097040686325536770926191900398941884
114592615370116668658956367315052216330410779848867721149416004662
110658605248504107954794838142514049963682497073968941442466671748
736746316851704563577542423105150580986476464173910628745990473792
488810727430814262952489093198549576289832417190896199838410018154
664437808237533284022544160414895993190873008472472855748818376975
818953479390880198458062894211236113335463254004046653571731667323
865207845030801661957708090271324118916546201980708955460918723854
372611387496629976665825231471481880032379500380667011859894219599
482184048922604588548768880233759401421579154295287123568227193941
659500062439118359342678164048354162384967924208087709963757338733
972713857005101721639010281400619964029555551092051482372788893958
622506358200576235586046067003335451488830880320699079612318449237
973339003311505882948380206876710240916485958888394432465634466757
463358495322414165188032825488208991824102940683182206511712210563
581095080526760824300375506483382815036583507743940163080243748097
984829566487277021341700558911396621800935230435395488825590266709
000657118853359523301307008761904282865576790762169073394085607061
588936193013487802595249967031591436244219977851983004379844414548
655165908282041411393767318104087719596578936089006009298571878482
454316218024538611683785858623451078284918216914586433097247677113
149590308273461852478922159576361761941580341303131918416077594410
121574394177453130001079505644225251093067375232236885432427912135
305575926210031122118620382975027538178425417311733755171196816524
092843676630140284331236103292345231891837022303444549741418863973
986508372860686169436251316559806429404159609558281527947448940796
006704015606635423305660888224109246225581873588042827934696642062
741124597521522027613182620967360927370341863068042962094801519011
215646323354619949604974083444354531421150067268251668779506672541
821696486833308233724458549241292167319098180229151717027639539076
596084501594587459760737822363718204911724903037217284752147681893
828285852418664014070914099177883713956921617076979010060192305266
297842195100992184012322062914006048217819490156194790264663131287
502908324448371554662484940386152485353273663548381024000726950375
367248133315649581319529832958248945699470154098386358837510527445
038754237416350534548439059129801016033702406509141965440640893099
287456350361224915848602375132873373130617776438334911416797427956
353582643265650934389743876971254048909954397610309447012230170495
967791613454602409207214946497104487480382550964755792337840850157
046965409260993752929750657563244547864017818208689976035501204605
289875237228409656415401043048746627607199592900351813908226465627
800691749938188975755041245526281187695373575052501272801592229277
826773719461371921651640018071110326066546576457256839904111265510
326989847762004945257320763366118794668546807565557788161683365059
804799752893885934462182727482769757353481167038511000881206002684
512193161349872922797354351452516206626446755043513009958875998659
114434873302760578327386061081960325678335362521398537214632713714
373366852594289784092798477878664746644957883589668082045147767271

907031262880771077178087594465928794910582812751317845119390219204
362173999271041748174735530055149680713746137668261024582297889026
864070620871691840805906684021071179755073163609712321042997983319
216599464118767390473835823972710206691386867582223407683714025128
786024336013754569561210121118668569527576098387624201318060097300
151094877041864750146034719095600164459132581601108870034240951086
006596682466186137003404540305650156032108961119564327940113323206
244129685271897339002930438752682641325237281181873418377266831707
982236681984925517311140484292263600497298366464717470320358925111
903145526378203697482737644474657963470343627745210955607492099970
685966310831881197052675407608418520990745264126830901434767342985
506555550495836710687190384924438850171624189592415970643895517919
761248010511832662108395180919193168647150076228549154633210029492
313843480405709777013982744519348392219713060823701654633725680139
350348101212266051149768782946285862320643474121126266335278215774
732452483124135428660441401919056371445619336167340996637827149600
978057687541695344544059947939618148914947728839344493862378544571
071502666829049614037984996997990417731453498520525154680296797462
648196687022861642312147762924124296583127636615013215995687556303
213834957850419502366939282044083814911150686568428096030448529697
382538002417267698709458055882387667508804699912381136464981780323
271388627539998143064746124047754171778696333861396561788596483175
635190236538942860987981324310596410750202204906039359870915954779
421380986417913250939151430229182359194529115029434493134123621519
818215831203202948600394027669012663220706625706516546005274752240
101992387346902997506116316619281850976779226093100513544564936116
459656602849112845526224785726874706115946260327304926038731909842
727022302279363717567119268583647185781515513352034020094255732570
241356749792983260661689237477237909231564483699398221906223959835
129277487404921884865148618006764683647476634904354685227044181503
294734668805980259970451471908672697542090927146372479398724290800
146596030612664416602228604050721331815082946098885070980566227981
549989279243140532399034861738080214933410263315505110372233887514
816204398816296144993711841473065439725635803732060537419376715721
551625202628791243475176956627450405183387160885984370464672049769
257186263068174611117896507127338941343126400421900228426884632219
249602699285376809615893194890230425833901286085290213585525352287
293692772573112483980587096220893068466462636341647431789867000474
061566857637857107584274947429648579667625487697959410694492681165
765692579106373912809174332934276600823474451226468172447913454112
832897445755146507869565899052824665349909387151111696795153643282
615119827898668897109310169591041784502488287352319238448624226362
973497576843928226311202000471321872017017837109757566855371393824
758533811898056805524561758925329012410446061386262529720144955188
459248610761575320195237921069318224655177285864226604778693839844
215191391884947712040124803222614617113859479756568591174574724441
827556436675503186173710531284061591548821249719371730212674392008
204111754985468363984135677460883816733867417100470330451223726996
329675335035568374255932788505284843970995341517659032938402850692
199642609108990684290371284529345494907934984037039501594365634463
139951298245813335313896483039546853777423867582387995950731279166
633912135762293008238137499508804241436770634118679457902022252519
770235995448842923046328754923496722087300742261853262394415846865
082615318656057785769972925335180744046382897304361213124874166495
577320583031985264922840033821229619829400035721889609222760768921
737321375612817140127894768086018461734761335830477995555701108465
899184652647160290624326823097213791999502600200767792842812801O2
189046550368644940685163746947400979670522871746653346534766832852
993058391752919256842294613330335029926614749035530997059294430175
663343834322304415434370347646640492739502658109126488241517806384

9558473212925984863914337804053563760280606861278168889215248356 45
4361916584590511206537019448479242546205587901558333354325586591 01
8391532755634325304791374070246658885855173264155785108271162140 91
9115020187616175817025131170079441408634863148319055296155411318 67
7747603095539999860807938437497622730370371697491622920021830001 35
3391812999182960402359294816224037573499647898156526226824692246 61
8226600334656315544406919091944613359229476476175309840144569649 49
8541787417212313607795570046231575740701647612827340963897976977 40
1987616019415760152910910925312276183834786795185241937060797916 55
9070575151805129542831018535917318636529202913084205780739267574 11
5631345641060048148590659777277558923397304760176118610946668393 83
1705136767659806086454653275384417193324821035003461438700642574 99
9821742521821218920424698345969460171454108096717354784790289649 00
5709369565850736027996266961684643111823719819499540175555079372 48
7801969337650451347412370232785817170527287540676808677865733191 91
8065414650702346930410760260438076498398418776243353883813581831 39
6332297830451927354200012443477014391410202805835137615248683465 40
0922414855558907372029219460949678309380472522542715397156446139 32
0717562051057479473825563034044998409055189312252581517064469135 99
4549410789766052839379950219126026120477205145883687727742039393 49
2746617423169661272448881420286391420227812419353329742169450946 79
5452067395697738280628009153419557209296208702178162359573153985 80
4940599130964597843674616880332762471313321871636394671809366747 34
4033575552621977254844202499963393174861668116858002416101935718 15
8763913937159153107634250433840677491100623988859795461135553975 58
3965305392425113385151972957150725671949315914454388674809412700 92
9742577221170197678077755411531464441588881354640461003436754633 95
4381365737941755202298370463378124045276311595878742915414204162 06
6248912616238500777039286348472623334350644174622655488896432896 08
4716921233108446333350533714717333033190172115307748181597531874 03
2065206546663038340247240443641929585156620772019573193519488591 62
9815330055105279952540010923346567985970645405142910657105043026 28
4793759359388054120084681207165725958968277943629931119229046287 49
8933815161612418075418388765972717000319388966533656527359657047 29
8370555651002680279238516795033652066530917843546800532221181178 45
6832436800443266590254628594599103854757965209123438950325105958 30
2845145019453098923277198489280787845546749643627564616966261836 48
6662036715578498130398682528761956385736085204193320257641086585 30
8207834609373542674417458791798165097760674803423587943788166111 99
8959566679446483821547715844522357513096308613259832304456646819 20
9725029344903578658988884052055288786406593898270941098662152737 16
1752449269126472228562674431790670660513250331457206783440463795 14
2601733349592062646181273287377940013015357157366237612685283211 03
9112016619481155877955040394086512236041949757935718979740811556 37
3467207427424157737740444109123848555845196736483504888683099313 89
8234421248549562023391981900603548985180440671358033140872413265 81
5580856335529235650556243406221738635871005910916669020110600851 92
1062061521729889870836133794588258419892972813593784638640814620 97
3215748876458545452905648569347625409289910669192256024642545291 00
1498200945147538869058507821574990164238325826612333030842360171 33
1330197402643659281051697460061129741349954361141507789015523161 63
6275821160734521938551112723008960033993710873634008474458582811 69
2917284014715929271271973822535539639876459247383693261128037429 94
0138758081761750693604738088259160765499660285494158397942913044 17
8937413498128512994331756758244076734176951024244331173208054198 12
2503155476482578701650865766702309785271213432609608282808472227 35
5161279802179432486389890602925191544808852944924913238575321489 64
1284456505833651534398394353706322369086818474891634082930268567 19
7857966041601215228834098644950300613637984752788790195341774348 44
4672748004363482761808233991610087405112235165967744517830819216 70

275125143549469966872668737082784919199168202590371147765982606846
429716828871519648270565793794566304849953425828271002028745751425
313487886988808012391825275474862935920257975002818219751009946291
783785110346671609157650768942405764348823245410625517145576852355
740815455232660177674320947901564520546687532565105251479763201112
266026752483321395508993126832634930136851924284030942602387905323
204787679384881578179912075883998951182420162549243993752925029268
338089129651247232814990269823023788861443531898799215072001787269
476593216105185240507686364891235175167193707377421624358856294062
359477043120052660625697625096842178121148882988002661604405922232
933162417612290874337902228780456170135772375061952160342686280629
053786496887139338571256241696407932447583136988591827299927578294
929575130482504366602853237140205496447338073824577555825709270075
915358213622487873951980644753650922833873219737894509894881222431
666501069873961667298992096442059681756961923183986619179340847425
786815461594145893864060229613295003812003838976745020863385578266
798810656903699908156782778516378293459936194336698065297922152215
366628883994026803862183878413895499792007228937116950775706172400
234487289868380888946932582186337823435691207402895687188566870960
612738621934987326322409606596069917602005453603816589660214387177
128755309837099020713308471230391797557448381005068328095118932927
219123165494090664021456835987446321626555757397928373087028606129 3
977236838581491993925841574254914633515482041412850525611641438473
862157948502590959169401670192222715205159244638478673684403410197
602254850585962037452021034019586721608171270192646070460795992871
312107480351188250682335304496981265520956708088454194102253519913
136835291159722281977965191751091412574906675271987992843990372741
064588671698118350910120568349817677310095484699100664217037510129
640279526680792620134649082657083731273088770349853816883018041591
073508780278978144452516540770812748884737965503318298936026105151 7
090092011022207100166947994860649884160992557782103329254222023824
316169379455244507711661278195720289949059237178763071379162077328
051900435950630278372052428607168631975683199449535965461758237933
195492218355714063821726217011899062436301646834987994306732489748
402990062675636866393449866870295746329559276358227417390476736646
032709872540082565827407937301342125015787224693593360232027880213
344754711692547244278823478857202047848109668249573259465069381839
328994408562932954845234695473247072095768155000313628681830587359
766552445629233370980039202446539708198088097516775900082945233933
825387379751663668484819906191718923053029327528205228873899777985
775746443306673842846683423819777822394151522436389874249517010656
678530267666437085462406145075109823826508232921923116946593605521
624370127430023949246000846441913713453739088171054329719962592178
595836890022753546934419927056354499446464846356921147395454234209
303509561912596294276033231402838156419581239921684357059261155218
643672939081140498842995401350304582616685615119192470424806777874
883871318987189673826192473974908922169656489981576717042890174496
662059680086819909195664839871279960006066009833665085013172670506
678073810536253324043615610980110847675549487749423658516371946527
932849799057701845104909170153356861363244389487965903436759034956
002166426558152444392827872271735945948307893872024847342032229005
213360684605312929409749759889320134905015546639978806999170087371
588917595677689472706181150301964728913257678481619091938845977305
288817391379634191013912282881868957666915817506640190664257591185
763887548293436299211719127105497738537301557783810188444186065783
059241045272431966922764394688190230293660368939291435279006783454
920522889611788605187540831049180891775926096257118288327086436346
727818162747255714850253575093560194453370570429727931651832436970
736387485609272821695707559352179828293176304039885438950572501794
655341196643840611832817122580580931386536690163234155042355394880

397710071250704105678774162025859908400717682098941448674622992276
289202550858081621731508389755388405349427919056734487660483097079
108665922529310175974785382557147194645296290878451956517409594789
439633768568878413363340735390727437663722052802244591605345737540
661837169580524217180032186022858375322597888350188042317887568940
231975197437444613352597457897400554662442432497593440495376268236
401505734726953980110100256582513119575389158493821251296799677253
621276460763910672269184411105916667182317481206619477228053502579
386189871073293114319621955835900757325454926544053448587623799704
869639821290623046526023715456974639821850402406160647212247386285
369145422758281589303257867192003815231307030123145001620383558559
708463628872856866182958803815141259792427122280065807217537599560
975302816813243190882675811213978645897799156707712334130061405072
073787477542271334777231879138778060411602833892807322946298610943
899480426877630904138282008249327643784456946668559691350972809296
560296837842483190637664897589402297476523373707075902957322967641
074447790285422057108331864160628348328403937671338148094153081003
836346209867409231416257725926016424131076838385360967743938964538
812198718470878357602846575850066264301318356377598343942325631956
738892178647425115391464830610561761852266148498621173529930039419
626797835115432471979210099902359950101850452263362136629541758790
411552911630059509298870937205111995320951919761191111785656856314
582374252733634874426217894373425559443882721099552583440480781533
630123181725047611209858621391195038127685768422270602288085792280
227899270135450268982898128670846948085869077368731048824135209253
377992815178280722473043295605706622345618996569294079904301031800
558838515495600371015362883393296308388611837572513442929623743625
690286239908180896674784072154164821536466985251118356093769538838
247792682054035562293103398234617217749928761143107112618698176716
510102132817484322686049289996213744264891787470800521778991459793
683257690825447049955736546073833295445503760545561693846299352695
559825481436952274513515963501284438165762387821902834477841943484
916754332208988657251072163801257455920500626138323533310017463563
269678829979522312213359229559877714784256215281966009582480397960
741880686481462221846735023846499620948290023721674715130176161834
866485690095804452712924136107744855016454016588210094695318516709
496532028368556343942755258676230939902626468802521002348398810810
313959156722167521036403116827698020447084682751021600765291285961
812328923919989837615465401528847640238956400800911170777168663258
471518886521341810096309789246814277767444249098401946207209911860
617837882725606027748920250775654960922415372184898191399949304356
168693621596429177109525695097069900632310061085648555448231768169
491892033538259383979779552017806002615045384660223480584280668080
054097272424887098899181403017210837408519716844655506868668259576
213176185347414437764098116897462020371211318615031805348163709928
051005793939581839605381572799053173564620472564675646573375232496
04428662754228334119477101158614822513290574723369645459350778630
281397035026933558672025420653201911364568427852227113049930847401
550832055345022071115182925037824584151595423857290920559093155527
093715730436507139197066270720836605065359257807538799662427829626
027190863678584203426179427292783872074227039258647899698885201728
543732963891417985649549871231317421078111745847834714810113022006
691881171390633223774639144278713501339101361465475823547313216387
797859422925909287326603980617051451051893526138463564900758234863
291520258655103110341381404910157351617886075764396461883410175654
4414874774396958712593182068392921811680883559712722265371195267463
913547288909010252777742990668168005319870623247556963164794199431
877289989589073717447913822106916830314430210883271873693722363715
982485112777376585439522066498763027698123461345369762104739754844
398066496855150018242872413962930020784239040770171753087400621103

8869812751613311076710422656095342065627964803091959171222225686050
8660697491958719528511720186301457223111255958058030059590451780016
2091560033927158135619396152450582940942383067522310487602756833319
3139537061594056900825467163407688518738062028393764941416952247789
7644827415924393890738587033683110647482959165636319407597879773889
3685682536565679811940555829468907562097486397051586280616049553880
1992987901072698852640686948961003323272842034061884542128979432218
8689707273827362778501372701149638708846640786079426555525554856664
8253672623885530195700899094418141196819278225214743673023757726647
9063021362700929435193537520244824650445028177473530313055878404228
9052956536166955757460304468400201302583472857878603479642966228856
3383909385040595996338205201313459775949549591528249136758265577737
0863098534310316569918647774935235587698561676402569436794965082659
5164936185639067761340863449496109230852815957594732446929978437787
5069577965234066270348934399220039331420221596404753079877248547719
2899031903311360675387409926265876145829524546296274478253060713370
8610093256561091062901593703234578465109425415658486336759717141003
6824690682136459502259382358689803420521458424156210977125941988660
5174184609810521802330913491593055323640211801353993827390760966018
8127085700221614994202352285301197851514825409266951856567653411040
4445485488177660629153334239355883040977080382629431894438507770239
0408475017104093236868309790449784932389215598500214358700771342287
1584700693024716766312285302839112029615848332287621873127025444027
5098869777524186719725803984567834528672337262681942591376892237732
7986963699571947508280574929908016092963856488757743668130599333003
0106516567168643311600381784331809476982492426608263925647221085663
0282122858435912911420360327206018252323794629310925410251245417700
5166491749697850176586800128632544573787252932671277451624334360012
7340397859302221599617751736148666793967656332219514934298376790037
4930825170161852849338344242504183230302641005578188318544289364408
7403203966008892343871002340926852388496732284456687365704234315566
9893811311708549805563342411090390294020698788366865009641636917705
2815658583564774755048831911648430645989966327033980010970627143315
4871743704811217006209186084162459632196275818916875947150823636689
2761717485163145845180705435637970723278957450538758447100756455587
4737245671626075875582631624163830175894812372734658328426433498842
1199067903327699506187886673063449032827837648590916868065398440039
3171382569665959236573482235687609504600206957367369539435373448892
8789454142994492422965419920687071717990820275112322883020637409933
2430828407680236599622307450723954829132510014623152283856699636646
4816199306108035011934098551287730815954501549790983261007000843351
6322091409713166839050930777067825793848915921320992865980751664477
6274042102287069580316910197690665849294116301449041755241528407798
5584192045942224722408579545248996614996312956745993178744978341335
0197476002485583093556978815369731363214452511408292841812804502249
1992959845617297886498365296717374065350275757846534187078421309980
5735758509870892321833860276680968786744587673937042506105294559934
4800003379484411869103438489819927217800456984088256180027740246697
1556963453537058177132496654317079548795257766421120685694340740073
6941652110453017077751449502966420150856734185613308793690799085598
8881954177426188031441417486935293012862868769796349716441242177738
0019690974862799608946093642530679104174593571283190402983113155505
9303861120619275400347429960129769845672856800757478682568526558888
0550446502824723406212267230987650952467955511675760755189736710081
8664873391355547303871771482599249820906556362463688874428163547759
7380200927033727972357562058520194887311757364152085688799839625553
9506720457656370866786849616739928990516639547348064688416321612269
6232140430043034978793765895525591261273349443137493187558515220035
0488771542061283232155425010369584201177706058113108574067217688844
7392412151890674297679952843460462085104229892955901538861717778859

6259659024537479964480573754259033955717369017939751600199875836 99
094035346020060061145708129727286492441555885975024274901019975278
569583453344943250025780204344440868289075077439617367055383761578
786385387000953573335902594668119751237389838726653687955430018415
044807205276494457025799468680349949294168674710474523631365047115
269827810552059962650022454407342871399194980253833385058853936499
417336369643189980369532114631746171702038807086634906478634042245
846913559042424514028142597209433680394042646957622035197605253746
691968646840574852273222141126346820073268099128359680433712489865
124847133386599958155703624128431192371380520698554630522396286001
693260924761875232125700995941645450175979130483158522690092440553
118658153197845931405135496797501971591305636407967874274388697431
812159633202424536950908108540107486745322336694887417447584560189
776395844902174934597104770315419794721755903104895515071303375092
264289474366150114617112854048983628782321775540335581513089008600
231119089283171979461527339639814755795610481654721822820928241262
244086617316118295314627011962136619959410879358356432093296418935
628950752183416094956286605476082023394390369382944107069073784215
937110084355080993495125848055614260279488811735778231410921563097
755633435689280906240147043040680967454142850010531291101440719318
106005561952937599440981612645437443677397892845582361680657305686
818893290555248377738869788338482126900338552557729632948503625724
161794560688062505674398343584068858652798471320568203326801584011
861225371072994592972198314039824954643013641412093794464784632967
308041240315791671468107172154657975950843790654639268944164367020
267173333214286872793000675256808959472460540077392143662377470366
937064798928068343630666235735491883630674089690534541962549218595
948296352991442506812421957849397624936269976684320117178309478976
453428215921105441925395673890680258742952347024625362720586244529
916142578749920154783492516043423853492438434103038072737707765701
474373435807984511214989021387726113074931251848497128991745909500
393219062568077239325454554691767350021142782515915371392247521510
261957518125558991922377560556251862577787152040242356430080154406
473786864717745485337568513303957730505542984102745208488245638018
117432441150886669417202922513871405259332921890393023484952178373
235334465326269377747325041092055082762701360107626880573492834106
150143211791258410932812267491152949691944140579833540382007949205
272620731238583327858875647790567211041654416614707612883610006243
841305310501400810107987555773152250424635872420813465170781968132
664730526526687009753901023548400543191030305850507328485666218923
073610160979873010960457878627259697182149777459319121724208552038
322309774373362726009107917085415906540069540475769464526935273895
890894656609355321694271294261140189336817558212336609288093686836
108412959313689766825463416180797337993114349199450619767414038367
395910433250837896097654632163442968447504718087753879660115946910
584698569346315467151967310540189434725327351012330555664924462530
897985525988963444453829414488382570967123605338919829313649034991
332122842196608736575713694328636338387496569415447710706138034367
393954329945548894604432862117042281029757649010846130362580988520
444565288925386561835543746690507579482110698111609436227278171946
884422390136435558225224330140937115484011366213884108247980900542
972492869087707863943383569758089134485548375376777196589593658751
543275029493401163628628419330604817109392399879190088420348729434
372149461239701703430337079169831624576605061362459054918358805245
203073129842425880187096078491816358337632141776552648466086267449
477751311633746098532615677168216013147819044560577089203080185215
408812688822461085420684333127975848092195444438896671131444617893
147412936651281987902593291945652736873448363988933899843612116806
898657975674885165488863376900353752919877576930810573551739514437
952727038004470490072857309252626316730990740006849045997587871320

935334814799807297803068592527492154032508062062967936802909636571

4950284462599683767825168872707929533499355139851172380491169556666
1244188049351821195423145457932954973290115497632797004257252928885
1676055670695788818916668926496278266068428178885513568220105986648
6442689731040420642038862021415931334335650607977648372861174785541
0131819538820963263739781867501567020103516138276223554990781670081
7625800632651909072309731132612645394806127461576397469729038199915
7580630745875385173348334686076088964622701214040165795597908155513
6431792697143278116000395092953053015664053854401446819567416891443
9500506012989953252062425640256999735405633568511706263129378820996
5576305578326756161629221703945185899593927795463337352050168898446
4364888207314613992856015764619060882700521838829449052835018564006
5043364175350139349857051006350044232775532805166325015553600168555
8606321618016788228898592777398070823443012187649829882195076487993
7452732497757164679437682597865380777090931582686989321856754102221
8113706628915050719169240557175153729798546795477169440460872858334
0200716825587850350258068980279430946184672580186255717699914366669
2567766247888256367102390508929757982489522270941846744341466441119
1197624863088675226917379560846434163676355883085129548653711250074
4903732288271992572715199660002166693895605038279519066233710710029
6452611253548201808162340593161238338327872154509090544271980320006
4422532360012498934484363675937191423227785159626576845253075848855
3735830841651524777849983556099679145290553712899338041735803322233
1380434826019161910280534759866238541512038956061132700556496689228
1316755512979967633665355404709079398886689530685781017330266056888
5368956021180772162258921919924311730489252249712553122821175882225
2826509235822912252041383700828638795994087533142292025537883192259
0178881759789430772711316048915678508678373881223628875585526611186
5733674460226117363328802255620686149584672266053779357525558360093
4098916382963659980073078450013699458821205197427166295188936366617
8872451938798839149850746367011614623559091808914648782476983237775
9787096345593154570680055282070629464310763848171836412428448832222
4163453064177764928060031678970019137344145995290818130082735712202
4454178146061237267144018753822527453515155242450079079753687991887
1156710284530318732656311281918735814205042307746297225403696352233
5748306562048561086409342738331833463432735127159264239390049127997
3028883783463744236046441965815843840531910829032323939150063705225
3777010659429219076639318081087876557596907078407317323973235506334
4135855674600292812281944826263869185813672160413954633187907256616
9308154099694376002147684823660895958338644584339139734195773954445
8947379964993965019731801875821543881858049244015306570718876787889
0605894343970572439680676623307775021542477708237790441269041207760
6617175145832906568124019088806520592144597223687602261730245554663
7405620748081399377467009412522215327344884170636815244358256118669
6626136383402928664497006603799675017937631676391806943767843386621
4908962356182010564061401237788509883566708473114371688891394268447
9485387646650984117195433702892158483507258601976515246041543560067
6274641178103795805511058527509424472965571294588954450204682256772
0106209862067718216674868855967781333673048941388830396566121918993
3058714047784551328767280301432209927052902106177139212773759052661
2468035783233612231672451314301832827898769529904655069884850334334
8398335992274164810683359631797050404801716357581169611089887526550
5039455450818904578203339888055273361740589066076256788760234488996
5581821950713067982798437470147130567036780400279088826260968751779
8433062161683649757733948961813441882416886502289967808162797562556
9227498087402088768810359436929920395726561305068128838761441195991
8624002236445248003947999424405825317268246513520948959665872693666
3488401509928375984646475342403056155906510544916912421860787811776
8003899307609069048350672795121403003404594882920845356727163295001
2007112146837654494140706925962143328567874574683801853930454624331
3698559873264207073373620952682533002246595654211021883163555532221

022325835419869926664913531929631878234901491587001477499219108946
501280172618658424119957747844638088817923589672365496158227535354
996984130293949320567962137577698966542096156183935754851061018736
631402673250619956581438409588435459271042752474485532015362900288
790273637151170976115751044744485750023258581485607889851283509556
122124413532387816233318165611929257620999185168792428624230801705
860076558534645099212221386291932006291667104053444132530994050314
842016003289992319103284017248036032641173958773736439315805475634
461166744219590534169466563680049974608917632616393699726800567119
190081116460002960099906297666495080108508000515867038581971818130552
317324630173528769303497898533046076126706915198052104187921693861
999113136828410258438748308631022755665240828141236888951950624472
937522403669031592181864323402691929323768871517708076749523898992
149245741762991858043348629606089363110625810014138063060123149436
279306873326876877147445496118241966037173011732267211548894144715
807643463644764575907033408588793793885511751946742353404539412252
406457071214465904665673480924261538841750263649967640397964039506
453603305846710659160869493642767063841875250763968961560317311929
268633832386744633518113308307439130354337227907141030795282271658
841103444348578821809080282082955442812200380195266021863595246105
666063149576127025158230333522494707890466105078851861326007087053
125210092418814033311098034325447218753564339432204046595402692850
448855646142510526547958472166305729945635788271560772802148217504
478700112477936570705673098921138721930592905808649783986319434663
257922428340202752079620107667460469407170560953513333993760749271
301176506022224078447808214938396398812005477893800566578035990431
148710163727703521449472844806598021024629628637432933375005342109
840248586097715946034626507089275768480320183619054988522892809537
682131515043558251720372860169596095876425139501382209840496122262
422817340434028089399726225773933036610298681992213377579163735603
453780755018132559615693550103283299423849974751524338100115195012
131780501387964656284915433248919433718326947019268167675960615918
788976365260320865126585226424524119959018981878845082876944376766
318492238487992413740076722940680731052803953540236603520998420550
430592120388275565593048083911659730624501772525278790798854685084
258555173838383385199434428891591225364411866964417124240013588796
072191061349423083302978966344308827110746700052362997432610231802
714226622261875057254396907738147426352215524483240080437569669907
102947264051780301516189102680092635876981841801303452664710551995
073160643267550404874531772816479749849316816351888113254614996403
183140120849999754505654405665114835838717438107104444681995736346
286893002713717643069604147832273275678903050809576914347830867035
401616202818491144123200843999282131818484332288134255124888668654
485270842304284009883138554901003794026484476236363753646511055008
102940660991524814792631730877440642070953919991675563931676247589
083224270729482954432815122952903164750609810715170949321661681302
220084899907335192848409001433236988693791759977923872805644858636
356047169644366020445259704868221514419781591232274757877216398657
527609840899889373777508937404065845611540453448898263567944962864
224707161326587499595583440080244940052564753112758294582455523833
993886160216709540903950962298436975360579443816778281566351717190
156086785010229710669378772149098891936845438672597300797493811034
294535811892130291048572049967356221167333663500764326274058829544
861575696143204789633059172525002965595468048765362628154975767658
027787559023678734816250424531570274183539064997237143086239536428
333798525880936563580878758721141673582000237858579171465416121120
260342725573842215518015874630577677939529367891253297770050822625
008193741645114168473736572522677789087457996823734527732736062994
642924169967155086229280608031678771501902041616630204935075883776
906618674616296470167705634418308967626618874403297051778814524340

125122267941041217761721828885081597216420838479333398295669940349
593790728203397800879604970137807029401457061832275296034853028371
922261005939564499124150927787546136682314612894699816725882471189
854476146641359747240400116726464033832999040150263527121857991381
875183821542253047992153889028461653792947236379633347931270846642
722737043541076853791213190343311924506345207673334380916812903926
710929875717714802822273307085859022591392905258974002437571021699
553265761333518518766386027619970039805239305274289337090169102367
520745177016964047237538638287654319043029035798193044682863204543
018914216075051699668512336445188313943158140465206850355976752840
620968648400146329880263832549562721325827573448535583000222551331
859622886497724944819666415281904070287971095056777558383647075089
292801299214655089846527007269657168897401324328795719821723119028
109909224942106911519427044773587520266021778729973938043291783216
346721288728433697903169348592455772175986332169229101312996493456
569456831267284809584292509355156153586820337367220136128517195799
179067888794897787415579507858280400519879514379310240973513754244
522910665873007865462514188208080730719268983913504925377543744202
657016514854903903784915335783523919509184229410079581794626130462
168818441217468062207228710462514938764917833389258535941543991358
005859024298540855725044894291031130668410610525215294364058942822
561951509029885349670118520896464332041879321533366847500909379474
586244050094419795259305808470573044171422807785657037127947580934
562908770479883469716932355169605915512903946546491946976956580104
477212211529717885424206301449359990364704881686963945459873956649
568446800827974064859397628886154206344959520477876479602222481404
518711220576212828951209642426243976910777918759891509169674884969
014041781462488218992047215397897010041004451916374635484937776724
048963056176085749019066419920856498824416659259136411497972110570
920048346356219112592053159495207728572853502277178691134317095074
741774046112597710544066392888757183933236000244502603875999517421
359497976494040004144093986809319328642332313807310726052347022269
955029753364133333637683830769912223911477705585997784287425696452
597304589798916184400911875473810469804380559517006296303294337501
124376916592072295301512543213940544337789162781914062155168208847
363453419799988795161172610284106323369853456622714089825020691286
704441169025820479657650680608338935449086211438738256599464349788
032327217582926945169986312673587510954845587846314075971720196243
370852199677928830820417083628218867104294024260058440043773587533
107041888142219209246071491335029636905846644883203194741017346112
878673517942209414546604185340301551815562321431657473326661079898
031090681700826887321019364595617858517345054728589800787287211541
725674024419790288432253154101921401350912386711103232137314594051
156147067212895932638196758037690723130321615824730407013885893346
366335976771547070197732495488145171495615889159727040316443495121
859747041467171509731132947384808502107073004895212374842154038998
185951322490144185729193570943752415921554569296311501449384703394
893076243553834235439507857917705875887328687263613772313179576318
811917493997364582955995596168471447844151898543077414559430091627
277706400678452622218860633810672484726902440264267413390721935300
584244062259464253948368565478450534349052967430589748649564389293
525069687282557307388653479795697379637394163125122113572366124201
402646831987523491375325919651580619387266619391605104935926527132
169220962246396992453394941681487697594502275693160173729782522593
211392279726446990787079721129270100728931641413289755405112986071
300454244972199825592301733559399196662588628489028016102977414728
147217996074304686368394358376209663705921780035815169912947673154
832624347225298003800959587555545136352485292336603666133452157849
202685061519492034529021461785142032423310422848635208968797421845
400387349417283201176273782264796397846777136587351119302070722256

003750749407810394633895199845441663143229731608084404982813543030
383363163531454052991483164256012510682085656900160302972916584678
918322105869948910040780107692477825728067218658664493575923770660
199972606595255433273364250389479833660143199307308480934516150880
480764636667529086671693620624928739814887990436533387163969116727
369702731265374284086097348697293255278854199301904168428232139585
796602487375406543926084953186341346946867892358336068033944557618
564870113259642775582026319256809971589448934540735451669323844921
499118554933828244577076688230525469796128224404159966892371592950
939237321195478945074080677444890038062443457522461155572389422683
859305152775497654543180834902387291984674869316260887179215124829
247615893514149141589042351050735349679694874918633443047936252036
510556721569888239520349805230153122385212513261664494737046124818
609901439565463727101755621611221104722479265060881879218785645647
702019187081740982742638851785178231952934190481931571564040017826
008047464154536425857968822131471202195068707370393121533322394296
471014338817639918115074215554226048219902450082052031551588031076
765688121985750384512044736027969238848943985040776693919191780385
1311179046372645787280056649950159576253027673424749035577873032069
466976206793710953140878746609071909005478715022757386156228403119
997936014817401814072685593464247081865137267612797342776412408940
702412250575912833204487675083824823354900622431962572928264805660
096775092853257303888341824250441019443837490829289077044151815134
327901263186270934410280583331971839380845112478775779052879961424
809685375809766676370156948434874317475748991463889163350433836273
988511029559099726899559047151129179455591269835942930673857430486
989898559443261989642534349217117176194986881381153736011925283763
481221877710943925932205737095626981646452645930525413081768047684
917996709459097562709945746416687312998517771315588620765543315102
630236084922353201840024644269498222009388561981417423529421101204
488878651762047723100723557737117569645402677378698782932384884658
685482430725132245997181951763782065167701734963907291197323152110
450838896369003436345649771388418056802984140532309783687878873323
574584371677859623193118212996544264227460331165621899580738570914
074817090777072060125825537255988182554000170967909097413385517915
050346241362796294337527980392121612449422857348055409299617422186
755267066387154019716495925804198284572723394358727384912980625052
299082304144179642018632393359756408562647211409871027568423284710
544204769273722795869343255162372870613062489483176830059503162735
392722215559603719126092705632090016884464223997459907628360386145
156011467908671952274422534153735630436368076582092944816815756244
075835420944504148183694007247871993716080747143704805272412272057
620014826556738425852761520422575616775663448908355159040347559705
527811498513025087412165561605854272923028993316547354990791561217
866471781343392824994159050140923632016984086805996772364631180032
309172314490659601839443357324679947213636671430933226872592276995
978663421984860476403833121515982463348157538913621374705062677609
493915654344496650307157560190525614934341239865008633497687725820
142616035876421886575309174051824174917841215303222383004188066393
854558891787620068788140487669276059762638850841876717239068821513
753446907420527968759386296574986544177629425187030091149613528443
892051450071551108730946649594990708997930523401295734938668817859
272442308152159066064996075502723760812723870585121372745528886177
354454495938515895687751951802687798564825202662409444861882867270
542074750435367998458468021181612451191791640838822097788641827568
105850767756572864848283603702493287158198060435558799803757574763
317200005449598498725166885657063033528760680930815901814105937213
785607881031512925317504110509609751654253710308551748548992807927
921650826702477524637499837850472341148722403887877968562165891841
573565939687030319350750298138289529968303573043060712075466299805

847951077322904191430681628702950900718814134214582841561163276458
979779431852446703335722015183008067730098434281459855594365738971
990326286100716746911509026594642792375562493742351217445080312134
998741021050402625411576311412306403373840230248447393613277714317
783264872278720000313243799115845410732008325471765533577884197388
111987830811612825334350013791097326458045675356269284834551025317
569761378314436825247785430693706314325509640762249427096972762106
167981630745864773136210291691319019350539173633877209593077288021
138495225308523356420091475821132150814163455937327663816462099641
504181427926147848561122509697441807399401218649576170877429853908
394199011888587733637311313017101357779033475620443952626076779765
685385041517800286220260173983153578949045444271657055964920522231
883544742831119346960371194121860939647436968352163008411309212213
761236193155509118775346445604293737921516689620242547168037781827
463859079682073564093429943342717920802887522112543317901141491160
047963896033187722047145519259305894869335049922335765207063933665
786108085920057759573577060563469345760388491080506695516093810694
366212875882733161322864831431471767211570461923561465003774053872
176274111366017823585584517310029820778999364681776875980577196904
429326564149288895061617432739545348233166639979174849840274783540
535912002226094399053120707660196672743214667313250599196153749191
206109264878195377790614253518922346613960953196062526178425715869
924378266091617174649716347204773896131486719429482490291989419167
583088892339731174155541726809475331027377979970981756504505473602
276786210697540450592614388377815161792537901060640229167380269625
734343046453004211042527662303055207247573930679272639371318872288
012695855490424866322830702277401555280342205573172609159292751328
720443377723638154660224262722795524264047906912853466474395670390
153666448251186234027804025378088666113535664410691376972388236540
537057203264851330711800188621777680597953218065436753210222504280
004399406185181288953614073372395066311517070005713863153021329368
553801848986969630285108930120217950647072487750320999483675687172
470029055814569840514467469450718871737636802873473556196853175307
566120156930570344309876149723068952866444156407483458808986525661
664379720289586844220392181943171512756411177614756371405936864000
103588026389125969238170622763716762874806283816022759410511462692
288809129433027766495947249738447309337632746003710843590785997667
180055868702873018322966729256651195926100594158100365089290626039
997891076469310195227174464519944361699915556415641215108714382080
886807522978508148022862341353184392056663971152460890481318445192
314929106328154027922489378228251545768271624596117639566886461742
395371586574462664399615547890516373252182578333253564458989290595
192605865979867134482744782626667898419196273605935202214966815704
365569041670825752744588175728116095614818572243695464750508302844
307531707792355713293487611783908130291059918355226223746867115757
059377490937975793819524733163226623598269569980473433440261687965
475130429346162426613460747325269570311488146969164293369071948154
548179082929107206942973187597197310154261993356461532836182287015
155903310706146530421700668825337970132344950607141683526860988131
227220540903094664606618585799991415397814484774156408225890354064
490646351061543371940040138616035071455973601427862345148657347962
179784675702189899513333644381929190530085773995045234934957189684
612711376889575979332349533208953814539846770285124109139999624094
286153561549520156418899621259300512644209686597252899418435036681
880480752910597233600836548235701919868550926035004876573788295162
923741832713236768658494640005967095067783453610036744259491885819
559592690251239311072595121211563382415896067374800718324687784130
780969382414829151895604275501754206517442088134014543607071355602
676349959757596004103616096121377362182022356398010145592493601568
971489793336585499186349730410349500790550971037329489219764058869

953201896649335082043100488523059429848680178555656453897152963868
713982393892788628313053889870441633874853236655056254302382861317
683147439934461560931076538494758464893162151583588989339195673294
433479039090964500201525452974223609334873774857090601864807051699
125755933251820304412057338911692494979374444181721018004869527481
582486075771221724138298525297670352688504213303463703205901112769
270842312247374039903446761895700102591785896614704561188690554318
000135741145453848091623845601939821457698015403674473093324214164
727555219087739691741737350641459518460785124018137745458837629851
790660942517996950365872351329115406941185580040575610780435791910
515438952930178607056885781172174213915509532072119708984152215425
316479193046160498117600999404341319099118921551365122611550181311
073519406748964186094028486928305502211992434386630966122998376165
898127473066900407133131532581930320281496745570289271198050230834
294907246105491095799550789366026346984656628188055490104387898957
440931415296414337769026050643640983268217633628709882627239743023
005506385167528922648375095088613721983335346069848906855685902444
678886336439604378182364931607506979525366177704480786285210468209
326826682897220715910980081977801926495253830472463607958939173700
369328966358022050659802853387029968092228675427129133869994026633
577360863754047202114992733399559638671394141599506355503816227131
799287614329892459586632102280507272017663282902813951362463925987
940841197742421478497488792853481329226175804296953605684964163335
883612464776047176630339853772671737323232435192979733423764606700
725905697847782259010224718618495510870041401552763492243058506497
917469994122470166700310104432762653099301528420684246859523591053
096968105843118551037608085368103331709534908134883131172235937743
874146218392650171560903279402818993561269449639671433207829047319
166667808518255197717288006277354539915927890340107862889636611570
807579263712515753212564345879767582279860562178539046344387826022
476983164473091167731376986543944139748134480038182981037549505885
398354291463227532912260623917829319962139869188177111184244196277
187899230573504472457753831194338517932212857660352121687790114047
765897677843569635136532915149309638039104754501169967587802799979
553895585500590455332979356370264077033348112055967910966088046544
581991175696733538179402029774208446714055476253800166579619571991
262008078166820288591586248572361559940162554777079141116006764078
260807710789473437289911567613068507322496315912316341975884627647
288192023676271637519476695332542049089161024916483733496591727080
014711527101290890296121104047246206562282096328362667088897284648
491945054852414755813392377362692127662809010703960329946262725094
714117691214291335397513015143177467168584029059686222170801110366
607146302062064220739673674027544451115318680357371197061263214355
234685554438245653255194962230924422262761618107635327121848671103
874863324167078904688522332921111501979009872376674015547916753447
485891162812686867360422299435607682697833173517639411375681873118
531093914733161347146429574802588661209843333626447892327799217189
381104902575089833295752311385116384118101924499132930087784725362
736588016792732391195667737734602923116714725275438773239540964407
417449308810335690168994473265062935681240746859168925465092110914
231643396643496535539990522603047114871175019510860362143788792840
744982527033242516917795343239338053753415428633449200572757968191
874218427218858846662660281339159122650870329556297431210060847646
238240612020974088585109713450244534562696748452174937951998366013
595995980442105533930579946354121565926037395454813070900268161647
358075309070057946985951218576692820433593133365802104393580161079
082794266448782035280157498477771875366638868714692849223359797020
185921637526370647072392328071177497552365362417062631546327005902
663040247398045335302040939313049739713079171815148863238516035140
918715172725963206039775181898773794298335489621492988306516879726

173233429518602919791235420914661761858081206578509755405181262454
785358714234987228245076280218555416439373557287341317707953318264
106958023181267827292621724790478673313230260287901476485433580999
324437234918849958599486258306760001220473363446686800302177442830
895673212065731090929852126853082935352033162609612387192704749103
169411516483884747974567712343355744298126844614327533710603770238
115873068862889693941323630060605042899652004510603748676961364917
251172141710453972369837657482509286253199176103796050507004745275
198706924383079720813365107458086253398704529503657739479437519432
553660014210556464148224360616467707917165851176561085923563460948
549764477962116551131870096990291407315148390390899181591857833265
027795395784182519705615246751810745633045708295944288915066671592
976041280335474515510043994933991135740036810821452010037166333769
521213375323959064451506523337907475042857815969527569618178470423
817842031599241711215728175313825528990831722270803193340184997462
466150686413717867935948059327285196433573688027414315869007652087
234546637363983186912020965620754134887411550435179457052021920866
286215704650129595131279374407246762041922665567445333444729681714
873544938733848016654282642378338483175654383336174408732187921997
143097193907561528997991933481684566486989431576014380286263353313
618572379316723660636754943800525296713997403509940712193373758571
204555949602844456404613060336222636216293412245761511654193879168
481328096246952444569546212508791189353983221963789994987057551748
771886105104525870912001550271811121400833033945999772865870452341
916673040685570047172861172633588496827107174500353890336310666580
911221611227953520597356315423878627922117400279299276602723091008
788964486719775106448528542367606806783287027160214912208907383598
679167790798465468476544328863327545926899764713611821919363719709
430918976095893307419509153578998159456268174031091186213611238703
266328745925123801722185923759642039717801197330135454863031156287
645397333010353519936890891716582118447202539404709317833060123964
167270931216369379193323918425977305276147922930212301316365295613
762333052845463774496678385572416305553286105327552078438940442472
330870014940075648539493897085636662472351155496842637074224198534
072188433171180862478510999981762322580581202049072702367515599603
855846672839734732595961271044969489969280704087235561355018834860
982733449421192795115963891421701337136254059591584006576371033621
859435409072149507971926424741687886613509620131303193981656443184
231910367414205125568633280985520770932399557422045837289243830948
110842330087641536630847241689763751941939984808639276953179016437
278029776888061624908419337641036450961260406512736947334321364751
668674541875423533249045251400126199102550494220608990865348912185
197785208035382979351647361636394852849756284971488562703642543761
525303485679142181383415467656303629359432715688885113964534175501
135552342266095177381781803893864430908305399273865319883923708251
443497669579512540664055821324953476082446423795952046740371691040
228650601644011882128168872783923427369292606206409640919596145904
314517234161617915107061776717415112970097436263571691798097913107
607554440072748231658536391707691259190055511285073280816770513474
907414501195024810842767773577308103608450037555650268658270894906
640961146299690429226983808434968138914924798862248716712812408926
279700650937412914280120188192206542159389736338193225912707130384
894216293191100490714922536282186203561764468544699594307641907271
338781826338479026905141348852408834159704093166717645848516539046
001096347293231702452686080786491800770245426053385920091663315079
277873248325901604421715668749405791518967711591318927501780445182
499374387432993291435543746809468340260834642526817073513602678441
1711175476803025782843274127129555092671085740230474696002644571189
301805811218925757250024179106647302011294693754953338392710767838
158558088756706132999649915893949904087497782355039210513630164671

634086226936539403456769518652775268560312868088156891699160460136
793560002887848650173870361186136616823370063762490171870354839165
300888065752373767990681554788889386462338043367881447386263697514
446353315136450336525098779541309399414676011222285012782734557551
595619844872672888621691139127864441826501071593433318160552880980
931375760219544842366891814048761296983574036801175518913300572269
947591922872439694710724497704047329675133848537289891985144879126
933995627276286301571782705735523845019366528869425030157128864909
899305589774514806497400710813760206766061002833539832072435945672
059494512168440253056141611504723767968712526931563193098160823297
950425898166748008781526486773641449356958428795387951111209004138
824350699988820915655540328925022880514169678792992662686222467052
549066749536250132697003182451011407351929815270911682876316152545
336231324226804522288961497091739711353525544012360861881545414708
532046722994693907148818860332682826172282696478516984097556132809
109049299420589020997586802701182971438113061665016560694050941744
708413659317294603683231488678378340158466652627793811034718565273
429011264696899513522043813883592540845087574293404830480525702636
746819999711139249943082380948147319257601152853824735720831491052
716081699222814186753299117955244774879202469824783577017905817684
337666777689021776490621936995896546765996942872180109781369213674
462209747830040927181905137635612325486127214522261680518029325681
831093141396659245310344236884339706735287266383000454195146442303
262301907189759856124702358650054207598252489819907503165380324950
260169372305831481731475243043594249891487918906280263409122726735
334485377798532768897047616726158528835140603525270885199292171330
705785763874939374555940096761537521778280116269037726528989620344
126159881063216825320644381640612917117212009556747383916722296235
557461243901559905448832262644162568712687048500344921141575761431
548788382262449382571907205282243565403066864339495278663919782619
662128890293170809150693354760936306950387796483806500970877125842
074421149971698556158998974787651375057853627245365217806628977750
732715703498547747167890295666395835111199772543088210830083871970
300163603754823203181103451963419971957080162637542560696966183436
297269070662230614313186361811611331684184951612964799463540815516
628864531220105617962381014438462014132524685102641379341166216666
044355543396726083900293342498560592304772543016048596898781615324
252348894799274995680405750878596158465639968827705058248080375262
444099228426558107196531396214742222341535077003136186652290242424
273397522322011973008959689104985405447427697563805962622690878847
643676551937568195199630442280902471965977981411229976113099668948
406547030430616154284052898460555610527743167094547976542569994432
561515127041177684024726299051846873938440317490922778671374650487
756540035261823361358220969159516531003029947026121379832699551547
943004528250404116178992299479111764121739926937741658202028350242
611557953577101928695026460543592411800668078233417498334223525119
403957869035786809979573555664634818410923535663805321625058733961
273016517920915269630774160353934361487650865695894416687593102819
722708421300606989032768124813643408829145069353500784269002833896
928900367663065196212569113708251495264130730020572342600614347947
841846620763374247401965234906393029662233773082064022870408809540
394489260237559302757838186727111955590362643818036944102698956099
702240268518929057056341157634566345353091783644912706551465214527
451609570926960198193514825042308309332402085693823257373246556197
838050798236783914896441321211903253837193051261214351205434672138
024917208445724067560783891183614420617219609324188787153906531193
456242314305059597581389680014593272680369903153148589817842184140
862703541323405714063724233441623052011460053724335454408580478491
527383560537008329841944194087857728942894298905564111848901279881
742427130941732502246499897761849958444824319633387713606417005057

588112062601890354612585934515456181756840973147338420149518937581
589960120875257562760332950030118318809564291086792993649140874263
226672138684915224129903291462932026823734909566257903206428045338
516755725663359643282983690679715448949144144284457366131214716525
772928322838722519122781850333184575375231181388910468730112025332
934330332281767444790920665632501883887499178312452779568780325185
708787710821321817542299137029990346340824319822001818143016950158
675647723184551735160193539741180681625549863346929742793638368312
286209015008476329602715420554092347219774875557737277125358437929
973367550413539009626075460177047832009209000043703047720623969311
236199692306945192122807512806261090339608085511993936257664560584
547489298456610516437763230204762933488331366455334573480473571567
444997734717821981573926294356614853325635257380075373424585696273
226443292539121854835008471872615376119359921175544946875172209534
021714967332300854303127734300844217039223565805237469978119523847
444933383738577485114274622522039346757212327850661052691327977306
346288737262224195846716672022151680829100052670223641512652274077
600461979496685044241492903303752615324755653009315314557741560785
488843720415714060087651280761331140002151760928982489862945062647
986397278120873344792984785453151232933405140684725574692848626315
035477092571914420142218588780257279128331177982212336807793116875
865477713999462395439860017821714044511587793376458252175919910881
923830051663310282837236134127214072246237953912933883641879315532
993289487987486153861391523074689174100662618607772267913487136322
147516568508441991780694861954601934089370819232141926382775337591
945703264502363043475687173452958399553670973947311374513943328197
791122226939725459124938379823126607096382225967019008381453286290
461060658685632097801508542233484811059061738522986205281789604950
073257042722202039361363824795831035432598550726214034098596277860
172168955987503032882817680409468520938864033636523649442857653338
109795334202587523066099473777917483409964056208373304316767108759
298266668435467009599704858953748415115221450224994544152838657802
928530176585629101388144172669383790207050034191012138679134635465
228748140715338202901919235146721268382751000173948051792235759103
106294117826715838186378195464884312297363020759072949613132264235
510849102649984741887018127403987203067935831231548287878038686720
763454984951991134450991244247310505227252766832066034853805673485
126369319466529925162902626465894163413960915097218723640275500269
701088386832494142125712048869645658296361609865368598837883902802
070607029639962089291692420117564629212717841443866094448415307132
753827418051247560470084561419607860495448592558130716152717681871
096104170286462445106386992799031329802393832292307860024611121256
253749299206962360554973977933709055091506159958074626476930706146
547336572953880108465930773709264393270961733589798755133298517353
358057619820375607173964951210260568242153539432206578780654333681
668379183925431029629978625583138150842902346041464285063318207802
667408575042965493539544948651852756470881435132319597349789917141
516937325688338933162833896451848870322639893055689451839191243082
932515654023675385004309455227522986219363499930799560689684466187
459894748823413664085188532193673114375894635657021422230371741481
201272628291057331857839227334795260680041312240444469069570034326
579109561734228465513830287770817092800437032752644557620090294898
701726471822893276178823467995953896680114028668705263367060063042
612994608494995638275599060264777652197025375830641181461287543876
098578289963422105950225341504398260961876098352165231654331697721
441251770038039021598137974891320292927755438711703391163224807524
657249729623124765093517943567483811431528641333029089123777146612
469044864551164926799346341556211882281756423024051694895444281683
141404904380578860590107370067182984993650407494702785573862720327
108426027326956900641201555809469137101298425529054495764506457560

0374031494587908210547355911363990672780648145919170643387069714777
3665247784433863025569838810258987930950197131284070891871969674934
9400265719405722159295868834578669810318183594938102719311615251535
0174090403194517238322459633052678626421000745736336797264614352975
1498884605529190782295721345692646383479217594057805130367348879545
4947334464560679667691278267990494200362880699002603522166525266486
8097224672121294616782282247427178341053585849093818084382076967127
2622155649252446410116006638391181830873085635422672150172188913493
1114434074231672018580154409683941721845529247030666331743969920322
0999137230793920870633268149502702418363237393557565948355864342750
8527153036475346746011816231218086111379932483545148228986306253690
3327937473726404693126737565340199730090761426212286501158568944823
0803714283612048583161747503907712876046503361236135224312142049110
4096204585829225543574900902717114310056202779664273282036840883510
4218997367661285154174170155055966929543355338498868702324902061060
4458071692286334339185539443465974183103315453291025913036064622660
6879779455734904546748823275317375995937232273103710445211331153380
2893042477397241957274401165418484315564894048921358055708557627550
8495534889191385643791638342408939602209788019587504761416457873380
4344319808735157516674968200379153796102973494432109476073270046360
3343661259071179260382965776504898339968200528464234206854494699300
3871249646642485811604420004666933985741685551729836982926358491040
4717933844683250433844717587252699366862337570798586379951176474370
8774221029593262173881717992112564960766549050364753011284605971990
8642239727843391967774038958231917557325994193790085492825980660760
7894985484333355330520442978146864226215463907056678047938913177650
1922049935761663882196322357224138758048818728755477834305533714160
2429159181440724910183373607258613130585839379636913731605046386530
7876161997656835278960391654122119712316370646384350875058804657550
3196720080481063208311821537956138009835355952609363700064531708060
4420288837726690826800942475061577365306953699946473444264179908800
7236585691623899636517578076237318613662803000677595254569830359350
0209310340106654882387605906309667152580319027018056510774179659960
4177889506640602788471706807792755570351022237147306795006509607530
8053426398020261540712721378560322743288616802417338945979050503213
7974846614903095301740230095495752617958896983609703142914084804580
3842017705933308727898829210653986085497841770226800199431723125600
7279669350937846167380814534710813293763452196474416319331178690640
9982482372761620561502444394472323379106960839688560326743659447610
3243668623910583435263725870265527272354681097361367537998854340220
4782973219586473847079849851417285386752779230658409174320605010990
1022389298189386457216041689492340208559404805979888719907538994480
3624575918179587264785482436871784280511816570103599948961675645810
4411774359994155741564054198094077706078181787327808839235166527290
8117294704518248948869402539784970404012578501708525229480032644850
5398293395410250493410544461435613045371236961682202427087546803220
5777224676453869069173584632909965978927085724136068529472284189980
8811197694925777567347314920454188249935386075448538327349316024940
4583018400520110059712112248818992601409033905843014105055980718840
4415476335609338929558270335638391892072441156624136346793755416730
8908930918686080312637892309129166075500989808404308771738687684930
0623853335091504106000383060163948853687921061238941057439403460620
4016371854842521771675451639760025505022643961152599429430869349860
9074629783759970161295030843803660660058922658529305637886695846670
8487572600253291839307185472610120143531812300826282453907565263840
8166284306712414091535323017373577722317054545331857330398636116290
0928079651400076258029586832521130356252134998540067832905798100260
2663767805172062475401635370252168218735528720401996359618873606930
4730672840960812886498922816545218524083282791281849386363527220300
0859827544599898999583511157436878788812704855717381485740307803620

942048594206443341579016938395968153358527750878157439719243227798
831706054634005330969611599543732039412995517719740924937281938691
042471916807457558054131728168336553796527595104025829376600693794
847630502436866930874986129115155790299089147511471436165509778108
916891593890432286116309808961601543654239707131733987625561383933
492789060574714538169156926488201510262147218325034091656245429353
117328396837417555069788772460439855626108533737402877099728804761
149157785765104752908911381780654692220721713254159467978055595740
544953255877928432324750482025729610721193054272034454311190184326
515998329511924254995688662924512061554435485187784337602284573185
525530203857806799642333473943283255079768143174935290365355235708
336227295402976036224596787022467961087290065369158110329772411271
968718463171201531087202282912167851368328682889984100630830596997
329512401834379280807586687788984960437727540275895229293668539226
751399282371615964473732982701750908375680274466691591111497799446
671135691088924379199309424721308073081984262593144347965790856700
825628858836114463307069019106360685995185387041710623856804324112
299406997697652171894899349718804503864321759828643313402327317350
344875527937834864131041994965955257706690456718435502156201896727
939734268216256860859224881131666473414298910138757127570483051459
436636099246610627201124409872399971042075654391506863102013575984
601467302651199034298650639676000696687958282892433978259058748567
826269263303468372332124066157760295156537226106822903836613368341
504999895934280932018654247036073590765608162195997593438201724618
076958178347221271503991239373308059816434946231367174959999463042
117638181478301910213344735692656258805710164468798455661720375874
281490998433930465239312200035644248650280200221038723815085543608
061085953817427853246549792311015101812667413846629462674003407290
924306775649178579342775165295098460009862821986519350148631413113
382340818641810195988872295935856034372242367239601514627896565485
335331740074198424260136066735529840754402573177714954021927548762
566366320979513483892323984730934282729939095492262868525828037625
710408140414070921533779824712193346482520718387853744500723852593
605676595762204021945192479291241307585464859181278455595125339485
377327439546532520168622505372850013045372400046474447907459782510
294447904759726899493753746928089331155435505142051612363683441007
349842994707086534872826168261194995444598888503596079143671119639
139320911200954133512885508992493392853794766561641592545275885347
906803485930421014317785771172451137418462432155337224056541214942
322346734100328640923722757147317038093058466611410528665349292157
043843719387582548918498944658974892112398043559253649190865890669
173908088675009132330542665482077157364025208162483016589873036086
598083796157673641177362734669761566653921348293456423991292807859
979878815204292215190914169078549736187251693099991322700067499723
351557657951436647470237487661496440492613486082997609783626049278
231738894979224685209775995080498826972392495765987223064695118767
799160549567269969085152582265295227385885439302173427475574391874
411376633994128594831234384848812794576013671006676165974395896325
545306708168429451211409122120091086669899891500102055692484852372
255421310716613919828276574298188291751833720841752386967682805910
231519925312801445377221647436825950860888636443467208040799574561
042901019656088083930982871606160491216360458690862228973756455741
357430715910893672423316644773328296824188314921716494972514011949
369056709529615270432919617564101018514059608395422101125300432032
447729045095686728686928379789944533473254078320054283548804513088
741363193695581682874607904656694590040744288418738123256769967164
692679986955886052080637298383211238624681202881704348155814062949
883062634593344998884038652605737422307385786640002377415312885909
455125753539336940869444293940752218284710010776658095127567020147
754082982594365539007779061803003710403019109218529328478241165518

9092287029012404160045214931709357753608163420856552332014438453889
958342206841713882399532270635638724261133021723608875319692482011
790652227508481546536063468432083525195108332160684317334365846805
913015740878701822959876582283002042528355669320450198198817145826
117159840001172323248462236802337849839057195842083394188330250004
100260037883422114836730547496096779242970449998379947904405434971
089626589676691300284990960386063046240093337979092035755162551666
400571121877172390300150396095405184581699938643044980401039916128
659347449558276066834824890933733862926698964697053174156089229666
242891438192737235672603030501103415970150390759411599156179251165
622892441767557720263927108978526059947131533570045904830124535860
224570771605821233218529587582203051937289020017734320619428734214
752378860830070299796531556810301128799258939183387796470067520270
368877240584066436919090287438763388209714580101749510134645840281
278011316813989780650900740767464220963899804533262076514960825977
452275842390413450268461861681457953371759462268303063666145365992
028030084325285149817881771272573867535502851338367923056743243686
962027275690495694721422424679884360411922631691556788276484222391
196274036714598974144543180061688629337635623975254816109201806289
442065086508865174388445174402936157089106653051819134408352417385
390895294733126909002288147617359240547275574100872211860248070655
273478546467081003325288049487281884647664513871948464700273983663
967869110872249068944525449930136135982302100966496626582497907417
933026044796164678961217630473547094105905476778743627698111464819
594676539533132602160451880568520123818538359935250905586730481695
893931266888871072451637580786918529804644375984939014986408867291
215615146935054468003927753771628002844461708872834613320160278469
351417103718981359285654440473889353364342252995356306714864357582
266150708472242121395749058812364726080795665391821078069759191962
729961376825052719016801350182593650390431489237422218299729435910
504766510198435496771583639035605090274409454737620008662551895379
897398695524944209452836893729162255864458818572322005097340211242
024270133813809750638707368786224134616266076141865890367575672804
946851392949246947497670448286278503799394283278791220332971397543
843644722779419524830053313308326594126816548143183672418519071645
371183945618853767186114634510098763556103968824034693227431638685
638936692078262878666463162305865623208034467033224148965844290862
011917977518360789811784708762629615319400347815464050634565985845
395933678392047177816196115197815991533483239756111621222104528968
308713835459988065857801354859374904263956020172957868115494079887
899895278594495312912475824817137108859096914070619330361800303323
891913216840242371178559414793817512261537355292820484620119087835
578241076795898728264838018836306051625874581323807170212707031160
159931956653211055908684463723011219393528829932843569560659719893
014841894192469651419504713100362091384684087143678688323812487187
380582217796916687267705286949172329692975741293715765031048614982
649963942542515355227892655817659328122813519904998628338917695098
649870938852865224641624149800913360480941616720693342425001725333
590241224520696627428380607915709746101932343274422842790300921971
678197965979059549127210553864472407600831000588081819072447870343
657454279475046660211686153282079367042283157677410978706565288995
809215120790091062488938646517486033663048808838585836547541959063
529016960795986671979195154726753999884776218884785107366055679223
745515800961273463703729547099641448954403570700509795971249707914
989405750420165030739210083757394132816578085719802851130424796134
514504277763666054870573901649799638800674927633569990174214247086
042763368701538895425544860519661560114570743110126783606189763376
540859558441673969989899171468666484090241900149311117346206295823
077870579486764638556758721099513646830997771609454655720168122853
937767374099428303951557494531692065820371452045827753578337982711

615753554754759598809028882500151326903062183753558815228008049946
219926313951475900767150444120102864042232346757214652225543337464
540769554429637336518329440811481655311231788856853449362565109233
822325088751970064021785626240504392039311551274241981278661180457
520379031352263821500210772130502406624183002862477655911114130894
749764170442763287774736669514152962797298473622901963622315436319
141841799696896280359277506155139875578536726635378140081715318318
793314798031663073541838249854774614347582122035033039491346267250
843739731331346134971878652215484795211328065589745100203248729792
239256892753749027042598668561490405375284504662614426425991229576
994984595616886612934274152168604536950858277105538068424706396860
778132899310628551128799543943367009919152088861445556457442279253
309475103278639998286086647782469776693646959682093306304832523027
286162884091854021075857505952335491745175635055894316749129117086
207384696004878978263910905625739599487492495979011090191614659080
207484962639358279265058364767670838301196885550505186157980972185
298078202754679077735284594885548642095718480957735502641837966220
105606201767241016475961823177144419881009610279477760819625624682
085457499375939175577255504390164427090909940333682021018189188094
314468725119448839760726106428947637705083816809284728704530854716
107278666310122036688758290646249653294421504042608960795596028483
768115833106563981887154102229185636375546808614676806062617591254
751326265896334165706265117268170549301094065863026692204229894830
237644323671421946364900320018910295105537319742039399303809428707
866552914769288138564587814966477980823314826640216655484671340624
018597141217542440978712771828778534134383738258099537774555668639
030970006149284077302470091720199524620624539198585923713450742399
985171822495428895132343503182334483788319295955334879010992117189
922536529429365336258259539094655296358137449729369974651187533853
748709421770808174570174225160409043884612157412445285020237983903
699911389696734778804970420888639312843891579868614995357206376948
214920930628125131228080499666262553224283839917352025667452522990
840994632586468341113042084589880324142878241486082621057749475330
037706021516825542168588825520528913719387724986908202539336294047
304750500997044070946935891969900533478304463581196491048316381606
807432397475188737745048539320801189209217620032541285900192128507
800878010809612186997215672787878360378342850502233591047386100379
003368195821534795312420332192379118697973810932850103678278806081
274528288310391831570441480372715269111958913827350206266167881367
389300589434987192627542175867837758616929115641969549780500502717
441482142253177166456489762559437582676430949126055292857753556527
311492956087911082159619401757024920446262077946805377695544163790
238444286270760013358829372290589561353109924487923773970012638010
390621036297100540090233266205286855129238893654007663966398392572
450824496898926245992439438450876557890902818985683433451099619638
409116437670596054841952535056878723052067916205797398008695875004
656119615450401629767770096547018528433497764467949602803722422923
120925815523806451507317582639784897165956107629449587379456851984
590609369134973227024282382935848347620097279573203973908244049026
524593739625729544911772960859885910979831916191923715574314777305
613275865030186712879223339994092210626790946258508116928279669238
172379855127629935238608831771468972857155910479691135290085367737
548995512471868903957446600048479540144780288223208242567018451147
545838594639977604121232182945120720779081768233151618455421959874
974455890151199270623605189634073539348756409531560340706935958257
608166769558749209824048066652756245519232200325145294175539646827
190235219576379637897594175052158675420192853655966620145045633855
278357125671205128227519609295390924578418855401271282860622031840
304162523045733499198620336839418549191744312814170274683480533123
636546408009522798679980816786143876702299176420421935770303028892

406338233711883166689234725665314715426197369248818567744423683067
628580803557766708524939432726759182713058028204744986831092388451
839656929128269141358022850879202638155759445885778391763041538247
774502736300479676856895905742907753282403183887419532847250575823
699898418557360973793479262107564800127606600568485628952962703650
334072849924570768216606004308519214499399461592740186790670249250
918808425497538250005736411527656278820683168374561361164661059452
960987647876178106573256994413006960404412757484805908154315252191
475930781041409918043677066395667263443535624561935640751356546727
167909411879488480868092309383287382250042851308615564673823134489
119765303305903494885070904364085511708968159681885355596836776708
287592695900122268130634079052180831417534288387501316529218766333
357431437101016347796658883618869883499832898116400702596550204761
199068845930641188013743352809379510983052205865755190255331324739
355184215726088231016831817640972417966428217055392357331823599721
055914675809909601571254536259146573583451080849769670807172669437
183081249664139285293242058148352262744693758585695716870345022377
577778359815858095456674554627297947307975693205085626405035283025
567228667754448284086209981389793037092532642596403853499617054638
608372303148948100137199901319701262801084969868327908059952507493
77542359997878374465778371237535757852677710638143561367890794737
247924261815992801915542363584092241092695194986758370140080691259
459445559254670473203928004701116001559541702028795035929201770396
860113456304449233397743545571654572714951735345290462215877669321
039725654053386823913058096600212123248311387049072616349881777525
063398803735283044137885040535291419573448626221480332949544888908
545079248054268374194066918855516757216622110920899731852667678293
526613290427617120717343300234525891953735574750926874315293634284
496407717856739958438148942104628518103849643427735519244385401105
600364091860906598300233736845914995840144499012936937258939528898
348115564558106103079454580475664650489357678527521118340799459874
420567550698461628297481692743403195744811212692198913243550319837
054664442496096363374848655871436934240008426830694664726867821605
43076055551571130105499636942141201452860567154928145035636088579
354204498831255719599558707858336533055121083928499841126847905712
972202465501387082052447492723419195036030393946034767708515347254
338076913543021032331182709941052543731637179189960813384440367350
920911106317337658740160001869730425298420244888527033172514692497
475393198235035252261761609438480970535124570875131868926737005074
427741207097904073463122620529000639189290990331964353335337782773
033800956435520237281189341422221316384124662187626562926213165374
744095230545401691905912102983325487384431499690081791766624445625
710550014060366800133249580906410283487716419356471430409550576380
385738522098716167959104852220807083954438166529535008774606811360
273082488566261392866772837170303237832334671640641865105991624817
670706345653146764074492658990400249294338203476654827303415226579
042351013109297567830484813632976397632274673272990989392744963857
214412908487064480704661630671832626973018955052261750367044376560
638608975474809199526394403536046543998237735619024650269312958914
022210598873408816322256258686174453244115894930355509977482474151
507373411947573337355652762741851916424514620104987826294536895088
446232117635800351184183592675986429712813985384144690969171907995
167404678189358750274435035511807996777624987062847592913272616884
488849391411287453205724835916236067416163446388013123511612633214
157350735873789089864603319101047904951088053276243634380195320531
364134355459364704198439973273192818302576008576753025832169671464
683435884003914203707242670826017616253390298986715267562219813060
352959484464640403968856006481766109033056079065038768968446731694
854343891836893537933416898764610405060241093598555326643129997593
902636796969251376936926159102285117216541488921572622359773667701

463984585521047074763889722549022179557834738536300819334378988748
156802769759994951212544157027137649027751507877994910956148957426
227398794033221282575324578456195527149717737489231107175800448526
108753397144093342364167000739474760533876638025429586355293691303
476986899061333624590847353805299916952374065057657039349015473906
556528925808194469628401221392455111987603807405660994105231164360
192568472205328510725875883708878783540746177976015317304950058293
812475052503021700236109573670907840223511622259723813014440798479
181330321054432443110271979100591373809348377586361399771943672006
559245699381470276191846661211804296171866528310695776609243771615
983151245936172801039016365520466193709252512536313965592011778214
276801942804765865348581587470311992677097913350491107205165243246
231253831574487512954156035527502636796145461093444168535781027313
899699954686734351810344325525951693002330050592572799781590482022
358905260479203482507504217173455466425312528525947844068421333789
797245599838145290249134127724342450971795118644615062815283928650
237212926436840813268942316931518881895385268180047631030778038992
441215187198582722254498999677875145879160239707666604413330594001
772519682882761813890254014214115403222188075221493138730394389483
863488048858725731296054402267540119444344271239556902379071500713
861064198583888795688054863351728084446447248132772385956105213013
091015106264293276316247222859852571026371594629994013226550518804
465739898003775442184629979193304006051761618798602655576076891495
679624033020920353382300641985751212805490876812649998662968202160
083935774256923900145096765518968300114985803950066246338616802255
066870759127483197530001455406015411980784113494829465680601707418
219448269420291459193117972944253523513933101121868831678002326637
691951938989304956559636443049982636233222213173795863375272901598
026762438208490894364283124967962162500163529966893044625845804167
249071090414279544743227764055860644979937748159790612922202930619
833526180042611796654967580548290181068947372216120265716263043635
302282129337245083943534370967854324380583128895052786635657171288
036985284548714950798562466555779317050790289986859714364593077973
507014015227544766934198239263898929453534319021801693875850287786
879702046168231973519928076697586512760646823839169601486711150096
038459388200510615266462562727086373994715025771810723089620436264
155255715212790458354295905910120518508605199833582952027644524251
235773515361451329122133578341196718707585660635000297664587218996
568468098354225556797699786152958316206574320737210996844061946085
2752139972077460283796102940677026598009969835866089743865103656242
556250842354354563015121971111673283365507058324791727356514276941
098498635706661880252843453611977423490001604109135980658253251047
772348737585884666978580299992241973665041155119628160047321576507
005166289845399637919414471961275368496384841840783539219495160760
752984767084138274604403017707579996667675686125361051400391716817
256780501389783718658379689761501720984806022721512087636711163552
935619613040209273964185286936047265139668755630400875358568683131
412868609228255512422695956799303502490113667709364034990374845874
198910890189457051985781247844035757867139319708554989380999706541
057916902095988974987384472726137243518065616499316389735111970331
039397804092809479973433772650212249714340982378236519658928862792
232779903941820506856983767116623772151441202276633794917374373422
831797279401193745390490579714461718360256732214055219462186285914
543896562340248945379811955964968707073021860780513193094678528484
442021284324993071541356442307938627252658520849226948439939485305
352727068233586394860817057740751697385212021062895941771607925413
069913460814382463286693523126590734303668095385956084501673932290
965428288540978637787221825907274341956466116595934087134481202995
796040005764146848563841920840258326855212379549624891158626009400
987654135858706192511365371948148608571077083760209723746595531144

030733949423484486152523722666253172090816226940002112275918342552
982816899719687610143851919012898807424280528355553325232571548587
561447752011946801115509440542965731019362159591875821948220747561
530783348030085499433087398213402707000311285887927967396273660920
712697115138195377155464106337455584919631691755255599189224089797
833124273545384179602784595898647060095284180866467711094641598431
500095974947022075958749369609348923513155308795226753192288751932
690569926959011242800843780897580223727211128142771580921578619031
438232822215843119736386797272276849581363281470182765236169987038
316548057146175201779780107490052009862225386713437898798488104450
302717738606821067182348566610328159840918571490847707412577372152
962362895142819394934492310024755294687688142282688263381992107050
031482296907812706850236096795245615631762537844390868388545471766
250548688614538858940190650918410158852088336961298773167275269197
562386427609513694583842618521833895705186413263202522931391348380
821287964338813629845539042373128573855900623287197915909121817103
349208828736572596006751034516917303484066477312472853649869703225
505802851210314581397165500540219991258467124752296233047947620417
483573396512933884625986054669020687274310798920093600862996258526
495569263422443490758898712075405572391778889837474006283110359893
639753683143163791553508445994998151790357191664595797264053563579
622852232320999562529072956596862566647611821743688936552658420973
588048382356327038462917410427463403276404424721791963389233300452
352920028757301356303821117289713316943637220617508581520290849724
636905566762892184262651781976519538524643036425620321295916089585
335981540706502452521657088226438896955320033071238601771994269799
874271196603530485283581844146085491345064443171308666656732474479
432280547339137606275818904283656586598954664885617098590233571893
647110221915544801416081086328652657202503734779658698028969756875
969566551715729978174149125519450833779497446698060268643181523422
924316776326510155053746777092041564764624751249672301142884839539
706060560724653142273218895838355013985022479806163823494536612899
404093559178092658682360641984947863949273925514675962185564843402
871639984241656407922432049921519352709427492550972098376405547995
076369623700896158531420828549780644065756946107401242830116770917
540880488062665750487449700100644817281703371857168769905205043126
912675894235464242632192681612607135255937799846876848766637463737
084830913023031875975519252439917826264027996616367094369112530086
284350297886671483877355700954085095109254267237087162850872049910
014666606934352543968132422775052041208431177836208642591374140370
189390584913088530767180337775977981545040600450842816926539549424
241734396825797942963322331213218107801293219793602750388852631045
872578879049933017249371699290336354529074965146405609127548752881
574874850466564788157133643242701577120650882647257091154529355415
106455103509471072017880017924641359721384299487104597755279842745
069774265641488340683008092305464626038948326722396040624646594574
202522108428812826688967527898024346826557896265626637974536891092
934689209248410970235713162753302389020769867314325842760948183881
245857587340140970686718956181311222947002197844824158154450981988
915294242890693466056260795656643943393427998358823571167575116329
255621499470951835223312458109131586557735917584703694148488150386
326409866052441608994421423724467318576854052616459608035904616045
947747232056287891088699234201957552645554915186288103709855628981
849208453628176074175578224666387907260467755483451744348189049688
056376503250353592627137451498862405482956247369333449623309027391
137081058407123726554039444066616546669812794016117438031442545836
113138700180051064222504742126749539970759097152710314165536334773
200549635491466719499256643771113519647122484421338334482991474019
169297097827330482096570236574416621640413859757199401107550548138
356750975367702086214802247690575931284579612052010606527221595997

4558956392927416101354477714866027222280787891903104933048606423 48
8894126536509198046804726679290797077022905020257671384436845815 63
4829002226658722453892420758678126480742598431037231448350739349 16
3285687087989353089830355384383950079707801508993166772121535578 50
4768244806681206008160925249005506560688200539439752940429777997 77
3909548121823388281599786284393448937918615556384584794259298949 05
4384503736976473332256852424021601959044724016399444925891545222 09
4738197285735608141629442012082969234213675190569210533735923778 16
0066566876364146366579043573782443665166851049351957765790791933 54
9005424537483625826410516843786445029591835898396440568593688826 36
8637105027687838531277770566599560300157235823714715472190567142 60
1433687966468436491439499957272215058042899218100989507993449442 14
1990214468925539286769175103982467582463734380523973508302806871 87
3446064187629932031217040704830461291642631982086285078695172901 89
9700143428968262441780781916264417195044507576668563242456745817 55
1859136043599958574598825035538466741328204525370108050902351148 40
4819530588806416040823552351294128140484544881037085694262600027 16
3923010086037214242484291264957195698732190524275633949016224645 46
2593474567030056728375084672498252798367349561770898365165478278 89
4261861051832769208503603621780033915249337148444550141579116250 50
6890910713827580224465050986098688327677971183257939187162167678 83
5622419886753868393157565897768652016394528273886744065178756600 68
9498217355748074443255775906927363784818051335709627018971520589 09
7081198620052276793499133040582845672035856647241058894553087522 36
4618384396402596011254852876608866284830763601287006667228026700 03
6149423026125416550458296169931638437058296750705322926910916119 67
4936127372916312058636884790525095273515438062221932730028959924 07
9390744385736690935294925868944010734221780243707715281612425319 08
8227173271543382374014745436218433325680295994077130149833237045 10
9699654532027453350702177037070611381910516358803074747708198082 65
3195105524034346189080408772855887102619129910922959508822518192 05
8518874419863486251882456654507803295363481026348433030837241811 36
5562783019391016183517403223845097914687521623877144239223232455 76
3641079747001255398324712260190530488666649333228486329053808683 51
7096435404402568667911688444342169402517726916720054236587952458 64
8729193194196398370591083465955654573745542747225256387204919648 46
8045612163467555780018391145805072029104091774619788296504861235 55
2872697552000423820381832076425536409632089339245449675981523092 15
1894730501978535100152995735305428112836484236594743595960959569 80
1620275302395941995334462820826497923607942188680411060241507415 08
5751945806156888083430185412537819545969741423677874187066721584 27
5223193527707018877628030323374028626604207305052378520354210425 77
2442559140427008749076435248269386810716376693073037272374171754 24
5852247735758270295996649854102311510138743237047991591787902994 48
5501682558654515388125485742541460429120123228556148895327177172 40
1226279944108268691399729874382556815811126238732626104264249191 46
7303139324078996737861432904142084411467415351674268973370321906 90
2874770602008842219032125165528911717385674777311366153734391751 96
2707954921617093780054340457873789689579406584026092226706663974 70
6474619148511446524438074152055212868620200671723263684717967231 54
9153359492453428928874859317664269936209673407497745053070568431 41
0133263287775921305762314700874373845076260305875774978732420714 06
6513617994956945601081928431937367328417989351895954235197022893 47
2976977104975358649956731850469509873966280139531524733606745957 46
5367342250965950109876696237341406068393503481983827182118684406 01
7615765602547011395373572678345269455960791770944971727234694733 43
6780387223775747916868955520413621538014282548673776952837038414 27
9340044001305689783556227986071360705966044685334333224708199605 17
2761522010806671065237950190709749374182163352993865189170077889 88
3476360923618805269060064082807971343497894275959288720261078515 55

4112397373046097592317883468807253835105908002186604490289791189672593675521396472906857973507367571821697403667069896134578745061097120350147956537516416615312164732544167892775072459436281923825623362981037565328913282392322272506794170946913185669962267630084749332949237724820251680550666316199034578005029621609509712783134975497484970807501469286177972053920877355735426344654046917507878362978303712221263449953760458706825466567329277539722860367819247326075875375036396055575515247044790468927900741744080991621535352379551593168250391708411573389472148337705878936954153482731607170302320249290945466553120552501263225317414273729408935823231304140359670910492571838352019535775111030301893738736672956883475900280466901502804156922062794107897682809626966101213748811955631196777980468124930647837405316274760628345868471645943824367753427608269557653234427605339971298708052089898561442065934722157535135731353150964325686326997601181676887233090478473878261088300271876502608262925233194476909940416700264006555597136991814669791135677806574510572964711963826438069896023388113530721498585368708628587178926879629780160894163936301209416355230277734299630152634357751250413519834118736205833454731185380745726843372069052208562550105061009379428561404741845592117933927270859725115288005694028053614114492402092462087948741836224854453701673479359020150069908947111950095477169960645156934098095760872306116798593054474249458559276375426550790985078262274524142805641961957947016181410188593967029288408817507132694912645147924587138834722095701254537628711546135844710131132320149549094464014760003023763285717139536547149001355586963306925811264047920053172809211791287009678813893732959490687691623091782228643533340593396791602428932748444663155945748561132045178306464916622418132462957675091859029883323065514502362940434740549255611764221609388471173418957407199850352736698693386698517025739380660230279106280853525493531661945852938854013476198182979019270269975539762709721332077521428883136382794037795481043639684621695249482298443229689692085335553085317409539710027448732528352757362479458012780445503610606455857803573626252556360647734905686383246005882645729967286706470688197188048995918209538769867241261058123133718832815387305324063517160488373186348319448785524534021310596054326978736278990273623581526866772864841376321754066899897348826118601800293600223626158849590389381838347815021647310891383695373808683164369908798085930128373528762206005362275872876794657916805763581432409253055023886548294925725127609771043084142413271492230145550249153801165157010725991966088910334458778020184201986872557983485892794115791654898418079655981652924400286000892833089959846125154134736412475537056580724960733728968639565510344975858300171880139293408159346577407491687314019903828427712262333244605887567398385935007695131185563168457383865551229294080306842203625672459181138606350480155226167063564964286732345965669379924358729329116688498393642069797039019159319455970361259262706370837171360797222924483897365994926322185943095293445517054009459274870328435199388140267085915289496359507636380732347053462309324415095756918504808919571739191653100024157142935668690970675538485026108040743406457426342832522110207103450374538340721719272860930797090878640274037560341962032609518023331944660470439348005406358691029418314381980766263692292015196267454788905487300853342208815974032892535678247804572344855566388429936517859381542871473470540776250407980710868325712720965952470280931298490597903061967508059944421798850698316109638043185757349320897027921443393913428290098389029276009981034971675340055350266575485135820698171894317365218737272703866524342059269683995858771658075362930491745821027533012670236222733052137092747575492754032248665363239284288788071811943447754439431574633737742190514462638401483845223060132636502788451471704790583180583489408569494249944151554838633423772040699601933580313753449760284

499515410901138156066413232943105354035663349825009005341362149597
475298028239846197283670062105846139778158274676579826017847296576
463958941877424963316958842283911915905656402281934968017581638401
394292081420882045469029946376520599881978317544801271199655622131

778210015039163848666017090813909135953340619014626904240956805262
401070564777661840736519965983120159148619124791045328208490037696
235790452049281474814484658172687429160111256780098117726912220907
023785148661124371445919846685763094737512094243352004465053297391
251670830182554297130226067466098005260391962755798389509069243190
047375640183607454934859101794475577162863150554887610286729181867
586476644478659627827294039993209905335496913847574304220358026682
005018352485651517034209943110726037475082164349588541432104573557
419801182940065163845907783130947300992993954182718180599773199552
253765623522616879880482847203149589062569689442427840761719747852
121117086752944603670533555703336195269940643523308190957437080465
607841235006193415649510049733173836204004227344378915789653495861
159191813589724449560707032232278280157914855808866326700924042342
031392716468963013705622185503990346229467917697832970152412757358
458013089759525863985502154636770509007033290797558326525697330992
519942335234267432452628783434878039320990147869741317281125496445
904277797369126687707533793810529597921956009451964724521456644781
129408884259739950228931567320489003595653148818181335248844869869
480061253647427755000504204046210344255558808662144252379324645861
308670915261439688781633677349695124090077391672641409412421645618
536462085838052194808988737746342851400043979235067024246706670697
307923553229765566845704762902563225978319618333972491546952552514
351434797307250589853935034414301037276933082870107555261221323794
891532424850154784570097745683673957064624532316783427160599513253
350384476461804529889100892576142364568920937121623357779190101698
527465074331339403860558383560512529911464752510497400839238188040
952466569782190675007745127340413746948598903243038421773757608092
588363984942852491661239742134030663996839945731531459218956185429
736941639291274586602149193256062908354788945387058909910287768426
344909242758195382277154455075508282078488360093885750407133806431
446435106635772542001072151282148738012783255219477266669643519639
951388097664532433272355768426415313809782298046321315377462523540
429060358017056192744688484775984917808674554983296585195346162001
081254224267667244659198500373724670009453141832851380224433867264
250159567592114147496245184912047206467560940593359887917979059001
367488538645068696206561499083496822578568113455648395727288903768
564734858702787470924437841701540033745698274823246922177670738059
985075586166871378718683096809676558370216611140772207852210640268
269888730728960516843783520367402250033012942208799728073355203320
849825187947636617429055283759128564164974137281936511433254132159
665447975088966378440583413844824557338593122367508775691745807770
666376143138370336043345867465015719999493570926314983135394760109
974600000537658144945733267458610633049321502973839393544273709938
641506048173133810760582530943941987857532365723323047959249575058
023465548576017407830040764894676825864095103880437439926955341506
926095520996684963621960975419902566892730018303988411552635487584
101918625856519589499175436701377526296212355626089075981447245106
345316843742039269634125122549425532446603922385414921802547488287
657536406695665685449904948149152805038253528556467200442522894314
635745970560541321113477618345914350068040975165789396711785485165
229206778357107525513953145282312224607743264857802147106967125824
905495325200298011874329803856098208474987810516242573853621749468
345607944013868042725973721779959761348492683692590494544728545348
555476728550926269663335154395319199262090222901179165035405320535
415573239628658778850100121050944836436935545656529870251042733731
127036864327018539304622986390184984977908527046638100741060641993
467683487921490182379262315357767600452539830948834995312973156738
110357671380950602689881032606604431764355029953307435121783536374
226307308941189098334119638605515220249684439394253053142728238451
977244601660403995835472791372579948769056309963892047062937605056

521820542134579977355489353836803365282076081251489436246900174250
148369489103249786394191146005402306216185569908610246731548646098
802027810734737377704918834398152960696061717154770915580453914721
379448863070275106259100795373999513948617449030229789218152339558
821015764964020945919409001606116587411111980734335103381902040120
299293240314432987716472194187589256763459232199092290155723933728
886071369406177616450934567152280499827475092783026359931981639916
855626044956799351948320384470396500989985380112658613333794775521
303288916197879337327684474132831621538213505022329824795198558425
306440627327567040485421579537173343830136579227169765815254227253
190269172158356347906550143393222118454577433731865452718559410210
622948825204347308783812222983168723577837337344515599482329233926
957892944799824200949392664270739432327471320097160347570744107285
030796303907572702838050209591617550700050166277924293181245052386
723996858519317795903884046755651332557582149431535179594987901759
399540186995861620669715389333257560018092077957850127158525013243
702679838153216831510588027374558939822516507965568067405529335804
164586928523165289250624410345072547517466969576647599120655684798
317788386244416469541919134116638313595094269840789705549465807294
598318386546217752106311455104336335366177573050374063429208912775
022362094183093820379420494301832564881514621747314953122724966519
403326669465481748253417252291247497051146161600542818805403541989
472345725590790141985182981481459902714051432660710262296349194812
593421453378987245830976048618886695851303907291733920772256896098
365209127931148217974750644655976134038757592240223960347357084918
337811214989258295323354443785318333610174372171270755616191438053
272660244948668475034380752518392245923957178302347141902235035038
079411272774872895040023080474072245560012476207315992125045788619
133864990339126851472433091060855943660562484867647533010336365985
774896315464134652817637412615811007817367012495447965411601224900
939460349933099940239274943813504008029448991687939366761086755035
469238657089414703946164778455893070118950360169684300781588665329
135620556891697251578127543955416215195210530013133622187193814571
974435467846367988318741333305512922100157473047822274735436233806
082009833664536855868925633157469202431516831234067297731417050798
536830021146553627357812063386973246879064859587581672286764887437
654650449048380565180229732111795405654379446150420215634066456080
621749083449296578888295379303504726086216823201549849336065885036
959606666076136341254667714265766966938253333538296866778018554763
758741375614974085168362938644445437282528212759657334188069780403
863756243213593533382769143640318722051944488269989986780437905031
726519533324288476160006516298029907502324788344342406567828812886
076963740649602563071565676750520370530839136166283921641845098284
467430512284442398334641301530273921750420119266145727508281390376
733635763925446052971601765375773898946913977067171842123029668128
720497136453255289930864012330523226054081611387889253194878617232
763152748020476997010841422239979291101028956919632942803327708353
525389035143185882863193742926542221292762852600422545397998100595
536678399989239291809150387773614009281530819407860664748423822595
763528517849241474448436843425206682156596691976972880573667036215
635512499443612266893305803948045462775097887356727161237582571383
913941087243195519516053376515555892535518269797147560668931735310
531915212298359173023026758392741649314224393897443100874491196222
448073715852494755275828413716873388568451397193571743513766510489
523902901706309271226468406692783483998862859594239679364564173558
718401990187572546346067620706262789623220348053718363517946910877
638519911078379366902264789614265281989949894409583646926514431656
582124717920789203351405936678284940177989652979815054754358031775
856225586906101230234010936129553535763584329974630792884081670233
667889701281459588474281994287498661437711859701046078611831222856

7494691319004482564302826200724878752539439790125220351799067010886444417333294270385047776295948438149909989126253488800224701126853866059437662227036508267221232223515725503765038540952531017575868733835311996936024166003965092807274380713754704848445688684891968721231098199098730747953205414010395973619696752305244216405619005267427599397913726868627853543055179125750471576601849237182239348493919692953944998838019657266250365175749403311969597941172125762371383165114796260557917844027818812255383408963982704978907257430443033411791081090599505417122077373797477503036812582030995844119486799985794011171393324239526270361992706377241703397811133323827156827734201479054726165434019322671442180196105337050263337427319045518794871348524986266822221111131891445576221042289834739034998125977811080901318642567088910367429803049136365142132498203398923826233114577540076316382512686668485031584111114115588642679072134604092217050745982472070245524314035201195653139245833100914253634958789790743937136597095527255566660070242028391007459462466313074544675113059937775120411928055649729151234915055327810229864306084053764409891744431076998717276003815163442860652183069210091799279417093193629424774580681733533597017598932860314853201568769791565212418967004030959172775708160301869459714079982443633328754319221407359969526268303856595845208956554977810132745394340864386526954140660420525015130837808664572997492569037617093002816162250318700303273714486051251640723900700882382390681147399580435559035124122182329827436677789038538586239181478158835325813789319130516472390159051500732925827462042891439266753495215494292409278561294142586937295146893142705444227000932416109334447817626188849164416925608135907757944738620601592404012063374998954252911634095244853142318247458686792135102696628751705210646078470497466615451881415103516734981578308880506290252472784913288358585719687703163300975539049048845664489746888248422504227410769069154782415861985184219579094591392694553934970741708260129913613729331990899612447611270277043889271701723488617631963685024672082669876084819752651511784683974330831726048785403033294278644360911489762879741302033675392689318594580161832917944010095832498058750645836641276952928598265770333006234582654955532316653230563737351219528492148963929423810595598227092759973032994737505687449872812934702606624477615834666170491626975717975872429291141879750748782171533419974526805573225600314170463422031897578207730237386246978504165097975844527164585220435513975928752950895465228066269694344990148802004181186420397742204042702669554460329909254959435202527964887345800543458468494529753539158379291130570376177366337579523977108739337954733211854879061926854224008395361036877899152210452106502003800518083477093161510544129726850899664228246448977642323194767560243809769463100168877605725679893692800865024874467608245459575013283810001229747305653999137661127606785834512958030384050253041663117398222113792207474393966300340704960764328821987339877333802859793609821535465591007243170971570609710596868869066479067951508101151970513635751636112075963738637573858499983786453057903044394301295041097437837274732158210702226767570396614186087744396909624777614298268125725518207382106291429179289825779700233074929888582353993193563942526806194864206708332451046817067040554213418765164192197761886802958921872436739129792967021700260470795407599880696538294706826294750079920917805450108721318367103021403412399398867410140472913176444209080110919803524432113336535828527182843262367250370024116259482255974488083176067370154856289118665446550456305213779045057328185120197966540943027004974463254612122414112832936643794032198447927665610927170763559401220553590244673070737840681089160484022631613165378822613062347649322815522919522340925183960171495570625339301919067459718990077654358539453730570858767339377522556188759086266557260714813602684304809463378108948705332533469315286522818485015039

380033663878973389341128843457735233219997625754387619478290608410
492317086979272668565017717845357601444068717168690095280680343189
335630427097277870650886333372970310015932022324797004101814946764
613369688447909453611490174462989749323003758025319176955052416250
065528426114373076226542082682213459467537033662184218165664434775
720963001368851514596794720360121393994632611454144468275264866158
675668160232392170474512570134865906164308600588556879208478336062
463041958464174708303366065330053420620428368631888832426681603517
521400746402690075876108947946351508449596170005018277089668242632
747552939134464826875600962762224250729627218837874695585396808698
731268923748126981350128702594852987093853722712995055630159371662
858218865916052074038057260330451319721679291477186756305293557276
882390292266219730580487311401175308133892170118618011733725143663
530875657342089417048072193359887479736426861987941028542129529410
436548061666466560953506812679860837723426852206158774774504544085
972412357281362939502487721322918144746035282409050040101773662698
641702181670351818974670512042796054366627945217494148564864034233
759590549060136096930916841062916367946892321891209127401951706180
387212284307087960773113725441306054172989950548378827727046663864
191137798869740632776799960810327556562870906770161485811851671525
572067310925943266024855593887184124304225616774615108389728834242
258914850508472905176061899777583007065652520847408208842173373910
767398114880773332201658891141005158542238840636728656725089712885
038452940316291883714453787866130540009170501111547185436355831033
207211981334858631153423601920293718304352616908440195500481450658
937687152384712418582070564413530487420515614512086668096886553647
307014517115558399645835678003490949039327445144117799163796310338
254450612672966298207689283473834827563761713839607939250893828751
938890837424828395334225664013005888776657917835977404067075017710
871939114578468254250012110401156781381295662572551091764603659677
805799613086282001150125167924849476048498842037333939543468668590
235457523095407381530411675919196403395008232212122031948582192443
475529337530173935181814669205300676835498326089762673603011784585
548752703073220035324122391029670664816719559254532213478249740250
027027480599816837621411818338760834879258098138151661604146420807
520205374549580130513552975387831795560660953452750289995284305259
958631497799031259959268523867599757644136022576047065119871932352
626491081301935915996762477542005468332913608093323184530910326642
695702736368861586841986355898696621612636942346269870652951646036
590089776309436953289214971802597126310791986342343368337985427815
924375361059523136767058842514726866925962255623338825444915338951
480780353160096236272362629321093838121344292596168977607129610965
328581263856352840691870726909508719908487588059768061543438498330
786223732995053859544652872580091738482163952476186691942844092020
325285863597342736521084177924065337699487091904006536284002657991
027808588169428112419867803212676611908212068769439025689831855029
507358136283325881329349787561199657064770323354601359330157371869
985275952788401552313044666467007044570167374730294477842583797133
957981023419274301141663356310472002062303466720043473633620918607
406379387410837798372659102262266281668368174614508881058679402091
696237070267227078556702466966215235923248906556541142321653001230
668315813709501175164974741770771047867114423127030825964970280652
309726522595350260937603204641810401282570297152909966301797287496
716078187386434604365603126009130801990559134496982430598104481214
223239198832330517487617761060380242248693360782698348799053187120
193656571881137988285470003661803376461641808005621106566571354457
380355721627020669870665961163026692813351285972342273474043550450
301843661570597586025918972971762937820758515214366300584413754353
015287363863937559202494019912296147831205339020402152495716237517
713920740481216320695616878374406751427661181935704092622544281257

244674793566990224000161627935699977379362229328899510966718814725
472447442332450832816113588506261778134752263774166893067961890698
173854262071168345202086617225540215131520301426153635292417624887
240193843284703145335685532116346032411910969004980661636537048300
440101181291865610897469806955769191358515559383379158906798187857
369687334916653170293483274482623496789367134407267722684084039078
504473370916901619483417492844768576605582389499762665707260959172
810261123708822042404896741798176105971216524341898769732540518357
639068967524643049459814039960198336818628217058607337201469935697
285000231851541357699941300289798454638720609259916567500425745577
213855821606623818818432608559086488423057729024583754833271946592
218906082255771930310244284508802380411824587454595405991187938986
652434677760671624111861001010409073491303067136969073215943484812
974545321465061611701587079237826776752243663566391919604273126428
902144018734759285470742567034499691767523359847813886556570589998
331860123461503647593817115860385697047892499359044412797604188982
091303483302149530678261969030240608250991840949624111714750193668
254719668444733985153038785005110697902006497353545593857570788333
676889246110793462714441980272903059667094654269466800036557248250
538537265700346455298437548560576643654846895919870325550908590937
420980486241309926743237286356117618097163687365885258754292899868
407066740913105233311691390175906117790840555041040973012675087716
768600432640471731730874894457953682806516682884188097638768775167
722540150700393369379883713582313675501585287524033755398687094783
975615794630852599146212072385609522922010241942264365500964372816
212365929564921203419310855804805792520705609707331100361087257336
551244363974172687751532206542256393391424987919220299243040151353
261830425163982175998799403271770630652960196594660331660919322521
397851742027560453282255800911070557016085197780657101431630121188
091255806498603094804914667610772074550263450695615815328307044196
446264440197895304167380833292384654515372513331684033152563896589
471100879881182953236468004613394537670149121770428219428285050662
218846305088040978357011532665491625524952638509627579674947577160
349234735962801761556267439062330347004453811940952869755093858067
970266114568484484630899149431515248817802441697409989060390843944
185025304735724693730561618537934068829460142540221142337313972408
574494586237761932255185568911036463768407051600360614064357081184
779777040599564120010460141300089078808937759529574504765503905318
359914685455407570254194453588172823021718408734015606594770669821
729663865913212771651925166629124216002608240455641818282420715559
304141284792123814859514483996567150576460271361040734548881707227
180083296814012039662237524091762593050119645743753899286461890218
741075016941551730748796555794341221340186194571111414514347679110
508738584379543228146239251032152517806102200298506117151152292468
440623367092708922645324107817862349300203648615299307013684697050
663695876213038719184967362628612877313530772131662208880690117845
223199493653227244317747904408052101242682827577605768520721103235
336355173322284658538557907259299765849786886901193452927464227525
558504878241741596277439272695086300373919723243280964233209858067
469745511572367038795593244575845312260023956451863424137001098615
026519509650127633382819673659764355940000898370507219226837562534
245796421520814153814035283423274574528218865399845402774412225452
294226541450102462883885257064639199041273858637472377197018166150
155930655258040244909298244953501327780953256426342626343279899516
866922969197876946230763821342879185340166382658613898105566506740
106342082853947818002045364226967901634799177968142697019624314183
701793323920820696391145686534357517893702466426959525960065432609
160427090327733412487937622089785456943184741943451062039746655514
720561706101946122268668159690483839429043099283167735414442937221
925763921777923422377339714848818191016998201827862113181284536326

3984386215655096776531988541783185586741582390043053451170737372 86
7280188233545785306959967788067417964300979384132540544812380831 90
3058654085153227854231354283742353758721688236322055070652706495 25
1356963675212104632064184322393563779520998965454720016968351074 30
7701939884197870709476949874864200855470745726706021712740956692 66
5431438337769024013142789997756778724179571357223060632305238563 51
4763132557264467597733776986284175094033938121692142673563864623 54
3402066943063507513940274428897658237003075649301065734518698212 69
4757885041191961361046093431644074153374395772435885256502313780 94
7543195773054518785207209863861162273043345329587547485512733832 79
7221918503504787189788424928710689618210899417158677612083801516 18
8865145400128585971646301364496516055149382279283444908376743281 98
9211429104310611108686921655279207982016493293745813421507655118 78
4892767382548793511783235161120855178410837621175281500785185477 81
8607679428641484323323319109726685003293412891404585820443155761 07
7878576257742383848993157237395983811060781246778635855689965273 68
8452409425287045964359207605793466843241453255963562487488211791 20
8183970347846417549291422486198816983583681912923190240717129570 00
7687463345058546053618974136529114874878826670127663175041210072 03
1578108892437664036773091175530904092817119613621053923413873342 25
9376787685262571351224341348244924378633188527682753743104903544 55
2421435713693138564029040006569936253681779918785587184473077058 25
2974350574866412708465442603847274453318352984893683898897808289 01
8623074484047084490852849403039434295546385274085475901526881600 03
7477252281178116115742371398195074067417534318414635054434243835 74
5192486115808800396066834394019089873781924404002198322845207651 54
7921136925507478741658366024221854621946430775152186135581519887 54
0463551761409590543738570052501358093904859672162021606984416156 90
7877168406812741437661409111813963108559915166148107954451532495 99
2136682549963271237356256841474541431231206048819565493502823579 79
9437677757183566590069020417993369091728241049062313271244249416 01
4285160962807790636038335841419927091542276842581774992219930572 58
0325951237712012994424840701227968679444734180679258265793495891 47
6788837891544093263165670060889473109325610561988030860548652087 74
5645452474853531540501116812428474957904372159415539436702907125 77
8653689754228949640116185024437131408434630354358064772127114350 43
1362548438660924361550031965108550050907158337041502556889102458 40
0418193352025212449845716767925568221802326639623157096458907968 69
9494137343262118149547389785624882172010558278984533333136548489 45
0888785675190404459592653195215811924489811352902213455038356598 27
1936949317656578186760047007731691816455034194766774380181590333 09
9302566595666806010250926530115150160622468616389719309021432141 70
4002191457726858407865209722168098063403409743086907298822309751 95
1983100298612670489081778827687757961178330223290184600190716087 47
6842315224050774360779330699714208266188407940469258063274247275 04
1565742546714723309962603957286538590552888005911222577468976219 28
2389040655521371974945223212768338451551457684661127766882078834 75
8858600648865735763165275569994119108346614456186706812749463392 86
4273661511558912240868597078927007503394219875836535973430041069 55
9226761035533059931059176312793511629714079606501253293619401366 50
6307941570050211188043581494533791320858732548430463659635754453 47
0236895764075477044155714931768679302277753119882184837301911786 28
9306940111589359951274829912053068129551929824938272147795541012 94
4377345175642511716526216166999185835646874649357924097724551332 80
2362936675709907697852514226641191193585434501374096079376005086 55
2834228065726478022042061307951699639533247616622891546684694096 91
4515252563415426976727096542892366968403192535094906738450902029 72
4318091231270182551951383460029378821762077676614701791056987095 32
7706600308416181059206587486560051483952184824992543254856132508 58
5197436417072553803196406928071563221322173345451876615575526390 31

833939656842002946070111912900374032234397670106259189549411081661
777562192162312113709031397199510930006010300715333345290159788935
879859588478418005253796008798347110926578754895419075386106622018
995978954059343787394706384236767750218336928872866052783454452202
405805711362960075974665197771111263096946950342384651053143366709
511076068629058782907882208713346420036439036633298098850085133781
496316618857710806631255804432420769864751221658236162083468148414
083152527539605062706669652630190259384874403412660635747377192472
521516522939406695524534224812999183265659442375912055988200472864
204206707422287275907409713982157237963214549916729673080286486448
406832219033684902698992971020092041186578702517859183575055270334
768877563858546273960750997614740057219289818296672620120311458260
815855382692225101382561102542944306796243640089978100544006780213
427670764254992593671010228467486622594117529405166755581862694175
059399711537675399665098330161573697092270055730969595564927238518
257578755341788875263978855596462447492326407482162854233803633594
937489952680601675414219788350902373105768750328191825905212533184
931830610070220267858052785156302432419555393856571133062252246234
147971144793257899373626522022284579923034601177104157440941246819
729500291141398676155035259981948073523915452858111822298181564944
792756355332235062904962376021888577294081893514505639433389353397
765545634086655528265813600081646333452544948450595556670516310770
887250520662602256057362921445167472113886016916293005420512420641
555527240194558735950975262553372909389990752880852423425526878962
326127453557578081715309102459635355394814762771969164198426111827
588625890580436615487562068163743408004760016441984380293734146828
677717616041428541260642564158093743961591292427136313673177612445
899338591777306113329884665524574828349252311945870699891238106008
382022702659856257633391903367294000126429069966838423817943612746
986659318961904532222329360316632960149436871828093274304915238932
256255191114730075314812880720642684222698113618552015447980876010
728760945026924945406148795259778098636006966910137781412349002068
691983892641537672255176874951520401488303120411302022780645964589
480587137799676887349391870379821439167206459086965109722569169850
999031020309665736330187721579107878142644572561741158418587769963
563529157661151716117556191214637721380113652263627127850352145333
065842404271934657080561805642862699883193272737246850808063725345
867743143564713432991361084587114567017680602415639874524038583363
793983563393494459503071442769421392165933515161002806826001862171
080275899091634546246022698586717454231097729730601950455750212178
667292686336651258071050500174721336920726980719277906330129190334
291822013011713020686124637361536176394805561122679035959983458207
368030321560508366401669154640260872605066519849075749621296331192
046086424701059966275204067990852111188739395262221717183945674358
436625025940756778745520688317702101822639289293331994618955621433
939875377741823349077638559935400871935321557810634349264692166801
973069587793471722254480791181111963926392764800123517725719274788
305783971136690606455254331919032228919360954971843249100904540662
729238502740563383854859018826814943584364584398026261111617176584
281609795765250678761179511632399263517003261953415092975005534048
866409658351916597949193508634882192615981448436924375455651122041
948055268230753324769740884727787435452359272108804052625835368689
199319844609897160844674263673591680055284786340626912717217317175
606167717146347556161980788439031135847771642605104747457663614383
208549936721974573997978665227750353980618914088883859093213743752
720336230257877956104729285638608513091577846496000873633392031048
977816919904548372115769326147221016937339567708656913761110869153
278354055689486050710822954248091805580809585284066735287814803865
380214664675714389654758086043451295539355130958693211086299311106
058399394249657601065749524026449463655244424073059903652849089666

480404679455176056890276317171918768727725748903365671778563823216
530569212911505032641281573270750113835519789309408910748803426109
088274141371194091230943716786961363607247765710462348615040606854
704645771878916603821401434750973053691031108440796955045623775381
198275521595213650187756339707354395801204719660195128825105450331
730516216341090518192260525546312264355322592957475728820016262708
082360424445903581361990459604491675403755372720618198899951477716
149327607979993540532317930374352758499542681718721374730002593356
153619211112926163891621846956695620335649705965093323716885518784
203330418075030665055606251741605052623316640919252238258870955218
902881295750521711655979171308253404608433079774654768816669196814
476897328483917921776776427103215174524479507358807632890541673160
318119261024170038177565961182565415251809679876026163430172783703
279617329250813470476548576560590107276735213854598276892987332975
832994468536565991927202723128419689666325935947726672235001137195
026467308449262860959852620522409521822359200314706982697792667225
042365592919249205435035444239094088057620105046530926977313494108
572799763801130492797398655841989887658332015933439610468750796352
017847298731730440842726696584060961805465465631930250501495988840
192508559631880923328014730387912919579582510129204377653347410891
807580724712724027616662968626222223166070448752292147150714615960
773351238272166915455272913078876136704003344771052077005942899727
117736591924299132120809706489631255884391194426424834555020727461
522672099256445652834679899490660341741368476155773134407346980037
980421412267132037246532107321735737604919320627556467665490391302
868997801527791202724751053292459552739864206624529571800868091573
355539701965129310048323147041350494293596511826572404982044313975
670314705370985061314615599154596790803820633271127053976438946130
683352466915676444805847905318562649578393545468362970975088640725
578236692990650812706432076742539043688571381094074585565967418113
481026729780128765977058162672845756159328126606457532869835675416
943733517186915449429803953280956253296717647427841921710549638534
142832198621486189526791483040045423024372446249427695881885130478
794805150924022184727268743260289620485985683180743752148629099213
391399218069538074436347110623021020239908016642831219790393108898
902868127744913987781601236963493538379048337388616497398864240856
403886001217356037125663028241932844139371526035502553650068469137
995125330157088169317619805957660961132814536248638143747081376099
733927934071387102183560443794655957632108597263805611317386277996
186628281065800063606056696516050027546320006428383399004706861062
158978013591870802388375760955791117132702187191386124460922850946
621788009123566467142528458131688323343861702634545310635732686171
417326825210992719583249078323219289804851229823033793785926972269
319589503335412606776368451920279901129435132900852589604906134817
684612448185863452673249441239503370242895528566745576377654831303
915449072417446990333489630103269608512640536887822212146215219423
825090781889402643536751568910448856832921283602581574800998458320
548765308408242561350893597229603185883885803835818566441215386708
767601248310104630844744321880144790933674746884478564148174459091
245398103230088592063710156358756516430959611273964015861769781314
087950737142883177604366898196264134750069719405651950455051677423
979401968998625278900852374458073288670697417739635725450609854234
567898520425073228607094202639484182866925660616654440720457756839
393231226540781247831666880180301842250452005355186868485055845308
525384975426120579430535330807477508264960885294455727850034413955
893793350511840302252987061629150596422599960058564895723365317986
913669699442786657891252568462604147981108656855717390721330789331
085259033331137185877287034926279027156732916866271667490819931825
831668328285001575707801611931692219315147549377551598046540928399
910949374201037170856086058817854490057041041360404351376424689981

526806092554011234653295043491805374773561666671046929830956789203
164820639317392212484055120347806321113168133732240632164554155882
378460919427380885028383123622665497443005580998982995742584323537
642986314656350552835604770907574732826367704396309792346562979493
445664139608514643713039321367742124709044527215406879215426306425
972602920189946552981151426126049007638671417302357272768390415597
234506666938664605882920124711441788317822348215338918760583632761
818194332276955531125819048475174629056200134689964407161982320543
471846110205113155509302268251074919901496081785626051088590365847
451503763849151340003295163991062192405572830081035217619796168322
139816924083576395562116571261121929050871632552585586496166382541
935914821818761959232920569955063764581826855752211527870118029943
354674153627620774978540541333031363354236824101084647637490638852
798414900764646976485400947963589549754614481376369705916356998368
119875250547930693532075707667801484477014247162419081668224900742
071118648815477289171865359677653957993350334272821460541696496009
847069795855926430428703636647130713147823306115764199132224206460
9998988307626858360555274099047846761076042417842150628517557352999
647862552954283674298706645794337580101407402116186144843297657442
634285287047785563083096314352787830419450197029465757777328167468
580874539316039372533158992805794346314087358608617788263349277461
511849116551306818467136773488233410851364039479392088768863363394
613823583447940815696109142938773471389342377361910964605642444747
790820760496602713561689541064448321365980829389097296189121183429
149061638963861069375208953468839833444671898212434780723874074576
975545074368467471350248588183996655681963445288119418331726368250
506118649003941255205745712036035578025141904352671837219213848299
058032246958424323158984432510396544353505354322921674704077861468
485976255744615351188003143056995492784716745449726976128393325183
819722232836070752278129281301065694126294873063426883733818174217
060864754827639424239140275321804295190341163517046980742335155605
785756245099925320178749963664047347703898558730650760387099773184
312810989789882085435595509432539023718952168202334424557257530787
926339855090164559423733966252233516487505895569421729724489599882
508923211203479589415465460303787861759157166139886932687374968473
054965329378214756481057938082853005324470805065692942234001095934
829461453907889066162640215013073533003319207456372637707709993999
228862122432488020626348508885303601072343689013606427581425283987
859491799796112196379757651924521867096088092137111977500087815930
430729344883930957574159241375285977797291893453850508038319867745
900251865791723708085741642971538078840607130686803619824197157747
638950725346840456919275953193722370222901558006560760473854735990
447799674874996976942713766869553319512533776409858709668386326392
616494560868414037456842071940595070174303546918215090046649399855
174138938519757312156826162286223188109672974760601302833119371611
408747270676255856777511995666748615196491297019331808499410961813
929649278936090212535443327375064260624299412032736255824417498345
094730945343661590728416319368307571979806823153573715557181612215
678793642501388711702327555577930226678580319993081083057630765233
205074001393909580790163771762925928376487479017727412567819055556
218050487674699114083997791937654232062337471732470336976335792589
151526031561403332127284919441843715069655208754245059895678796130
3311646283996346460422090106105779458151